量子编程基础

应明生（Mingsheng Ying） 著

张鑫 向宏 傅鹂 向涛 译

Foundations of Quantum Programming

机械工业出版社

CHINA MACHINE PRESS

图书在版编目（CIP）数据

量子编程基础 / 应明生（Mingsheng Ying）著；张鑫等译 . — 北京：机械工业出版社，
2019.8（2024.4 重印）
（计算机科学丛书）
书名原文：Foundations of Quantum Programming

ISBN 978-7-111-63129-3

I. 量 ⋯ II. ①应 ⋯ ②张 ⋯ III. 程序设计 - 基本知识 IV. TP311.1

中国版本图书馆 CIP 数据核字（2019）第 134831 号

北京市版权局著作权合同登记 图字：01-2019-0740 号。

注意

本书涉及领域的知识和实践标准在不断变化。新的研究和经验拓展我们的理解，因此须对研究方法、专业实践或医疗方法作出调整。从业者和研究人员必须始终依靠自身经验和知识来评估和使用本书中提到的所有信息、方法、化合物或本书中描述的实验。在使用这些信息或方法时，他们应注意自身和他人的安全，包括注意他们负有专业责任的当事人的安全。在法律允许的最大范围内，爱思唯尔、译文的原文作者、原文编辑及原文内容提供者均不对因产品责任、疏忽或其他人身或财产伤害及 / 或损失承担责任，亦不对由于使用或操作文中提到的方法、产品、说明或思想而导致的人身或财产伤害及 / 或损失承担责任。

出版发行：机械工业出版社（北京市西城区百万庄大街 22 号　邮政编码：100037）
责任编辑：曲　熠　　　　　　　　　　　　　责任校对：李秋荣
印　　刷：固安县铭成印刷有限公司　　　　　版　　次：2024 年 4 月第 1 版第 4 次印刷
开　　本：185mm × 260mm　1/16　　　　　印　　张：19.75
书　　号：ISBN 978-7-111-63129-3　　　　　定　　价：139.00 元

客服电话：（010）88361066　88379833　68326294

从 20 世纪末到 21 世纪初，中国学术界发生了很多事情，其中有一个小小的扰动，就是量子计算的新发展引起了学术界的关注。多位元老级人物亲自披挂上阵，在国内兴起了一股量子计算热。例如夏培肃院士亲自编写了量子计算的入门讲义，徐家福先生亲自在南大组织讨论班，带领年轻教师攻关。前辈们的亲力亲为给我们很大的鼓舞，我也开始学习夏先生的讲义。现在想起来，这股量子计算热很大程度上是由于 Shor 发表了著名的量子大数分解算法，使很多人一下子爱上了量子计算。当时我与应明生教授有一些学术上的交流和讨论，在此过程中我了解到他不仅关心量子计算，而且已经真刀真枪地动手干了。应教授没有去做量子算法，而是在量子可计算性理论方面开辟了一个新战场。上世纪末，量子可计算性，特别是量子自动机研究，已经引起人们的注意。其中有 Moore 和 Cruchfield 的题为 "量子自动机和量子文法" 的文章，开辟了 Hilbert 空间上的量子自动机研究；还有 Kondacs、Watrous 和 Ambainis 等人建立在（单或多）图灵带上的量子自动机研究；而应教授则以 "基于量子逻辑的自动机理论" 为题发表了系列文章，形成了量子自动机的第三种理论和风格，并引领了许多后续工作，和前两种理论并立，三分天下成鼎足。不过，应教授并没有把他在量子可计算性理论方面的工作，以及其他许多和量子计算有关的工作写进本书中，甚至也没有列在书后的文献中。这是为了将主题集中于量子程序设计，然而工作之间的相关性实际上还是存在的。

翻阅本书目录可以看出，这不是一本泛泛集成本领域成果的综述性著作，而是一本以领域发展为背景，阐述作者本人（也包括部分团队成员）在量子程序设计领域主要成果的专著，同时也展示了作者对该领域发展的根本观点。

本世纪初的前后几年间，量子计算研究的势头还真是很猛。正如书中 1.1 节所概括的那样，三波研究高潮接踵而来。第一波是各类量子程序设计语言（下面简称量子语言）的兴起，第二波是这些语言的形式语义研究，第三波则是量子程序的分析和验证。这三波研究大体上可以刻画出本世纪初以来量子程序设计研究的总趋势。应教授及其团队在每一波高潮中都涌起了属于自己的浪花。根据我的理解，量子语言中的高级量子控制结构，以及量子形式语义和量子程序分析，正好是应教授的三个主要关注点，其最具特色的部分在书中都有论述。我的理解能力有限，下面只从个人角度说一说使我印象最深的亮点。首先，在量子语言的设计方面，应教授在引进量子计算的高级控制结构方面的努力令我印象最深。在传统的冯·诺依曼体系结构中，运算和控制是计算的最核心部分。然而，在量子语言的发展过程中，这两部分却是很不平衡的。量子数据的处理是每一种量子语言的必备功能，但具备量子控制功能的语言却比较罕见。不少量子语言都以量子数据 + 经典控制的形式登场，而应教授的兴趣和精力却集中在高级量子控制结构方面。关于这个问题我们在下面还要再谈。其次，在量子语言的形式语义方面，应教授关于量子公理语义的工作可能最值得关注。其背景是：当人们思考如何把 Floyd-Hoare 逻辑和 Dijkstra 的谓词转换器推广到量子情形时，D'Hondt 和

Panangaden 出人意料地提出可以用符合某种条件的正 Hermite 算子定义其中的量子谓词。当时有不少研究者跟进这个新思想，但都只取得了部分进展，唯有应教授给出了完整的量子 Floyd-Hoare 公理框架，包括部分正确性和完全正确性两个方面，并证明了它们都是健康和完备的，使该项研究在一定意义上达到完美。该成果成为不久前美国发布的战略报告 "Next Steps in Quantum Computing: Computer Science's Roles" 中提到的唯一一项华人工作。最后，在量子程序分析和验证方面，我向读者特别推荐作者在量子马尔可夫链方面的工作。如果把一个量子程序的执行看成一个量子马尔可夫链，则程序的执行能否终止就和量子马尔可夫链的可达性密切相关。这不仅在量子程序的分析和验证中要用到，而且在量子语言的语义描述中也要用到，尤其是在那些高级量子控制结构，如 Q-while、Q-case、Q-loop、Q-recursion 等的可终止性分析中要用到。作者为此引进了 Hilbert 空间中量子图的概念，证明了本书提出的高级量子控制结构能够终止的充分必要条件。对于本书的许多重要成果来说，这项工作是奠基性的。

现在我们回到上面列举的应教授工作的三方面亮点中尚未展开讨论的第一项亮点。读者应该已经注意到，本书中最关键的篇幅贡献给了如何在量子语言中引进高级量子控制结构。我以为这是应教授对量子程序设计的最主要贡献，是上述三大亮点中最大的亮点。必须强调，这项工作的意义不仅仅是以更加严格、完整和系统的形式，推出了量子 case 结构、量子递归结构、二次量子化、量子程序叠加等一系列高级量子控制结构的概念，这些概念在前几年已经由作者以不同的形式陆续发表了。它的最重要的意义可能在于打开了一扇窗，让人们看到窗外既是光怪陆离，也是缤纷多彩，更是神秘莫测的量子计算世界。100 多年前的科学大师第一次打开了量子世界的窗子，它背离人们想象力的程度令人难以置信，以至于至今人类还没有完全搞清楚它的奥妙。现在我们面临的是量子世界里的又一扇小窗，小窗外是深不可测的量子计算世界，其中一定还沉睡着大量的秘密。事实上许多问题发人深思。例如，while、case、loop、recursion 这些控制结构最初都来自经典程序设计，是借用的概念。是不是还存在不带经典痕迹，纯粹来自量子世界客观规律的新型量子计算控制结构？（参见第8章。不妨想一想如今的经典计算控制结构是如何完全脱离当初冯·诺依曼指令结构的窠臼的。）又如，量子（系统）控制理论和技术已是一门比较成熟的学科，而且还在发展之中。它的经验和成就为什么不能借用（移植）到量子计算中来，使量子系统控制结构成为量子计算控制结构？（当然，这里横着一条分割连续和离散控制的鸿沟。我们可以指望 Hamilton 量能应用到量子计算的控制结构中吗？参见 8.8 节，不过是反方向的。）再如，目前的量子计算好像还没有深入量子态的内部，例如尚未精细到可以操纵多量子多纠缠态，关于量子纠缠单配性的研究好像还停留在理论阶段。（我注意到已经有人在探讨这个问题，但尚未将之引入量子程序设计。参见 8.6 节。）最后，量子程序不仅用于计算，它也是程序分析的对象，诸如模型检验这一类工作，目前也在很大程度上受经典框架的影响，如果我们深入研究隐藏在小窗外的量子计算世界，说不定有很多离"经"叛"典"的量子程序量子分析方法会被发现（参见 8.7 节）。

2002 年，设计过著名的 Pascal 语言的 Wirth 出版了一本名为《Algorithm + Data Structure = Program》的书，从此"算法 + 数据结构 = 程序"的说法在计算机界不胫而走，成为名言。如果把这句话翻译成量子版，是否就应该说"量子算法 + 量子数据 + 高级量子控制结构 = 量子程序"？但这样的结果，用普通的直译方法是得不到的，因为其中"无中生有"地冒出了"高级量子控制结构"几个字。可是这恰恰体现了本书告诉我们的一个结论：经典的程序设计方法学是不能简单地"翻译"成量子程序设计方法学的，至少因为高级量子控制结构是一道迈不过去的坎。

应明生教授无疑是量子程序设计领域"量子数据 + 量子控制"范式的领跑者，本书的出版就是一个极好的例子。然而，尽管量子控制结构对于量子程序设计语言那么重要，我们却看到了一种曲高和寡的现象。在查阅资料的时候发现，讨论一般量子系统中量子控制结构的文章好找，但是除了应教授及其团队的工作外，讨论量子程序设计语言中高级量子控制结构的文章却寥若晨星。最近几年新出炉的一些量子程序设计语言，例如 Q#、Quipper 和 QuMin，绝大部分都回避了量子控制结构，个别有量子控制结构的如 Scaffold，也只是引进了基于量子线路的量子控制命令。类似于本书中引进的 QuGCL 语言所含的高级量子控制结构的工作实属罕见。

这是由于什么原因呢？是由于物理实现的困难？还是由于形式语义说明的困难？是由于想提升量子程序设计语言对传统的程序员和软件工程师的吸引力，还是仅仅由于不愿意放弃经典高级程序设计语言中控制结构的那种"美"感？我的感觉是：可能是有关的决策者迫切希望看到实现方便和使用方便的量子语言。一个听了几十年美食宣传，却一直不能亲口品尝的人饿急了，不想等了。不管是什么味道，先来一口再说。

话说回来。历史经验表明，先行者往往是孤独的，但这也仅仅是暂时的。希望本书的出版能像报春的梅花、送春的燕子，为高级量子程序设计机制的蓬勃发展迎来春水泛滥、春潮涌动的繁荣局面。这正是作者期望的第二次量子革命：从量子理论到量子工程。

非常高兴应明生教授的专著要出中文版了，出版社要我写序，我很乐意但也很惶恐地接受了这个邀请。乐意是因为有机会向国内读者推荐应教授这本引领该领域研究的力作，而惶恐则是因为相对于真正读懂这本书，我的知识太有限了。说得不当之处，只好请作者和读者海涵了。

陆汝钤
2019 年 5 月 29 日

从软件危机到硬件危机

距今半个多世纪的 1968 年夏天，在风景如画的德国度假小镇 Garmisch，来自北大西洋公约组织（NATO）的西方盟国的数百名顶尖科学家济济一堂。但他们的心情并非像度假那样轻松惬意，反而是心事重重。把这些科学家聚集在一起的原因只有一个，那就是如何解决从上世纪 60 年代初就日益显现的一个至关重要的问题：随着信息系统越来越复杂，软件代码越来越庞大，软件的质量却越来越堪忧。例如 60 年代初几次重大软件质量事件所引发的"软件危机"。

Garmisch 会议以及第二年罗马会议的一个非凡成果是，"软件工程"就此诞生。然而，半个世纪过去之后，人们发现科学家当年面对的软件系统依然面临诸多严峻的挑战，唯一不同的是，现在的软件变得更为复杂。最近发生的波音公司 737MAX 的飞行控制软件导致的灾难性后果就是一个明证。是什么原因让软件的质量始终无法让人放心呢？如果仔细翻阅当年 Garmisch 会议的发言记录就会发现，科学家对于软件编程所依靠的数学模型关注不多，只有寥寥数语。难道这是软件质量至今难以让人满意的原因之一？在从事软件工程科研及教学的过程当中，这个问题一直萦绕在我们的脑海里。这也是当我们读到应明生教授这本专著的时候，被其优美明快的数学色彩所吸引，并决心把它翻译出来与国内有志者共赏的主要原因。

诚然，如果我们现在就声称人类社会已经进入"量子软件工程"时代，似乎有点为时尚早。但如果人们在量子软件编程处于摇篮时期，就对量子编程所涉及的数学模型给予足够重视的话，那么将来量子软件工程是否会拥有更加牢固的基石呢？

另一方面，尽管现在芯片技术仍然在不断推陈出新，10 纳米工艺、7 纳米工艺、5 纳米工艺 …… 但一个不可否认的事实是，摩尔定律即将在未来十年之内"挤干最后一滴柠檬汁"，晶体管的尺寸必将进入微观世界，并将接受这个世界的物理定律 —— 量子物理的控制。换言之，现有的 CMOS 工艺所蕴含的"硬件危机"并非危言耸听。

没有人能够准确地回答未来人类社会面临更加迅猛的大数据与人工智能的冲击之时，是否会面临更加严峻的"软件危机"和"硬件危机"。但有一点是肯定的，那就是新的科学技术依然应当也必须建立在数学的基础之上。

"我们应当知道，我们必将知道。"数学之王大卫·希尔伯特，同时也是量子力学数学基础的奠基者在上世纪 30 年代曾经自信地号召迷茫的世人。这，是否也可以作为有志于从事量子软件编程理论研究的人的座右铭呢？

最后我们想强调的是，由于翻译水平所限，译稿中难免存在一些谬误。这些均由我们承担，而与作者无关。

本书的翻译工作得到了国家重点研发计划新型数据保护密码算法研究（No.2017YFB0802000）和基于国产密码算法的服务认证与证明关键技术（No.2017YFB0802400）的大力支持，在此一并致谢。

译 者
2019 年夏
于重庆大学民主湖畔

前 言
Foundations of Quantum Programming

就像上世纪经典计算机改变了我们的生活一样，本世纪量子计算机可能也会以相同的方式改变我们的日常生活。

—— 摘自 2012 年诺贝尔物理学奖新闻稿

相较于现有的计算机，量子计算机有着巨大的优势。政府和工业界都在该领域投入了大量的时间和经费，希望能够研发出实用的量子计算机。近年来物理实验领域的快速发展，使人们普遍期望在 10~20 年内实现规模大、功能全的量子计算机硬件。然而，要发挥量子计算的超级计算能力，仅仅依靠量子硬件显然是不够的，量子软件也必须发挥关键作用。目前广泛使用的软件开发技术不能直接应用于量子计算机。经典世界和量子世界的本质差异意味着需要新技术来为量子计算机编程。

关于量子编程的研究早在 1996 年就开始了，在之后的 20 年中，丰富的研究成果不断出现在各种会议报告和期刊论文中。另一方面，量子编程仍然是一个不成熟的课题，它的知识基础呈现高度碎片化和不连贯性。本书的目的就是对量子编程这一课题做系统和详尽的探索。

因为量子编程仍处于初级发展阶段，所以本书并没有将重点放在特定的量子编程语言或技术上，我相信这些特定的技术和语言在未来仍会面临巨大的改变。取而代之的是，我们将重点放在不同语言和技术所广泛使用的基础概念、方法和数学工具上。从量子力学和量子计算的基础概念开始，本书详细介绍了多种量子程序结构和一系列量子编程模型，它们都能够有效地利用量子计算机非比寻常的计算能力。此外，我们还系统地讨论了量子程序的语义、逻辑和分析与验证技术。

随着量子计算技术方面的大量投资和快速发展，我相信在未来的 10 年间会有越来越多的研究者加入量子编程这一激动人心的领域，他们需要一本参考书来作为研究工作的起点。同样，越来越多的大学也会开设量子编程的课程，老师和学生也会需要一本参考书。所以，出于以下两点目的，我决定写这本书：

- 为未来该领域的研究者提供基础。
- 作为研究生或高年级本科生课程的教学材料。

量子编程是高度交叉学科。新加入该领域的科研人员，尤其是学生，通常对来自不同学科的预备知识感到沮丧。在编写这本书时，我尽可能使其自成体系，并明确地讲解细节，以便科研人员和广大程序员都能够无障碍地阅读。

写作本书给了我一个机会来系统化自己对量子编程的看法。另一方面，本书的选题和材料是根据我对这一课题的理解来组织的。由于我的知识水平有限，本书正文省略了一些重要的主题。作为补救措施，本书最后的"发展前景"一章对这些主题进行了简短的讨论。

　　本书是根据我在清华大学智能技术与系统国家重点实验室的量子计算与量子信息组和悉尼科技大学量子计算与智能系统中心的量子计算实验室 15 年来的研究成果编著而成的。我非常享受与那里的同事及学生的合作和讨论。感谢他们每一个人。

　　特别感谢 Ichiro Hasuo（东京大学）和 Yuan Feng（悉尼科技大学），他们耐心地阅读了本书的初稿并提出了宝贵的意见和建议。非常感谢那些匿名的审稿人，他们为本书的结构提出了非常有用的建议。还要衷心感谢 Steve Elliot、Punithavathy Govindaradjane、Amy Invernizzi 和 Lindsay Lawrence，他们是 Morgan Kaufmann 负责本书的编辑和项目经理。

　　特别感谢悉尼科技大学工程与信息技术系的量子计算与智能系统中心给予我研究和探索的自由。

　　我在量子编程方面的研究受澳大利亚研究理事会、中国国家自然科学基金和中国科学院数学与系统科学研究院海外团队项目的支持。非常感谢他们提供的帮助。

第四部分 发展前景

引言和预备知识

引　言

> 量子软件工程的挑战在于如何对传统的软件工程进行重新设计和扩展，使得程序员可以像操纵传统程序一样对量子程序进行操纵。
>
> ——*Grand Challenges in Computing Research (2004)* [120]

量子编程主要研究如何在未来的量子计算机上编程，包括下面两个问题：

- 现有的编程方法和技术如何扩展到量子计算机上？
- 什么样的编程方法和技术可以有效利用量子计算的特有能力？

因为量子系统中存在奇异的特征，如量子信息的不可克隆性、量子进程之间的纠缠、观测结果不可交换⊖等均深植于程序变量之中，所以许多在传统计算机编程领域取得极大成功的技术难以迁移到量子计算机上。更重要也更具挑战性的问题是：如何寻找抽象的编程范式和编程模型等才能最大化地利用量子计算的特有能力 —— 并行性⊖？这个问题并不能从传统的编程经验中获得启示。

1.1　量子编程研究简史

量子编程的概念最早是 Knill ⊖ 在 1996 年提出的 [139]。他设计了量子随机访问机（QRAM）模型，并提出一系列编写量子伪代码的规定。在接下来的 20 年中，量子编程的研究继续如火如荼地进行，主要包括以下几个方向。

1.1.1　量子编程语言的设计

早期研究主要集中在量子编程语言的设计方面。20 世纪 90 年代末和 21 世纪初，有几种高级量子编程语言被设计出来。例如，Ömer [177] 设计了第一个量子编程语言 QCL，此外，他还实现了该语言的模拟器。Sanders 和 Zuliani [191,241] 基于 Dijkstra 卫式命令语言提出了量子编程语言 qGCL。Bettelli 等人 [39] 对 C++ 进行了扩展，并实现了一个用于量子编程的 C++ 库。将经典程序控制流与量子数据相结合，Selinger [194] 定义了第一个函数式量子编

⊖　测量结果的不可交换性来源于"不确定性原理"（uncertainty principle），该原理由海森堡（Heisenberg）于 1927 年提出，是量子力学的一个基本原理。它表明粒子的位置与动量不可同时被确定，一个微观粒子的某些物理量，不可能同时具有确定的数值。—— 译者注

⊖　经典计算机在单核 CPU 上执行并行任务，实质上是将任务循环执行，每个任务只执行一小段时间，即 CPU 中的一个核只能在同一时间执行一项任务。这并不是"真正的并行"。而量子却能依靠叠加特性，同时对多个输入进行处理，从而实现真正意义上的并行。—— 译者注

⊖　Emanuel Knill，1984 年于马萨诸塞大学获得物理学学士学位，1991 年于科罗拉多大学获得数学博士学位，1995 至 2003 年间任洛斯·阿拉莫斯实验室技术研究员。在阿拉莫斯实验室工作期间，提出量子编程的概念。目前 Knill 就职于美国国家标准与技术研究院（NIST）。—— 译者注

程语言 QPL。随后，Altenkirch 和 Grattage [14] 引入量子控制流设计了量子函数式编程语言 QML。Tafliovich 和 Hehner [208-209] 对一种谓词编程语言进行了量子化的扩展，该扩展语言可以为这样的程序开发技术提供支持，即用它开发出来的程序所执行的每一步都可以被证明是正确的。

最近，Green 等人 [106] 和 Abhari 等人 [3] 分别设计了两个通用的、可扩展的量子编程语言 Quipper 和 Scaffold，并开发了它们的编译器。Lapets 等人 [150] 设计了领域专用的量子编程语言 QuaFL。除此之外，Wecker 和 Svore [215] 开发了量子软件体系结构 LIQUi|⟩⊖，并提供了内置于 F# 的量子编程语言。

1.1.2 量子编程语言的语义

编程语言的形式语义是对该语言的严格数学描述，以便能够对该语言语法之下的本质有精确而深刻的理解。一些量子编程语言的操作语义或指称语义在定义的时候就已经提供了，比如 qGCL、QPL 和 QML。

人们提出了两种量子程序谓词转换语义的思路。第一种是 Sanders 和 Zuliani [191] 在设计 qGCL 的时候提出的：通过观测（测量）步骤，将量子计算归约为概率计算，这样为概率程序开发的谓词转换语义就可以移植到量子程序中来。第二种是 D'Hondt 和 Panangaden [70] 设计的，它将量子谓词定义为由特征值所属单位区间内的厄米算子所表示的物理可观测量。针对一类称为投影算子的特殊量子谓词，文献 [225] 对量子谓词转换语义做了进一步研究。人们将注意力集中于投影谓词，是因为它允许使用 Bitkhoff-von Neumann 量子逻辑 [42] 中丰富的数学工具去建立各种量子程序的健壮性条件。

人们还对一些量子计算的技术进行了研究，这些技术往往是抽象的，与具体的编程语言无关。Abramsky 和 Coeck [5] 提出了一种基于量子力学基本假设的范畴论公式，我们可以用它来对量子程序和通信协议（比如隐形传态）进行优美的描述。

该领域近来的进展如下。基于 Girard [101] 发明的，并由 Abramsky、Haghverdi 和 Scott[7] 进一步范式化的交互几何，Hasuo 和 Hoshino [115] 提出了一种包含递归的函数式量子编程语义模型。Pagani、Selinger 和 Valiron [178] 为这种函数式编程语言设计了一种指称语义，这类量子编程语言带有递归特性，以及根据线性逻辑量化语义构造出来的无限数据类型。Jacobs[123] 对量子编程中的块状结构进行了范畴式的公理化描述。Staton [206] 提出了一种可以对量子程序进行公式化推理的代数语义框架。

1.1.3 量子程序的验证和分析

与量子世界相比，人类的直观感受与经典世界更加契合。而这恰恰意味着，相比在经典计算机上进行编程，人们在量子计算机上进行编程可能会出现更多的错误。因此，对量子程序的验证技术进行研究至关重要。Baltag 和 Smets [30] 对量子系统中的信息流进行了动态逻

⊖ LIQUi|⟩ 是一套完整的软件体系结构，是量子计算的工具包。它能够向用户提供一个仿真环境，将使用高级编程语言编写的量子算法运行在仿真的量子计算机上。该项目由 QuArc（Quantum Architectures and Computation Group）研究小组研发，该小组隶属于微软研究院。—— 译者注

辑的形式化描述。Brunet 和 Jorrand [50] 介绍了一种使用 Bitkhoff-von Neumann 量子逻辑对量子程序进行推理的方法。Chadha、Mateus 和 Sernadas [52] 提出一种 Floyd-Hoare 体系的证明系统来对那些只允许边界迭代的命令式量子系统进行推理。Feng 等人 [82] 提出了一些有用的证明法则用于对纯粹的量子程序进行推理。文献 [221] 开发了满足完备性的量子程序中局部和整体正确性的 Floyd-Hoare 逻辑。

在实现和优化程序的过程中，程序分析技术非常有用。文献 [227] 率先对量子程序终止性分析进行了研究，它研究了以幺正变换作为循环体的基于测量的量子循环。文献 [234] 使用量子马尔可夫链的语义模型对一般性量子循环的可终止性进行了研究。文献 [234] 也证明了，可以通过量子态和可观测量之间的 Schrödinger-Heisenberg 对偶性将证明概率性程序属性的 Sharir-Pnueli-Hart 方法 [202] 进行扩展，使其在量子程序中也同样适用。这一研究思路在文献 [152-153,235-236,238] 中得以延续，它们均基于量子马尔可夫决策过程的可达性分析对不确定性和并发性量子程序的可终止性进行了研究。Jorrand 和 Perdrix [129] 提出了另一类量子程序分析技术，他们揭示了如何将抽象解释技术应用到量子程序中。

1.2 量子编程的方法

很自然地，对量子编程的研究是从将经典程序设计模型、方法和技术扩展到量子领域开始的。正如 1.1 节所述，相关研究人员已经设计了命令式和函数式量子编程语言，并对许多经典程序的语义模型、验证和分析技术进行了扩展，使其可以适用于量子编程。

量子编程的最终目的是最大限度地发挥量子计算机的计算能力。相较于现有的计算机，量子计算机的主要优势来源于它的并行性 —— 量子叠加态，以及由此衍生出来的诸如量子纠缠的概念。所以，量子编程中的一个关键问题就是如何将量子并行性的优势与现有的传统编程模型进行结合。在我看来，可以通过如下两种叠加范式来解决这个问题。

1.2.1 数据叠加 —— 带经典控制的量子程序

数据叠加范式的主要思路是引入一类可以操控量子数据的程序结构，比如幺正变换、量子测量等。但是，使用这类范式的量子程序的控制流与经典编程中的控制流非常相似。举例来说，在经典编程中，一般用于定义控制流的基本程序结构是条件语句 (**if** ⋯ **then** ⋯ **else** ⋯ **fi**)，或者更具一般性的 case 语句：

$$\mathbf{if}(\square i \cdot G_i \rightarrow P_i)\mathbf{fi} \tag{1.1}$$

对于任意的 i，子程序 P_i 由布尔表达式 G_i 所控制，且只有当 G_i 是 true 的时候才会执行 P_i。对公式 (1.1) 的一个很自然的量子化扩展是基于测量的 case 语句：

$$\mathbf{if}(\square i \cdot M[q] = m_i \rightarrow P_i)\mathbf{fi} \tag{1.2}$$

其中 q 是量子变量，M 是对 q 进行的测量操作，$m_1, \cdots, m_n$ 是测量 M 所有可能的结果。对于任意的 i，P_i 都是一个量子子程序。该语句会根据测量 M 的结果选择一条命令去执行：如果输出是 m_i，那么会执行相应的程序 P_i。因为是根据经典信息 —— 量子测量的结果来选择需要执行的程序的，所以我们将上述过程称为使用经典控制的量子编程。因此，可以基于这类 case 语句对量子编程中其他的程序结构（比如循环和递归）的控制流进行定义。

因为输入的数据和程序计算的都是量子数据，即数据叠加，但程序本身不允许叠加，所 **6** 以我们将上述编程范式称为数据叠加范式。因为程序中的数据流是量子的，但是控制流仍然是经典的，所以 Selinger 将这类范式精准地描述为"量子数据，经典控制"[194]。

目前关于量子编程的主要研究方向是数据叠加范式，该范式使用经典控制流对量子编程进行处理。

1.2.2 程序叠加 —— 带量子控制的量子程序

受量子游走的结构 [9,19] 启发，人们发现还可以用一类在本质上与数据叠加范式完全不同的方法 [232-233] 定义量子编程中的 case 语句 —— 由量子"硬币"控制的量子 case 语句：

$$\mathbf{qif}[c](\Box i \cdot |i\rangle \to P_i)\mathbf{fiq} \tag{1.3}$$

其中 $|i\rangle$ 是外部"硬币"系统 c 的状态希尔伯特空间的一组标准正交基，根据"硬币"空间 $|i\rangle$ 的基态来选择子程序 P_i 去执行。因为态是可以叠加的，所以这是量子信息而非经典信息。此外，我们可以定义量子选择：

$$[C]\left(\bigoplus_i |i\rangle \to P_i\right) \triangleq C[c]; \mathbf{qif}[c](\Box i \cdot |i\rangle \to P_i)\mathbf{fiq} \tag{1.4}$$

直观上而言，量子选择 (1.4) 通过"掷硬币"程序 C 构造子程序 $P_1, \cdots, P_n$ 的执行路径的叠加态，然后再执行量子 case 语句。在量子 case 语句的执行过程中，每一个子程序 P_i 都在自己的执行路径上独立运行，且它们各自的执行路径都包含于 $P_1, \cdots, P_n$ 所组成的叠加态中。我们可以基于这类量子 case 语句和量子选择对一些新的量子程序结构进行定义，比如量子递归。

我们将这类量子编程方法称为程序叠加范式。从量子 case 语句和量子选择中可以发现，程序叠加范式中的控制流具有天然的量子特性。所以，可以将这类范式描述为"量子数据，量子控制"⊖。

必须承认，这种范式还处于发展的初级阶段，还有一系列基础性的问题没有解决。但另一方面，我坚信这种范式引入了一种新的考虑量子编程的方法，这种方法可以帮助程序员进一步开拓量子计算强大的计算能力。 **7**

1.3 全书结构

这本书以从数据叠加到量子叠加为线索，对量子编程理论基础进行了系统的论述。本书主要介绍命令式函数编程，但是大多数的观点和技术也同样可以推广到函数式量子编程中。

本书分为以下四个部分：

- 第一部分包括本章和第 2 章（预备知识）。阅读本书首先需要对量子力学、量子计算和编程语言有大致的了解。第 2 章对量子力学和量子计算所需的基础知识进行了介绍。至于编程语言理论，建议读者查阅标准教科书，如 [21,158,162,200]。

⊖ 文献 [14] 及其一系列的附录中使用"量子数据，量子控制"这一标语来描述的一类量子程序的设计思路与此处介绍的完全不同。

- 第二部分研究数据叠加范式中带经典控制的量子程序，共分为三章。第 3 章详细地介绍了带经典控制（条件语句、循环和递归）的量子程序的语法、操作语义和指称语义。第 4 章介绍了对带经典控制的量子程序的正确性进行推理论证的逻辑基础。第 5 章设计了一系列用于分析带经典控制的量子程序的数学工具和算法技术。

- 第三部分研究程序叠加范式中带量子控制的量子程序，分为两章。第 6 章定义了量子 case 语句和量子选择及其语义，并建立了一套可以对包含量子 case 语句和量子选择在内的量子程序进行推理的代数法则。第 7 章举例说明了如何使用量子 case 语句和量子选择来定义带量子控制的递归。此外，还通过二次量子化（即一类处理可能包含不同数量粒子的量子系统的数学框架）对这类递归的语义进行了定义。

- 第四部分由独立的一章组成，列举了几个在量子编程方面很重要却没有在上述部分提及的问题，并指出下一步计划研究的几个方向。

各个章节之间的依赖关系如图 1.1 所示。

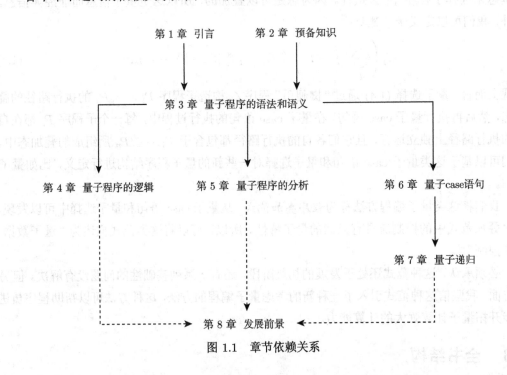

图 1.1　章节依赖关系

- **关于阅读本书**：从图 1.1 中，我们发现可以通过以下三种路径完成对本书的阅读：
  - *路径 1*：第 2 章 → 第 3 章 → 第 4 章。这条路径针对对量子程序的逻辑感兴趣的读者。
  - *路径 2*：第 2 章 → 第 3 章 → 第 5 章。这条路径针对对量子程序的分析感兴趣的读者。
  - *路径 3*：第 2 章 → 第 3 章 → 第 6 章 → 第 7 章。这条路径针对想要学习数据叠加范式和程序叠加范式的量子程序结构的读者。

    当然，从头到尾读完本书，读者才能得到一幅关于量子编程的全景画面。
- **教学建议**：关于量子编程的短期课程可以基于第 2 章和第 3 章来进行教学。此外，本

8

书的第一部分和第二部分可以作为本科生或者研究生一个学期或者两个学期的课程内容。如果是一个学期的课程,那么教学安排可以根据前面介绍的前两条路径之一进行设计。因为带量子控制的量子编程理论(程序叠加范式)仍处于发展的初级阶段,所以最好将第 6 章和第 7 章的内容作为研讨班的材料而非教学课程内容。

- **练习**:本书中有一些引理和命题的证明留作练习。它们通常都不太难,通过完成这些练习,读者可以更好地理解相关内容。
- **研究问题**:本书第二部分和第三部分每章的最后都会给出一些未来有待研究的问题。
- **文献注解**:第 2 章到第 7 章的最后一节都是文献注解,给出了引用和参考文献,并为接下来的阅读提供建议。本书最后提供了完整的参考文献,包括按照首字母排序的引用文献和推荐阅读书目的列表。
- **勘误**:我很乐意收到关于本书的任何意见和建议。如果你找到本书中的任何问题,请将这些错误信息通过 E-mail 的形式发送给 Mingsheng.Ying@uts.edu.au 或者 yingmsh@ tsinghua.edu.cn。

9
~
10

预备知识

本章将对全书使用的量子力学和量子计算的基本概念与符号进行介绍。

- 当然，量子编程理论是基于量子力学构建的。所以，2.1 节介绍了量子力学的希尔伯特空间表示，这是本书的数学基础。

- 2.2 节介绍了量子线路。纵观历史，几个主要的量子算法被设计出来的时候还没有任何量子编程语言存在。所以通常使用量子线路作为计算模型来对这些量子算法进行描述。

- 2.3 节介绍了一些基本的量子算法。这一节主要是为了给量子程序设计提供例子，而非系统地阐述量子算法。因此本节并不会介绍太多复杂的量子算法。

为了使读者能够尽快进入本书的核心内容 —— 量子程序设计，我会尽力缩短本章的篇幅。因此，本章列举的材料都非常简洁。初学者可以从本章开始学习，但同时建议阅读 [174] 一书的第 2、4、5、6 和 8 章，这样可以更好地理解本章所介绍的概念。另一方面，如果读者已经从标准教科书（例如 [174]）学习过这些材料，那么建议直接跳过本章，仅将本章用于符号检索。

2.1   量子力学

量子力学是一门基础性的物理学科，主要研究原子以及亚原子尺度上的物理现象。量子力学的一般形式是基于四个基本假设来进行阐述的。我们将更多地通过数学的方式来对这些基本假设进行介绍，而并不会在物理学上对它们进行过多解释。希望这样做可以为读者掌握量子编程提供捷径。

2.1.1   希尔伯特空间

我们通常将希尔伯特空间作为量子系统的状态空间。它是基于向量空间的概念进行定义的。我们将 $\mathbb{C}$ 记为复数的集合。对于任意一个复数 $\lambda = a + bi \in \mathbb{C}$，它的共轭复数为 $\lambda^* = a - bi$。在量子力学中，我们采用狄拉克符号代表向量，如 $|\varphi\rangle$ 和 $|\psi\rangle$ 等。

定义 2.1.1   （复）向量空间是一个非空的集合 $\mathscr{H}$，且具有如下两种操作:

- 向量加法 $+: \mathscr{H} + \mathscr{H} \to \mathscr{H}$。
- 标量乘法 $\cdot: \mathbb{C} \cdot \mathscr{H} \to \mathscr{H}$。

它还满足如下条件:

(1) + 满足交换律: 对于任意的 $|\varphi\rangle, |\psi\rangle \in \mathscr{H}, |\psi\rangle + |\varphi\rangle = |\varphi\rangle + |\psi\rangle$。

(2) + 满足结合律: 对于任意的 $|\varphi\rangle, |\psi\rangle, |\chi\rangle \in \mathscr{H}, |\varphi\rangle + (|\psi\rangle + |\chi\rangle) = (|\varphi\rangle + |\psi\rangle) + |\chi\rangle$。

(3) + 具有零元素 0, 称为零向量, 它满足: 对于任意的 $|\varphi\rangle \in \mathscr{H}, 0 + |\varphi\rangle = |\varphi\rangle$。

(4) 任意的 $|\varphi\rangle \in \mathscr{H}$ 都有逆向量 $-|\varphi\rangle$，满足：$|\varphi\rangle + (-|\psi\rangle) = 0$。

(5) 对于任意的 $|\varphi\rangle \in \mathscr{H}$，有 $1|\varphi\rangle = |\varphi\rangle$。

(6) 对于任意的 $|\varphi\rangle \in \mathscr{H}$，$\lambda, \mu \in \mathbb{C}$，$\lambda(\mu|\varphi\rangle) = \lambda\mu|\varphi\rangle$。

(7) 对于任意的 $|\varphi\rangle \in \mathscr{H}$，$\lambda, \mu \in \mathbb{C}$，$(\lambda + \mu)|\varphi\rangle = \lambda|\varphi\rangle + \mu|\varphi\rangle$。

(8) 对于任意的 $|\varphi\rangle, |\psi\rangle \in \mathscr{H}$，$\lambda \in \mathbb{C}$，$\lambda(|\varphi\rangle + |\psi\rangle) = \lambda|\varphi\rangle + \lambda|\psi\rangle$。

还需要如下知识来帮助我们更好地理解希尔伯特空间的概念：

定义 2.1.2　内积空间是指具有内积的向量空间 $\mathscr{H}$；即存在一种映射关系

$$\langle \cdot | \cdot \rangle : \mathscr{H} \times \mathscr{H} \to \mathbb{C}$$

满足如下条件：对于任意的 $|\varphi\rangle, |\psi\rangle, |\psi_1\rangle, |\psi_2\rangle \in \mathscr{H}$，$\lambda_1, \lambda_2 \in \mathbb{C}$，都有

(1) $\langle \varphi | \varphi \rangle \geqslant 0$，等号成立当且仅当 $|\varphi\rangle = 0$。

(2) $\langle \varphi | \psi \rangle = \langle \psi | \varphi \rangle^*$。

(3) $\langle \varphi | \lambda_1 \psi_1 + \lambda_2 \psi_2 \rangle = \lambda_1 \langle \varphi | \psi_1 \rangle + \lambda_2 \langle \varphi | \psi_2 \rangle$。

对于任意的向量 $|\varphi\rangle, |\psi\rangle \in \mathscr{H}$，我们称复数 $\langle \varphi | \psi \rangle$ 为 $|\varphi\rangle$ 和 $|\psi\rangle$ 的内积。有时候也将 $\langle \varphi | \psi \rangle$ 记为 $(|\varphi\rangle, |\psi\rangle)$。如果 $\langle \varphi | \psi \rangle = 0$，那么称 $|\varphi\rangle$ 和 $|\psi\rangle$ 是正交的，并记为 $|\varphi\rangle \perp |\psi\rangle$。向量 $|\psi\rangle$ 的长度为：

$$||\psi|| = \sqrt{\langle \psi | \psi \rangle}$$

如果 $||\psi|| = 1$，那么称它为单位向量。

极限的概念可以从向量长度的角度来定义。

定义 2.1.3　令 $\{|\psi_n\rangle\}$ 是一列属于 $\mathscr{H}$ 的向量且 $|\psi\rangle \in \mathscr{H}$。

(1) 如果对于任意的 $\epsilon > 0$，都存在一个正整数 N 使得对于所有的 $m, n \geqslant N$ 都满足 $||\psi_m - \psi_n|| < \epsilon$，那么称 $\{|\psi_n\rangle\}$ 为柯西序列。

(2) 如果对于任意的 $\epsilon > 0$，都存在一个正整数 N 使得对于所有的 $n \geqslant N$ 都满足 $||\psi_n - \psi|| < \epsilon$，那么称 $|\psi\rangle$ 为 $\{|\psi_n\rangle\}$ 的极限，并记为 $|\psi\rangle = \lim_{n\to\infty} |\psi_n\rangle$。

现在我们给出希尔伯特空间的定义。

定义 2.1.4　希尔伯特空间是一个完备的内积空间，即在这个内积空间内任何一个柯西序列的向量序列都有极限。

希尔伯特空间的基可以帮助我们更好地理解希尔伯特空间的结构。本书中，我们仅考虑有限维的或者可数无限⊖维（独立）的希尔伯特空间。

定义 2.1.5　一个有限或者可数无限的单位向量簇 $\{|\psi_i\rangle\}$ 如果满足如下条件，就可以称为 $\mathscr{H}$ 的一组标准正交基：

(1) $\{|\psi_i\rangle\}$ 是两两正交的：对于任意的 i, j 且 $i \neq j$，都有 $|\psi_i\rangle \perp |\psi_j\rangle$。

(2) $\{|\psi_i\rangle\}$ 可以扩展成整个 $\mathscr{H}$ 空间：任意的 $|\psi\rangle \in \mathscr{H}$，都可以通过线性组合 $|\psi\rangle = \sum_i \lambda_i |\psi_i\rangle$ 进行表示，其中 $\lambda_i \in \mathbb{C}$ 且 $|\psi_i\rangle$ 的数量是有限的。

⊖ "可数无限集"（countable infinite set）这个术语代表能和自然数集本身一一对应的集合。可数无限集的元素，正如其名，是"可以计数"的：尽管计数可能永远无法终止，但集合中每一个特定的元素都将对应一个自然数。例如，$\{x | x > 2\}$ 是不可数无限集，而 $\{2, 4, 6, 8, 10, \cdots, 2n, \cdots\}$ 是可数无限集。—— 译者注

任意两组标准正交基中向量的数量是相同的。我们将它称作空间 $\mathscr{H}$ 的维度，并记为 $\dim\mathscr{H}$。特别地，如果一组标准正交基中包含无数个向量，那么称 $\mathscr{H}$ 的维度是无限的，并记为 $\dim\mathscr{H} = \infty$。

在量子程序设计中，只有当数据类型是无限（比如整数）的时候才会用到无限维度的希尔伯特空间。如果读者觉得无限维度的希尔伯特空间以及相关概念（比如定义 2.1.3 中的极限，定义 2.1.6 中的闭子空间）很难理解的话，那么只需要理解有限维希尔伯特空间并掌握一些初等线性代数的知识，就能够理解本书的重点。

当 $\mathscr{H}$ 的维度有限时，例如 $\dim\mathscr{H} = n$，假设有一组固定的标准正交基 $\{|\psi_1\rangle, |\psi_2\rangle, \cdots, |\psi_n\rangle\}$，那么所有属于 $\mathscr{H}$ 的向量 $|\psi\rangle = \sum_{i=1}^{n} \lambda_i |\psi_i\rangle$ 都可以通过 $\mathbb{C}^n$ 中的向量来表示：

$$\begin{bmatrix} \lambda_1 \\ \vdots \\ \lambda_n \end{bmatrix}$$

子空间的概念对于理解希尔伯特空间也非常重要。

定义 2.1.6 令 $\mathscr{H}$ 是一个希尔伯特空间。

(1) 如果 $X \subseteq \mathscr{H}$，并且对于任意的 $|\varphi\rangle, |\psi\rangle \in X, \lambda \in \mathbb{C}$，都满足：

    (a) $|\varphi\rangle + |\psi\rangle \in X$

    (b) $\lambda|\varphi\rangle \in X$

那么就称 X 为 $\mathscr{H}$ 的子空间。

(2) 对于每一个 $X \subseteq \mathscr{H}$，它的闭包 $\overline{X}$ 是 X 中序列 $\{|\psi_n\rangle\}$ 的极限 $\lim_{n\to\infty} |\psi_n\rangle$ 的集合。

(3) 如果 $\overline{X} = X$，则 X 是 $\mathscr{H}$ 的闭子空间。

对于任意的子集 $X \subseteq \mathscr{H}$，由 X 扩展的空间：

$$\mathrm{span}X = \left\{ \sum_{i=1}^{n} \lambda_i |\psi_i\rangle : n \geqslant 0, \lambda_i \in \mathbb{C} \text{ 且 } |\psi_i\rangle \in X(i = 1, \cdots, n) \right\} \tag{2.1}$$

是包含 X 的 $\mathscr{H}$ 的最小子空间。换言之，$\mathrm{span}X$ 是 X 生成的 $\mathscr{H}$ 的子空间。此外，$\overline{\mathrm{span}X}$ 是由 X 产生的闭子空间。

我们在前面已经对两个向量的正交进行了定义。对其进行扩展，可以得到对两个向量集合之间正交关系的定义。

定义 2.1.7 令 $\mathscr{H}$ 是希尔伯特空间。

(1) 对于任意的 $X, Y \subseteq \mathscr{H}$，如果对所有的 $|\varphi\rangle \in X, |\psi\rangle \in Y$ 均有 $|\varphi\rangle \perp |\psi\rangle$，那么称 X 与 Y 是正交的，并记为 $X \perp Y$。特别地，如果 X 只有一个元素 $\{|\varphi\rangle\}$，那么简单地记作 $|\varphi\rangle \perp Y$。

(2) 令 X 是 $\mathscr{H}$ 的闭子空间，那么它的正交补为：

$$X^{\perp} = \{|\varphi\rangle \in \mathscr{H} : |\varphi\rangle \perp X\}$$

正交补 $X^{\perp}$ 也是 $\mathscr{H}$ 的闭子空间，且对于 $\mathscr{H}$ 的任一闭子空间都有 $(X^{\perp})^{\perp} = X$。

定义 2.1.8　令 $\mathscr{H}$ 是一个希尔伯特空间, X 和 Y 是它的两个子空间, 那么

$$X \oplus Y = \{|\varphi\rangle + |\psi\rangle : |\varphi\rangle \in X \text{ 且 } |\psi\rangle \in Y\}$$

称为 X 与 Y 的和。

可以将上述定义直接扩展到多个 $\mathscr{H}$ 的子空间 X_i 的和 $\oplus_{i=1}^{n} X_i$。特别地, 如果 $X_i (1 \leqslant i \leqslant n)$ 与其他子空间相互正交, 那么可以将 $\oplus_{i=1}^{n} X_i$ 称为正交和。

通过上述准备工作, 我们可以对量子力学第一基本假设进行介绍:

- **量子力学第一基本假设**: 可以用希尔伯特空间来表示一个封闭 (即孤立) 的量子系统的状态空间, 且这个系统中的纯态[⊖]可以通过状态空间中的单位向量来描述。

通常将态 $|\psi_1\rangle, \cdots, |\psi_n\rangle$ 的线性组合 $|\psi\rangle = \sum_{i=1}^{n} \lambda_i |\psi_i\rangle$ 称为这些态的**叠加态**, 复系数 λ_i 称为**概率幅**。

例子 2.1.1　将比特的概念进行量子化扩展, 可以得到量子比特的概念。量子比特的状态空间是一个二维的希尔伯特空间:

$$\mathscr{H}_2 = \mathbb{C}^2 = \{\alpha|0\rangle + \beta|1\rangle : \alpha, \beta \in \mathbb{C}\}$$

14

$\mathscr{H}_2$ 的内积可以这样定义:

$$(\alpha|0\rangle + \beta|1\rangle, \alpha'|0\rangle + \beta'|1\rangle) = \alpha^* \alpha' + \beta^* \beta'$$

对于所有的 $\alpha, \alpha', \beta, \beta' \in \mathbb{C}$ 都成立。$\{|0\rangle, |1\rangle\}$ 是 $\mathscr{H}_2$ 的一组标准正交基, 通常称为**可计算基矢**。可以将向量 $|0\rangle, |1\rangle$ 表示为:

$$|0\rangle = \begin{bmatrix} 1 \\ 0 \end{bmatrix}, \quad |1\rangle = \begin{bmatrix} 0 \\ 1 \end{bmatrix}$$

量子比特的状态可以通过单位向量 $|\psi\rangle = \alpha|0\rangle + \beta|1\rangle$ 来描述, 其中 $|\alpha|^2 + |\beta|^2 = 1$。下面两个向量:

$$|+\rangle = \frac{|0\rangle + |1\rangle}{\sqrt{2}} = \frac{1}{\sqrt{2}} \begin{bmatrix} 1 \\ 1 \end{bmatrix}, \quad |-\rangle = \frac{|0\rangle - |1\rangle}{\sqrt{2}} = \frac{1}{\sqrt{2}} \begin{bmatrix} 1 \\ -1 \end{bmatrix}$$

是另一组标准正交基。它们都是 $|0\rangle$ 和 $|1\rangle$ 的叠加态。二维希尔伯特空间 $\mathscr{H}_2$ 也可以被视作经典的布尔数据类型的量子化对应物。

例子 2.1.2　本书中另一类常用的希尔伯特空间是平方可求和序列空间:

$$\mathscr{H}_\infty = \left\{ \sum_{n=-\infty}^{\infty} \alpha_n |n\rangle : \alpha_n \in \mathbb{C}, \quad \text{对于所有的 } n \in \mathbb{Z}, \sum_{n=-\infty}^{\infty} |\alpha_n|^2 < \infty \text{ 都成立} \right\}$$

其中 $\mathbb{Z}$ 是整数集合。$\mathscr{H}_\infty$ 的内积被定义为:

$$\left(\sum_{n=-\infty}^{\infty} \alpha_n |n\rangle, \sum_{n=-\infty}^{\infty} \alpha'_n |n\rangle \right) = \sum_{n=-\infty}^{\infty} \alpha_n^* \alpha'_n$$

⊖ 纯态 (pure state) 由一个统计系综 (ensemble) 所构成, 而相对于纯态的混态 (mixed state) 则可以分解为两个以上的系综。——译者注

对于所有的 $\alpha_n, \alpha_n' \in \mathbb{C}(-\infty < n < \infty)$ 都成立。$\{|n\rangle : n \in \mathbb{Z}\}$ 是一组标准正交基，且 $\mathscr{H}_\infty$ 是一个无限维空间。可以将这个希尔伯特空间理解为经典的整数型变量的量子化对应物。

练习 2.1.1 验证上述两个例子中的内积满足定义 2.1.2 中的三条性质。

2.1.2 线性算子

在上一节中我们研究了量子系统的静态描述，并将其状态空间命名为希尔伯特空间。现在我们继续研究如何对动态的量子系统进行描述。量子系统的演化及其上的所有操作都可以通过希尔伯特空间上的线性算子来描述。所以本节将对线性算子及其矩阵表示进行研究。

定义 2.1.9 令 $\mathscr{H}$ 和 $\mathscr{K}$ 是希尔伯特空间，映射：

$$A : \mathscr{H} \to \mathscr{K}$$

如果对于任意的 $|\varphi\rangle, |\psi\rangle \in \mathscr{H}$ 和 $\lambda \in \mathbb{C}$ 都满足如下条件：

(1) $A(|\varphi\rangle + |\psi\rangle) = A|\varphi\rangle + A|\psi\rangle$

(2) $A(\lambda|\psi\rangle) = A\lambda|\psi\rangle$

就称它为线性算子。

如果一个算子是 $\mathscr{H}$ 到它自身的映射，那么称该算子为 $\mathscr{H}$ 中的算子。如果 $\mathscr{H}$ 中的一个算子把每个向量都映射成这个向量本身，那么就将这个算子称为 $\mathscr{H}$ 中的单位算子，并记作 $I_\mathscr{H}$；如果 $\mathscr{H}$ 中的一个算子把每个向量都映射成 $\mathscr{H}$ 中的零向量，那么就将这个算子称为 $\mathscr{H}$ 中的零算子，并记作 $0_\mathscr{H}$。对于任意的向量 $|\varphi\rangle, |\psi\rangle \in \mathscr{H}$，可以将它们的外积定义为算子 $|\varphi\rangle\langle\psi|$：

$$(|\varphi\rangle\langle\psi|)|\chi\rangle = \langle\psi|\chi\rangle|\varphi\rangle$$

对于所有的 $|\chi\rangle \in \mathscr{H}$ 都成立。投影算子是一类简单且实用的算子。令 X 是 $\mathscr{H}$ 的一个闭子空间且 $|\psi\rangle \in \mathscr{H}$，那么存在唯一的 $|\psi_0\rangle \in X$ 和 $|\psi_1\rangle \in X^\perp$ 满足：

$$|\psi\rangle = |\psi_0\rangle + |\psi_1\rangle$$

将向量 $|\psi_0\rangle$ 称为 $|\psi\rangle$ 在 X 上的投影，并记作 $|\psi_0\rangle = P_X|\psi\rangle$。

定义 2.1.10 对于 $\mathscr{H}$ 的任意闭子空间 X，可以将算子

$$P_X : \mathscr{H} \to X, \quad |\psi\rangle \mapsto P_X|\psi\rangle$$

称为在 X 上进行的投影变换。

练习 2.1.2 证明：如果 $\{|\psi_i\rangle\}$ 是 X 的一组标准正交基，那么 $P_X = \sum_i |\psi_i\rangle\langle\psi_i|$。

本书只考虑有界算子。有界算子的定义为：

定义 2.1.11 对于 $\mathscr{H}$ 上的算子 A，如果存在常数 $C \geqslant 0$ 满足：

$$\||A|\psi\rangle\| \geqslant C \cdot \||\psi\||$$

对于所有的 $|\psi\rangle \in \mathscr{H}$ 都成立，那么称该算子是有界的。可以将算子 A 的范数定义为一个非负数$^\ominus$：

$$\|A\| = \inf\{C \geqslant 0 : \||A|\psi\rangle\| \leqslant C \cdot \||\psi\||, \text{对于任意的 } \psi \in \mathscr{H} \text{ 都成立}\}$$

$\ominus$ inf 表示下确界，即最大下界。—— 译者注

将 $\mathscr{H}$ 中有界算子的集合记为 $\mathscr{L}(\mathscr{H})$。

有限维希尔伯特空间内的所有算子都是有界的。

在通过将现有算子进行组合来产生新算子时，算子的运算法则很有用。我们可以自然而然地将算子的加法、标量乘法和组合定义为：对于任意的 $A, B \in \mathscr{L}(\mathscr{H}), \lambda \in \mathbb{C}, |\psi\rangle \in \mathscr{H}$，都有

$$(A + B)|\psi\rangle = A|\psi\rangle + B|\psi\rangle$$
$$(\lambda A)|\psi\rangle = \lambda(A|\psi\rangle)$$
$$(BA)|\psi\rangle = B(A|\psi\rangle)$$

16

练习 2.1.3　证明满足加法和标量乘法的集合 $\mathscr{L}(\mathscr{H})$ 是一个向量空间。

我们也可以对算子的正定性以及多个算子之间的序和距离进行定义。

定义 2.1.12　对于一个算子 $A \in \mathscr{L}(\mathscr{H})$，如果满足对于所有的态 $|\psi\rangle \in \mathscr{H}$，$\langle\psi|A|\psi\rangle$ 都是一个非负实数，即 $\langle\psi|A|\psi\rangle \geqslant 0$，那么就称这个算子是正定的。

定义 2.1.13　将 Löwner 序 $\sqsubseteq$ 定义为：对于任意的 $A, B \in \mathscr{L}(\mathscr{H}), A \sqsubseteq B$ 当且仅当 $B - A = B + (-1)A$ 是正定的。

定义 2.1.14　令 $A, B \in \mathscr{L}(\mathscr{H})$，则它们之间的距离为$^\ominus$：

$$d(A, B) = \sup_{|\psi\rangle} \||A|\psi\rangle - B|\psi\rangle\| \tag{2.2}$$

其中 $|\psi\rangle$ 代表了 $\mathscr{H}$ 中所有的纯态（即单位向量）。

算子的矩阵表示

有限维希尔伯特空间中的算子可以通过矩阵的形式表示，这在应用中非常方便。读者在读完这部分内容后，通过类比之前学过的初等线性代数知识，可以更好地理解前面定义的那些抽象概念。

如果 $\{|\psi_i\rangle\}$ 是 $\mathscr{H}$ 的一组标准正交基，那么算子 A 就由 A 作用在这组基向量 $|\psi_i\rangle$ 上的像 $A|\psi_i\rangle$ 唯一确定。特别地，当 $\mathscr{H}$ 的维度 n 是有限的情况时，假设有一组固定的标准正交基 $\{|\psi_1\rangle, \cdots, |\psi_n\rangle\}$，那么可以将 A 通过一个 $n \times n$ 的复矩阵来表示：

$$A = (a_{ij})_{n \times n} = \begin{bmatrix} a_{11} & \cdots & a_{1n} \\ \vdots & & \vdots \\ a_{n1} & \cdots & a_{nn} \end{bmatrix}$$

其中：

$$a_{ij} = \langle\psi_i|A|\psi_j\rangle = (|\psi_i\rangle, A|\psi_j\rangle)$$

$\ominus$　sup 表示上确界，即最小上界。—— 译者注

对于所有的 $i,j = 1, \cdots, n$ 都成立。此外，算子 A 作用在向量 $|\psi\rangle = \sum_{i=1}^{n} \alpha_i |\psi_i\rangle \in \mathscr{H}$ 上的像可以通过矩阵 $A = (a_{ij})_{n \times n}$ 与向量 $|\psi\rangle$ 之积来表示：

$$A|\psi\rangle = A \begin{bmatrix} \alpha_1 \\ \vdots \\ \alpha_n \end{bmatrix} = \begin{bmatrix} \beta_1 \\ \vdots \\ \beta_n \end{bmatrix}$$

其中 $\beta_i = \sum_{j=1}^{n} a_{ij} \alpha_j$ 对于所有的 $i = 1, \cdots, n$ 都成立。举例来说，$I_{\mathscr{H}}$ 是一个单位矩阵，$0_{\mathscr{H}}$ 是一个零矩阵，如果有：

$$|\varphi\rangle = \begin{bmatrix} \alpha_1 \\ \vdots \\ \alpha_n \end{bmatrix}, \quad |\psi\rangle = \begin{bmatrix} \beta_1 \\ \vdots \\ \beta_n \end{bmatrix}$$

它们的外积是矩阵 $|\varphi\rangle\langle\psi| = (a_{ij})_{n \times n}$，其中对于所有的 $i,j = 1, \cdots, n$ 都有 $a_{ij} = \alpha_i \beta_j^*$。本书对有限维希尔伯特空间的算子及其矩阵表示不做区分。

练习 2.1.4 证明在有限维希尔伯特空间中，算子的加法、标量乘法和组合分别与该算子矩阵表示的加法、标量乘法和矩阵乘法是等价的。

2.1.3 幺正变换

2.1.1 节介绍了量子力学第一基本假设，该假设对量子系统进行了静态描述。本节中，我们将用上一节给出的数学工具对量子系统的演化进行描述。

量子系统的连续时间演化是通过所谓的薛定谔偏微分方程描述的。但在量子计算中，我们通常只对系统的离散时间演化进行研究，即幺正变换。对于任意的算子 $A \in \mathscr{L}(\mathscr{H})$，在空间 $\mathscr{H}$ 中都存在唯一的线性算子 $A^\dagger$，满足：

$$(A|\varphi\rangle, |\psi\rangle) = (|\varphi\rangle, A^\dagger|\psi\rangle)$$

对于所有的 $|\varphi\rangle, |\psi\rangle \in \mathscr{H}$ 都成立。我们将算子 $A^\dagger$ 称为 A 的伴随算子。特别地，如果 n 维希尔伯特空间中的一个算子是通过矩阵 $A = (a_{ij})_{n \times n}$ 来表示的，那么它的伴随算子可以通过 A 的转置共轭矩阵来表示：

$$A^\dagger = (b_{ij})_{n \times n}$$

其中对于任意的 $i,j = 1, \cdots, n$，都有 $b_{ij} = a_{ji}^*$。

定义 2.1.15 $U \in \mathscr{L}(\mathscr{H})$ 是一个有界算子。如果 U 的伴随算子与它的逆相同，即

$$U^\dagger U = UU^\dagger = I_{\mathscr{H}}$$

那么称 U 为幺正变换。

所有的幺正变换都是保内积的，即

$$(U|\varphi\rangle, U|\psi\rangle) = \langle\varphi|\psi\rangle$$

对于所有的 $|\varphi\rangle, |\psi\rangle \in \mathscr{H}$ 都成立。当 $\mathscr{H}$ 的空间维度有限时，$U^\dagger U = I_\mathscr{H}$ 与 $UU^\dagger = I_\mathscr{H}$ 是等价的。如果 $\dim \mathscr{H} = n$，那么 $\mathscr{H}$ 中的幺正变换可以通过一个 $n \times n$ 的幺正矩阵 U 来表示，即矩阵 U 满足 $U^\dagger U = I_n$，其中 I_n 是一个 n 维单位矩阵。

下面这条引理给出一种定义幺正算子的有用的技术：

引理 2.1.1　假设 $\mathscr{H}$ 是一个有限维希尔伯特空间且 $\mathscr{K}$ 是它的一个闭子空间。如果线性算子 $U: \mathscr{K} \to \mathscr{H}$ 是保内积的，即

$$(\langle U|\varphi\rangle, \langle U|\psi\rangle) = \langle\varphi|\psi\rangle$$

对于任意的 $|\varphi\rangle, |\psi\rangle \in \mathscr{K}$ 都成立，那么空间 $\mathscr{H}$ 中存在一个幺正算子 V，它是对算子 U 在 $\mathscr{H}$ 下的扩展，即 $V|\psi\rangle = U|\psi\rangle$ 对于任意的 $|\psi\rangle \in \mathscr{K}$ 都成立。

练习 2.1.5　证明引理 2.1.1。

现在我们准备介绍量子力学第二基本假设：

- **量子力学第二基本假设**：假设一个封闭的量子系统（即该系统和外部环境没有交互）在时间 t_0 和 t 的状态分别为 $|\psi_0\rangle$ 和 $|\psi\rangle$，那么它们之间通过幺正算子 U 相互关联，且该算子只取决于时间 t_0 和 t，

$$|\psi\rangle = U|\psi_0\rangle$$

下面两个简单的例子可以帮助读者更好地理解这个基本假设。

例子 2.1.3　Hadamard 变换是二维希尔伯特空间 $\mathscr{H}_2$ 中一种常见的作用于量子比特的幺正算子：

$$H = \frac{1}{\sqrt{2}} \begin{bmatrix} 1 & 1 \\ 1 & -1 \end{bmatrix}$$

它可以将处在可计算基矢 $|0\rangle$ 和 $|1\rangle$ 的量子比特转换为叠加态：

$$H|0\rangle = H \begin{bmatrix} 1 \\ 0 \end{bmatrix} = \frac{1}{\sqrt{2}} \begin{bmatrix} 1 \\ 1 \end{bmatrix} = |+\rangle$$

$$H|1\rangle = H \begin{bmatrix} 0 \\ 1 \end{bmatrix} = \frac{1}{\sqrt{2}} \begin{bmatrix} 1 \\ -1 \end{bmatrix} = |-\rangle$$

例子 2.1.4　令 k 是一个整数，那么可以在无限维希尔伯特空间 $\mathscr{H}_\infty$ 上定义 k-平移算子 T_k：

$$T_k|n\rangle = |n+k\rangle$$

对于所有的 $n \in \mathbb{Z}$ 都成立。很容易验证 T_k 是一个幺正算子。特别地，我们记 $T_L = T_{-1}$ 且 $T_R = T_1$，它们可以将一个粒子从当前所处位置分别向左或者右移动一个位置。

读者可以在 2.2 节看到更多关于幺正变换的例子，在那里幺正变换用于制备量子线路中的量子逻辑门。

18

2.1.4 量子测量

通过前面两个小节，我们已经掌握了如何对量子系统进行静态和动态的描述。对量子系统的观测是通过量子测量来完成的。量子测量的定义为：

- **量子力学第三基本假设**：对状态空间为 $\mathcal{H}$ 的量子系统进行的测量可以通过一系列算子 $\{M_m\} \subseteq \mathcal{L}(\mathcal{H})$ 来刻画，且这些算子满足归一化条件：

$$\sum_m M_m^\dagger M_m = I_{\mathcal{H}} \tag{2.3}$$

其中 M_m 称为测量算子，索引 m 代表测量时可能得到的结果。如果在测量之前的一瞬间，这个量子系统的状态是 $|\psi\rangle$，那么对于任意的 m，测量得到 m 的概率为：

$$p(m) = ||M_m|\psi\rangle||^2 = \langle\psi|M_m^\dagger M_m|\psi\rangle \quad \text{（波恩规则）}$$

该系统在获得测量结果 m 之后的状态为：

$$|\psi_m\rangle = \frac{M_m|\psi\rangle}{\sqrt{p(m)}}$$

很容易发现，归一化条件 (2.3) 意味着所有测量结果的概率之和 $\sum_m p(m) = 1$。

接下来这个例子可以帮助读者更好地理解上述假设。

例子 2.1.5 在可计算基矢上对一个量子比特进行测量会得到两种测量结果，可以将这类测量定义为测量算子：

$$M_0 = |0\rangle\langle 0|, \quad M_1 = |1\rangle\langle 1|$$

如果这个量子比特在测量之前处于 $|\psi\rangle = \alpha|0\rangle + \beta|1\rangle$，那么获得测试结果为 0 的概率为：

$$p(0) = \langle\psi|M_0^\dagger M_0|\psi\rangle = \langle\psi M_0|\psi\rangle = |\alpha|^2$$

并且在此情况下，测量之后的状态为：

$$\frac{M_0|\psi\rangle}{\sqrt{p(0)}} = |0\rangle$$

与之类似，测量结果为 1 的概率为 $p(1) = |\beta|^2$，并且在此情况下，测量之后的状态为 $|1\rangle$。

投影测量

可以根据厄米算子及其谱分解来定义一类非常有用的测量。

定义 2.1.16 如果一个算子 $M \in \mathcal{L}(\mathcal{H})$ 满足：

$$M^\dagger = M$$

那么称它是厄米共轭的。物理学上也将厄米算子称为可观测量。

从上述定义可以看出一个算子 P 成为投影算子要满足这样的条件：对于 $\mathcal{H}$ 的某一闭子空间 X 有 $P = P_X$ 成立，当且仅当 P 是厄米共轭的且 $P^2 = P$。

可以用基于厄米算子的谱分解这一数学概念的可观测量来构造量子测量。由于本书篇幅有限，我们仅考虑有限维希尔伯特空间 $\mathscr{H}$ 下的谱分解⊖（无限维的情况需要更复杂的数学原理；参考 [182] 一书的 3.5 节。本书只在 3.6 节将其作为数学工具来证明一个技巧性的引理）。

定义 2.1.17

(1) 算子 $A \in \mathscr{L}(\mathscr{H})$ 的特征向量是一个非零向量 $|\psi\rangle \in \mathscr{H}$，且满足存在 $\lambda \in \mathbb{C}$ 使得 $A|\psi\rangle = \lambda|\psi\rangle$ 成立，其中 λ 是特征向量 $|\psi\rangle$ 所对应的特征值。

(2) A 的特征值的集合称为 A 的（点）谱，记为 $\mathrm{spec}(A)$。

(3) 对于任意的特征值 $\lambda \in \mathrm{spec}(A)$，集合

$$\{|\psi\rangle \in \mathscr{H} : A|\psi\rangle = \lambda|\psi\rangle\}$$

是 $\mathscr{H}$ 的一个闭子空间，将该空间称为特征值 λ 对应的特征空间。

不同的特征值 $\lambda_1 \neq \lambda_2$ 所对应的特征空间是正交的。可观测量（即厄米算子）M 的特征值都是实数。此外还可以将 M 的谱分解表示为：

$$M = \sum_{\lambda \in \mathrm{spec}(M)} \lambda P_\lambda$$

其中 P_λ 是在 λ 对应的特征空间上的投影算子。因为 $\{P_\lambda : \lambda \in \mathrm{spec}(M)\}$ 中所有测量算子 P_λ 都是投影算子，所以可以将它称为投影测量。通过前面介绍的量子力学第三基本假设可以得到：对一个处于状态 $|\psi\rangle$ 的系统进行测量，得到 λ 的概率为：

$$p(\lambda) = \langle\psi|P_\lambda^\dagger P_\lambda|\psi\rangle = \langle\psi|P_\lambda^2|\psi\rangle = \langle\psi|P_\lambda|\psi\rangle \tag{2.4}$$

并且在这种情况下，测量之后系统的状态为：

$$\frac{P_\lambda|\psi\rangle}{\sqrt{p(\lambda)}} \tag{2.5}$$

因为所有可能的测量结果 $\lambda \in \mathrm{spec}(M)$ 都是实数，所以可以对 M 在状态 $|\psi\rangle$ 下的期望（平均值）进行计算：

$$\begin{aligned}
\langle M\rangle_\psi &= \sum_{\lambda \in \mathrm{spec}(M)} p(\lambda) \cdot \lambda \\
&= \sum_{\lambda \in \mathrm{spec}(M)} \lambda\langle\psi|P_\lambda|\psi\rangle \\
&= \langle\psi|\sum_{\lambda \in \mathrm{spec}(M)} \lambda P_\lambda|\psi\rangle \\
&= \langle\psi|M|\psi\rangle
\end{aligned}$$

可以看出，对于给定的状态 $|\psi\rangle$，概率 (2.4) 和测量之后的状态 (2.5) 由投影 $\{P_\lambda\}$ 唯一确定

⊖ 谱分解（spectral decompostion）实际上是将算子对角化，首先需要计算该算子的本征值以及对应的本征态（需要归一化），然后对不同本征值与本征态的外积进行求和并记为谱分解的结果。——译者注

（而不是 M 本身）。因此可以很容易地得到，$\{P_\lambda\}$ 是正交投影算子的一个完备集，即满足如下条件的算子的集合：

- $P_\lambda P_\delta = \begin{cases} P_\lambda & \lambda = \delta \\ 0_{\mathscr{H}} & \text{其他} \end{cases}$

- $\sum_\lambda P_\lambda = I_{\mathscr{H}}$

简单起见，有时将正交投影算子的完备集称为投影测量。一种特例是：在希尔伯特空间的一组标准正交基 $\{|i\rangle\}$ 上进行测量，其中对于所有的 i 都有 $P_i = |i\rangle\langle i|$。例子 2.1.5 就是这种类型的测量。

2.1.5　希尔伯特空间的张量积

目前，我们只对单一量子系统进行了研究。本节将对由两个或两个以上子系统构成的复合系统进行研究。对复合系统的描述是基于张量积的概念进行的。我们主要对有限维希尔伯特空间的张量积进行研究。

定义 2.1.18　令 $\mathscr{H}_i$ 是希尔伯特空间，$\{|\psi_{ij_i}\rangle\}$ 是它的一组标准正交基，其中 $i = 1, \cdots, n$。我们将具有如下形式元素的集合记为 $\mathscr{B}$：

$$|\psi_{1j_1}, \cdots, \psi_{nj_n}\rangle = |\psi_{1j_1} \otimes \cdots \otimes \psi_{nj_n}\rangle = |\psi_{1j_1}\rangle \otimes \cdots \otimes |\psi_{nj_n}\rangle$$

$\mathscr{H}_i(i = 1, \cdots, n)$ 的张量积是一个以 $\mathscr{B}$ 作为标准正交基的希尔伯特空间：

$$\bigotimes_i \mathscr{H}_i = \mathrm{span}\mathscr{B}$$

从式 (2.1) 可以得出，可以将任意属于 $\bigotimes_i \mathscr{H}_i$ 的元素写为这样的形式：

$$\sum_{j_1, \cdots, j_n} \alpha_{j_1, \cdots, j_n} |\varphi_{1j_1}, \cdots, \varphi_{nj_n}\rangle$$

其中，$|\varphi_{1j_1}\rangle, \in \mathscr{H}_1, \cdots, \varphi_{nj_n}\rangle \in \mathscr{H}_n$ 且 $\alpha_{j_1, \cdots, j_n} \in \mathbb{C}$ 对于任意的 $j_1, \cdots, j_n$ 都成立。此外可以通过线性性来证明，上述定义中每一个因子空间 $\mathscr{H}_i$ 与基 $\{|\psi_{ij_i}\rangle\}$ 的选择是无关的，举例来说，如果 $|\varphi_i\rangle = \sum_{j_i} \alpha_{j_i} |\varphi_{ij_i}\rangle \in \mathscr{H}_i$ $(i = 1, \cdots, n)$，那么

$$|\varphi_1\rangle \otimes \cdots \otimes |\varphi_n\rangle = \sum_{j_1, \cdots, j_n} \alpha_{1j_1} \cdots \alpha_{nj_n} |\varphi_{1j_1}, \cdots, \varphi_{nj_n}\rangle$$

由于 $\mathscr{B}$ 是一组标准正交基，所以 $\bigotimes_i \mathscr{H}_i$ 空间中的向量加法、标量乘法和内积就可以很自然地定义出来。

本书中我们有时需要考虑可数无限维希尔伯特空间的张量积。令 $\{\mathscr{H}_i\}$ 是可数无限希尔伯特空间簇，对于任意的 i，$|\psi_{ij_i}\rangle$ 都是 $\mathscr{H}_i$ 的一组标准正交基。记所有 $\mathscr{H}_i$ 中基向量的张量积的集合为：

$$\mathscr{B} = \left\{ \bigotimes_i |\psi_{ij_i}\rangle \right\}$$

那么 $\mathscr{B}$ 是一个有限集合或可数无限集合, 还可以将它用线性向量的形式进行表示: $\mathscr{B} = \{|\psi_n\rangle : n = 0, 1, \cdots\}$。可以将 $\{\mathscr{H}_i\}$ 的张量积定义为以 $\mathscr{B}$ 作为标准正交基的希尔伯特空间:

$$\bigotimes_i \mathscr{H}_i = \left\{ \sum_n \alpha_n |\varphi_n\rangle : \alpha_n \in \mathbb{C}, \text{ 对于所有的 } n \geqslant 0, \sum_n |\alpha_n|^2 \leqslant \infty \text{ 都成立} \right\}$$

现在我们可以对量子力学第四基本假设进行介绍:

- **量子力学第四基本假设**: 复合量子系统的状态空间是其组成部分的状态空间的张量积。

假设 S 是由 $S_1, \cdots, S_n$ 构成的复合量子系统, 这些子系统的状态希尔伯特空间分别为 $\mathscr{H}_1, \cdots, \mathscr{H}_n$。对于任意的 $1 \leqslant i \leqslant n$, S_i 的态为 $|\psi_i\rangle \in \mathscr{H}_i$, 那么 S 的态为直积态 $|\psi_1, \cdots, \psi_n\rangle$。此外, S 也可能是几个直积态的叠加 (线性组合)。纠缠是量子力学中最有趣也最令人费解的物理现象, 它出现于复合系统中: 如果复合量子系统的状态不能通过其子系统状态的直积进行表示, 那么就称它为纠缠。纠缠现象是经典世界和量子世界最大的不同之一。

例子 2.1.6 具有 n 个量子比特系统的状态空间为:

$$\mathscr{H}_2^{\otimes n} = \mathbb{C}^{2^n} = \left\{ \sum_{x \in \{0,1\}^n} \alpha_x |x\rangle : \alpha_x \in \mathbb{C}, \text{ 对于所有 } x \in \{0,1\}^n \right\}$$

特别地, 两个量子比特的量子系统的态既可以是直积态 (比如 $|00\rangle, |1\rangle|+\rangle$), 也可以是纠缠态 (比如贝尔态或者 EPR 纠缠对):

$$|\beta_{00}\rangle = \frac{1}{\sqrt{2}}(|00\rangle + |11\rangle), \quad |\beta_{01}\rangle = \frac{1}{\sqrt{2}}(|01\rangle + |10\rangle)$$

$$|\beta_{10}\rangle = \frac{1}{\sqrt{2}}(|00\rangle - |11\rangle), \quad |\beta_{11}\rangle = \frac{1}{\sqrt{2}}(|01\rangle - |10\rangle)$$

因为希尔伯特空间的张量积也是希尔伯特空间, 所以可以对张量积中的线性算子、幺正变换和测量进行讨论。希尔伯特空间的张量积中有一类特殊的算子:

23

定义 2.1.19 对于 $i = 1, \cdots, n$, 令 $A_i \in \mathscr{L}(\mathscr{H}_i)$, 那么这些算子的张量积是算子 $\bigotimes_{i=1}^n A_i = A_1 \otimes \cdots \otimes A_n \in \mathscr{L}(\bigotimes_{i=1}^n \mathscr{H}_i)$, 该算子可以通过

$$(A_1 \otimes \cdots \otimes A_n)|\varphi_1, \cdots, \varphi_n\rangle = A_1|\varphi_1\rangle \otimes \cdots \otimes A_n|\varphi_n\rangle$$

及其线性组合来进行定义, 其中对于任意的 $i = 1, \cdots, n$ 都有 $|\varphi_i\rangle \in \mathscr{H}_i$。

然而其他非张量积的算子在量子计算中也同样重要, 因为它们可以产生量子纠缠。

例子 2.1.7 双量子比特系统的希尔伯特空间 $\mathscr{H}_2^{\otimes 2} = \mathbb{C}^4$ 中的受控非门 (即 CNOT) 算子 C 是这样定义的:

$$C|00\rangle = |00\rangle, \quad C|01\rangle = |01\rangle, \quad C|10\rangle = |11\rangle, \quad C|11\rangle = |10\rangle$$

或者可以通过如下 4×4 的矩阵进行等价描述:

$$C = \begin{bmatrix} 1 & 0 & 0 & 0 \\ 0 & 1 & 0 & 0 \\ 0 & 0 & 0 & 1 \\ 0 & 0 & 1 & 0 \end{bmatrix}$$

它可以将直积态转化为纠缠态：

$$C|+\rangle|0\rangle = \beta_{00}, \quad C|+\rangle|1\rangle = \beta_{01}, \quad C|-\rangle|0\rangle = \beta_{10}, \quad C|-\rangle|1\rangle = \beta_{11}$$

通过投影测量实现一般性测量

2.1.4 节介绍的投影测量是一类特殊的量子测量。通过张量积的概念可以证明：如果允许引入一个附属系统，那么任意的量子测量都可以通过投影测量加上一个幺正变换来实现。令 $M = \{M_m\}$ 是希尔伯特空间 $\mathscr{H}$ 中的量子测量。

- 引入一个新的希尔伯特空间 $\mathscr{H}_M = \mathrm{span}\{|m\rangle\}$，并用它来记录 M 所有可能的测量结果。

- 任意选取一个确定的态 $|0\rangle \in \mathscr{H}_M$，并定义算子：

$$U_M(|0\rangle|\psi\rangle) = \sum_m |m\rangle M_m|\psi\rangle$$

  对于任意的 $|\psi\rangle \in \mathscr{H}$ 都成立。很容易验证 U_M 是保内积的，并且通过引理 2.1.1 可以将它扩展为属于 $\mathscr{H}_M \otimes \mathscr{H}$ 的幺正算子，将该幺正算子也记为 U_M。

- 定义在 $\mathscr{H}_M \otimes \mathscr{H}$ 中的投影测量 $\overline{M} = \{\overline{M}_m\}$ 满足 $\overline{M}_m = |m\rangle\langle m| \otimes I_{\mathscr{H}}$ 对于所有的 m 都成立。

24

那么，测量 M 可以通过下面的投影测量 $\overline{M}$ 和幺正算子 U_M 来实现：

命题 2.1.1   令 $|\psi\rangle \in \mathscr{H}$ 是一个纯态。

- 对状态 $|\psi\rangle$ 执行测量 M 时，测量结果为 m 的概率为 $p_M(m)$，测量后对应的系统的状态为 $|\psi_m\rangle$。

- 对状态 $|\overline{\psi}\rangle = U_M(|0\rangle|\psi\rangle)$ 执行测量 $\overline{M}$ 时，测量结果为 m 的概率为 $p_{\overline{M}}(m)$，测量后对应的系统的状态为 $|\overline{\psi}_m\rangle$。

那么对于任意的 m，都可以得到 $p_{\overline{M}}(m) = p_M(m), |\overline{\psi}_m\rangle = |m\rangle|\psi_m\rangle$。在下一小节中，对 $\mathscr{H}$ 中的混态进行研究时也会得到类似的结论。

练习 2.1.6   证明命题 2.1.1。

2.1.6   密度算子

我们已经对量子力学的四个基本假设进行了学习，但它们都只讨论了纯态的情况。本节将对这些基本假设进行扩展，使它们在混态的情况下依然适用。

有些时候我们并不清楚量子系统所处的态，但知道它是由若干纯态 $|\psi_i\rangle$ 及其相应概率 p_i 构成的，其中对于任意的 i，都有 $|\psi_i\rangle \in \mathscr{H}, p_i \geqslant 0, \sum_i p_i = 1$。这种情况下可以使用密度算子对其进行描述。我们称 $\{(|\psi_i\rangle, p_i)\}$ 为纯态或者混态的一个系综，可以将该系综的密度算子定义为：

$$\rho = \sum_i p_i|\psi_i\rangle\langle\psi_i| \tag{2.6}$$

特别地，可以将纯态 $|\psi\rangle$ 视作一个特殊的混态 $\{(|\psi\rangle, 1)\}$，它的密度算子为 $\rho = |\psi\rangle\langle\psi|$。

也可以用另一种方法对密度算子进行描述。虽然描述的方式不同，但本质上却是等价的。

定义 2.1.20 算子 $A \in \mathcal{L}(\mathcal{H})$ 的迹 $\mathrm{tr}(A)$ 的定义为:

$$\mathrm{tr}(A) = \sum_i \langle \psi_i | A | \psi_i \rangle$$

其中 $\{|\psi_i\rangle\}$ 是 $\mathcal{H}$ 的一组标准正交基。

可以证明 $\mathrm{tr}(A)$ 与基 $\{|\psi_i\rangle\}$ 的选择是无关的。

定义 2.1.21 希尔伯特空间 $\mathcal{H}$ 中的密度算子 ρ 是一个正定算子 (见定义 2.1.12),且 $\mathrm{tr}(\rho) = 1$。

该定义说明对于任意的混态 $\{(|\psi_i\rangle, p_i)\}$,由式 (2.6) 定义的算子 ρ 是密度算子。反过来,对于任意密度算子 ρ,都存在一个(但不一定唯一)混态 $\{(|\psi_i\rangle, p_i)\}$ 满足式 (2.6)。

处于混态的量子系统的演化和测量可以通过密度算子进行优美的描述:

- 假设一个封闭的量子系统从时间 t_0 到 t 的演变过程可以通过 t_0 时间的幺正算子 U 来描述: $|\psi\rangle = U|\psi_0\rangle$,其中 $|\psi_0\rangle$ 和 $|\psi\rangle$ 分别为这个系统在时间 t_0 和 t 的状态。如果这个系统在时间 t_0 和 t 处于混态 ρ_0 和 ρ,那么: 25

$$\rho = U\rho_0 U^\dagger \tag{2.7}$$

- 如果一个量子系统的状态在测量 $\{M_m\}$ 之前是 ρ,那么测量得到 m 的概率为:

$$p(m) = \mathrm{tr}(M_m^\dagger M_m \rho) \tag{2.8}$$

在此情况下,该系统测量之后的状态为:

$$\rho_m = \frac{M_m \rho M_m^\dagger}{p(m)} \tag{2.9}$$

练习 2.1.7 从式 (2.6)、量子力学基本假设一和二,推导出式 (2.7)、(2.8) 和 (2.9)。

练习 2.1.8 令 M 是一个可观测量 (厄米算子) 且 $\{P_\lambda : \lambda \in \mathrm{spec}(M)\}$ 是根据 M 定义的投影测量。证明在混态 ρ 下的 M 的期望为:

$$\langle M \rangle_\rho = \sum_{\lambda \in \mathrm{spec}(M)} p(\lambda) \cdot \lambda = \mathrm{tr}(M\rho)$$

约化密度算子

通过上一节介绍的量子力学第四基本假设,可以构建复合量子系统。当然,因为复合系统的状态空间是其子系统状态空间的张量积,也是希尔伯特空间,所以可以对复合系统的混态及其密度算子进行讨论。反过来,我们经常需要对复合量子系统的子系统的状态进行描述。但有可能复合系统处于纯态,它的一些子系统却处于混态。这个现象是量子世界和经典世界的另一明显不同之处。因此,如果想对复合量子系统的子系统的状态进行恰当的描述,必须先对密度算子的概念进行介绍。

定义 2.1.22 令 S 和 T 是两个量子系统,它们的状态空间分别为 $\mathcal{H}_S$ 和 $\mathcal{H}_T$。系统 T 的偏迹

$$\mathrm{tr}_T = \mathcal{L}(\mathcal{H}_S \otimes \mathcal{H}_T) \to \mathcal{L}(\mathcal{H}_S)$$

可以通过

$$\mathrm{tr}_{\mathcal{T}}(|\varphi\rangle\langle\psi| \otimes |\theta\rangle\langle\zeta|) = \langle\zeta|\theta\rangle \cdot |\varphi\rangle\langle\psi|$$

及其线性组合进行定义，其中 $|\varphi\rangle, |\psi\rangle \in \mathcal{H}_S$ 且 $|\theta\rangle, |\zeta\rangle \in \mathcal{H}_T$。

定义 2.1.23　令 ρ 是属于 $\mathcal{H}_S \otimes \mathcal{H}_T$ 的密度算子。系统 S 的约化密度算子为：

$$\rho_S = \mathrm{tr}_T(\rho)$$

从直观上来讲，当复合系统 ST 的状态为 ρ 时，约化密度算子 ρ_S 可以对子空间 S 的状态进行描述。读者可以从 [174] 一书的 2.4.3 节中找到更详细的说明。

练习 2.1.9

- 什么情况下空间 $\mathcal{H}_A \otimes \mathcal{H}_B$ 中纯态 $|\psi\rangle$ 的约化密度算子 $\rho_A = \mathrm{tr}_B(|\psi\rangle\langle\psi|)$ 不是纯态？
- 令 ρ 是 $\mathcal{H}_A \otimes \mathcal{H}_B \otimes \mathcal{H}_C$ 中的一个密度算子，它是否满足 $\mathrm{tr}_C(\mathrm{tr}_B(\rho)) = \mathrm{tr}_{BC}(\rho)$？

2.1.7　量子操作

2.1.3 节中定义的幺正变换可以对封闭型量子系统的演变进行合理的描述。但对于和外界有交互的开放式的量子系统，比如测量，就需要用更一般性的量子操作去对它的态的变化进行描述。

通常将向量空间 $\mathcal{L}(\mathcal{H})$（即希尔伯特空间 $\mathcal{H}$ 中有界算子的空间）中的线性算子称为 $\mathcal{H}$ 中的超算子。为了定义量子操作，首先需要对超算子的张量积进行介绍。

定义 2.1.24　令 $\mathcal{H}$ 和 $\mathcal{K}$ 是希尔伯特空间。对于任意属于 $\mathcal{H}$ 的超算子 $\mathcal{E}$ 和属于 $\mathcal{K}$ 的超算子 $\mathcal{F}$，它们的张量积 $\mathcal{E} \otimes \mathcal{F}$ 是在空间 $\mathcal{H} \otimes \mathcal{K}$ 中的超算子，可以将该超算子定义为：对于任意 $C \in \mathcal{L}(\mathcal{H} \otimes \mathcal{K})$，记

$$C = \sum_k \alpha_k(A_k \otimes B_k) \tag{2.10}$$

其中对于所有的 k，都有 $A_k \in \mathcal{L}(\mathcal{H})$，$B_k \in \mathcal{L}(\mathcal{K})$，那么定义：

$$(\mathcal{E} \otimes \mathcal{F})(C) = \sum_k \alpha_k(\mathcal{E}(A_k) \otimes \mathcal{F}(B_k))$$

$\mathcal{E}$ 和 $\mathcal{F}$ 的线性关系保证了 $\mathcal{E} \otimes \mathcal{F}$ 是定义明确的：$(\mathcal{E} \otimes \mathcal{F})(C)$ 与式 (2.10) 中 A_k 和 B_k 的选择无关。

现在我们开始对开放型量子系统的演化过程进行研究。将量子力学第二基本假设进行一般性推广，假设一个系统在时间 t_0 和 t 的状态分别为 ρ 和 ρ'，那么它们之间一定通过超算子 $\mathcal{E}$ 相互关联，该超算子仅依赖于时间 t_0 和 t，

$$\rho' = \mathcal{E}(\rho)$$

可以将时间 t_0 和 t 之间的动态变化视为一个物理过程：ρ 是这个过程开始之前的状态，ρ' 是这个过程结束之后的状态。接下来这个定义表明超算子是刻画这一过程的恰当的模型。

定义 2.1.25   如果希尔伯特空间 $\mathscr{H}$ 中的量子操作满足如下的条件, 那么该量子操作就是一个超算子:

(1) 对于任意属于 $\mathscr{H}$ 的密度算子 ρ 都满足 $\mathrm{tr}[\mathscr{E}(\rho)] \leqslant \mathrm{tr}(\rho) = 1$。

(2) (完备正定性) 对于任意一个额外的希尔伯特空间 $\mathscr{H}_R$, 假设 A 是 $\mathscr{H}_R \otimes \mathscr{H}$ 中的一个正定算子, 那么 $(\mathscr{I}_R \otimes \mathscr{E})(A)$ 满足正定性, 其中 $\mathscr{I}_R$ 是 $\mathscr{L}(\mathscr{H}_R)$ 中的单位算子, 即对于任意的算子 $A \in \mathscr{L}(\mathscr{H}_R)$ 都有 $\mathscr{I}_R(A) = A$ 成立。

对于那些将量子操作作为一款描述开放型量子系统中状态转换的数学模型的讨论, 读者可以参阅文献 [174]。接下来的两个例子告诉我们如何将幺正变换和量子测量视作特殊的量子操作。

例子 2.1.8   令 U 是希尔伯特空间 $\mathscr{H}$ 中的一个幺正变换。定义:

$$\mathscr{E}(\rho) = U\rho U^\dagger$$

其中 ρ 是密度算子。那么 $\mathscr{E}$ 是 $\mathscr{H}$ 中的量子操作。

例子 2.1.9   令 $M = \{M_m\}$ 是 $\mathscr{H}$ 中的一个量子测量。

(1) 对于任意的 m, 以及任意一个在测量之前状态为 ρ 的系统, 定义:

$$\mathscr{E}_m(\rho) = p_m \rho_m = M_m \rho M^\dagger$$

其中 p_m 是测量结果为 m 的概率, ρ_m 是测量后对应系统的状态, 那么 $\mathscr{E}_m$ 是一个量子操作。

(2) 对于任意在测量之前状态为 ρ 的系统, 只要忽略测量结果, 则测量后系统的状态为:

$$\mathscr{E}(\rho) = \sum_m \mathscr{E}_m(\rho) = \sum_m M_m \rho M_m^\dagger$$

那么 $\mathscr{E}$ 是一个量子操作。

量子信息论中通常将量子操作作为通信信道的数学模型。为了读取中间或最终计算结果, 量子程序中通常既包含幺正变换也包含量子测量, 因此最好将其视作开放式量子系统。所以本书采用量子操作作为定义量子程序语义的主要数学工具。

这里给出的量子操作的抽象定义很难应用于实际。幸运的是, 通过下面这个定理可以将量子操作视为系统与环境之间的交互, 并且可以使用系统本身的算子而非超算子来对它进行表示, 从而方便对该量子操作进行计算。

定理 2.1.1   下列叙述是等价的:

(1) $\mathscr{E}$ 是希尔伯特空间 $\mathscr{H}$ 中的量子操作。

(2) (系统环境模型) 存在一个环境系统 E, 其希尔伯特空间为 $\mathscr{H}_E$, U 是 $\mathscr{H}_E \otimes \mathscr{H}$ 中的幺正变换, P 是向 $\mathscr{H}_E \otimes \mathscr{H}$ 的闭子空间做投影变换的投影算子, 那么有:

28

$$\mathscr{E}(\rho) = \mathrm{tr}_E[PU(|e_0\rangle\langle e_0| \otimes \rho)U^\dagger P]$$

对于所有在 $\mathscr{H}$ 中的密度算子 ρ 都成立, 其中 $|e_0\rangle$ 是 $\mathscr{H}_E$ 中的一个确定的态。

(3)（Kraus 算子和表示）在 $\mathscr{H}$ 中存在一个有限或者可数无限的算子集合 $\{E_i\}$ 满足 $\sum_i E_i^\dagger E_i \sqsubseteq I$ 并且

$$\mathscr{E}(\rho) = \sum_i E_i \rho E_i^\dagger$$

对于所有在 $\mathscr{H}$ 中的密度算子 ρ 都成立。这种情况下，通常记为：

$$\mathscr{E} = \sum_i E_i \circ E_i^\dagger$$

这个定理的证明非常复杂，有兴趣的读者可以在 [174] 一书的第 8 章中找到相关内容。

2.2 量子线路

前一节介绍了量子力学的基本框架。从本节起，我们将考虑如何利用量子系统进行计算。我们会从低层次的量子计算机模型 —— 量子线路开始介绍。

2.2.1 基本定义

经典计算机的数字电路是通过依赖布尔变量的逻辑门实现的。量子线路是数字电路的量子对应物。粗略地说，它由量子逻辑门构成，其中量子逻辑门可以通过 2.1.3 节定义的幺正变换进行建模。

我们将量子比特变量记为 $p, q, q_1, q_2, \cdots$，可以将它们想象成量子线路中的线谱。不同量子比特变量的序列 $\bar{q}$ 称为量子寄存器。有时变量在寄存器中的顺序并不重要，那么该寄存器与其量子比特变量的集合是等价的。所以可以将集合论的概念应用于在寄存器上：

$$p \in \bar{q}, \quad \bar{p} \subseteq \bar{q}, \quad \bar{p} \cap \bar{q}, \quad \bar{p} \cup \bar{q}, \quad \bar{p} \setminus \bar{q}$$

对于任意的量子比特变量 $\bar{q}$，我们将它的希尔伯特空间记为 $\mathscr{H}_q$，这与二维的希尔伯特空间 $\mathscr{H}_2$ 同构（参考例子 2.1.1）。此外，对于量子比特变量的集合 $V = \{q_1, \cdots, q_n\}$，或者量子寄存器 $\bar{q} = q_1, \cdots, q_n$，将由量子比特 $q_1, \cdots, q_n$ 构成的复合系统的状态空间记为：

$$\mathscr{H}_V = \bigotimes_{q \in V} \mathscr{H}_q = \bigotimes_{i=1}^{n} \mathscr{H}_{qi} = \mathscr{H}_{\bar{q}}$$

显然，$\mathscr{H}_V$ 是 2^n 维度的空间。我们知道，一个 $0 \leqslant x \leqslant 2^n$ 的整数可以由 n 个比特的二进制串 $x_1, \cdots, x_n \in \{0, 1\}^n$ 表示：

$$x = \sum_{i=1}^{n} x_i \cdot 2^{i-1}$$

没必要对整数 x 及二进制表示进行区分。因此，可以将任意 $\mathscr{H}_V$ 中的纯态写作：

$$|\psi\rangle = \sum_{x=0}^{2^n - 1} \alpha_x |x\rangle$$

其中 $\{|x\rangle\}$ 称为 $\mathscr{H}_2^{\otimes n}$ 的可计算基矢$^\ominus$。

$\ominus$ 单一量子比特的可计算基矢（computational basis）为 $|0\rangle$, $|1\rangle$，两个量子比特的可计算基矢为 $|00\rangle$, $|01\rangle$, $|10\rangle$, $|11\rangle$。—— 译者注

定义 2.2.1 对于任意的正整数 n, 如果 U 是一个 $2^n \times 2^n$ 的幺正矩阵, 且 $\overline{q} = q_1, \cdots, q_n$ 是一个量子寄存器, 那么

$$G \equiv U[\overline{q}] \quad \text{或} \quad G \equiv U[q_1, \cdots, q_n]$$

称为 n-量子比特门, 并且我们将 G 中的 (量子) 变量的集合记为 $\mathrm{qvar}(G) = \{q_1, \cdots, q_n\}$。

门 $G \equiv U[\overline{q}]$ 是 $\overline{q}$ 的状态空间 $\mathcal{H}_{\overline{q}}$ 中的幺正变换。我们在将幺正矩阵 U 作为量子门时, 通常不会再专门提到量子寄存器 $\overline{q}$。

定义 2.2.2 量子线路实际上是由多个量子门构成的序列:

$$C \equiv G_1 \cdots G_m$$

其中 $m \geqslant 1$, 且 $G_1, \cdots, G_m$ 是量子门。C 中变量的集合为:

$$\mathrm{qvar}(C) = \bigcup_{i=1}^{m} \mathrm{qvar}(G_i)$$

在前两个定义中, 关于量子门和量子线路的描述与经典电路的布尔表达式非常相似, 并且对其进行代数操作很方便。但是这两个定义的展示性不强。实际上, 也可以通过与描述经典电路相类似的方法对量子线路进行描述, 有兴趣的读者可以在 [174] 一书的第 4 章中找到相关内容, 此外还可以从 http://physics.unm.edu/CQuIC//Qcircuit/找到绘制量子线路图的宏包。

让我们看看量子线路 $C \equiv G_1 \cdots G_2$ 是如何进行计算的。假设 $\mathrm{qvar}(C) = \{q_1, \cdots, q_n\}$, 并且对于任意的门都满足 $G_i = U_i[\overline{r}_i]$, 其中寄存器 $\overline{r}_i$ 是 $\overline{q} = q_1, \cdots, q_n$ 的子序列且 U_i 是空间 $\mathcal{H}_{\overline{r}_i}$ 中的幺正变换。

- 如果线路 C 的输入状态为 $|\psi\rangle \in \mathcal{H}_{\mathrm{qvar}(C)}$, 那么输出结果为:

$$C|\psi\rangle = \overline{U}_m \cdots \overline{U}_1 |\psi\rangle \tag{2.11}$$

30

其中对于任意的 i, $\overline{U}_i = U_i \otimes I_i$ 是 U_i 在空间 $\mathcal{H}_C$ 中的柱面扩张, 且 I_i 是空间 $\mathcal{H}_{\overline{q} \setminus \overline{r}_i}$ 中的单位算子。注意在式 (2.11) 中对幺正操作 $U_1, \cdots, U_m$ 的使用顺序与电路 C 中 $G_1, \cdots, G_m$ 的顺序相反。

- 更一般地, 如果 $\mathrm{qvar}(C) \subsetneq V$ 是一个量子比特变量的集合, 那么可以将任意的态 $|\psi\rangle \in \mathcal{H}_V$ 写为如下形式:

$$|\psi\rangle = \sum_i \alpha_i |\varphi_i\rangle |\zeta_i\rangle$$

其中 $|\varphi_i\rangle \in \mathcal{H}_{\mathrm{qvar}(C)}, |\zeta_i\rangle \in \mathcal{H}_{V \setminus \mathrm{qvar}(C)}$。只要线路 C 中输入为 $|\psi\rangle$, 其输出结果一定是:

$$C|\psi\rangle = \sum_i \alpha_i (C|\varphi_i\rangle)|\zeta_i\rangle$$

C 的线性关系保证其输出的定义是明确的。

如果两个量子线路在输入相同的情况下, 输出一定相同, 那么称这两个量子线路是等价的。

定义 2.2.3   令 C_1 和 C_2 是两个量子线路，且 $V = \mathrm{qvar}(C_1) \cup \mathrm{qvar}(C_2)$。如果对于任意的 $|\psi\rangle \in \mathscr{H}_V$，有：

$$C_1|\psi\rangle = C_2|\psi\rangle \tag{2.12}$$

那么 C_1 和 C_2 是等价的并记为 $C_1 = C_2$。

一个具有 n 个输入和 m 个输出的经典线路，实际上是一个布尔函数：

$$f : \{0,1\}^n \to \{0,1\}^m$$

与之相似，一个满足 $\mathrm{qvar}(C) = \{q_1, \cdots, q_n\}$ 的量子线路 C 总是等价于一个 $\mathscr{H}_{\mathrm{qvar}(C)}$ 中的幺正变换或者一个 $2^n \times 2^n$ 的幺正矩阵。可以从式 (2.11) 中得出这个结论。

最后，为了构建大型的量子线路，我们需要对量子线路的合成进行介绍。

定义 2.2.4   令 $C_1 \equiv G_1 \cdots G_m$ 且 $C_2 \equiv H_1 \cdots H_n$ 是量子线路，其中 $G_1, \cdots, G_m$ 和 $H_1, \cdots, H_n$ 都是量子门，那么它们的合成是如下串联结构：

$$C_1 C_2 \equiv G_1 \cdots G_m H_1 \cdots H_n$$

练习 2.2.1

(1) 证明：如果 $C_1 = C_2$，那么对于任意的 $|\psi\rangle \in \mathscr{H}_V$ 和任意的 $V \supseteq \mathrm{qvar}(C_1) \cup \mathrm{qvar}(C_2)$，式 (2.12) 都成立。

(2) 证明：如果 $C_1 = C_2$，那么 $CC_1 = CC_2$ 且 $C_1 C = C_2 C$。

2.2.2   单量子比特门

在介绍了量子门和量子线路的一般性定义之后，本节将介绍一些例子。

最简单的量子门是单量子比特门。它可以通过一个 2×2 的幺正矩阵来表示。在例子 2.1.3 中的 Hadamard 门就是一类单量子比特门。下面是其他一些在量子计算中常用的单量子比特门。

例子 2.2.1

(1) 全局相移：

$$M(\alpha) = \mathrm{e}^{\mathrm{i}\alpha} I$$

其中 α 是实数，且：

$$I = \begin{bmatrix} 1 & 0 \\ 0 & 1 \end{bmatrix}$$

是一个 2×2 的单位矩阵。

(2) （相对）相移：

$$P(\alpha) = \begin{bmatrix} 1 & 0 \\ 0 & \mathrm{e}^{\mathrm{i}\alpha} \end{bmatrix}$$

其中 α 是实数。特别地，有：

(a) 相位门:

$$S = P(\pi/2) = \begin{bmatrix} 1 & 0 \\ 0 & i \end{bmatrix}$$

(b) $\pi/8$ 门:

$$T = P(\pi/4) = \begin{bmatrix} 1 & 0 \\ 0 & e^{i\pi/4} \end{bmatrix}$$

例子 2.2.2　泡利矩阵:

$$\sigma_x = X = \begin{bmatrix} 0 & 1 \\ 1 & 0 \end{bmatrix}, \quad \sigma_y = Y = \begin{bmatrix} 0 & -i \\ i & 0 \end{bmatrix}, \quad \sigma_z = Z = \begin{bmatrix} 1 & 0 \\ 0 & -1 \end{bmatrix}$$

显然，我们有 $X|0\rangle = |1\rangle, X|1\rangle = |0\rangle$。所以泡利矩阵 X 实际上是一个非门。

例子 2.2.3　布洛赫球体关于 $\hat{x}$、$\hat{y}$、$\hat{z}$ 轴的旋转分别为:

$$R_x(\theta) = \cos\frac{\theta}{2}I - i\sin\frac{\theta}{2}X = \begin{bmatrix} \cos\dfrac{\theta}{2} & -i\sin\dfrac{\theta}{2} \\[2mm] -i\sin\dfrac{\theta}{2} & \cos\dfrac{\theta}{2} \end{bmatrix}$$

$$R_y(\theta) = \cos\frac{\theta}{2}I - i\sin\frac{\theta}{2}Y = \begin{bmatrix} \cos\dfrac{\theta}{2} & -\sin\dfrac{\theta}{2} \\[2mm] \sin\dfrac{\theta}{2} & \cos\dfrac{\theta}{2} \end{bmatrix}$$

$$R_z(\theta) = \cos\frac{\theta}{2}I - i\sin\frac{\theta}{2}Z = \begin{bmatrix} e^{-i\theta/2} & 0 \\ 0 & e^{i\theta/2} \end{bmatrix}$$

其中 θ 是实数。

例子 2.2.3 给出的量子门有一个很好的几何解释: 单量子比特的态可以通过布洛赫球体中的向量进行表示。在该态上执行 $R_x(\theta)$、$R_y(\theta)$、$R_z(\theta)$ 相当于将它分别以 x 轴、y 轴、z 轴为轴旋转 θ 角。读者可以在 [174] 一书的 1.3.1 节和 4.2 节找到更详细的资料。可以证明任何单量子比特门都可以通过旋转和全局相移组成的线路来表示。

练习 2.2.2　证明前三个例子中的矩阵都具有幺正性。

2.2.3　受控门

对于量子计算而言，仅有单量子比特门还不够。本节中，我们将介绍一种重要的多量子比特门——受控门。

在这些受控门中，最常用的是 CNOT 算子 C（参考例子 2.1.7）。本节将用另一种方式对其进行描述。令 q_1 和 q_2 是量子比特变量。那么 $C[q_1, q_2]$ 是两量子比特门，其中 q_1 是控制量子比特，q_2 是目标量子比特。它的执行方式如下:

$$C[q_1, q_2]|i_1, i_2\rangle = |i_1, i_1 \oplus i_2\rangle$$

其中 $i_1, i_2 \in \{0, 1\}$，$\oplus$ 是模二加法[⊖]。即如果 q_1 为 $|1\rangle$，那么将 q_2 反转; 否则 q_2 不做任何改变。通过对 CNOT 门进行简单的推广，我们有:

⊖ 这是一种二进制的运算，等同于"异或"运算。规则是两个序列模二相加，即两个序列中的对应位相加，不进位，相同为 0，不同为 1。—— 译者注

例子 2.2.4   令 U 是一个 2×2 的幺正矩阵, 那么受控 U 门是一类两量子比特门, 其定义如下:

$$C(U)[q_1, q_2]|i_1, i_2\rangle = |i_1\rangle U^{i_1}|i_2\rangle$$

其中 $i_1, i_2 \in \{0, 1\}$。它的矩阵表示为:

$$C(U) = \begin{bmatrix} I & 0 \\ 0 & C \end{bmatrix}$$

其中 I 是一个 2×2 的单位矩阵, 显然 $C = C(X)$, 即 CNOT 是一个受控 X 门, 其中 X 是泡利矩阵。

练习 2.2.3   SWAP 是另一类两量子比特门, 其定义为:

$$\text{SWAP}[q_1, q_2]|i_1, i_2\rangle = |i_2, i_1\rangle$$

其中 $i_1, i_2 \in \{0, 1\}$。从本质上而言, 它将两个量子比特的状态进行交换。SWAP 门可以通过三个 CNOT 门来实现:

$$\text{SWAP}[q_1, q_2] = C[q_1, q_2]C[q_2, q_1]C[q_1, q_2]$$

练习 2.2.4   证明受控门具有如下属性:

(1) $C[p, q] = H[q]C(Z)[p, q]H[q]$

(2) $C(Z)[p, q] = C(Z)[q, p]$

(3) $H[p]H[q]C[p, q]H[p]H[q] = C[q, p]$

(4) $C(M(\alpha))[p, q] = P(\alpha)[p]$

(5) $C[p, q]X[p]C[p, q] = X[p]X[q]$

(6) $C[p, q]Y[p]C[p, q] = Y[p]X[q]$

(7) $C[p, q]Z[p]C[p, q] = Z[p]$

(8) $C[p, q]X[q]C[p, q] = X[q]$

(9) $C[p, q]Y[q]C[p, q] = Z[p]Y[q]$

(10) $C[p, q]Z[q]C[p, q] = Z[p]Z[q]$

(11) $C[p, q]T[p] = T[p]C[p, q]$

上述所有的控制门都是两量子比特门。实际上, 我们可以对受控门进行更一般性的定义:

定义 2.2.5   令 $\bar{p} = p_1, \cdots, p_m$ 和 $\bar{q}$ 是寄存器, 且 $\bar{p} \cap \bar{q} = \varnothing$。如果 $G = U[\bar{q}]$ 是一个量子门, 那么以 $\bar{p}$ 作为控制量子比特并以 $\bar{q}$ 作为目标量子比特的受控线路 $C^{(\bar{p})}(\overline{U})$ 是希尔伯特空间 $\mathscr{H}_{\bar{p} \cup \bar{q}}$ 中的幺正变换。可以将其定义为:

$$C^{(\bar{p})}(U)|\bar{t}\rangle|\psi\rangle = \begin{cases} |\bar{t}\rangle U|\psi\rangle & t_1 = \cdots = t_m = 1 \\ |\bar{t}\rangle|\psi\rangle & \text{其他} \end{cases}$$

对于任意的 $\bar{t} = t_1, \cdots, t_m \in \{0, 1\}^m$ 和 $|\psi\rangle \in \mathscr{H}_{\bar{q}}$ 都成立。

接下来这个例子介绍了一类三量子比特受控门。

例子 2.2.5 令 U 是一个 2×2 的幺正矩阵，p_1, p_2, q 为量子比特变量。双重受控 U 门

$$C^2(U) = C^{(p_1,p_2)}(U)$$

是空间 $\mathscr{H}_{p_1} \otimes \mathscr{H}_{p_2} \otimes \mathscr{H}_q$ 中的幺正变换。对于所有的 $t_1, t_2 \in \{0,1\}$ 且 $|\psi\rangle \in \mathscr{H}_q$ 都有：

$$C^{(2)}(U)|t_1, t_2, \psi\rangle = \begin{cases} |t_1, t_2, \psi\rangle & t_1 = 0 \text{ 或 } t_2 = 0 \\ |t_1, t_2\rangle U|\psi\rangle & t_1 = t_2 = 1 \end{cases}$$

特别地，我们将双重受控 NOT 门也称为 Toffoli 门。

Toffoli 门是经典可逆计算⊖中的通用门。只需稍作扩展（按照 2.2.5 节所定义的方式）就能使它成为量子计算中的通用门。此外，在量子纠错中也会经常用到 Toffoli 门。

练习 2.2.5 通过如下等式将多个受控门组成一个新的控制门，请对这些等式进行证明：

(1) $C^{(\overline{p})}(C^{(\overline{q})}(U)) = C^{(\overline{p},\overline{q})}(U)$

(2) $C^{(\overline{p})}(U_1)C^{(\overline{p})}(U_2) = C^{(\overline{p})}(U_1 U_2)$

2.2.4 量子多路复用器

可以将受控门的概念进一步扩展为多路复用器⊖。本节中，我们将介绍量子多路复用器的概念及其矩阵表示。

34

对于经典计算而言，最简单的多路复用器是条件语句"if···then···else···"：当"if"为真时，执行"then"后面的语句；当"if"为假时，执行"else"后面的语句。条件语句可以通过并行处理"then"和"else"子句，再多路复用输出结果的方式来实现。

量子条件语句是对经典条件语句的量子模拟："if"之后的条件（布尔表达式）替换为一个量子比特，即通过量子比特的基态 $|1\rangle$ 和 $|0\rangle$ 来替换真值 true 和 false。

例子 2.2.6 令 p 是一个量子变量，$\overline{q} = q_1, \cdots, q_n$ 是一个量子寄存器，且令 $C_0 = U_0[\overline{q}]$ 和 $C_1 = U_1[\overline{q}]$ 是量子门。那么量子条件语句 $C_0 \oplus C_1$ 是一个 $1+n$ 量子比特逻辑门，其中第一个量子比特 p 是选择量子比特，剩下的 n 个量子比特 $\overline{q}$ 则是数据量子比特，其定义为：

$$(C_0 \oplus C_1)|i\rangle|\psi\rangle = |i\rangle U_i|\psi\rangle$$

对于任意的 $|\psi\rangle \in \mathscr{H}_{\overline{q}}$ 都成立，其中 $i \in \{0,1\}$。也可以将它等价地定义为矩阵：

$$C_0 \oplus C_1 = \begin{bmatrix} U_0 & 0 \\ 0 & U_1 \end{bmatrix}$$

在例子 2.2.4 中定义的受控门是一类特殊的量子条件语句：$C(U) = I \oplus U$，其中 I 是单位矩阵。

⊖ 输入的数量和输出的数量一致，在计算的过程中没有信息熵的损失。—— 译者注

⊖ 多路复用器是一种设备，能接收多个输入信号，按每个输入信号的可恢复方式合成单个输出信号。复用器是一种综合系统，通常包含一定数目的数据输入，有一个单独的输出。—— 译者注

量子条件语句和经典条件语句的本质区别在于选择量子比特不仅可以处于基态 $|0\rangle$ 和 $|1\rangle$, 也可以处于叠加态:

$$(C_0 \oplus C_1)(\alpha_0|0\rangle|\psi_0\rangle + \alpha_1|1\rangle|\psi_1\rangle) = \alpha_0|0\rangle U_0|\psi_0\rangle + \alpha_1|1\rangle U_1|\psi_1\rangle$$

对于任意的 $|\psi_0\rangle, |\psi_1\rangle \in \mathscr{H}_{\bar{q}}$ 都成立, 并且对于任意的复数 α_0 和 α_1 都满足 $|\alpha_0|^2 + |\alpha_1|^2 = 1$。

多路复用器是对条件语句的多层扩展。粗略来讲, 多路复用器就是一个开关, 它将其中一个输入数据传递到输出中, 就像一个选定了一组输入的函数。与之类似, 量子多路复用器 (简称 QMUX) 是对量子条件语句的多路扩展。

定义 2.2.6 令 $\bar{p} = p_1, \cdots, p_m$ 和 $\bar{q} = q_1, \cdots, q_n$ 为量子寄存器。令 $C_x = U_x[\bar{q}]$ 是一个量子门, 其中 $x \in \{0,1\}^m$。那么 QMUX

$$\bigoplus_x C_x$$

是一个 $m+n$ 量子比特门, 其中前 m 个量子比特 $\bar{p}$ 是选择量子比特, 其余的 n 个量子比特 $\bar{q}$ 是数据量子比特。它将保持选择量子比特的态, 并根据选择量子比特的态对相应的数据量子比特进行幺正变换:

$$\left(\bigoplus_x C_x\right)|t\rangle|\psi\rangle = |t\rangle U_t|\psi\rangle$$

对于任意的 $t \in \{0,1\}^m$ 和 $|\psi\rangle \in \mathscr{H}_{\bar{q}}$ 都成立。

QMUX 可以通过对角矩阵来表示:

$$\bigoplus_x C_x = \bigoplus_{x=0}^{2^m-1} U_x = \begin{bmatrix} U_0 & & & \\ & U_1 & & \\ & & \ddots & \\ & & & U_{2^m-1} \end{bmatrix}$$

这里, 我们将整数 $0 \leqslant x \leqslant 2^m$ 用二进制表示法 $x \in \{0,1\}^m$ 进行表示。经典多路复用器和 QMUX 还有一个不同之处在于选择量子比特 $\bar{p}$ 可以处于基态 $|x\rangle$ 的叠加态:

$$\left(\bigoplus_x C_x\right)\left(\sum_{x=0}^{2^m-1}\alpha_x|x\rangle|\psi_x\rangle\right) = \sum_{x=0}^{2^m-1}\alpha_x|x\rangle U_x|\psi_x\rangle$$

对于任意的态 $|\psi_x\rangle \in \mathscr{H}_{\bar{q}}(0 \leqslant x \leqslant 2^m)$ 都成立, 且式中任意的复数 α_x 都满足 $\sum_x |\alpha_x|^2 = 1$。显然, 在定义 2.2.5 中介绍的受控门是一种特殊的 QMUX:

$$C^{(\bar{p})}(U) = I \oplus \cdots \oplus I \oplus U$$

其中前 $2^m - 1$ 个被加项是和 U 具有相同维度的单位矩阵。

练习 2.2.6 证明多路复用器满足如下属性:

$$\left(\bigoplus_x C_x\right)\left(\bigoplus_x D_x\right) = \bigoplus_x(C_x D_x)$$

下一节我们将会看到 QMUX 在量子游走中一个简单的应用。第 6 章会对 QMUX 和量子程序结构 (量子 case 语句) 之间的内在关联进行介绍。QMUX 已经成功地应用于量子线路的合成 (参见文献 [201]), 因此它在编译量子程序的时候也会很有用。

2.2.5 量子门的通用性

在前三个小节中，我们已经介绍了几类重要的量子门。人们自然会问：对于量子计算而言仅有这些门足够吗？本节就来回答这个问题。

为了更好地理解这个问题，让我们先对经典计算中类似的问题进行思考。对于任意的 $n \geqslant 0$，存在 2^{2^n} 个 n 进制的布尔函数 $\ominus$。整体上而言，我们有无数个布尔函数。但是存在一些小型的逻辑门的集合，它们具有通用性：通过它们可以产生所有的布尔函数。例如，{NOT, AND}，{NOT, OR}。我们可以将这种通用性的概念推广到量子门当中：

定义 2.2.7 如果所有幺正矩阵都可以通过一个幺正矩阵的集合 Ω 产生，那么就称这个集合具有通用性；即对于任意的正整数 n 和任意的 $2^n \times 2^n$ 幺正矩阵 U，都存在一个满足 $\mathrm{qvar}(C) = \{q_1, \cdots, q_n\}$ 的线路 C，且该线路是通过属于 Ω 中的幺正矩阵定义的门所构造的，使得：

$$U[q_1, \cdots, q_n] = C$$

（这与定义 2.2.3 中介绍的线路等价。）

下面的定理将介绍一种最简单的通用量子门集合。

定理 2.2.1 由 CNOT 门和所有的单量子比特门构成的集合具有通用性。

上述讨论的经典逻辑门的通用集合总是一个有限集。但是定理 2.2.1 中给出的通用量子门集合中的元素却是无限的。事实上，幺正算子的集合构成一个连续统，该连续统是不可数无限的。所以不可能通过量子门的有限集合去实现任意一个幺正算子。这就迫使我们去研究量子门的近似通用性，而非定义 2.2.7 中所介绍的完全通用性。

定义 2.2.8 如果对于任意的幺正算子 U 和任意的 $\epsilon > 0$，都存在一个满足 $\mathrm{qvar}(C) = \{q_1, \cdots, q_n\}$ 的线路 C，且该线路是通过属于 Ω 中的幺正矩阵定义的门所构造的：

$$d(U[q_1, \cdots, q_n], C) < \epsilon$$

其中距离 d 是通过式 (2.2) 定义的，那么称该集合 Ω 具有近似通用性。

下面的定理介绍了两种常见的近似通用门的集合。

定理 2.2.2 下列两个门的集合具有近似通用性：

(1) Hadamard 门 H、$\pi/8$ 门 T 和 CNOT 门 C。

(2) Hadamard 门 H、相位门 S、CONT 门 C 和 Toffoli 门（参考例子 2.2.5）。

此处省略了定理 2.2.1 和定理 2.2.2 的证明，有兴趣的读者可以在 [174] 一书的 4.5 节找到关于这两个定理的证明。

2.2.6 量子线路的测量

上一节介绍的通用性理论表明任何量子计算都可以通过由 2.2.2 节和 2.2.3 节所述的基本量子门构成的量子线路来实现。但是量子线路的输出通常是一个量子态，外界是不能直接

$\ominus$ 在数学中，布尔函数通常是如下形式的函数：$F(b_1, b_2, \cdots, b_n)$ 带有 n 个来自两元素布尔代数{0, 1} 的布尔变量 b_i，F 的取值也在{0, 1} 中。—— 译者注

观测的。为了读取计算结果，需要在线路运行结束时执行量子测量。所以我们需要对一般性量子线路的概念进行研究，即包含量子测量的线路。

正如 2.1.4 节所述，如果允许引入附属量子比特，那么仅需要使用投影测量。此外，如果线路中包含 n 个量子比特变量，那么因为这些量子比特的其他标准正交基都可以通过对可计算基矢进行幺正变换得到，所以仅在可计算基矢 $\{|x\rangle : x \in \{0,1\}^n\}$ 上执行测量就足够了。

实际上，量子测量并不只是在计算结束后使用。我们还经常将它作为计算的中间步骤，并以测量结果作为控制后续计算步骤的条件。但是 Nielsen 和 Chuang [174] 明确指出：

- **延迟测量原理**：测量总是可以从一个量子线路的中间阶段移动到线路的最后阶段；如果线路的任何阶段都需要使用测量结果，那么可以用条件量子操作替换经典受控操作。

练习 2.2.7 详细阐述延迟测量原理，并对它进行证明。该证明可以通过如下步骤完成：

(1) 我们可以通过归纳法对包含测量的量子线路（简称 mQC）进行形式化定义：

    (a) 每个量子门都是一个 mQC。

    (b) 如果 $\bar{q}$ 是量子寄存器，$M = \{M_m\} = \{M_{m_1}, M_{m_2}, \cdots, M_{m_n}\}$ 是属于 $\mathcal{H}_{\bar{q}}$ 的量子测量，且对于任意的 m，C_m 都是一个 mQC 且满足 $\bar{q} \cap \text{qvar}(C_m) = \varnothing$，那么：

$$\mathbf{if}(\square m \cdot M[\bar{q}] = m \to C_m)\mathbf{if} \equiv \mathbf{fi}M[\bar{q}] = m_1 \to C_{m_1}$$
$$\square \qquad m_2 \to C_{m_2}$$
$$\vdots$$
$$\square \qquad m_n \to C_{m_n}$$
$$\mathbf{fi} \tag{2.13}$$

也是 mQC。

    (c) 如果 C_1 和 C_2 都是 mQC，那么 $C_1 C_2$ 也是。

    式 (2.13) 表明，我们在 $\bar{q}$ 上执行测量 M，那么后续的计算步骤是根据测量结果进行选择的：如果测量结果为 m，那么接下来会执行相应的线路 C_m。

(2) 将量子线路之间的等价性关系（定义 2.2.3）扩展到 mQC 的情况。

(3) 证明对于任意的 mQC C，都存在量子电路 C'（不包含测量）和量子测量 $M[\bar{q}]$ 满足 $C = C'M[\bar{q}]$（等价性）。

如果将 (2) 中的条件 $\bar{q} \cap \text{qvar}(C_m) = \varnothing$ 去掉，那么被测量的量子比特在测量后的态可以在接下来的计算过程中使用。这种情况下延迟测量原理是否依然适用？

2.3 量子算法

上一节介绍的包含测量的量子线路是一个完整（却底层）的量子计算模型。自 20 世纪 90 年代初以来，已经发现了许多比对应的经典算法计算速度更快的量子算法。由于历史原因，再加上当时缺少成熟的量子编程语言，导致这些算法都是通过量子线路模型进行描述的。

在本节中，我们将介绍几个有趣的量子算法。我们的目的是为接下来介绍的量子编程结构提供例子，而不是对量子算法本身进行详细描述。如果读者想尽快进入本书的核心，可以跳过这一节，直接看第 3 章。接下来的章节中将会编程实现这一节介绍的算法，所以如果读者想理解这些内容就需要阅读本节。

2.3.1 量子并行性与量子干涉

我们将从设计量子算法的两种基本技术开始 —— 量子并行性与量子干涉。这是量子计算机能够胜过经典计算机的两个关键因素。

量子并行性

我们可以通过一个简单的例子对量子并行性进行清晰的阐述。考虑一类 n 进制的布尔函数：

$$f : \{0,1\}^n \to \{0,1\}$$

它的任务是对不同的输入 $x \in \{0,1\}^n$ 同时计算 $f(x)$。粗略地讲，经典情况下想要并行完成这项任务需要建立多个计算相同函数 f 的电路，它们同时对不同的输入 x 进行计算。相比之下，我们仅需要建立一个单量子线路并执行幺正变换：

$$U_f : |x, y\rangle \to |x, y \oplus f(x)\rangle \tag{2.14}$$

这样就可以完成任务，其中任意的 $x \in \{0,1\}^n, y \in \{0,1\}^n$。显然，幺正操作 U_f 是依照布尔函数 f 设计的。该线路由 $n+1$ 个量子比特组成，前 n 个量子比特为"数据"寄存器，最后一个量子比特是"目标"寄存器。可以证明对于任意一个计算 f 的经典电路，都可以构建一个具有相似复杂度的量子线路去实现 U_f。

练习 2.3.1 证明 U_f 是一个多路复用器 (参考定义 2.2.6)：

$$U_f = \bigoplus_x U_{f,x}$$

其中前 n 个量子比特为选择量子比特，对于任意的 $x \in \{0,1\}^n$，$U_{f,x}$ 是在最后一个量子比特上执行的幺正操作： |39|

$$U_{f,x}|y\rangle = |y \oplus f(x)\rangle$$

其中 $y \in \{0,1\}$；即如果 $f(x) = 0$，那么 $U_{f,x}$ 是一个单位算子 I；如果 $f(x) = 1$，那么它是非门。

接下来的流程说明了如何通过量子并行性同时计算所有可能的输入 $x \in \{0,1\}^n$ 所对应的 $f(x)$ 的值：

- 通过 n 个 Hadamard 门就可以非常有效地产生数据寄存器中 2^n 个基态的等权叠加态$^\ominus$：

$\ominus$ 对一个叠加态进行测量，如果它塌缩到任一基矢的概率是相等的，那么我们称该叠加态为等权叠加态（equal superposition）。—— 译者注

$$|0\rangle^{\otimes n} \xrightarrow{H^{\otimes n}} |\psi\rangle \triangleq \frac{1}{\sqrt{2^n}} \sum_{x \in \{0,1\}^n} |x\rangle$$

其中 $|0\rangle^{\otimes n} = |0\rangle \otimes \cdots \otimes |0\rangle$（$n$ 个 $|0\rangle$ 的张量积），且 $H^{\otimes n} = H \otimes \cdots \otimes H$（$n$ 个 H 的张量积）。

- 对处于态 $|\psi\rangle$ 的数据寄存器执行幺正变换 U_f，将目标寄存器的态设置为 $|0\rangle$：

$$|\psi\rangle|0\rangle = \frac{1}{\sqrt{2^n}} \sum_{x \in \{0,1\}^n} |x, 0\rangle \xrightarrow{U_f} \frac{1}{\sqrt{2^n}} \sum_{x \in \{0,1\}^n} |x, f(x)\rangle \qquad (2.15)$$

应当注意到，该等式仅执行了一次幺正操作 U_f，但是方程右侧的不同项包含了关于所有 $x \in \{0,1\}^n$ 的 $f(x)$ 的值。从某种意义上而言，该式同时对 $f(x)$ 的 2^n 个输入进行了计算。

但是仅有量子并行性，量子计算机还不足以胜过经典计算机。实际上，为了从式 (2.15) 等号右边的状态中提取信息，我们必须做一次测量；举例而言，如果我们在数据寄存器的可计算基矢 $\{|x\rangle : x \in 0,1^n\}$ 上执行测量，那么我们只能得到单个 x（概率为 $1/2^n$）对应的 $f(x)$ 的值，并不能同时得到所有 $x \in \{0,1\}^n$ 对应的 $f(x)$ 的值。因此，如果我们使用这种方法提取信息，那么量子计算机相对于经典计算机将毫无优势可言。

量子干涉

为了使上述方法真正发挥作用，必须将量子并行性与量子系统的另一特性相结合，这种特性就是量子干涉。举例而言，让我们思考叠加态

$$\sum_x \alpha_x |x, f(x)\rangle$$

显然式 (2.15) 的等号右边是该叠加态的一种特殊情况。正如之前所言，如果我们直接在可计算基矢上测量数据寄存器，只能得到单个 x 对应的 $f(x)$ 的局部信息。但是如果我们先在数据寄存器上执行一个幺正操作 U，将该叠加态转化为：

$$U\left(\sum_x \alpha_x |x, f(x)\rangle\right) = \sum_x \alpha_x \left(\sum_{x'} U_{x'x} |x', f(x)\rangle\right)$$
$$= \sum_{x'} \left[|x'\rangle \otimes \left(\sum_x \alpha_x U_{x'x} |f(x)\rangle\right)\right]$$

其中 $U_{x'x} = \langle x'|U|x\rangle$。此时再在可计算基矢上对其进行测量，就能得到所有 $x \in \{0,1\}^n$ 对应的 $f(x)$ 的全局信息。这个全局信息寄存于

$$\sum_x \alpha_x U_{x'x} |f(x)\rangle$$

的某单一的值 x' 中。从某种意义上来说，幺正操作 U 可以将不同 x 的取值所对应的 $f(x)$ 的信息进行合并。值得注意的是，幺正变换之后执行测量的基与幺正变换之前执行测量的基是不同的。所以在测量时选取合适的基对于提取全局信息至关重要。

2.3.2 Deutsch-Jozsa 算法

上一小节中关于量子并行性和量子干涉的讨论仍然不能说明它们是否真的可以帮助我们解决一些实际的计算问题。但在 Deutsch-Jozsa 算法[⊖]中，我们可以清楚地看到量子并行性和量子干涉相结合的力量。该算法解决了如下问题：

- Deutsch 问题：给定一个布尔函数 $f : \{0,1\}^n \to \{0,1\}$，该函数可能是常数或平衡函数（即对于所有可能的 x，$f(x)$ 有一半的概率为 0，一半的概率为 1）。判断该函数是常数还是平衡函数。

该算法如图 2.1 所示。需要注意的是，在这个算法中我们将由式 (2.14) 定义的函数 f 所决定的幺正操作 U_f 称为量子黑盒。

- **输入**：一个用于实现公式 (2.14) 所定义的幺正算子 U_f 的量子黑盒。

- **输出**：当且仅当 f 是常数时，输出 0。

- **运行时间**：只执行一次 U_f。总是成功。

- **执行流程**：

  1. $|0\rangle^{\otimes n}|1\rangle$

  2. $\xrightarrow{H^{\otimes(n+1)}} \dfrac{1}{\sqrt{2^n}} \displaystyle\sum_{x \in \{0,1\}^n} |x\rangle|-\rangle$

  3. $\xrightarrow{U_f} \dfrac{1}{\sqrt{2}} \displaystyle\sum_x (-1)^{f(x)}|x\rangle|-\rangle$

  4. $\xrightarrow{\text{在前 } n \text{ 个量子比特上执行 } H^{\otimes n}} \displaystyle\sum_z \dfrac{\displaystyle\sum_x (-1)^{x \cdot z + f(x)}}{2^n}|z\rangle|-\rangle$

  5. $\xrightarrow{\text{在可计算基矢上对前 } n \text{ 个量子比特进行测量}} z$

图 2.1 Deutsch-Jozsa 算法

为了更好地理解该量子算法，我们需要仔细研究设计过程中的几个关键思想：

- 在第 2 步中，目标寄存器（最后一个量子比特）被巧妙地初始化为态 $|-\rangle = H|1\rangle$ 而不是如式 (2.15) 所述的态 $|0\rangle$。因为

$$U_f|x, -\rangle = |x\rangle \otimes (-1)^{f(x)}|-\rangle$$
$$= (-1)^{f(x)}|x, -\rangle$$

所以通常将这类特殊的初始化方式称为*相位反冲技巧*。这里只有将目标寄存器的相位从 1 变为 $(-1)^{f(x)}$，才能将该相位移动到数据寄存器之前。

- 在第 3 步使用量子黑盒 U_f 的时候体现了量子并行性。

- 量子干涉在第 4 步中使用：将 n 个 Hadamard 门作用在数据寄存器上（前 n 个量子比特）可以得到：

41

⊖ 这是第一个指明在某些情况下，量子算法可以提供相对于经典算法指数级别的加速。—— 译者注

$$H^{\otimes n} \left(\frac{1}{\sqrt{2^n}} \sum_x |x\rangle \otimes (-1)^{f(x)} |-\rangle \right)$$

$$= \frac{1}{\sqrt{2^n}} \sum_x \left(H^{\otimes n} |x\rangle \otimes (-1)^{f(x)} |-\rangle \right)$$

$$= \frac{1}{2^n} \sum_x \left(\sum_z (-1)^{x \cdot z} |z\rangle \otimes (-1)^{f(x)} |-\rangle \right)$$

$$= \frac{1}{2^n} \sum_z \left[\left(\sum_x (-1)^{x \cdot z + f(x)} \right) |z\rangle \otimes |-\rangle \right] \tag{2.16}$$

- 在第 5 步中，我们在可计算基矢 $\{|z\rangle : z \in \{0,1\}^n\}$ 上对数据寄存器进行测量。得到测量结果为 $z = 0$ (即 $|z\rangle = |0\rangle^{\otimes n}$) 的概率是：

$$\frac{1}{2^n} \left| \sum_x (-1)^{f(x)} \right|^2 = \begin{cases} 1 & f \text{ 是常数} \\ 0 & f \text{ 是平衡函数} \end{cases}$$

42   有趣的是，当 f 是平衡函数时，$|0\rangle^{\otimes n}$ 的概率幅的正负贡献值会相互抵消。

练习 2.3.2 证明式 (2.16) 中的等式：

$$H^{\otimes n} |x\rangle = \frac{1}{\sqrt{2^n}} \sum_{z \in \{0,1\}^n} (-1)^{x \cdot z} |z\rangle$$

对于任意的 $x \in \{0,1\}^n$ 都成立，其中如果满足 $x = x_1, \cdots, x_n, z = z_1, \cdots, z_n$，则

$$x \cdot z = \sum_{i=1}^n x_i z_i$$

最后，让我们简要对比一下通过经典计算和 Deutsch-Jozsa 算法来解决 Deutsch 问题的查询复杂度。经典算法需要重复地在 $x \in \{0,1\}^n$ 中取值并计算 $f(x)$，直到能够确定 f 是常数还是平衡函数。所以，经典算法需要对 f 进行 $2^{n-1} + 1$ 次计算。相比之下，Deutsch-Jozsa 算法仅需要在第 3 步执行一次 U_f 操作即可。

2.3.3 Grover 搜索算法

Deutsch-Jozsa 算法恰当地阐述了设计量子算法中的几个关键点，但通过该算法解决的通常是某种人为构造的问题。本节我们将介绍一种在实际应用中非常有用的量子算法 —— Grover 算法。该算法可以解决如下问题：

- **搜索问题**：目的是对一个具有 N 个元素的数据库进行搜索，且该数据库中元素的索引为 $0, 1, \cdots, N-1$。为了方便起见，我们假设 $N = 2^n$，这样就可以通过 n 个比特对数据库中的索引进行存储。此外，假设该问题恰好有 M 个解且 $1 \leqslant M \leqslant N/2$。

与 Deutsch-Jozsa 算法相似，Grover 算法中也有一个量子黑盒，该黑盒可以识别搜索问题的解。我们可以对其进行形式化描述：定义函数 $f : \{0, 1, \cdots, N-1\} \to \{0, 1\}$ 为：

$$f(x) = \begin{cases} 1 & x \text{ 是解} \\ 0 & x \text{ 不是解} \end{cases}$$

我们记

$$\mathscr{H}_N = \mathscr{H}_2^{\otimes n} = \operatorname{span}\{|0\rangle, |1\rangle, \cdots, |N-1\rangle\}$$

其中 $\mathscr{H}_2$ 是单量子比特的态空间。那么可以将该黑盒视作 $\mathscr{H}_N \otimes \mathscr{H}_2$ 中的幺正算子 $O = U_f$：

$$O|x, q\rangle = U_f|x, q\rangle = |x\rangle|q \oplus f(x)\rangle \tag{2.17}$$

对于任意的 $x \in \{0, 1, \cdots, N-1\}, q \in \{0, 1\}$ 都成立，其中 $|x\rangle$ 是索引寄存器，$|q\rangle$ 是黑盒量子比特，即当 x 是解的时候会反转，否则保持不变。特别地，这个黑盒具有相位反冲属性：

$$|x, -\rangle \xrightarrow{O} (-1)^{f(x)}|x, -\rangle$$

因此，如果黑盒量子比特的初始态为 $|-\rangle$，那么它会在整个算法执行过程中保持 $|-\rangle$ 不变，所以可以在公式中将其省略：

$$|x\rangle \xrightarrow{O} (-1)^{f(x)}|x\rangle \tag{2.18}$$

Grover 旋转

Grover 旋转是 Grover 算法的一个重要子程序。如图 2.2 所示，它由四个步骤组成，让我们看看 Grover 旋转究竟做了什么。我们将图 2.2 所定义的幺正变换记为 G，即 G 由步骤 1~4 中的算子所构成。需要指出第 1 步中使用的黑盒 O 是在空间 $\mathscr{H}_N$ 中的幺正算子 (而非空间 $\mathscr{H}_N \otimes \mathscr{H}_2$)。在第 3 步中的条件相位变换是在空间 $\mathscr{H}_N$ 的基 $\{|0\rangle, |1\rangle, \cdots, |N-1\rangle\}$ 上定义的。接下来的引理表明这个量子线路中的幺正算子实现了 Grover 旋转。

- **执行流程：**
    1. 应用量子黑盒 O
    2. 应用 Hadamard 变换 $H^{\otimes n}$
    3. 执行条件相位偏移：
       $$|0\rangle \rightarrow |0\rangle$$
       对于任意的 $x \neq 0$ 都有 $|x\rangle \rightarrow -|x\rangle$
    4. 应用 Hadamard 变换 $H^{\otimes n}$

图 2.2 Grover 旋转

引理 2.3.1 $G = (2|\psi\rangle\langle\psi| - I)O$，其中

$$|\psi\rangle = \frac{1}{\sqrt{N}} \sum_{x=0}^{N-1} |x\rangle$$

是 $\mathscr{H}_N$ 中的等权叠加。

练习 2.3.3 证明引理 2.3.1。

很难从上面的描述中想象出算子 G 实际上代表了旋转操作。通过几何可视化能够帮助我们更好地理解 Grover 旋转。让我们引入空间 $\mathscr{H}_N$ 中的两个向量：

$$|\alpha\rangle = \frac{1}{\sqrt{N-M}} \sum_{x \text{不是解}} |x\rangle$$

$$|\beta\rangle = \frac{1}{\sqrt{M}} \sum_{x \text{是解}} |x\rangle$$

显然，两个向量是正交的。如果我们将夹角 θ 定义为：

$$\cos\frac{\theta}{2} = \sqrt{\frac{N-M}{N}} \left(0 \leqslant \frac{\theta}{2} \leqslant \frac{\pi}{2}\right)$$

那么可以将引理 2.3.1 中所述的等权叠加态表示为：

$$|\varphi\rangle = \cos\frac{\theta}{2}|\alpha\rangle + \sin\frac{\theta}{2}|\beta\rangle$$

此外，我们有：

引理 2.3.2　$G(\cos\delta|\alpha\rangle + \sin\delta|\beta\rangle) = \cos(\theta+\delta)|\alpha\rangle + \sin(\theta+\delta)|\beta\rangle$。

直观而言，Grover 算子 G 是由 $|\alpha\rangle$ 和 $|\beta\rangle$ 扩展成的二维空间中的一个角度为 θ 的旋转。对于任意的实数 δ，向量 $\cos\delta|\alpha\rangle + \sin\delta|\beta\rangle$ 都可以通过点 $(\cos\delta, \sin\delta)$ 来表示。因此，引理 2.3.2 表明 G 可以通过如下映射关系表示：

$$(\cos\delta, \sin\delta) \xrightarrow{G} (\cos(\theta+\delta), \sin(\theta+\delta))$$

练习 2.3.4　证明引理 2.3.2。

Grover 算法

Grover 算法以 Grover 旋转作为子程序，该算法如图 2.3 所示。

- **输入**：通过公式 (2.17) 定义的量子黑盒 O。
- **输出**：解 x。
- **运行时间**：$O(\sqrt{N})$ 次操作，成功的概率为 $\Theta(1)$。
- **执行流程**：

  1. $|0\rangle^{\otimes n}|1\rangle$
  2. $\xrightarrow{H^{\otimes(n+1)}} \frac{1}{\sqrt{2^n}} \sum_{x=0}^{2^n-1} |x\rangle|-\rangle = \left(\cos\frac{\theta}{2}|\alpha\rangle + \sin\frac{\theta}{2}|\beta\rangle\right)|-\rangle$
  3. $\xrightarrow{\text{在前 } n \text{ 个量子比特上执行 } G^k} \left[\cos\left(\frac{2k+1}{2}\theta\right)|\alpha\rangle + \sin\left(\frac{2k+1}{2}\theta\right)|\beta\rangle\right]|-\rangle$
  4. $\xrightarrow{\text{在可计算基矢上对前 } n \text{ 个量子比特进行测量}} |x\rangle$

图 2.3　Grover 搜索算法

应当注意到在图 2.3 中，k 是一个整型常量；在下一段中将对如何选取 k 值进行说明。

性能分析

可以证明经典计算机解决搜索问题大致需要 N/M 次操作。让我们看看 Grover 算法的第 3 步中需要迭代多少次 G。注意在第 2 步中，索引寄存器（也就是前 n 个量子比特）的初始状态为：

$$|\psi\rangle = \sqrt{\frac{N-M}{N}}|\alpha\rangle + \sqrt{\frac{M}{N}}|\beta\rangle$$

所以旋转弧度 $\arccos\sqrt{\frac{M}{N}}$ 可以使索引寄存器从 $|\psi\rangle$ 态变化为 $|\beta\rangle$ 态。引理 2.3.2 表明 Grover

算子 G 是一个 θ 角度的旋转。令 k 是一个最接近实数 Q 的整数：

$$Q = \frac{\arccos \sqrt{\dfrac{M}{N}}}{\theta}$$

因为 $\arccos \sqrt{\dfrac{M}{N}} \leqslant \dfrac{\pi}{2}$，所以有：

$$k \leqslant \left\lceil \frac{\arccos \sqrt{\dfrac{M}{N}}}{\theta} \right\rceil \leqslant \left\lceil \frac{\pi}{2\theta} \right\rceil$$

因此，k 是一个属于区间 $\left[\dfrac{\pi}{2\theta} - 1, \dfrac{\pi}{2\theta}\right]$ 的正整数。根据假设 $M \leqslant \dfrac{N}{2}$，我们可以得到：

$$\frac{\theta}{2} \geqslant \sin \frac{\theta}{2} = \sqrt{\frac{M}{N}}$$

且 $k \leqslant \left\lceil \dfrac{\pi}{4} \sqrt{\dfrac{N}{M}} \right\rceil$，即 $k = O(\sqrt{N})$。另一方面，通过 k 的定义我们可以得到：

$$\left| k - \frac{\arccos \sqrt{\dfrac{M}{N}}}{\theta} \right| \leqslant \frac{1}{2}$$

由此可得：

$$\arccos \sqrt{\frac{M}{N}} \leqslant \frac{2k+1}{2}\theta \leqslant \theta + \arccos \sqrt{\frac{M}{N}}$$

因为 $\cos \dfrac{\theta}{2} = \sqrt{\dfrac{N-M}{N}}$，所以有 $\arccos \sqrt{\dfrac{M}{N}} = \dfrac{\pi}{2} - \dfrac{\theta}{2}$ 且

$$\frac{\pi}{2} - \frac{\theta}{2} \leqslant \frac{2k+1}{2}\theta \leqslant \frac{\pi}{2} + \frac{\theta}{2}$$

因此，因为 $M \leqslant \dfrac{N}{2}$，所以算法执行成功的概率为：

$$\Pr(\text{success}) = \sin^2 \left(\frac{2k+1}{2}\theta \right) \geqslant \cos^2 \frac{\theta}{2} = \frac{N-M}{N} \geqslant \frac{1}{2}$$

也就是说 $\Pr(\text{success}) = \Theta(1)$。特别地，如果 $M \ll N$，那么成功的概率将会非常高。

可以将前面的描述总结为：Grover 算法可以以 $O(1)$ 的成功率在 $k = O(\sqrt{N})$ 步之内找到解 x。

2.3.4　量子游走

在设计 Deutsch-Jozsa 算法和 Grover 算法的过程中，我们已经感受到了量子并行性和量子干涉的力量。本节我们将对另一类量子算法进行研究，这类算法的设计思路与前两个算法完全不同，它是基于量子游走（即经典随机游走的量子对应物）的概念进行设计的。

一维空间的量子游走

最简单的随机游走是一维空间游走：一个粒子在一条离散的直线上移动，我们可以将这个直线上的节点记为 $\mathbb{Z} = \{\cdots, -2, -1, 0, 1, 2, \cdots\}$。在每一次的游走过程中，该粒子都会根据"掷硬币"的结果向左或者向右移动一位。对一维空间随机游走进行量子化扩展，就可以得到 Hadamard 游走。Hadamard 游走的定义如下：

例子 2.3.1   Hadamard 游走的希尔伯特态空间为 $\mathcal{H}_d \otimes \mathcal{H}_p$，其中：

- $\mathcal{H}_d = \operatorname{span}\{|L\rangle, |R\rangle\}$ 是二维希尔伯特空间，称为方向空间。$|L\rangle$ 和 $|R\rangle$ 分别表示方向 Left 和 Right。
- $\mathcal{H}_p = \operatorname{span}\{|n\rangle : n \in \mathbb{Z}\}$ 是无限维希尔伯特空间，且 $|n\rangle$ 代表整数 n 所标记的位置。

且 $\operatorname{span} X$ 是一个非空的集合 X，它是根据式 (2.1) 定义的。Hadamard 游走中的每一步都可以通过幺正算子

$$W = T(H \otimes I_{\mathcal{H}_p})$$

来表示，其中平移变换 T 是空间 $\mathcal{H}_d \otimes \mathcal{H}_p$ 中的一个幺正算子，我们可以将其定义为：

$$T|L, n\rangle = |L, n-1\rangle, \quad T|R, n\rangle = |R, n+1\rangle$$

对于任意的 $n \in \mathbb{Z}$ 都成立，其中 H 是方向空间 $\mathcal{H}_d$ 中的 Hadamard 变换，$I_{\mathcal{H}_p}$ 是位置空间 $\mathcal{H}_p$ 中的单位算子。对算子 W 进行迭代就构成了 Hadamard 游走。

练习 2.3.5   将位置空间 $\mathcal{H}_p$ 中的左移算子 T_L 和右移算子 T_R 定义为：

$$T_L|n\rangle = |n-1\rangle, \quad T_R|n\rangle = |n+1\rangle$$

对于任意的 $n \in \mathbb{Z}$ 都成立。那么平移变换算子 T 实际上就是以方向变量作为选择量子比特的量子条件语句 $T_L \oplus T_R$（参考例子 2.2.6）。

虽然 Hadamard 游走是仿照一维随机游走进行设计的，但是它们的一些行为却完全不同：

- 可以将平移变换算子 T 描述为：如果方向系统处于 $|L\rangle$ 态，那么游走粒子将会从位置 n 移动到 $n-1$，如果方向系统处于 $|R\rangle$ 态，那么游走粒子将会从位置 n 移动到 $n+1$。这看起来和随机游走非常相似，但在量子游走中方向可以处于 $|L\rangle$ 和 $|R\rangle$ 的叠加态，这样游走粒子就可以同时向左和向右进行移动。
- 在随机游走中，我们只需要精确地统计"掷硬币"的结果；举例而言，投掷一枚公平"硬币"得到正面朝上和反面朝上的概率均为 $1/2$。但在量子随机游走当中，我们不得不明确地定义隐藏于"硬币"的统计行为之下的动力学；举例而言，可以将 Hadamard 变换 H 视作公平"硬币"的量子实现，而如下 2×2 的幺正矩阵（类似的矩阵还有很多）也是如此：

$$C = \frac{1}{\sqrt{2}} \begin{bmatrix} 1 & i \\ i & 1 \end{bmatrix}$$

- 量子游走中可能会有量子干涉发生；例如，令 Hadamard 游走的初始状态为 $|L\rangle|0\rangle$。那么我们有：

$$
\begin{aligned}
|L\rangle|0\rangle \xrightarrow{H}\ & \frac{1}{\sqrt{2}}(|L\rangle + |R\rangle)|0\rangle \\
\xrightarrow{T}\ & \frac{1}{\sqrt{2}}(|L\rangle|-1\rangle + |R\rangle|1\rangle) \\
\xrightarrow{H}\ & \frac{1}{2}[(|L\rangle + |R\rangle)|-1\rangle + (|L\rangle - |R\rangle)|1\rangle] \\
\xrightarrow{T}\ & \frac{1}{2}(|L\rangle|-2\rangle + |R\rangle|0\rangle + |L\rangle|0\rangle - |R\rangle|2\rangle) \\
\xrightarrow{H}\ & \frac{1}{2\sqrt{2}}[(|L\rangle + |R\rangle)|-2\rangle + (|L\rangle - |R\rangle)|0\rangle \\
& + (|L\rangle + |R\rangle)|0\rangle - (|L\rangle - |R\rangle)|2\rangle]
\end{aligned}
\tag{2.19}
$$

其中 $-|R\rangle|0\rangle$ 和 $|R\rangle|0\rangle$ 是异相的，因此它们可以相互抵消。

图上的量子游走

图上的随机游走是一类在设计和分析算法时常用到的随机游走。令 $G = (V, E)$ 是一个 n-途径正则有向图，即图中每个顶点都有 n 个邻接顶点。那么我们可以对每个顶点的每条邻边用一个从 1 到 n 之间的整数 i 进行标记，对于任意的 $1 \leqslant i \leqslant n$，标号为 i 的有向边都可以构成一个排列。通过这种方法可以将任意顶点 v 的第 i 个邻接顶点 v_i 定义为与 v 通过标号为 i 的边相连接的顶点。在图 G 上的随机游走的定义为：G 上的顶点 v 代表游走粒子的态且对于任意一个态 v，游走粒子从 v 移动到它的每个邻接顶点的概率都是确定的。可以将这类随机游走进行量子化扩展：

例子 2.3.2 在 n-途径正则图 $G = (V, E)$ 上的量子游走的希尔伯特空间为 $\mathscr{H}_d \otimes \mathscr{H}_p$，其中：

- $\mathscr{H}_d = \text{span}\{|i\rangle\}_{i=1}^{n}$ 是一个 n 维的希尔伯特空间。我们引入一个被称为方向"硬币"的辅助量子系统，该系统的态空间为 $\mathscr{H}_d$。对于任意的 $1 \leqslant i \leqslant n$，态 $|i\rangle$ 代表第 i 个方向。空间 $\mathscr{H}_d$ 称为"硬币空间"。
- $\mathscr{H}_p = \text{span}\{|v\rangle\}_{v \in V}$ 是位置希尔伯特空间。对于图中的每个顶点 v，$\mathscr{H}_p$ 中都存在一个相对应的基态 $|v\rangle$。

移位 S 是 $\mathscr{H}_d \otimes \mathscr{H}_p$ 中的一个算子，其定义为：

$$S|i, v\rangle = |i\rangle|v_i\rangle$$

对于任意的 $1 \leqslant i \leqslant n, v \in V$ 都成立，其中 v_i 是 v 的第 i 个邻接顶点。直观上而言，对于任意的 i，如果"硬币"处于态 $|i\rangle$，那么游走粒子会朝第 i 个方向进行移动。当然，"硬币"也可以处于态 $|i\rangle(1 \leqslant i \leqslant n)$ 的叠加态，这种情况下游走粒子会同时朝所有方向移动。

如果我们进一步在"硬币"空间 $\mathscr{H}_d$ 中选定一个被称为"掷硬币算子"的幺正算子 C，那么可以通过如下幺正算子对图 G 上的单步量子游走进行建模：

$$W = S(C \otimes I_{\mathscr{H}_p})
\tag{2.20}$$

其中 $I_{\mathcal{H}_p}$ 是位置空间 $\mathcal{H}_p$ 中的单位算子。例如，可以选择离散傅里叶变换 (FT) 来实现公平 "硬币"，其中：

$$\mathrm{FT} = \frac{1}{\sqrt{d}} \begin{bmatrix} 1 & 1 & 1 & \cdots & 1 \\ 1 & \omega & \omega^2 & \cdots & \omega^{d-1} \\ 1 & \omega^2 & \omega^4 & \cdots & \omega^{2(d-1)} \\ \vdots & \vdots & \vdots & & \vdots \\ 1 & \omega^{d-1} & \omega^{(d-1)^2} & \cdots & \omega^{(d-1)(d-1)} \end{bmatrix} \tag{2.21}$$

49 为 "掷硬币" 算子，$\omega = \exp(2\pi i/d)$。FT 算子将每个方向都映射为方向的叠加态，且对该叠加态进行测量之后得到任一方向的概率均为 $1/d$。对单步游走算子 W 进行迭代就构成了图上的量子游走。

练习 2.3.6　对于任意的 $1 \leqslant i \leqslant n$，我们可以在位置空间 $\mathcal{H}_V$ 中定义一个移位算子 S_i：

$$S_i|v\rangle = |v_i\rangle$$

对于任意的 $v \in V$ 都成立，其中 v_i 代表 v 的第 i 个邻接顶点。如果我们允许量子多路复用器 (QMUX) 中的选择变量为任意量子变量，而并非仅仅是量子比特，那么例子 2.3.3 中的移位算子 S 就是以方向 d 作为选择变量的 QMUX $\oplus_i S_i$。

可以发现，有时量子游走中的量子效应（比如干涉）可以为游走提供明显的加速；例如，相较于经典的随机游走，它能够使得量子游走从一个顶点更快地到达另一个顶点。

2.3.5　量子游走搜索算法

我们能利用上一小节最后提出的量子加速思想设计出胜过经典算法的量子算法吗？在本节中，我们将介绍这样一种能够解决 2.3.3 节中搜索问题的算法。

假设数据库由 $N = 2^n$ 个元素构成，该数据库中所有元素都通过 n 个比特的二进制串 $x = x_1 \cdots x_n \in \{0,1\}^n$ 进行编码。在 2.3.3 节中，我们假设恰好存在 M 个解。此处我们仅考虑 $M = 1$ 的特殊情况。因此，算法的目的是找到单一目标解 x^*。本小节中的搜索算法是基于 n 维超立方体上的量子游走设计的。n 维超立方体有 2^n 个顶点，且每个顶点都对应于数据库中的一个元素 x。如果两个顶点 x 和 y 仅有一个比特不同，那么就称这两个顶点是相连的：

$$\textit{存在 } d \textit{ 使得} x_d \neq y_d, \textit{且对于任意的 } i \neq d \textit{ 都有} x_i = y_i$$

也就是说，x 和 y 的二进制编码中仅有一位比特不同。因此，n 维超立方体中的 2^n 个顶点的度数都是 n（即每个顶点都与其他 n 个顶点相连接）。

作为例子 2.3.2 的一个特殊情况，我们可以将在 n 维超立方体上的量子游走描述为：

- 希尔伯特态空间是 $\mathcal{H}_d \otimes \mathcal{H}_p$，其中 $\mathcal{H}_d = \mathrm{span}\{|1\rangle, \cdots, |n\rangle\}$，

$$\mathcal{H}_p = \mathcal{H}_2^{\otimes n} = \mathrm{span}\{|x\rangle : x \in \{0,1\}^n\}$$

且 $\mathcal{H}_2$ 是单量子比特的态空间。

- 移位算子 S 将 $|d, x\rangle$ 映射为 $|d, x \oplus e_d\rangle$（将 x 的第 d 个比特进行反转），其中 $e_d = 0\cdots010\cdots0$（第 d 个比特是 1，其余为 0）是 n 维超立方体的第 d 个基向量。也可以将它形式化地描述为：

$$S = \sum_{d=1}^{n} \sum_{x\in\{0,1\}^n} |d, x \oplus e_d\rangle\langle d, x|$$

其中 $\oplus$ 是分量方式的模二加法。

- 将"掷硬币"算子 C 作为不带黑盒的 Grover 旋转（参考引理 2.3.1）：

$$C = 2|\psi_d\rangle\langle\psi_d| - I$$

其中 I 是空间 $\mathscr{H}_d$ 的单位算子，$|\psi_d\rangle$ 是所有 n 个方向的等权叠加态：

$$|\psi_d\rangle = \frac{1}{\sqrt{n}}\sum_{d=1}^{n}|d\rangle$$

与 Grover 算法相似，我们有一个可以对目标元素 x^* 进行标记的黑盒。假设这个黑盒是通过 C 的扰动进行实现的：

$$D = C \oplus \sum_{x \neq x^*}|x\rangle\langle x| + C' \oplus |x^*\rangle\langle x^*| \tag{2.22}$$

其中 C' 是 $\mathscr{H}_d$ 中的幺正算子。直观上而言，每当当前位置对应的是非目标元素时，该黑盒就会对方向系统使用原来的"掷硬币"算子 C，而需要对目标元素 x^* 进行标记时使用的却是一类特殊的"硬币" C'。

搜索算法的基本流程为：

- 将量子计算机初始化为所有的方向和所有的位置的等权叠加态：$|\psi_0\rangle = |\psi_d\rangle \otimes |\psi_p\rangle$，其中，

$$|\psi_p\rangle = \frac{1}{\sqrt{N}}\sum_{x\in\{0,1\}^n}|x\rangle$$

- 使用 t 次受扰乱的单步游走算子：

$$W' = SD = W - S[(C - C') \otimes |x^*\rangle\langle x^*|]$$

其中 $t = \left\lceil \frac{\pi}{2}\sqrt{N} \right\rceil$，$W$ 是通过式 (2.20) 定义的单步游走算子。

- 在基 $|d, x\rangle$ 上对量子计算机的态进行测量。

在本算法中使用的"掷硬币"算子 D 和例子 2.3.2 中的原始"掷硬币"算子 C（更确切地说，是 $C \otimes I$）有明显的不同：算子 C 只在方向空间上起作用，因此它和位置空间是相互独立的。但 D 是通过使用标记目标元素 x' 的 C' 对 $C \otimes I$ 进行修改得到的，从式 (2.22) 中显然可以发现 D 是位置相关的。

对于 $C' = -I$ 的情况，已经证明该算法找到目标元素的概率为 $\frac{1}{2} - O\left(\frac{1}{n}\right)$，因此通过重复执行该算法，可以以任意小的误差概率找到目标元素。这里不对该算法的性能进行分析，有兴趣的读者可以从文献 [203] 中找到相关内容。

我们鼓励读者将这类基于量子游走的搜索算法和 2.3.3 节介绍的 Grover 搜索算法进行仔细比较。

2.3.6 量子傅里叶变换

另一类重要的量子算法是基于量子傅里叶变换设计的。回想一下离散傅里叶变换，它以复向量 $x_0, \cdots, x_{N-1}$ 作为输入，输出复向量 $y_0, \cdots, y_{N-1}$：

$$y_k = \frac{1}{\sqrt{N}} \sum_{j=0}^{N-1} e^{2\pi i j k / N} x_j \qquad (2.23)$$

对于任意的 $0 \leqslant j \leqslant N$ 都成立。将离散傅里叶变换进行量子化扩展，就可以得到量子傅里叶变换。

定义 2.3.1 在标准正交基 $|0\rangle, \cdots, |N-1\rangle$ 上的量子傅里叶变换为：

$$FT : |j\rangle \to \frac{1}{\sqrt{N}} \sum_{k=0}^{N-1} e^{2\pi i j k / N} |k\rangle$$

更一般地，在 N 维希尔伯特空间中一般态上的量子傅里叶变换为：

$$FT : \sum_{j=0}^{N-1} x_j |j\rangle \to \sum_{k=0}^{N-1} y_k |k\rangle$$

其中，概率幅 $y_0, \cdots, y_{N-1}$ 是通过对概率幅 $x_0, \cdots, x_{N-1}$ 执行离散傅里叶变换得到的。式 (2.21) 给出了量子傅里叶变换的矩阵表示。

命题 2.3.1 量子傅里叶变换 FT 是幺正的。

练习 2.3.7 证明命题 2.3.1。

量子傅里叶变换线路

接下来的命题及其证明给出了量子傅里叶变换通过单比特逻辑门和两比特逻辑门进行实现的一种方案。

命题 2.3.2 令 $N = 2^n$。那么量子傅里叶变换可以通过由 n 个 Hadamard 门和

$$\frac{n(n-1)}{2} + 3 \left\lfloor \frac{n}{2} \right\rfloor$$

52 个受控门组成的量子线路实现。

证明：可以通过构造一个满足上述条件的量子线路来证明该命题。我们使用二进制来表示：

- $j_1 j_2 \cdots j_n$ 表示

$$j = j_1 2^{n-1} + j_2 2^{n-2} + \cdots + j_n 2^0$$

- $0.j_k j_{k+1} \cdots j_n$ 表示

$$j_k / 2 + j_{k+1} / 2^2 + \cdots + j_n / 2^{n-k+1}$$

对于任意的 $k \geqslant 1$ 成立。

可以通过如下三步来对该命题进行证明：

(1) 使用 2.2 节介绍的概念，我们设计如下线路：

$$D \equiv H[q_1]C(R_2)[q_2,q_1] \cdots C(R_n)[q_n,q_1]H[q_2]C(R_2)[q_3,q_2]$$
$$\cdots C(R_{n-1})[q_n,q_2] \cdots H[q_{n-1}]C(R_2)[q_n,q_{n-1}]H[q_n] \tag{2.24}$$

其中 R_k 代表相移（参考例子 2.2.1）：

$$R_k = P(2\pi/2^k) = \begin{bmatrix} 1 & 0 \\ 0 & e^{2\pi i/2^k} \end{bmatrix}$$

对于任意的 $k = 2, \cdots, n$ 都成立。如果我们将 $|j\rangle = |j_1 \cdots j_n\rangle$ 输入到线路 (2.24) 中，那么通过计算得到输出为：

$$\frac{1}{\sqrt{2^n}}(|0\rangle + e^{2\pi i 0.j_1 \cdots j_n}|1\rangle) \cdots (|0\rangle + e^{2\pi i 0.j_n}|1\rangle) \tag{2.25}$$

(2) 可以发现当 $N = 2^n$ 时，量子傅里叶变换可以改写为如下形式：

$$|j\rangle \to \frac{1}{\sqrt{2^n}} \sum_{k=0}^{2^n-1} e^{2\pi i jk/2^n}|k\rangle$$

$$= \frac{1}{\sqrt{2^n}} \sum_{k_1=0}^{1} \cdots \sum_{k_n=0}^{1} e^{2\pi i j(k_1 \cdot 2^{n-1} + \cdots + k_n \cdot 2^0)/2^n}|k_1 \cdots k_n\rangle$$

$$= \frac{1}{\sqrt{2^n}} \left(\sum_{k_1=0}^{1} e^{2\pi i jk_1/2^1}|k_1\rangle \right) \cdots \left(\sum_{k_n=0}^{1} e^{2\pi i jk_n/2^n}|k_n\rangle \right)$$

$$= \frac{1}{\sqrt{2^n}}(|0\rangle + e^{2\pi i 0.j_n}|1\rangle) \cdots (|0\rangle + e^{2\pi i 0.j_1 \cdots j_n}|1\rangle) \tag{2.26}$$

(3) 最后，通过比较公式 (2.26) 和 (2.25)，我们发现在线路 (2.24) 的最后添加 $\left\lfloor \frac{n}{2} \right\rfloor$ 个 `53` SWAP 门就可以将量子比特的顺序进行反转，因此可以导出量子傅里叶变换。其中 SWAP 门可以通过 3 个 CNOT 门实现（参考例子 2.2.3）。　　　　□

2.3.7　相位估计

现在让我们看看上一节定义的量子傅里叶变换如何在相位估计算法中使用。这个量子算法解决了如下的问题：

- 相位估计：一个幺正算子 U 有一个特征向量 $|u\rangle$，且该特征向量对应的特征值为 $e^{2\pi i \varphi}$，其中 φ 的值是未知的。该算法的目标是对相位 φ 进行估算。

相位估计算法如图 2.4 所述。它使用两个寄存器：

- 第一个寄存器由 t 个初始化为 $|0\rangle$ 的量子比特 $q_1, \cdots, q_t$ 构成。
- 第二个寄存器是经 U 作用的系统 p，该系统的初始态为 $|u\rangle$。

使用 2.2 节介绍的相关概念，可以将该线路的算法写成如下形式：

$$D \equiv E \cdot \mathrm{FT}^\dagger[q_1, \cdots, q_t] \tag{2.27}$$

其中：

$$E \equiv H[q_1] \cdots H[q_{t-2}] H[q_{t-1}] H[q_t]$$

$$C(U^{2^0})[q_t, p] C(U^{2^1})[q_{t-1}, p] C(U^{2^2})[q_{t-2}, p] \cdots C(U^{2^{t-1}})[q_1, p]$$

$C(\cdot)$ 是受控门（参考定义 2.2.5），$\mathrm{FT}^\dagger$ 是量子傅里叶变换（FT）的逆变换，它可以通过对命题 2.3.2 的证明中给出的 FT 线路进行反转得到。

- **输入**:

  1. 执行受控 U^{2^j} 算子的黑盒，其中 $j = 0, 1, \cdots, t-1$。
  2. t 个初始态为 $|0\rangle$ 的量子比特。
  3. 特征值为 $\mathrm{e}^{2\pi\mathrm{i}\varphi}$ 的 U 的特征向量 $|u\rangle$，其中

  $$t = n + \left\lceil \log\left(2 + \frac{1}{2\epsilon}\right) \right\rceil$$

- **输出**: φ 的 n 比特近似值 $\tilde\varphi = m$。

- **运行时间**: $O(t^2)$ 次操作并调用每个黑盒各一次，成功的概率至少为 $1 - \epsilon$。

- **执行流程**:

  1. $|0\rangle^{\otimes t} |u\rangle \xrightarrow{\text{在前 } t \text{ 个量子比特上执行} H^{\otimes t}} \frac{1}{\sqrt{2^t}} \sum_{j=0}^{2^t-1} |j\rangle |u\rangle$

  2. $\xrightarrow{\text{黑盒}} \frac{1}{\sqrt{2^t}} \sum_{j=0}^{2^t-1} |j\rangle U^j |u\rangle = \frac{1}{\sqrt{2^t}} \sum_{j=0}^{2^t-1} \mathrm{e}^{2\pi\mathrm{i}j\varphi} |j\rangle |u\rangle$

  3.
  $$\xrightarrow{\mathrm{FT}^\dagger} \frac{1}{\sqrt{2^t}} \sum_{j=0}^{2^t-1} \mathrm{e}^{2\pi\mathrm{i}j\varphi} \left(\frac{1}{\sqrt{2^t}} \sum_{k=0}^{2^t-1} \mathrm{e}^{-2\pi\mathrm{i}jk/2^t} |k\rangle \right) |u\rangle$$
  $$= \sum_{k=0}^{2^t-1} \alpha_k |k\rangle |u\rangle$$

  4. $\xrightarrow{\text{测量前 } t \text{ 个量子比特}} |m\rangle |u\rangle$，其中

  $$\alpha_k = \frac{1}{2^t} \sum_{j=0}^{2^t-1} \mathrm{e}^{2\pi\mathrm{i}j(\varphi - k/2^t)} = \frac{1}{2^t} \left[\frac{1 - \mathrm{e}^{2\pi\mathrm{i}(2^t\varphi - k)}}{1 - \mathrm{e}^{2\pi\mathrm{i}(\varphi - k/2^t)}} \right]$$

图 2.4　相位估计

显然，线路 (2.27) 由 $O(t^2)$ 个 Hadamard 门和受控门以及对黑盒 U^{2^j} 的一次调用构成，其中 $j = 0, 1, \cdots, t-1$。进一步观察可得：

$$E|0\rangle_{q_1} \cdots |0\rangle_{q_{t-2}} |0\rangle_{q_{t-1}} |0\rangle_{q_t} |u\rangle_p = \frac{1}{\sqrt{2^t}} (|0\rangle + \mathrm{e}^{2\pi\mathrm{i}\varphi \cdot 2^{t-1}} |1\rangle)$$

$$\cdots (|0\rangle + \mathrm{e}^{2\pi\mathrm{i}\varphi \cdot 2^2} |1\rangle)(|0\rangle + \mathrm{e}^{2\pi\mathrm{i}\varphi \cdot 2^1} |1\rangle)(|0\rangle + \mathrm{e}^{2\pi\mathrm{i}\varphi \cdot 2^0} |1\rangle) |u\rangle \quad (2.28)$$

$$= \frac{1}{\sqrt{2^t}} \left(\sum_{k=0}^{2^t-1} \mathrm{e}^{2\pi\mathrm{i}\varphi k} |k\rangle \right) |u\rangle$$

一类特殊的情况

为了理解该算法是如何工作的，接下来我们将对一类特殊的情况进行思考。在这种情况下可以将 φ 通过 t 个比特进行表示：

$$\varphi = 0.\varphi_1 \varphi_2 \varphi_3 \cdots \varphi_t$$

那么可以将式 (2.28) 改写为：

$$E|0\rangle\cdots|0\rangle|0\rangle|0\rangle|u\rangle=\frac{1}{\sqrt{2^t}}(|0\rangle+\mathrm{e}^{2\pi\mathrm{i}0.\varphi_t}|1\rangle)\cdots(|0\rangle+\mathrm{e}^{2\pi\mathrm{i}0.\varphi_3\cdots\varphi_t}|1\rangle) \tag{2.29}$$
$$(|0\rangle+\mathrm{e}^{2\pi\mathrm{i}0.\varphi_2\varphi_3\cdots\varphi_t}|1\rangle)(|0\rangle+\mathrm{e}^{2\pi\mathrm{i}\varphi_1\varphi_2\varphi_3\cdots\varphi_t}|1\rangle)|u\rangle$$

54 ～ 55

此外，通过式 (2.27) 和 (2.26) 可以得到：

$$C|0\rangle\cdots|0\rangle|0\rangle|0\rangle|u\rangle=\mathrm{FT}^\dagger(E|0\rangle\cdots|0\rangle|0\rangle|0\rangle)|u\rangle$$
$$=|\varphi_1\varphi_2\varphi_3\cdots\varphi_t\rangle|u\rangle$$

性能分析

通过上述关于特殊情况的讨论，读者应该明白为什么该算法是正确的。现在我们对一般情况进行研究。令 $0\leqslant b\leqslant 2^t$ 满足 $b/2^t=0.b_1\cdots b_t$ 是与 φ 最接近的 t 个比特且小于 φ，即：

$$b/2^t\leqslant\varphi<b/2^t+1/2^t$$

我们将两者之间的误差记为 $\delta=\varphi-b/2^t$。显然 $0\leqslant\delta<1/2^t$。因为对于所有的 θ 都有 $|1-\mathrm{e}^{\mathrm{i}\theta}|\leqslant 2$，所以

$$|\alpha_k|\leqslant\frac{1}{2^{t-1}|1-\mathrm{e}^{2\pi\mathrm{i}(\varphi-k)/2^t}|}$$

对于任意的 $-2^{t-1}<l\leqslant 2^{t-1}$，令 $\beta_l=\alpha_{(b+l\ \mathrm{mod}\ 2^t)}$。因为：

(1) $|1-\mathrm{e}^{\mathrm{i}\theta}|\geqslant\dfrac{2|\theta|}{\pi}$，$-\pi\leqslant\theta\leqslant\pi$

(2) $-\dfrac{1}{2}\leqslant\delta-\dfrac{l}{2^t}\leqslant\dfrac{1}{2}$

所以：

$$|\beta_l|\leqslant\frac{1}{2^{t-1}|1-\mathrm{e}^{2\pi\mathrm{i}(\delta-l/2^t)}|}\leqslant\frac{1}{2|l-2^t\delta|}$$

假设测量的最终结果为 m，那么对于任意的正整数 d，我们有：

$$P(|m-b|>d)=\sum_{m:|m-b|>d}|\alpha_m|^2$$

$$=\sum_{-2^{t-1}<l\leqslant-(d+1)}|\beta_l|^2+\sum_{d+1\leqslant l\leqslant 2^{t-1}}|\beta_l|^2$$

$$\leqslant\frac{1}{4}\left[\sum_{l=-2^{t-1}+1}^{-(d+1)}\frac{1}{(l-2^t\delta)^2}+\sum_{l=d+1}^{2^{t-1}}\frac{1}{(l-2^t\delta)^2}\right]$$

$$\leqslant\left[\sum_{l=-2^{t-1}+1}^{-(d+1)}\frac{1}{l^2}+\sum_{l=d+1}^{2^{t-1}}\frac{1}{(l-1)^2}\right]\ (\text{注意，}\ 0\leqslant 2^t\delta<1)$$

$$\leqslant\frac{1}{2}\sum_{l=d}^{2^{t-1}}\frac{1}{l^2}$$

$$\leqslant\frac{1}{2}\int_{d-1}^{2^{t-1}}\frac{\mathrm{d}l}{l^2}\leqslant\frac{1}{2(d-1)}$$

56

如果我们想逼近 φ 的值，使其精确度达到 2^{-n} 并使成功的概率至少为 $1-\epsilon$，那么只需要选

取 $d = 2^{t-n} - 1$ 且要求 $\dfrac{1}{2(d-1)} \leqslant \epsilon$ 即可。由此可得：

$$t \geqslant T \triangleq n + \left\lceil \log\left(\frac{1}{2\epsilon} + 2\right) \right\rceil$$

且我们在相位估计算法中可以使用 $t = T$ 个量子比特。

将上述推导与式 (2.27) 和命题 2.3.2 相结合，我们可以得出如下结论：图 2.4 描述的算法可以使用

$$n + \left\lceil \log\left(\frac{1}{2\epsilon} + 2\right) \right\rceil$$

个量子比特，以 $1 - \epsilon$ 的成功概率在 $O(t^2)$ 步之内计算出 φ 的 n 比特近似值。

相位估计算法是许多量子算法的重要组成部分，比如著名的 Shor 算法 [204] 和求解线性方程组的 Harrow-Hassidim-Lloyd 算法 [112]。这两种算法的详细讨论超出了本书的范围。

2.4　文献注解

- **量子力学**：2.1 节介绍的量子力学的相关材料都是标准内容，这些内容在任何量子力学教材中都可以找到。

- **量子线路**：2.2 节的部分内容是基于文献 [34] 和 [174] 一书的第 4 章编写的。2.2.4 节介绍的量子多路复用器的概念是由 Shende 等人 [201] 提出的。量子门和量子线路的符号以及练习 2.2.7 中包含测量的量子线路的概念源于文献 [226]。2.2 节仅仅是对量子线路基础知识的简介。自从文献 [34] 发表以来，量子线路已经发展为更广阔的研究领域。特别地，近几年关于量子线路的研究，包括合成（大型幺正矩阵的分解）和优化量子线路，以及在量子编程语言的编译中的应用，都变得炙手可热；8.2 节关于未来研究方向的讨论中也提到了这一点。需要注意，对量子线路的合成和优化比经典电路中的类似问题要复杂得多。

- **量子算法**：2.3.1~2.3.3 节、2.3.6 节和 2.3.7 节介绍的内容很大程度上是基于 [174] 一书的第 4 章的内容设计的。文献 [9] 和 [19] 分别对一维量子游走和图上的量子游走进行了定义。2.3.5 节介绍的算法是由 Shenvi 等人 [203] 提出的。

  自从 Shor 算法和 Grover 算法被设计出来之后，量子算法已经成为量子计算领域中最火热的研究领域之一。[174] 一书是对早期最主要的三种量子算法（Shor 算法、Grover 算法和量子模拟 [154]）以及它们的各种变形介绍最详细的资料之一。Shor [205] 针对"为什么设计出来的量子算法这么少"这一问题提出了两种解释，并指出可能发现新型量子算法的几种研究思路。过去十年中，有大量关于量子游走和基于量子游走的量子算法的论文被发表，参见文献 [18,192,214]。量子算法方面最近取得的突破性进展是设计出了可以求解线性方程组的 Harrow-Hassidim-Lloyd 算法 [112]。这导致了在过去几年中，关于量子机器学习算法 [156-157,184] 的研究变得非常火热；文献 [2] 对这类研究进行了一些有趣的讨论。

带经典控制的量子程序

量子程序的语法和语义

在 2.3 节中，我们使用底层的量子计算模型（即量子线路模型）来介绍量子算法。那么，我们如何为量子计算机设计和实现高级量子编程语言呢？从本章起，我们将系统地介绍量子编程的基础知识。

首先，让我们看看如何直接扩展经典的编程语言，使其能够为量子计算机编程。正如 1.1 节和 1.2 节所述，该问题是量子编程早期研究中的主要关注点。本章对一类经典程序的简单量子化扩展进行研究 —— 使用经典控制的量子程序，即程序处于数据叠加范式。1.2.1 节已经对这类量子程序的设计思路进行了简单介绍。本章将会对这类程序的控制流进行简要讨论。

本章分为三部分：

- while 语句是许多经典编程语言的"核心"。本章的第一部分介绍 while 语句的量子化扩展，由 3.1~3.3 节构成。其中，3.1 节定义量子 while 语句的语法，3.2 节和 3.3 节分别介绍它的操作语义和指称语义。

  在这部分中，我们还简单地介绍了量子域理论，该理论是刻画量子 while 语句中循环的指称语义所必需的。为了增强可读性，关于量子域的一些引理的冗长证明被推迟到本章末尾的单独部分 ——3.6 节。

- 第二部分是 3.4 节，这部分将通过增加（带经典控制的）递归量子程序来扩充量子 while 语句。这部分还对递归量子程序的操作语义和指称语义进行了定义。此处同样需要使用量子域理论来处理指称语义。

- 第三部分是 3.5 节，这部分将通过一个例子来说明如何使用本章定义的编程语言来编程实现 Grover 量子搜索。

3.1 语法

本节中，我们将定义经典 while 语句的量子化扩展的语法。回想一下，经典的 while 程序是由如下语法产生的：

$$S ::= \mathbf{skip} | u := t | S_1; S_2$$
$$| \mathbf{if}\ b\ \mathbf{then}\ S_1\ \mathbf{else}\ S_2\ \mathbf{fi}$$
$$| \mathbf{while}\ b\ \mathbf{do}\ S\ \mathbf{od}$$

其中 S, S_1, S_2 是程序，u 是变量，t 是表达式，b 是一个布尔表达式。直观上而言，while 程序是按照如下顺序执行的：

- 语句 skip 除了使程序终止之外，并不完成其他任务。

- 赋值语句 "$u := t$" 将表达式 t 的值赋给变量 u。
- 顺序组合 "$S_1; S_2$" 先执行 S_1，当 S_1 终止之后再执行 S_2。
- 条件语句 "**if** b **then** S_1 **else** S_2 **fi**" 首先对布尔表达式 b 的值进行计算，当 b 为真时执行 S_1，否则执行 S_2。我们可以将条件语句进一步扩展为 case 语句：

$$
\begin{aligned}
&\textbf{if } G_1 \to S_1 \\
&\square\, G_2 \to S_2 \\
&\qquad\vdots \\
&\square\, G_n \to S_n \\
&\textbf{fi}
\end{aligned}
\tag{3.1}
$$

或者简写为：

$$\textbf{if}(\square i \cdot G_i \to S_i)\textbf{fi}$$

其中 $G_1, G_2, \cdots, G_n$ 是布尔表达式，通常称为卫式；$S_1, S_2, \cdots, S_n$ 是程序。case 语句从计算卫式的值开始执行：如果卫式 G_i 为真，那么执行相应的子程序 S_i。

- while 循环 "**while** b **do** S **od**" 从计算循环卫式 b 的值开始执行：如果 b 为假，则循环立刻终止；否则执行循环体 S，当 S 终止之后会重复上述过程。

现在我们对 while 语句进行扩展，使其可应用于量子编程。我们首先确定量子 while 语句的入门规范：

- qVar 是量子变量的可数无限集。符号 $q, q', q_0, q_1, q_2, \cdots$ 将用作量子变量的元变量。
- 每个量子变量 $q \in$ qVar 都对应一个 $\mathscr{H}_q$ 类，这是一个希尔伯特空间，即由 q 表示的量子系统的态空间。为简单起见，我们只思考两种基本类型：

$$\textbf{Boolean} = \mathscr{H}_2, \quad \textbf{integer} = \mathscr{H}_\infty$$

需要注意，经典计算中由 Boolean 和 integer 类型表示的集合恰好分别为 $\mathscr{H}_2$ 和 $\mathscr{H}_\infty$ 的可计算基矢（参考例子 2.1.1 和 2.1.2）。本章介绍的主要结论可以简单地扩展到包含更多数据类型的情况。

量子寄存器是由不同量子变量组成的有限序列（量子寄存器的概念在 2.2 节已经介绍过了，这里只是简单地将其扩展，使它可以包含其他量子变量，而不仅是量子比特变量）。量子寄存器 $\bar{q} = q_1, \cdots, q_n$ 的希尔伯特态空间是 $\bar{q}$ 中的量子变量的态空间的张量积：

$$\mathscr{H}_{\bar{q}} = \bigotimes_{i=1}^{n} \mathscr{H}_{q_i}$$

在必要的时候，我们用 $|\psi\rangle_{q_i}$ 来表示 $|\psi\rangle$ 是量子变量 q_i 的态，即 $|\psi\rangle$ 属于 $\mathscr{H}_{q_i}$。因此，$|\psi\rangle_{q_i}\langle\varphi_i|$ 表示 q_i 的态 $|\psi\rangle$ 和 $|\varphi\rangle$ 的外积，且 $|\psi_1\rangle_{q_1} \cdots |\psi_n\rangle_{q_n}$ 是 $\mathscr{H}_{\bar{q}}$ 中的态，其中对于任意的 $1 \leqslant i \leqslant n$ 都满足 q_i 处于 $|\psi_i\rangle$ 态。

通过上述讨论，我们可以通过量子 while 语句来对程序进行定义：

定义 3.1.1 *量子程序是通过如下语法产生的:*

$$S ::= \mathbf{skip}|q := |0\rangle|\overline{q} := U[\overline{q}]|S_1; S_2$$

$$|\mathbf{if}(\square m \cdot M[\overline{q}] = m \to S_m)\mathbf{fi} \tag{3.2}$$

$$|\mathbf{while}\ M[\overline{q}] = 1\ \ \mathbf{do}\ \ S\ \ \mathbf{od}$$

我们需要对这个定义进行详细解释:

- 与经典 while 语句类似, 语句 **skip** 除了使程序终止之外, 并不执行其他任务。
- 初始化语句 "$q := |0\rangle$" 将量子变量 q 设为基态 $|0\rangle$。对于任意的纯态 $|\psi\rangle \in \mathscr{H}_q$, 显然存在一个属于 $\mathscr{H}_q$ 的幺正算子 U 使得 $|\psi\rangle = U|0\rangle$ 成立。所以, 可以按照这种初始化方式及幺正变换 $q := [q]$ 来制备处于 $|\psi\rangle$ 态的系统 q。
- 语句 "$\overline{q} := U[\overline{q}]$" 意味着在量子寄存器 $\overline{q}$ 上执行幺正变换 U, 而不属于 $\overline{q}$ 的量子变量的态保持不变。

63

- 顺序组合与它在经典编程语言中的副本的含义相同。
- 程序结构

$$\mathbf{if}\ (\square m \cdot M[\overline{q}] = m \to S_m)\mathbf{fi} \equiv \mathbf{if}\ M[\overline{q}] = m_1 \to S_{m_1}$$
$$\square \qquad\qquad m_2 \to S_{m_2}$$
$$\vdots \tag{3.3}$$
$$\square \qquad\qquad m_n \to S_{m_n}$$
$$\mathbf{fi}$$

是对经典 case 语句 (式 (3.1)) 的量子化扩展。回想一下, 在执行语句 (3.1) 时, 第一步是检查哪个卫式 G_i 满足条件。但是根据量子力学第三基本假设 (参考 2.1.4 节), 想要从量子系统获取信息就必须对其进行测量。所以在执行语句 (3.3) 时, 将会对量子寄存器 $\overline{q}$ 执行量子测量:

$$M = \{M_m\} = \{M_{m_1}, M_{m_2}, \cdots, M_{m_n}\}$$

接着会根据测量结果选择合适的子程序 S_m 执行。基于测量的 case 语句 (3.3) 和经典 case 语句有一点重要的不同: 前者程序变量的态在测量之后会发生变化, 而后者却不会变化。

- 语句

$$\mathbf{while}\ M[\overline{q}] = 1\ \mathbf{do}\ S\ \mathbf{od} \tag{3.4}$$

是经典循环 "**while** b **do** S **od**" 的量子化扩展。为了获取关于量子寄存器 $\overline{q}$ 的信息, 要对其执行测量 M。测量 $M = \{M_0, M_1\}$ 是 yes-no 测量, 它只有两种可能的测量结果: 0 (no) 和 1 (yes)。如果观测到的测量结果为 0, 那么程序终止; 如果结果为 1, 那么会执行子程序 S 并继续。量子循环 (3.4) 和经典循环的唯一区别在于, 经典循环在检查循环卫式 b 时不会改变程序变量的状态, 但在量子循环中却并非如此。

经典控制流

现在是时候解释为什么本章开始说通过量子 **while** 语句编写的程序的控制流是经典的。回想一下，程序的控制流就是它执行的顺序。在量子 **while** 语句中只有两类语句（case 语句 (3.3) 和循环 (3.4)），它们的执行是通过从两条或更多条路径中进行选择来决定的。case 语句 (3.3) 根据测量 M 的结果选择其中一条命令去执行：如果测量结果是 m_i，那么会执行相应的命令 S_{m_i}。既然量子测量的结果是经典信息，那么语句 (3.3) 中的控制流就是经典的。可以通过相同的方式论证循环 (3.4) 的控制流也是经典的。

正如 1.2.2 节所指出的那样，也可以定义带量子控制流的程序。程序的量子控制流很难理解，它是第 6 章和第 7 章的主题。

量子变量

在本节结束之前，我们将介绍如下技术性定义，该定义在接下来的论述中会用到。

定义 3.1.2　可以将量子程序 S 中量子变量的集合 $\mathrm{qvar}(S)$ 递归地定义为：

(1) 如果 $S \equiv \mathbf{skip}$，那么 $\mathrm{qvar}(S) = \varnothing$。

(2) 如果 $S \equiv q := |0\rangle$，那么 $\mathrm{qvar}(S) = \{q\}$。

(3) 如果 $S \equiv \bar{q} := U[\bar{q}]$，那么 $\mathrm{qvar}(S) = \bar{q}$。

(4) 如果 $S \equiv S_1; S_2$，那么 $\mathrm{qvar}(S) = \mathrm{qvar}(S_1) \cup \mathrm{qvar}(S_2)$。

(5) 如果 $S \equiv \mathbf{if}\,(\square m \cdot M[\bar{q}] = m \to S_m)\,\mathbf{fi}$，那么

$$\mathrm{qvar}(S) = \bar{q} \cup \bigcup_m \mathrm{qvar}(S_m)$$

(6) 如果 $S \equiv \mathbf{while}\, M[\bar{q}] = 1\, \mathbf{do}\, S\, \mathbf{od}$，那么 $\mathrm{qvar}(S) = \bar{q} \cup \mathrm{qvar}(S)$。

3.2　操作语义

上一节中定义了量子 **while** 程序的语义。这节将对量子 **while** 语句的操作语义进行定义。我们先介绍几个符号：

- ρ 是希尔伯特空间 $\mathscr{H}$ 中的正定算子，如果 $\mathrm{tr}(\rho) \leqslant 1$，那么我们称它为局部密度算子。所以，如果密度算子 ρ（参考定义 2.1.21）满足 $\mathrm{tr}(\rho) = 1$，那么它是局部密度算子。我们将 $\mathscr{H}$ 中局部密度算子的集合记为 $\mathscr{D}(\mathscr{H})$。在量子编程理论中，因为包含循环（或者更一般地，递归）的程序可能以确定的概率不会终止，并且其输出一定是局部密度算子而不一定是密度算子，所以局部密度算子是一个非常有用的概念。

- 我们将所有量子变量的希尔伯特态空间的张量积记为 $\mathscr{H}_{\mathrm{all}}$：

$$\mathscr{H}_{\mathrm{all}} = \bigotimes_{q \in \mathrm{qVar}} \mathscr{H}_q$$

- 令 $\bar{q} = q_1, \cdots, q_n$ 是一个量子寄存器。$\bar{q}$ 的态空间 $\mathscr{H}_{\bar{q}}$ 中的算子 A 的柱面扩张为 $A \otimes I \in \mathscr{H}_{\mathrm{all}}$，其中 I 是不属于寄存器 $\bar{q}$ 中的量子变量的希尔伯特态空间

$$\bigotimes_{q \in \mathrm{qVar} \backslash \bar{q}} \mathscr{H}_q$$

中的单位算子。下文中我们将其柱面扩张简记为 A，且它可以通过上下文进行分辨，不会有产生混淆的风险。

- 我们用符号 E 表示空程序，即终止。

与经典编程理论相似，可以从配置之间转换的角度对量子程序的执行进行合理的描述。

定义 3.2.1   量子配置是一个二元组 $\langle S, \rho \rangle$，其中：

- S 是一个量子程序或空程序 E。
- $\rho \in \mathcal{D}(\mathcal{H}_{\text{all}})$ 是属于 $\mathcal{H}_{\text{all}}$ 中的局部密度算子，我们用它来表示量子变量的（总体的）态。

量子配置之间的转换

$$\langle S, \rho \rangle \rightarrow \langle S', \rho' \rangle$$

意味着态为 ρ 的量子程序 S 执行一步后，量子变量的态会变为 ρ'，S' 是程序 S 的剩余部分并会继续执行。特别地，如果 $S' = E$，那么程序 S 会在态 ρ' 终止。

定义 3.2.2   通过图 3.1 中的转换规则所定义的量子配置之间的转换关系 "$\rightarrow$" 即为量子程序的操作语义。

$$
\begin{array}{ll}
\text{(SK)} & \overline{\langle \textbf{skip}, \rho \rangle \rightarrow \langle E, \rho \rangle} \\[2mm]
\text{(IN)} & \overline{\langle q := |0\rangle, \rho \rangle \rightarrow \langle E, \rho_0^q \rangle} \\[2mm]
& \text{其中} \\[2mm]
& \rho_0^q = \begin{cases} |0\rangle_q \langle 0|\rho|0\rangle_q \langle 0| + |0\rangle_q \langle 1|\rho|1\rangle_q \langle 0| & \text{type}(q) = \textbf{Boolean} \\[3mm] \displaystyle\sum_{n=-\infty}^{\infty} |0\rangle_q \langle n|\rho|n\rangle_q \langle 0| & \text{type}(q) = \textbf{integer} \end{cases} \\[6mm]
\text{(UT)} & \overline{\langle \overline{q} := U[\overline{q}], \rho \rangle \rightarrow \langle E, U\rho U^\dagger \rangle} \\[2mm]
\text{(SC)} & \dfrac{\langle S_1, \rho \rangle \rightarrow \langle S_1', \rho' \rangle}{\langle S_1; S_2, \rho \rangle \rightarrow \langle S_1'; S_2, \rho' \rangle} \\[2mm]
& \text{其中我们约定 } E; S_2 = S_2。 \\[2mm]
\text{(IF)} & \overline{\langle \textbf{if} \, (\square m \cdot M[\overline{q}] = m \rightarrow S_m) \, \textbf{fi}, \rho \rangle \rightarrow \langle S_m, M_m\rho M_m^\dagger \rangle} \\[2mm]
& \text{对于测量 } M = \{M_m\} \text{ 的任意可能的测量结果 } m \text{ 都成立。} \\[2mm]
\text{(L0)} & \overline{\langle \textbf{while} \, M[\overline{q}] = 1 \, \textbf{do} \, S \, \textbf{od}, \rho \rangle \rightarrow \langle E, M_0\rho M_0^\dagger \rangle} \\[2mm]
\text{(L1)} & \overline{\langle \textbf{while} \, M[\overline{q}] = 1 \, \textbf{do} \, S \, \textbf{od}, \rho \rangle \rightarrow \langle S; \textbf{while} \, M[\overline{q}] = 1 \, \textbf{do} \, S \, \textbf{od}, M_1\rho M_1^\dagger \rangle}
\end{array}
$$

图 3.1   量子 while 程序的转换规则

我们应当将先前定义的操作语义（也就是关系 $\rightarrow$）理解为满足图 3.1 中规则的量子配置之间的最小转换关系。显然，转换规则 (IN)、(UT)、(IF)、(L0) 和 (L1) 是由量子力学的基本假设决定的。正如第 2 章所述，概率性是由量子计算中的测量引起的。但应当注意到量子程序的操作语义是一类普通的转换关系 $\rightarrow$，而不是概率性转换关系。以下备注可以帮助读者更好地理解这些转换规则：

- 规则 (UT) 的目标配置中的符号 U 实际代表 U 在 $\mathcal{H}_{\text{all}}$ 中的柱面扩张。适用于测量和循环的规则 (IF)、(L0) 和 (L1) 也都是如此。

- 在规则 (IF) 中，观测到结果为 m 的概率为：

$$p_m = \text{tr}(M_m \rho M_m^\dagger)$$

并且在这种情况下，测量之后系统的态变为

$$\rho_m = M_m \rho M_m^\dagger / p_m$$

所以，规则 (IF) 的一个本质的描述就是概率性转换：

66
∼
67

$$\overline{\langle \mathbf{if}(\square m \cdot M[\bar{q}] = m \rightarrow S_m)\mathbf{fi}, \rho \rangle \xrightarrow{p_m} \langle S_m, \rho_m \rangle}$$

但是，如果我们将概率 p_m 和密度算子 ρ_m 编码为局部密度算子

$$M_m \rho M_m^\dagger = p_m \rho_m$$

那么就可以将这个规则表述为一种普通的（非概率性）转换。

- 同样，在规则 (L0) 和 (L1) 中测量得到 0 和 1 的概率分别为：

$$p_0 = \text{tr}(M_0 \rho M_0^\dagger), \quad p_1 = \text{tr}(M_1 \rho M_1^\dagger)$$

当测量结果为 0 时系统的态会从 ρ 变为 $M_0 \rho M_0^\dagger / p_0$，当测量结果为 1 时系统的态会从 ρ 变为 $M_1 \rho M_1^\dagger / p_1$。将概率和测量之后的态编码为局部密度算子，就可以用普通的转换来代替概率性转换对规则 (L0) 和 (L1) 进行描述。

从上述讨论中我们发现，概率和测量之后的态进行合并的惯例使得我们能够将操作语义 $\rightarrow$ 定义为非概率性转换关系。

纯态的转换规则

图 3.1 中的转换规则是通过密度算子的语言进行描述的。正如下一节所述，这类一般性的设置为我们提供了一种指称语义的优雅的形式化描述。但是在应用中使用纯态通常会更加方便。所以我们在图 3.2 中描述了这些转换规则的纯态变体。在纯态转换规则中，配置可以用二元组

$$\langle S, |\psi\rangle \rangle$$

表示，其中 S 是量子程序或者空程序 E，$|\psi\rangle$ 是 $\mathcal{H}_{all}$ 中的纯态。正如上文所述，图 3.1 中的转换都是非概率性的。但是规则 (IF′)、(L0′) 和 (L1′) 中的转换则是概率性的，它们都具有如下形式：

$$\langle S, |\psi\rangle \rangle \xrightarrow{p} \langle S', |\psi'\rangle \rangle$$

当概率 $p = 1$ 时，可以将这种转换缩写为

$$\langle S, |\psi\rangle \rangle \rightarrow \langle S', |\psi'\rangle \rangle$$

当然，图 3.2 中的规则是图 3.1 中所对应的规则的特殊情况。反过来说，通过密度算子和纯态的系综之间的等价性，图 3.1 中的规则可以从图 3.2 中对应的规则推导得到。

$$
\begin{array}{ll}
(\text{SK}') & \overline{\langle \mathbf{skip}, |\psi\rangle\rangle \to \langle E, |\psi\rangle\rangle} \\[2mm]
(\text{UT}') & \overline{\langle \bar{q} := U[\bar{q}], |\psi\rangle\rangle \to \langle E, U|\psi\rangle\rangle} \\[2mm]
(\text{SC}') & \dfrac{\langle S_1, |\psi\rangle\rangle \xrightarrow{p} \langle S_1', |\psi'\rangle\rangle}{\langle S_1; S_2, |\psi\rangle\rangle \xrightarrow{p} \langle S_1'; S_2, |\psi'\rangle\rangle}
\end{array}
$$

其中我们约定 $E; S_2 = S_2$。

$$
(\text{IF}') \quad \overline{\langle \mathbf{if}\,(\square m \cdot M[\bar{q}] = m \to S_m)\,\mathbf{fi}, |\psi\rangle\rangle \xrightarrow{\||M_m|\psi\rangle\|^2} \left\langle S_m, \dfrac{M_m|\psi\rangle}{\||M_m|\psi\rangle\|}\right\rangle}
$$

对于测量 $M = \{M_m\}$ 的任意可能的测量结果 m 都成立。

$$
(\text{L0}') \quad \overline{\langle \mathbf{while}\,M[\bar{q}] = 1\,\mathbf{do}\,S\,\mathbf{od}, |\psi\rangle\rangle \xrightarrow{\||M_0|\psi\rangle\|^2} \left\langle E, \dfrac{M_0|\psi\rangle}{\||M_0|\psi\rangle\|}\right\rangle}
$$

$$
(\text{L1}') \quad \overline{\langle \mathbf{while}\,M[\bar{q}] = 1\,\mathbf{do}\,S\,\mathbf{od}, |\psi\rangle\rangle \xrightarrow{\||M_1|\psi\rangle\|^2} \left\langle S; \mathbf{while}\,M[\bar{q}] = 1\,\mathbf{do}\,S\,\mathbf{od}, \dfrac{M_1|\psi\rangle}{\||M_1|\psi\rangle\|}\right\rangle}
$$

图 3.2   纯态下量子 **while** 程序的转换规则

读者可能已经注意到图 3.2 中并没有初始化规则 (IN) 的纯态版本。实际上，规则 (IN) 没有纯态版本是因为初始化操作可能会将纯态转换为混合态：虽然初始化操作 $q := |0\rangle$ 将局部变量 q 的状态变为纯态 $|0\rangle$，但它对其他变量的副作用可能会导致所有变量 qVar 的总体态 $|\psi\rangle \in \mathscr{H}_{\text{all}}$ 变为混态。为了更清晰地理解规则 (IN)，我们以 $\text{type}(q) = \mathbf{integer}$ 的情况为例进行讨论。

例子 3.2.1

(1) 我们首先思考这类情况：ρ 是纯态，即存在 $|\psi\rangle \in \mathscr{H}_{\text{all}}$ 使得 $\rho = |\psi\rangle\langle\psi|$ 成立。我们将 $|\psi\rangle$ 写成如下形式：

$$
|\psi\rangle = \sum_k \alpha_k |\psi_k\rangle
$$

其中所有的 $|\psi_k\rangle$ 都是积态：

$$
|\psi_k\rangle = \bigotimes_{p \in \text{qVar}} |\psi_{kp}\rangle
$$

那么

$$
\rho = \sum_{k,l} \alpha_k \alpha_l^* |\psi_k\rangle\langle\psi_l|
$$

在初始化操作 $q := |0\rangle$ 之后，态变为：

$$
\begin{aligned}
\rho_0^q &= \sum_{n=-\infty}^{\infty} |0\rangle_q \langle n|\rho|n\rangle_q \langle 0| \\
&= \sum_{k,l} \alpha_k \alpha_l^* \left(\sum_{n=-\infty}^{\infty} |0\rangle_q \langle n|\psi_k\rangle\langle\psi_l|n\rangle_q \langle 0| \right) \\
&= \sum_{k,l} \alpha_k \alpha_l^* \left(\sum_{n=-\infty}^{\infty} \langle\psi_{lq}|n\rangle\langle n|\psi_{kq}\rangle \right) \left(|0\rangle_q \langle 0| \otimes \bigotimes_{p \neq q} |\psi_{kp}\rangle\langle\psi_{lp}| \right) \\
&= \sum_{k,l} \alpha_k \alpha_l^* \langle\psi_{lq}|\psi_{kq}\rangle \left(|0\rangle_q \langle 0| \otimes \bigotimes_{p \neq q} |\psi_{kp}\rangle\langle\psi_{lp}| \right)
\end{aligned}
$$

$$= |0\rangle_q\langle 0| \otimes \left(\sum_{k,l} \alpha_k \alpha_l^* \langle \psi_{lq}|\psi_{kq}\rangle \bigotimes_{p\neq q} |\psi_{kp}\rangle\langle\psi_{lp}| \right) \tag{3.5}$$

显然, 虽然 ρ 是纯态, 但 ρ_0^q 却不一定是纯态。

(2) 总体来说, 假设 ρ 是通过纯态的系综 $\{(p_i, |\psi_i\rangle)\}$ 产生的, 也就是说

$$\rho = \sum_i p_i |\psi_i\rangle\langle\psi_i|$$

对于任意的 i, 我们记 $\rho_i = |\psi_i\rangle\langle\psi_i|$, 并假设在初始化之后它会变为 ρ_{i0}^q。通过上述讨论, 我们可以将 ρ_{i0}^q 写成如下形式:

$$\rho_{i0}^q = |0\rangle_q\langle 0| \otimes \left(\sum_k \alpha_{ik} |\varphi_{ik}\rangle\langle\varphi_{ik}| \right)$$

其中对于任意的 k 都有 $|\varphi_{ik}\rangle \in \mathscr{H}_{q\mathrm{Var}\setminus\{q\}}$。那么初始化操作会导致 ρ 变为

$$\begin{aligned} \rho_0^q &= \sum_{n=-\infty}^{\infty} |0\rangle_q\langle n|\rho|n\rangle_q\langle 0| \\ &= \sum_i p_i \left(\sum_{n=-\infty}^{\infty} |0\rangle_q\langle n|\rho_i|n\rangle_q\langle 0| \right) \\ &= |0\rangle_q\langle 0| \otimes \left(\sum_{i,k} p_i \alpha_{ik} |\varphi_{ik}\rangle\langle\varphi_{ik}| \right) \end{aligned} \tag{3.6}$$

从公式 (3.5) 和 (3.6) 我们可以发现, 量子变量 q 的态被设置为 $|0\rangle$, 而其他量子变量的态没有变化。

练习 3.2.1　找到方程 (3.5) 中 ρ_0^q 是纯态的一个充要条件 (提示: 密度算子 ρ 是纯态当且仅当 $\mathrm{tr}(\rho^2) = 1$, 参考 [174] 一书中的练习 2.71)。

程序的计算

现在可以从量子程序计算的转换的角度对它的概念进行自然而然的定义。

定义 3.2.3　令 S 是一个量子程序且 $\rho \in \mathscr{D}(\mathscr{H}_{\mathrm{all}})$。

(1) 从态 ρ 开始的 S 的转换序列是有限或无限的配置序列, 该序列具有如下形式:

$$\langle S, \rho \rangle \to \langle S_1, \rho_1 \rangle \to \cdots \to \langle S_n, \rho_n \rangle \to \langle S_{n+1}, \rho_{n+1} \rangle \to \cdots$$

满足对于所有的 n 都有 $\rho_n \neq 0$ (除了有限序列的最后一个 n)。

(2) 如果这个序列不能被延伸, 那么我们可以将它称为从 ρ 开始的 S 的计算。

　(a) 如果计算是有限的且它的最后一个配置为 $\langle E, \rho' \rangle$, 那么我们称它终止于 ρ' 态。

　(b) 如果计算是无限的, 那么我们称它是发散的。此外, 每当 S 有从 ρ 开始的发散计算, 我们就称它可以从 ρ 发散。

为了阐述这个定义, 让我们看一个简单的例子:

例子 3.2.2　假设 $\text{type}(q_1) = \mathbf{Boolean}$, $\text{type}(q_2) = \mathbf{integer}$, 思考如下程序:

$$S \equiv q_1 := |0\rangle; q_2 := |0\rangle; \quad q_1 := H[q_1]; q_2 := q_2 + 7$$

$$\mathbf{if}\ M[q_1] = 0 \to S_1$$

$$\square \qquad\qquad 1 \to S_2$$

$$\mathbf{fi}$$

其中:

- H 是 Hadamard 变换, $q_2 := q_2 + 7$ 是对

$$q_2 := T_7[q_2]$$

的改写, 其中 T_7 是例子 2.1.4 中定义的移位算子。

- M 是在 $\mathscr{H}_2$ 的可计算基矢 $|0\rangle, |1\rangle$ 上的测量, 即 $M = \{M_0, M_1\}$, $M_0 = |0\rangle\langle 0|$ 且 $M_1 = |1\rangle\langle 1|$。

- $S_1 \equiv \mathbf{skip}$。

- $S_2 \equiv \mathbf{while}\ N[q_2] = 1\ \mathbf{do}\ q_1 := X[q_1]\ \mathbf{od}$, 其中 X 是泡利矩阵 (也就是非门), $N = \{N_0, N_1\}$, 且

$$N_0 = \sum_{n=-\infty}^{0} |n\rangle\langle n|, \quad N_1 = \sum_{n=1}^{\infty} |n\rangle\langle n|$$

令 $\rho = |1\rangle_{q_1}\langle 1| \otimes |-1\rangle_{q_2}\langle -1| \otimes \rho_0$ 且

$$\rho_0 = \bigotimes_{q \neq q_1, q_2} |0\rangle_q\langle 0|$$

那么从 ρ 开始的 S 的计算为:

$$\langle S, \rho \rangle \to \langle q_2 := |0\rangle; q_1 := H[q_1]; q_2 := q_2 + 7; \mathbf{if} \cdots \mathbf{fi}, \rho_1 \rangle$$

$$\to \langle q_1 := H[q_1]; q_2 := q_2 + 7; \mathbf{if} \cdots \mathbf{fi}, \rho_2 \rangle$$

$$\to \langle q_2 := q_2 + 7; \mathbf{if} \cdots \mathbf{fi}, \rho_3 \rangle$$

$$\to \langle \mathbf{if} \cdots \mathbf{fi}, \rho_4 \rangle$$

$$\to \begin{cases} \langle S_1, \rho_5 \rangle \to \langle E, \rho_5 \rangle \\ \langle S_2, \rho_6 \rangle \end{cases}$$

$$\langle S_2, \rho_6 \rangle \to \langle q_1 := X[q_1]; S_2, \rho_6 \rangle$$

$$\to \langle S_2, \rho_5 \rangle$$

$$\to \cdots$$

$$\to \langle q_1 := X[q_1]; S_2, \rho_6 \rangle \qquad (\text{在 } 2n-1 \text{ 次变换之后})$$

$$\to \langle S_2, \rho_5 \rangle$$

$$\to \cdots$$

其中：

$$\rho_1 = |0\rangle_{q_1}\langle 0| \otimes |-1\rangle_{q_2}\langle -1| \otimes \rho_0$$

$$\rho_2 = |0\rangle_{q_1}\langle 0| \otimes |0\rangle_{q_2}\langle 0| \otimes \rho_0$$

$$\rho_3 = |+\rangle_{q_1}\langle +| \otimes |0\rangle_{q_2}\langle 0| \otimes \rho_0$$

$$\rho_4 = |+\rangle_{q_1}\langle +| \otimes |7\rangle_{q_2}\langle 7| \otimes \rho_0$$

$$\rho_5 = \frac{1}{2}|0\rangle_{q_1}\langle 0| \otimes |7\rangle_{q_2}\langle 7| \otimes \rho_0$$

$$\rho_6 = \frac{1}{2}|1\rangle_{q_1}\langle 1| \otimes |7\rangle_{q_2}\langle 7| \otimes \rho_0$$

所以 S 可以从 ρ 发散。注意 S_2 也有转换

$$\langle S_2, \rho_6\rangle \to \langle E, 0_{\mathscr{H}_{\text{all}}}\rangle$$

但当目标配置的局部密度算子是零算子时，我们通常舍弃这种转换。

不确定性

　　本节最后我们看看经典 while 程序和量子 while 程序的操作语义之间一个有趣的差异。经典的 while 程序是一类典型的确定性程序，它会在给定的态下开始精确的计算。（这里，如果不仅包含条件语句"if···then···else"，而且包含 case 语句 (3.1)，那么假设卫式 $G_1, G_2, \cdots, G_n$ 不会同时成立。）但是，这个例子表明，因为语句 $\mathbf{if}(\square m \cdot M[\bar{q}] = m \to S_m)\mathbf{fi}$ 和 $\mathbf{while}\ M[\bar{q}] = 1\ \mathbf{do}\ S\ \mathbf{od}$ 中的测量会导致概率性的产生，所以量子 while 程序便不再具有确定性了。本质上而言，定义 3.2.2 中给出的量子程序的操作语义 $\to$ 是一种概率性转换关系。但是，在将概率性编码为局部密度算子之后，概率性体现为转换规则 (IF)、(L0) 和 (L2) 中的不确定性。因此，我们应当将语义 $\to$ 理解为不确定性转换关系。

3.3　指称语义

　　我们在上一节中定义了量子程序的操作语义。指称语义可以基于操作语义进行定义，或者更确切地说，是基于定义 3.2.3 中的计算概念进行定义的。量子程序的指称语义是一类语义函数，它可以将局部密度算子映射到它本身。直观上而言，对于任意的量子程序 S，S 的语义函数对 S 的所有可终止性计算的计算结果进行求和。

　　如果可以从 $\langle S, \rho\rangle$ 通过 n 次转换关系 $\to$ 到达配置 $\langle S', \rho'\rangle$，意味着存在配置 $\langle S_1, \rho_1\rangle, \cdots,$ $\langle S_{n-1}, \rho_{n-1}\rangle$ 满足

$$\langle S, \rho\rangle \to \langle S_1, \rho_1\rangle \to \cdots \to \langle S_{n-1}, \rho_{n-1}\rangle \to \langle S', \rho'\rangle$$

那么我们记

$$\langle S, \rho\rangle \to^n \langle S', \rho'\rangle$$

此外，将 $\to$ 的自反传递闭包记为 $\to^*$，即

$$\langle S, \rho\rangle \to^* \langle S', \rho'\rangle$$

72

73　当且仅当存在某个 $n \geqslant 0$ 使得 $\langle S, \rho \rangle \to^n \langle S', \rho' \rangle$ 成立。

定义 3.3.1　令 S 是一个量子程序，那么对于任意的 $\rho \in \mathscr{D}(\mathscr{H}_{\mathrm{all}})$，可以将它的语义函数

$$[\![S]\!] : \mathscr{D}(\mathscr{H}_{\mathrm{all}}) \to \mathscr{D}(\mathscr{H}_{\mathrm{all}})$$

定义为

$$[\![S]\!](\rho) = \sum \{|\rho' : \langle S, \rho \rangle \to^* \langle E, \rho' \rangle|\} \tag{3.7}$$

其中 $\{|\cdot|\}$ 代表多重集[⊖]。

公式 (3.7) 中使用多重集而不是传统集合的原因在于通过不同的计算路径可能会得到相同的局部密度算子，这与我们在上一节的规则 (IF)、(L0) 和 (L1) 中看到的类似。接下来这个简单的例子更确切地对这种情况进行了说明。

例子 3.3.1　假设 $\mathrm{type}(q) = \mathbf{Boolean}$。思考程序：

$$S \equiv q := |0\rangle); q := H[q]; \mathbf{if}\ M[q] = 0 \to S_0$$

$$\square \qquad 1 \to S_1$$

$$\mathbf{fi}$$

其中：

- M 是在单量子比特态空间 $\mathscr{H}_2$ 的可计算基矢 $|0\rangle, |1\rangle$ 上的测量。
- $S_0 \equiv q := I[q]$ 且 $S_1 \equiv q := X[q]$，其中 I 是密度算子，X 是非门。

令 $\rho = |0\rangle_{\mathrm{all}}\langle 0|$，其中：

$$|0\rangle_{\mathrm{all}} = \bigotimes_{q \in \mathrm{qVar}} |0\rangle_q$$

那么从态 ρ 开始的 S 的计算为：

$$\langle S, \rho \rangle \to \langle q := H[q]; \mathbf{if} \cdots \mathbf{fi}, \rho \rangle$$

$$\to \langle \mathbf{if} \cdots \mathbf{fi}, |+\rangle_q \langle +| \otimes \bigotimes_{p \neq q} |0\rangle_p \langle 0| \rangle$$

$$\to \begin{cases} \left\langle S_0, \frac{1}{2}|0\rangle_q \langle 0| \otimes \bigotimes_{p \neq q} |0\rangle_p \langle 0| \right\rangle \to \left\langle E, \frac{1}{2}\rho \right\rangle \\ \left\langle S_1, \frac{1}{2}|1\rangle_q \langle 1| \otimes \bigotimes_{p \neq q} |0\rangle_p \langle 0| \right\rangle \to \left\langle E, \frac{1}{2}\rho \right\rangle \end{cases}$$

所以，我们有：

74

$$[\![S]\!](\rho) = \frac{1}{2}\rho + \frac{1}{2}\rho = \rho$$

⊖ 多重集（multi-set）是集合概念的推广。在一个集合中，相同的元素只能出现一次，因此只能显示出有或无的属性。在多重集中，同一个元素可以出现多次。多重集的势的计算和一般集合的计算方法一样，出现多次的元素则需要按出现的次数计算，不能只算一次。一个元素在多重集里出现的次数称为这个元素在多重集里面的重数（或重次、重复度）。例如，$\{1, 2, 3\}$ 是一个集合；$\{1, 1, 1, 2, 2, 3\}$ 不是集合，而是一个多重集。其中，元素 1 的重数是 3，2 的重数是 2，3 的重数是 1；集合的元素个数是 6。有时为了和一般的集合相区别，多重集会用方括号而不是花括号标记，比如 $\{1, 1, 1, 2, 2, 3\}$ 会被记为 $[1, 1, 1, 2, 2, 3]$。和多元组或数组的概念不同，多重集中的元素是没有顺序的，也就是说，$\{1, 1, 1, 2, 2, 3\}$ 和 $\{1, 1, 2, 1, 2, 3\}$ 是同一个多重集。

3.3.1 语义函数的基本属性

与经典编程理论相似，操作语义可以方便地描述量子程序的执行。另一方面，指称语义适用于研究量子程序的数学属性。现在我们建立几条语义函数的基本属性，这对于推导量子程序非常有用。

首先，我们观察到任意量子程序的语义函数都是线性的。

引理 3.3.1（线性关系） 令 $\rho_1, \rho_2 \in \mathscr{D}(\mathscr{H}_{\text{all}})$ 且 $\lambda_1, \lambda_2 \geqslant 0$。如果 $\lambda_1 \rho_1 + \lambda_2 \rho_2 \in \mathscr{D}(\mathscr{H}_{\text{all}})$，那么对于任意的量子程序 S，我们有：

$$[\![S]\!](\lambda_1 \rho_1 + \lambda_2 \rho_2) = \lambda_1 [\![S]\!](\rho_1) + \lambda_2 [\![S]\!](\rho_2)$$

证明：可以通过对 S 的结构使用归纳法来证明如下事实：

- **声明**：如果 $\langle S, \rho_1 \rangle \to \langle S', \rho_1' \rangle$ 且 $\langle S, \rho_2 \rangle \to \langle S', \rho_2' \rangle$，那么

$$\langle S, \lambda_1 \rho_1 + \lambda_2 \rho_2 \rangle \to \langle S', \lambda_1 \rho_1' + \lambda_2 \rho_2' \rangle$$

于是引理 3.3.1 成立。 □

练习 3.3.1 证明引理 3.3.1 的证明过程中的声明成立。

其次，我们为量子程序（除了 **while** 循环）的语义函数提出一种结构化表示。量子循环的语义函数的这种表示需要一些格理论中的数学工具。所以，我们先在下一节中对必要的数学工具进行介绍，再在 3.3.3 节对其进行描述。

命题 3.3.1（结构化表示）

(1) $[\![\mathbf{skip}]\!](\rho) = \rho$

(2) (a) 如果 $\text{type}(q) = \mathbf{Boolean}$，那么

$$[\![q := |0\rangle]\!](\rho) = |0\rangle_q\langle 0|\rho|0\rangle_q\langle 0| + |0\rangle_q\langle 1|\rho|1\rangle_q\langle 0|$$

(b) 如果 $\text{type}(q) = \mathbf{integer}$，那么

$$[\![q := |0\rangle]\!](\rho) = \sum_{n=-\infty}^{\infty} |0\rangle_q\langle n|\rho|n\rangle_q\langle 0|$$

(3) $[\![\bar{q} := U[\bar{q}]]\!](\rho) = U\rho U^\dagger$

(4) $[\![S_1; S_2]\!](\rho) = [\![S_2]\!]([\![S_1]\!](\rho))$

(5) $[\![\mathbf{if}\,(\Box m \cdot M[\bar{q}] = m \to S_m)\,\mathbf{fi}]\!](\rho) = \sum_m [\![S_m]\!](M_m \rho M_m^\dagger)$

证明：(1)、(2) 和 (3) 显然成立。

(4) 通过引理 3.3.1 和规则 (SC)，我们得出：

$$
\begin{aligned}
[\![S_2]\!]([\![S_1]\!](\rho)) &= [\![S_2]\!](\sum\{|\rho_1 : \langle S_1, \rho\rangle \to^* \langle E, \rho_1\rangle|\}) \\
&= \sum\{|[\![S_2]\!](\rho_1) : \langle S_1, \rho\rangle \to^* \langle E, \rho_1\rangle|\} \\
&= \sum\{|\sum\{|\rho' : \langle S_2, \rho_1\rangle \to^* \langle E, \rho'\rangle|\} : \langle S_1, \rho\rangle \to^* \langle E, \rho_1\rangle|\} \\
&= \sum\{|\rho' : \langle S_1, \rho\rangle \to^* \langle E, \rho_1\rangle, \langle S_2, \rho_1\rangle \to^* \langle E, \rho'\rangle|\} \\
&= \sum\{|\rho' : \langle S_1; S_2, \rho\rangle \to^* \langle E, \rho'\rangle|\} \\
&= [\![S_1; S_2]\!](\rho)
\end{aligned}
$$

(5) 可以从规则 (IF) 中得到。   □

3.3.2　量子域

在提出量子 while 循环的语义函数的表示之前，我们首先做一些铺垫。在这一小节中，我们将对局部密度算子和量子操作的域进行考察。本小节介绍的概念和引理在 3.4 节和第 7 章中也会用到。

基本格理论

我们首先回顾一下格理论的基本概念。

定义 3.3.2　偏序是一个二元组 $(L, \sqsubseteq)$，其中 L 是一个非空集合，$\sqsubseteq$ 是 L 上的一个满足如下条件的二元关系：

(1) 自反性：对于所有的 $x \in L$，都有 $x \sqsubseteq x$。

(2) 反对称性：对于所有的 $x, y \in L$，$x \sqsubseteq y, y \sqsubseteq x$ 意味着 $x = y$。

(3) 传递性：对于所有的 $x, y, z \in L$，$x \sqsubseteq y, y \sqsubseteq z$ 意味着 $x \sqsubseteq z$。

定义 3.3.3　令 $(L, \sqsubseteq)$ 是一个偏序。

(1) 如果对于所有的 $y \in L$ 都有 $x \sqsubseteq y$，我们称元素 $x \in L$ 为 L 的最小元素。通常将最小元素记为 0。

(2) 如果对于所有的 $y \in X$ 都有 $y \sqsubseteq x$，那么我们称元素 $x \in L$ 为子集 $X \subseteq L$ 的一个上界。

(3) 如果满足：

　　(a) x 是 X 的一个上界。

　　(b) 对于 X 的任意上界 y，都满足 $x \sqsubseteq y$。

那么我们将 x 称为 X 的最小上界，并记为 $x = \bigsqcup X$。

当 X 是序列 $\{x_n\}_{n=0}^{\infty}$ 时，通常将 $\bigsqcup X$ 记为 $\bigsqcup_{n=0}^{\infty} x_n$ 或者 $\bigsqcup_n x_n$。

定义 3.3.4　当偏序 $(L, \sqsubseteq)$ 满足如下条件时，我们就称它为完全偏序（简单记作 CPO）：

(1) 它有最小元素 0。

(2) L 的任何递增序列 $\{x_n\}$ 中都存在 $\bigsqcup_{n=0}^{\infty} x_n$，即

$$
x_0 \sqsubseteq \cdots \sqsubseteq x_n \sqsubseteq x_{n+1} \sqsubseteq \cdots
$$

定义 3.3.5 令 $(L, \sqsubseteq)$ 是一个 CPO。对于 L 中的任意递增序列 $\{x_n\}$, 从 L 到它自身的函数 f 如果满足

$$f\left(\bigsqcup_n x_n\right) = \bigsqcup_n f(x_n)$$

那么就称该函数是连续的。

在编程理论中, 接下来的定理被广泛地应用于对循环和递归程序的语义进行描述。

定理 3.3.1 (Knaster-Tarski 定理) 令 $(L, \sqsubseteq)$ 是一个 CPO, 且函数 $f : L \to L$ 是连续的。那么 f 有最小不动点

$$\mu f = \bigsqcup_{n=0}^{\infty} f^{(n)}(0)$$

(即 $f(\mu f) = \mu f$, 且如果 $f(x) = x$, 那么 $\mu f \sqsubseteq x$), 其中

$$\begin{cases} f^{(0)}(0) = 0 \\ f^{(n+1)}(0) = f(f^{(n)}(0)) & n \geqslant 0 \end{cases}$$

练习 3.3.2 证明定理 3.3.1。

局部密度算子的域

我们现在思考在量子 **while** 循环的表示中所需的量子对象的格理论结构。事实上, 我们需要对两种等级的量子对象进行处理。低等级的是局部密度算子。令 $\mathscr{H}$ 为任意的希尔伯特空间。定义 2.1.13 已经对局部密度算子的集合 $\mathscr{D}(\mathscr{H})$ 中的偏序进行了介绍。回想一下, Löwner 序是这样定义的: 对于任意的算子 $A, B \in \mathscr{L}(\mathscr{H})$, 如果 $B - A$ 是正定算子, 那么 $A \sqsubseteq B$ 成立。接下来的引理对具有 Löwner 序 $\sqsubseteq$ 的 $\mathscr{D}(\mathscr{H})$ 的格理论属性进行了说明:

引理 3.3.2 $(\mathscr{D}(\mathscr{H}), \sqsubseteq)$ 是一个 CPO, 且零算子 $0_{\mathscr{H}}$ 是它的最小元素。

量子操作的域

我们进一步思考量子操作 (参考定义 2.1.25) 的格理论结构。

引理 3.3.3 希尔伯特空间 $\mathscr{H}$ 中任意的量子操作都是将 $(\mathscr{D}(\mathscr{H}), \sqsubseteq)$ 映射到它本身的连续函数。

我们将希尔伯特空间 $\mathscr{H}$ 中量子操作的集合记为 $\mathscr{QO}(\mathscr{H})$。因为 $\mathscr{D}(\mathscr{H}) \subseteq \mathscr{L}(\mathscr{H})$, 但 $\mathscr{QO}(\mathscr{H}) \subseteq \mathscr{L}(\mathscr{L}(\mathscr{H}))$, 所以应当将量子操作理解为一类比局部密度算子更高级的量子对象。算子之间的 Löwner 序可以以一种自然的方式引出量子操作之间的偏序: 对于任意的 $\mathscr{E}, \mathscr{F} \in \mathscr{QO}(\mathscr{H})$,

- $\mathscr{E} \sqsubseteq \mathscr{F} \Leftrightarrow \mathscr{E}(\rho) \sqsubseteq \mathscr{F}(\rho)$ 对于任意的 $\rho \in \mathscr{D}(\mathscr{H})$ 都成立。

从某种意义上而言, Löwner 序可以将低等级的对象 $\mathscr{D}(\mathscr{H})$ 转变为高等级的对象 $\mathscr{QO}(\mathscr{H})$。

引理 3.3.4 $(\mathscr{QO}(\mathscr{H}), \sqsubseteq)$ 是一个 CPO。

引理 3.3.2、3.3.3 和 3.3.4 的证明过程非常复杂。为了便于阅读, 我们将这些证明放在 3.6 节中。

3.3.3　循环的语义函数

现在我们已经准备好说明量子 while 循环的语义函数可以通过它的有限语法逼近的语义函数的极限来表示。为此，我们需要一个辅助的符号 ——abort 表示量子程序，满足：

$$[\![\mathbf{abort}]\!](\rho) = 0_{\mathscr{H}_{\mathrm{all}}}$$

对于任意的 $\rho \in \mathscr{D}(\mathscr{H})$ 都成立。直观上而言，程序 abort 并不保证一定会终止。例如，可以选取

$$\mathbf{abort} \equiv \mathbf{while}\ M_{\mathrm{trivial}}[q] = 1\ \mathbf{do}\ \mathbf{skip}\ \mathbf{od}$$

其中 q 是量子变量，$M_{\mathrm{trivial}} = \{M_0 = 0_{\mathscr{H}_q}, M_1 = I_{\mathscr{H}_q}\}$ 是态空间 $\mathscr{H}_q$ 中的平凡测量。我们将程序 abort 作为归纳定义量子循环的语法逼近时的归纳基。

定义 3.3.6　思考量子循环

$$\mathbf{while} \equiv \mathbf{while}M[\bar{q}] = 1\ \mathbf{do}\ S\ \mathbf{od} \tag{3.8}$$

对于任意的非负整数 k，while 的第 k 次语法逼近 $\mathbf{while}^{(k)}$ 可以归纳定义为

$$
\begin{cases}
\mathbf{while}^{(0)} \equiv \mathbf{abort} \\
\mathbf{while}^{(k+1)} \equiv \mathbf{if}\ M[\bar{q}] = 0 \to \mathbf{skip} \\
\qquad\qquad\quad \square \qquad\quad 1 \to S; \mathbf{while}^{(k)} \\
\qquad\qquad\quad \mathbf{fi}
\end{cases}
$$

可以将量子 while 循环的语义函数表示为：

命题 3.3.2　令 while 是循环 (3.8)。那么：

$$[\![\mathbf{while}]\!] = \bigsqcup_{k=0}^{\infty} [\![\mathbf{while}^{(k)}]\!]$$

其中对于任意的 $k \geqslant 0$，$\mathbf{while}^{(k)}$ 是 while 的第 k 次语法逼近。符号 $\bigsqcup$ 表示量子操作的上确界，即 CPO$(\mathscr{QO}(\mathscr{H}_{\mathrm{all}}), \sqsubseteq)$ 中的最小上界。

证明：对于 $i = 0, 1$，我们引入辅助的算子

$$\mathscr{E}_i : \mathscr{D}(\mathscr{H}_{\mathrm{all}}) \to \mathscr{D}(\mathscr{H}_{\mathrm{all}})$$

将其定义为对于所有的 $\rho \in \mathscr{D}(\mathscr{H})$，都有 $\mathscr{E}_i(\rho) = M_i \rho M_i^{\dagger}$。

首先我们通过对 k 使用归纳法来证明：对于所有的 $k \geqslant 1$，都有

$$[\![\mathbf{while}^{(k)}]\!](\rho) = \sum_{n=0}^{k-1} \left[\mathscr{E}_0 \circ ([\![S]\!] \circ \mathscr{E}_1)^n \right](\rho)$$

上述等式中的符号 $\circ$ 表示量子操作的组合，即量子操作 $\mathscr{E}$ 和 $\mathscr{F}$ 的组合 $\mathscr{F} \circ \mathscr{E}$ 定义为对于任意的 $\rho \in \mathscr{D}(\mathscr{H})$ 都有 $(\mathscr{F} \circ \mathscr{E})(\rho) = \mathscr{F}(\mathscr{E}(\rho))$。$k = 1$ 的情况显然成立。那么通过命题 3.3.1

的 (1)、(4) 和 (5) 以及 $k-1$ 时的归纳假设，我们可以得到：

$$\left[\!\left[\mathbf{while}^{(k)}\right]\!\right](\rho) = [\![\mathbf{skip}]\!](\mathscr{E}_0(\rho)) + \left[\!\left[S; \mathbf{while}^{(k-1)}\right]\!\right](\mathscr{E}_1(\rho))$$

$$= \mathscr{E}_0(\rho) + \left[\!\left[\mathbf{while}^{(k-1)}\right]\!\right](([\![S]\!] \circ \mathscr{E}_1)(\rho))$$

$$= \mathscr{E}_0(\rho) + \sum_{n=0}^{k-2} [\mathscr{E}_0 \circ ([\![S]\!] \circ \mathscr{E}_1)^n]\,(([\![S]\!] \circ \mathscr{E}_1)(\rho))$$

$$= \sum_{n=0}^{k-1} [\mathscr{E}_0 \circ ([\![S]\!] \circ \mathscr{E}_1)^n]\,(\rho) \tag{3.9}$$

其次，我们有：

$$[\![\mathbf{while}]\!](\rho) = \sum \{|\rho' : \langle \mathbf{while}, \rho \rangle \to^* \langle E, \rho' \rangle|\}$$

$$= \sum_{k=1}^{\infty} \sum \{|\rho' : \langle \mathbf{while}, \rho \rangle \to^k \langle E, \rho' \rangle|\}$$

所以，可以证明对于任意的 $k \geqslant 1$ 都有

$$\sum \{|\rho' : \langle \mathbf{while}, \rho \rangle \to^k \langle E, \rho' \rangle|\} = [\mathscr{E}_0 \circ ([\![S]\!] \circ \mathscr{E}_1)^{k-1}]\,(\rho)$$

有了上述论述，通过对 k 使用归纳法不难证明这个等式成立。 □

可以从上述命题中推导出量子循环的语义函数的不动点特性描述。

推论 3.3.1 令 while 为循环 (3.8)。那么对于任意的 $\rho \in \mathscr{D}(\mathscr{H}_{\text{all}})$，满足

$$[\![\mathbf{while}]\!](\rho) = M_0 \rho M_0^\dagger + [\![\mathbf{while}]\!]\left([\![S]\!]\left(M_1 \rho M_1^\dagger\right)\right)$$

证明：从命题 3.3.2 和式 (3.9) 可以直接得出。 □

3.3.4 量子变量的改变与访问

理解程序行为的核心问题是观察程序变量的状态是如何改变的，以及在程序的执行过程中如何访问程序变量。作为刚刚研究的语义函数的第一个应用，我们现在来解决量子程序中的这个问题。

为了简化表述，我们引入一个缩写。令 $X \subseteq \text{qVar}$ 是一个量子变量的集合。对于任意算子 $A \in \mathscr{L}(\mathscr{H}_{\text{all}})$，我们记：

$$\text{tr}_X(A) = \text{tr}_{\otimes_{q \in X} \mathscr{H}_q}(A)$$

其中 $\text{tr}_{\otimes_{q \in X} \mathscr{H}_q}$ 是系统 $\bigotimes_{q \in X} \mathscr{H}_q$ 上的偏迹（参考定义 2.1.22）。那么我们有：

命题 3.3.3

(1) 当 $\text{tr}([\![S]\!](\rho)) = \text{tr}(\rho)$ 时，有 $\text{tr}_{\text{qvar}(S)}([\![S]\!](\rho)) = \text{tr}_{\text{qvar}(S)}(\rho)$ 成立。

(2) 如果它满足

$$\text{tr}_{\text{qVar}\setminus\text{qvar}(S)}(\rho_1) = \text{tr}_{\text{qVar}\setminus\text{qvar}(S)}(\rho_2)$$

那么我们有：

$$\text{tr}_{\text{qVar}\setminus\text{qvar}(S)}([\![S]\!](\rho_1)) = \text{tr}_{\text{qVar}\setminus\text{qvar}(S)}([\![S]\!](\rho_2))$$

回想定义 2.1.22，当所有量子变量的总体态是 ρ 时，$\mathrm{tr}_X(\rho)$ 描述了不属于 X 中的量子变量的态。所以，可以将上述命题直观地解释为：

- 命题 3.3.3(1) 表明不属于 $\mathrm{qvar}(S)$ 的量子变量的态在程序 S 执行之后与 S 执行之前是相同的。这意味着程序 S 只能改变属于 $\mathrm{qvar}(S)$ 的量子变量的态。
- 命题 3.3.3(2) 表明如果 $\mathrm{qvar}(S)$ 中的量子变量的两个输入态 ρ_1 和 ρ_2 是相同的，那么分别从 ρ_1 和 ρ_2 开始的程序 S 的计算结果也相同。换言之，如果程序 S 以 ρ_1 为输入和以 ρ_2 为输入的输出结果不同，那么当我们只考虑 ρ_1 和 ρ_2 在 $\mathrm{qvar}(S)$ 中时，ρ_1 和 ρ_2 就一定不相同。这意味着程序 S 至多只能访问 $\mathrm{qvar}(S)$ 中的量子变量。

练习 3.3.3   证明命题 3.3.3（提示：使用在命题 3.3.1 和 3.3.2 中介绍的语义函数表示法）。

$\boxed{80}$

3.3.5 终止和发散的概率

程序行为的另一个核心问题是它的可终止性。关于量子程序的这个问题的第一个考虑是基于如下命题的，该命题表明语义函数不会增加量子变量的局部密度算子的迹。

命题 3.3.4   对于任意的量子程序 S 和所有的局部密度算子 $\rho \in \mathscr{D}(\mathscr{H}_{\mathrm{all}})$，都满足

$$\mathrm{tr}(\llbracket S \rrbracket(\rho)) \leqslant \mathrm{tr}(\rho)$$

证明： 我们通过对 S 的结构使用归纳法来证明。

- 情况 1。$S \equiv \mathbf{skip}$。显然成立。
- 情况 2。$S \equiv q := |0\rangle$。如果 $\mathrm{type}(q) = \mathbf{integer}$，那么通过等式 $\mathrm{tr}(AB) = \mathrm{tr}(BA)$，我们可以得到：

$$\mathrm{tr}(\llbracket S \rrbracket(\rho)) = \sum_{n=-\infty}^{\infty} \mathrm{tr}(|0\rangle_q \langle n|\rho|n\rangle_q \langle 0|)$$

$$= \sum_{n=-\infty}^{\infty} \mathrm{tr}(_q\langle 0|0\rangle_q \langle n|\rho|n\rangle_q)$$

$$= \mathrm{tr}\left[\left(\sum_{n=-\infty}^{\infty} |n\rangle_q \langle n|\right)\right] = \mathrm{tr}(\rho)$$

使用同样的方法可以证明 $\mathrm{type}(q) = \mathbf{Boolean}$ 同样成立。
- 情况 3。$S \equiv \bar{q} := U[\bar{q}]$。那么

$$\mathrm{tr}(\llbracket S \rrbracket(\rho)) = \mathrm{tr}(U_\rho U^\dagger) = \mathrm{tr}(U^\dagger U_\rho) = \mathrm{tr}(\rho)$$

- 情况 4。$S \equiv S_1; S_2$。从 S_1 和 S_2 的归纳假设可以得出：

$$\mathrm{tr}(\llbracket S \rrbracket(\rho)) = \mathrm{tr}(\llbracket S_2 \rrbracket(\llbracket S_1 \rrbracket(\rho)))$$

$$\leqslant \mathrm{tr}(\llbracket S_1 \rrbracket(\rho))$$

$$\leqslant \mathrm{tr}(\rho)$$

- 情况 5。$S \equiv \mathbf{if}\,(\square m \cdot M[\bar{q}] = m \to S_m)\,\mathbf{fi}$，那么通过归纳假设我们可以得到：

$$\begin{aligned}
\operatorname{tr}(\llbracket S \rrbracket(\rho)) &= \sum_m \operatorname{tr}\left(\llbracket S_m \rrbracket\left(M_m \rho M_m^\dagger\right)\right) \\
&\leqslant \sum_m \operatorname{tr}\left(M_m \rho M_m^\dagger\right) \\
&= \operatorname{tr}\left[\left(\sum_m M_m^\dagger M_m\right)\rho\right] = \operatorname{tr}(\rho)
\end{aligned}$$

81

- 情况 6。$S \equiv \mathbf{while}\,M[\bar{q}] = 1\,\mathbf{do}\,S'\,\mathbf{od}$。将定义 3.3.6 给出的 $(\mathbf{while})^n$ 中的 S 用 S' 进行替换，我们将按照这种方式得到的语句记为 $(\mathbf{while}')^n$。通过命题 3.3.2，足以证明：

$$\operatorname{tr}\left(\llbracket (\mathbf{while}')^n \rrbracket(\rho)\right) \leqslant \operatorname{tr}(\rho)$$

对于所有的 $n \geqslant 0$ 都成立。这个证明可以通过对 n 使用归纳法来完成。$n = 0$ 的情况显然成立。通过对 n 的递归假设和 S'，我们有：

$$\begin{aligned}
\operatorname{tr}\left(\llbracket (\mathbf{while}')^{n+1} \rrbracket(\rho)\right) &= \operatorname{tr}\left(M_0 \rho M_0^\dagger\right) + \operatorname{tr}\left(\llbracket (\mathbf{while}')^n \rrbracket\left(\llbracket (S') \rrbracket\left(M_1 \rho M_1^\dagger\right)\right)\right) \\
&\leqslant \operatorname{tr}\left(M_0 \rho M_0^\dagger\right) + \operatorname{tr}\left(\llbracket (S') \rrbracket\left(M_1 \rho M_1^\dagger\right)\right) \\
&\leqslant \operatorname{tr}\left(M_0 \rho M_0^\dagger\right) + \operatorname{tr}\left(M_1 \rho M_1^\dagger\right) \\
&= \operatorname{tr}\left[\left(M_0^\dagger \rho M_0 + M_1^\dagger \rho M_1\right)\rho\right] \\
&= \operatorname{tr}(\rho)
\end{aligned}$$

$\square$

直观上而言，$\operatorname{tr}(\llbracket S \rrbracket(\rho))$ 是程序 S 从态 ρ 开始执行的终止概率。从上述命题的证明过程中，我们可以发现能够导致 $\operatorname{tr}(\llbracket S \rrbracket(\rho)) \leqslant \operatorname{tr}(\rho)$ 的程序结构只有程序 S 中的循环。因此，

$$\operatorname{tr}(\rho) - \operatorname{tr}(\llbracket S \rrbracket(\rho))$$

是程序 S 从输入态 ρ 发散的概率。这条结论可以通过下面这个例子进一步说明。

例子 3.3.2　令 $\operatorname{type}(q) = \mathbf{integer}$，且令

$$M_0 = \sum_{n=1}^{\infty} \sqrt{\frac{n-1}{2n}}(|n\rangle\langle n| + |-n\rangle\langle -n|)$$

$$M_1 = |0\rangle\langle 0| + \sum_{n=1}^{\infty} \sqrt{\frac{n-1}{2n}}(|n\rangle\langle n| + |-n\rangle\langle -n|)$$

那么 $M = \{M_0, M_1\}$ 是希尔伯特态空间中的 yes-no 测量（注意 M 不是投影测量）。思考程序：

$$\mathbf{while} \equiv \mathbf{while}\,M[\bar{q}] = 1\,\mathbf{do}\,q := q + 1\,\mathbf{od}$$

令 $\rho = |0\rangle_q\langle 0| \otimes \rho_0$ 且满足

$$\rho_0 = \bigotimes_{p \neq q} |0\rangle_p\langle 0|$$

82

那么经过一系列计算，我们有：

$$\llbracket(\mathbf{while})^n\rrbracket(\rho) = \begin{cases} 0_{\mathscr{H}_{\mathrm{all}}} & n = 0, 1, 2 \\ \dfrac{1}{2}\left(\displaystyle\sum_{k=2}^{n-1}\dfrac{k-1}{k!}|k\rangle_q\langle k|\right)\otimes\rho_0 & n \geqslant 3 \end{cases}$$

$$\llbracket(\mathbf{while})\rrbracket(\rho) = \frac{1}{2}\left(\sum_{n=2}^{\infty}\frac{n-1}{n!}|n\rangle_q\langle n|\right)\otimes\rho_0$$

且

$$\mathrm{tr}(\llbracket(\mathbf{while})\rrbracket(\rho)) = \frac{1}{2}\sum_{n=2}^{\infty}\frac{n-1}{n!} = \frac{1}{2}$$

这意味着程序 while 在输入为 ρ 的情况下的终止概率为 $1/2$, 且在输入为 ρ 的情况下的发散概率为 $1/2$。

第 5 章会更为系统地对量子程序的终止进行研究。

3.3.6   作为量子操作的语义函数

本节的最后, 我们将建立量子程序和量子操作 (参考 2.1.7 节) 之间的关联。

可以将量子程序的语义函数定义为从 $\mathscr{H}_{\mathrm{all}}$ 中的局部密度算子到它本身的一种映射关系。令 V 是 qVar 的一个子集。当 $\mathscr{H}_{\mathrm{all}}$ 中的量子操作 $\mathscr{E}$ 是 $\mathscr{H}_V = \bigotimes_{q\in V}\mathscr{H}_q$ 中的量子操作 $\mathscr{F}$ 的柱面扩展时, 即

$$\mathscr{E} = \mathscr{F}\otimes\mathscr{I}$$

其中 $\mathscr{I}$ 是 $\mathscr{H}_{\mathrm{qVar}\backslash V}$ 中的单位量子操作, 我们通常将 $\mathscr{E}$ 和 $\mathscr{F}$ 视为等价的, 并且可以将 $\mathscr{E}$ 视作 $\mathscr{H}_V$ 中的量子操作。通过这些约定, 我们有:

命题 3.3.5   对于任意的量子程序 S, 它的语义函数 $\llbracket S\rrbracket$ 是 $\mathscr{H}_{\mathrm{qvar}(S)}$ 中的量子操作。

证明: 可以通过对 S 的结构使用归纳法来证明这个命题。对于 S 不是循环的情况, 可以通过定理 2.1.1(3) 和命题 3.3.1 来证明该命题。对于 S 是循环的情况, 可以通过命题 3.3.2 和引理 3.3.4 来证明该命题。□

反过来可能有人会问: 所有的量子操作都可以通过量子程序来建模吗? 为了回答这个问题, 我们首先需要对局部量子变量的概念进行介绍。

定义 3.3.7   令 S 是一个量子变量, $\overline{q}$ 是量子变量的序列。那么:

(1) 由包含局部变量 $\overline{q}$ 的程序 S 所定义的块状命令为:

$$\mathbf{begin\ local}\ \overline{q}: S\ \mathbf{end} \tag{3.10}$$

(2) 块状命令的量子变量为:

$$\mathrm{qvar}(\mathbf{begin\ local}\ \overline{q}: S\ \mathbf{end}) = \mathrm{qvar}(S)\setminus\overline{q}$$

(3) 块状命令的指称语义是从 $\mathscr{H}_{\mathrm{qvar}(S)}$ 到 $\mathscr{H}_{\mathrm{qvar}(S)\backslash\overline{q}}$ 的量子操作, 其定义为:

$$\llbracket\mathbf{begin\ local}\ \overline{q}: S\ \mathbf{end}\rrbracket(\rho) = \mathrm{tr}_{\mathscr{H}_{\overline{q}}}(\llbracket S\rrbracket(\rho)) \tag{3.11}$$

对于任意的密度算子 $\rho\in\mathscr{D}(\mathscr{H}_{\mathrm{qvar}(S)})$ 都成立, 其中 $\mathrm{tr}_{\mathscr{H}_{\overline{q}}}$ 代表 $\mathscr{H}_{\overline{q}}$ 上的偏迹 (参考定义 2.1.22)。

块状命令 (3.10) 的直观含义是程序 S 在以 $\bar{q}$ 为局部变量且局部变量都在 S 中进行初始化的环境中执行。程序 S 执行之后，会舍弃由局部变量 $\bar{q}$ 表示的辅助系统。这就是块状命令的语义的定义式 (3.11) 中对 $\mathscr{H}_{\bar{q}}$ 求迹的原因。注意式 (3.11) 是 $\mathscr{H}_{\mathrm{qvar}(S)\backslash\bar{q}}$ 中的一个局部密度算子。

可以将块状命令视为一个后续的量子程序。那么我们可以对前面提出的问题给予正面答复。接下来的命题本质上是从量子程序的角度对定理 2.1.1(2) 进行重述。

命题 3.3.6　对于 qVar 的任意有限子集 V 和任意属于 $\mathscr{H}_V$ 的量子操作 $\mathscr{E}$，都存在一个量子程序（更确切地说是一个块状命令）S 且满足 $[\![S]\!] = \mathscr{E}$。

证明：通过定理 2.1.1(2)，可以发现，存在：

(1) 量子变量 $\bar{p} \subseteq \mathrm{qVar} \backslash \bar{q}$

(2) $\mathscr{H}_{\bar{p}\cup\bar{q}}$ 中的幺正变换 U

(3) 向 $\mathscr{H}_{\bar{p}\cup\bar{q}}$ 的闭子空间进行投影的投影算子 P

(4) $\mathscr{H}_{\bar{q}}$ 中的态 $|e_0\rangle$

满足

$$\mathscr{E}(\rho) = \mathrm{tr}_{\mathscr{H}_{\bar{q}}}\left[PU(|e_0\rangle\langle e_0|)U^\dagger P\right]$$

对于所有的 $\rho \in \mathscr{D}(\mathscr{H}_{\bar{q}})$ 都成立。显然，我们可以在 $\mathscr{H}_{\bar{q}}$ 中找到一个幺正算子 U_0 满足

$$|e_0\rangle = U_0|0\rangle_{\bar{p}}$$

其中 $|0\rangle_{\bar{p}} = |0\rangle \cdots |0\rangle$（$\bar{p}$ 中的所有量子变量都初始化为 $|0\rangle$ 态）。另一方面，

$$M = \{M_0 = P, M_1 = I - P\}$$

84

是 $\mathscr{H}_{\bar{p}\cup\bar{q}}$ 中的 yes-no 测量，其中 I 是 $\mathscr{H}_{\bar{p}\cup\bar{q}}$ 中的单位算子。设

$$S \equiv \textbf{begin local } \bar{p} : \bar{p} := |0\rangle_{\bar{p}}; \bar{p} := U_0[\bar{p}]; \bar{p} \cup \bar{q} := U[\bar{p} \cup \bar{q}]$$

$$\textbf{if } M[\bar{p} \cup \bar{q}] = 0 \rightarrow \textbf{skip}$$

$$\square \qquad\qquad 1 \rightarrow \textbf{abort}$$

$$\textbf{fi}$$

$$\textbf{end}$$

这样很容易验证 $[\![S]\!] = \mathscr{E}$。　　　　　　　　　　　　　　　　　□

3.4　量子编程中的经典递归

递归概念的出现使得我们在编程的过程中不需要做大量重复性工作。在前几节中，我们已经研究了 while 语句的量子化扩展，它可以通过一类被称为量子 while 循环的程序结构去实现量子计算中的一类特殊递归 —— 迭代。经典编程中广泛使用了递归过程的一般形式。这是一个比递归更强有力的工具，通过使用递归，可以直接或间接地从函数本身的角度

对函数进行定义。在本节中，我们将递归的一般性概念添加到量子 **while** 语句中，使得量子计算中的程序可以调用它本身。

因为本节中所思考的递归中的控制流是经典的（或者更精确地说，控制是由量子测量的结果决定的），所以应该将它合理地称为量子编程中的经典递归。带量子控制流的递归的概念将会在第 7 章中介绍。为了避免混淆，我们将包含带经典控制的递归的量子程序称为递归量子程序，而将包含带量子控制的递归的量子程序称为量子递归程序。利用 3.3.2 节介绍的数学工具，本节介绍的递归量子程序理论或多或少是对经典递归程序理论的直接扩展。然而，正如读者将在第 7 章看到的那样，对量子递归程序进行处理会更加困难，它需要的一些思想与本节所使用的截然不同。

3.4.1　语法

我们首先定义递归量子程序的语法。通过在量子 **while** 程序的入门规范中增加一个由 $X, X_1, X_2, \cdots$ 组成的过程标识符的集合，就能够得到递归量子程序的入门规范。

我们将量子程序模式定义为可能包含过程标识符的一般性的量子 **while** 程序。形式化地，我们有：

定义 3.4.1　**量子程序模式可以通过如下语法产生：**

$$S ::= X \mid \mathbf{skip} \mid q := |0\rangle \mid \overline{q} := U[\overline{q}] \mid S_1; S_2$$
$$\mid \mathbf{if}\ (\square m \cdot M[\overline{q}] = m \to S_m)\ \mathbf{fi}$$
$$\mid \mathbf{while}\ M[\overline{q}] = 1\ \mathbf{do}\ S\ \mathbf{od} \tag{3.12}$$

语法 (3.2) 和语法 (3.12) 的唯一不同之处在于后者增加了过程标识符 X 的子句。如果一个程序模式 S 至多包含过程标识符 $X_1, \cdots, X_n$，那么我们记：

$$S \equiv S[X_1, \cdots, X_n]$$

与经典编程相似，我们通常将量子程序模式中的过程标识符用作子程序，并称其为过程调用。它们由按照如下方式定义的声明所指定：

定义 3.4.2　令 $X_1, \cdots, X_n$ 是不同的过程标识符。$X_1, \cdots, X_n$ 的声明是方程组：

$$D : \begin{cases} X_1 \Leftarrow S_1 \\ \quad \vdots \\ X_n \Leftarrow S_n \end{cases} \tag{3.13}$$

其中对于任意的 $1 \leqslant i \leqslant n$，$S_i \equiv S_i[X_1, \cdots, X_n]$ 是量子程序模式。

现在我们开始对本节的关键概念进行介绍。

定义 3.4.3　一个递归量子程序由以下部分构成：

(1) 被称为主语句的量子程序模式 $S \equiv S[X_1, \cdots, X_n]$。

(2) $X_1, \cdots, X_n$ 的声明 D。

3.4.2 操作语义

递归量子程序是量子程序模式加上其中的过程标识符的声明。所以，我们首先定义关于给定声明的量子程序模式的操作语义。为此，需要对 3.2 节定义的配置的概念进行扩展。

定义 3.4.4 量子配置是一个二元组 $\langle S, \rho \rangle$，其中：

(1) S 是量子程序模式或者空程序 E。

(2) $\rho \in \mathscr{D}(\mathscr{H}_{\text{all}})$ 是 $\mathscr{H}_{\text{all}}$ 中的局部密度算子。

除了 S 不仅可以是程序还可以是程序模式以外，该定义与定义 3.2.1 是相同的。

现在可以将定义 3.2.2 中给出的量子程序的操作语义简单地扩展为量子程序模式的情况。

定义 3.4.5 令 D 是一个给定的声明。关于 D 的量子程序模式的操作语义是量子配 $\boxed{86}$ 置之间的转换关系 $\to_D$，该转换关系是通过图 3.1 中的转换规则以及图 3.3 中的递归规则定义的：

(REC)　　如果声明 D 中包含 $X_i \Leftarrow S_i$，那么 $\overline{\langle X_i, \rho \rangle \to_D \langle S_i, \rho \rangle}$。

图 3.3　递归量子程序的转换规则

当然，在这个定义中，会对图 3.1 中的规则按照如下方式进行扩展：允许程序模式出现在配置中，并将转换符号 $\to$ 替换为 $\to_D$。与经典编程相似，图 3.3 的规则（REC）也被称为拷贝规则，它表明在程序运行时，可以将对程序的调用过程视作将被调用的程序体插入调用产生的地方。

3.4.3 指称语义

基于上一小节描述的操作语义，通过定义 3.2.3 和 3.3.1 的直接扩展很容易得到量子程序模式的指称语义。

定义 3.4.6 令 D 是一个给定的声明。对于任意的量子程序模式 S，它关于 D 的语义函数实际上是映射：

$$[\![S|D]\!] : \mathscr{D}(\mathscr{H}_{\text{all}}) \to \mathscr{D}(\mathscr{H}_{\text{all}})$$

它的定义为：

$$[\![S|D]\!](\rho) = \sum \{ |\rho' : \langle S, \rho \rangle \to_D^* \langle E, \rho' \rangle| \}$$

对于任意的 $\rho \in \mathscr{D}(\mathscr{H}_{\text{all}})$，其中 $\to_D^*$ 是 $\to_D$ 的自反传递闭包。

假设递归量子程序由主语句 S 和声明 D 构成。那么可以将它的指称语义定义为 $[\![S|D]\!]$。显然，如果 S 是一个程序（即不包含任何过程标识符的程序模式），那么 $[\![S|D]\!]$ 并不依赖于 D 且它与定义 3.3.1 是一致的，因此我们可以将 $[\![S|D]\!]$ 简单地记作 $[\![S]\!]$。

例子 3.4.1 考虑声明

$$D : \begin{cases} X_1 \Leftarrow S_1 \\ X_2 \Leftarrow S_2 \end{cases}$$

其中：

$$S_1 \equiv \textbf{if } M[q] = 0 \rightarrow q := H[q]; X_2$$
$$\square \qquad\qquad 1 \rightarrow \textbf{skip}$$
$$\textbf{fi}$$

$$S_2 \equiv \textbf{if } N[q] = 0 \rightarrow q := Z[q]; X_1$$
$$\square \qquad\qquad 1 \rightarrow \textbf{skip}$$
$$\textbf{fi}$$

q 是量子变量，M 是在可计算基矢 $|0\rangle, |1\rangle$ 上进行的测量，N 是在基 $|+\rangle, |-\rangle$ 上进行的测量，即

$$M = \{M_0 = |0\rangle\langle 0|, M_1 = |1\rangle\langle 1|\}$$

$$N = \{N_0 = |+\rangle\langle +|, N_1 = |-\rangle\langle -|\}$$

那么包含声明 D 的递归量子程序 X_1 从 $\rho = |+\rangle\langle +|$ 开始的计算为：

$$\langle X_1, \rho \rangle \rightarrow_D \langle S_1, \rho \rangle$$
$$\rightarrow_D \begin{cases} \langle q := H[\bar{q}]; X_2, \frac{1}{2}|0\rangle\langle 0| \rangle \rightarrow_D \langle X_2, \frac{1}{2}\rho \rangle \\ \langle \textbf{skip}, \frac{1}{2}|1\rangle\langle 1| \rangle \rightarrow_D \langle E, \frac{1}{2}|1\rangle\langle 1| \rangle \end{cases}$$

其中：

$$\left\langle X_2, \frac{1}{2}\rho \right\rangle \rightarrow_D \left\langle S_2, \frac{1}{2} \right\rangle \rightarrow_D \left\langle q := Z[q]; X_1, \frac{1}{2}\rho \right\rangle \rightarrow_D \left\langle X_1, \frac{1}{2}|-\rangle\langle -| \right\rangle \rightarrow_D \cdots$$

且我们有：

$$[\![X_1|D]\!](\rho) = \sum_{n=1}^{\infty} \frac{1}{2^n} |1\rangle\langle 1| = |1\rangle\langle 1|$$

在对一般性递归程序的各种特性进行研究之前，让我们看看如何将前面几小节中讨论的量子 while 循环视作一类特殊的递归量子程序。我们思考如下循环：

$$\textbf{while} \equiv \textbf{while } M[\bar{q}] = 1 \textbf{ do } S \textbf{ od}$$

这里 S 是量子程序（不包含任何的过程标识符）。令 X 是通过 D 进行声明的过程标识符：

$$X \equiv \textbf{if } M[\bar{q}] = 0 \rightarrow \textbf{skip}$$
$$\square \qquad\qquad 1 \rightarrow S; X$$

$$\textbf{fi}$$

那么量子循环 while 实际上与以 X 作为它的主语句的递归量子程序是相同的。

练习 3.4.1　证明 $[\![\textbf{while}]\!] = [\![X|D]\!]$。

递归量子程序的语义函数的基本性质

我们现在建立一些递归量子程序的语义函数的基本性质。下面这条命题是在关于声明的量子程序模式的情况下对命题 3.3.1 和 3.3.2 的推广。

命题 3.4.1 令 D 是通过式 (3.13) 给定的声明。那么对于任意的 $\rho \in \mathscr{D}(\mathscr{H}_{all})$，我们有：

(1) $[\![X|D]\!](\rho) = \begin{cases} [\![S_i|D]\!](\rho) & X \notin \{X_1, \cdots, X_n\} \\ 0_{\mathscr{H}_{all}} & X = X_i (1 \leqslant i \leqslant n) \end{cases}$

(2) 如果 S 是 skip、初始化操作或者幺正变换，那么 $[\![S|D]\!](\rho) = [\![S]\!](\rho)$。

(3) $[\![T_1; T_2|D]\!](\rho) = [\![T_2|D]\!]([\![T_1|D]\!](\rho))$。

(4) $[\![if\ (\square m \cdot M[\bar{q} = m \to T_m]\ fi|D]\!](\rho) = \sum_m [\![T_m|D]\!](M_m \rho M_m^\dagger)$。

(5) $[\![while\ M[\bar{q}] = 1\ do\ S\ od|D]\!](\rho) = \bigsqcup_{k=0}^{\infty} [\![while^k|D]\!]\rho$，其中对于任意的整数 $k \geqslant 0$，都有 $while^k$ 是循环（参考定义 3.3.6）的第 k 次语法逼近。

证明：与命题 3.3.1 和 3.3.2 的证明过程相似。　　□

可以进一步扩展命题 3.4.1(5)，使得递归量子程序的指称语义可以从它的语法逼近的角度进行表示。

定义 3.4.7 思考包含主语句 $S \equiv S[X_1, \cdots, X_m]$ 和通过式 (3.13) 给定的声明 D 的递归量子程序。对于任意的整数 $k \geqslant 0$，可以将 S 关于 D 的第 k 次语法逼近 $S_D^{(k)}$ 归纳定义为：

$$\begin{cases} S_D^{(0)} & \equiv abort \\ S_D^{(k+1)} & \equiv S\left[S_{1D}^{(k)}/X_1, \cdots, S_{nD}^{(k)}/X_n\right] \end{cases} \tag{3.14}$$

其中 abort 与 3.3.3 节中的含义相同，且

$$S[P_1/X_1, \cdots, P_n/X_n]$$

代表将 S 中的 $X_1, \cdots, X_n$ 分别同时替换为 $P_1, \cdots, P_n$ 所得到的结果。

应当注意到上述定义是通过对 k 使用归纳法给定的，其中 S 是任意一个量子程序模式。因此，假设在 k 的归纳假设中已经对式 (3.14) 中的 $S_{1D}^{(k)}, \cdots, S_{nD}^{(k)}$ 进行了定义。显然对于所有的 $k \geqslant 0$，$S_D^{(k)}$ 是一个程序（不包含任何过程标识符）。下面这条引理阐明了用于定义程序语义的声明及其替换之间的关系。

引理 3.4.1 令 D 是通过公式 (3.13) 给出的声明，那么对于任意程序模式 S，我们有：

(1) $[\![S|D]\!] = [\![S[S_1/X_1, \cdots, S_n/X_n]|D]\!]$

(2) $[\![S_D^{(k+1)}]\!] = [\![S|D^{(k)}]\!]$ 对于任意的整数 $k \geqslant 0$ 都成立，其中声明

$$D^{(k)} = \begin{cases} X_1 \Leftarrow S_{1D}^{(k)} \\ \vdots \\ X_n \Leftarrow S_{nD}^{(k)} \end{cases}$$

证明：

(1) 可以通过对 S 的结构使用归纳法，再结合命题 3.4.1 来证明。

(2) 通过 (1) 可以得出

$$
\begin{aligned}
[\![S|D^{(k)}]\!] &= [\![S[S_{1D}^{(k)}/X_1,\cdots,S_{nD}^{(k)}/X_n]|D^{(k)}]\!] \\
&= [\![S[S_{1D}^{(k)}/X_1,\cdots,S_{nD}^{(k)}/X_n]]\!] \\
&= [\![S_D^{(k+1)}]\!]
\end{aligned}
$$

$\square$

基于上述引理，我们可以通过递归程序的语法逼近得到其语义函数的表示。

命题 3.4.2 对于任意带声明 D 的递归程序 S，我们有：

$$
[\![S|D]\!] = \bigsqcup_{k=0}^{\infty} [\![S_D^{(k)}]\!]
$$

证明：对于任意的 $\rho \in \mathscr{D}(\mathscr{H}_{\text{all}})$，我们希望证明

$$
[\![S|D]\!](\rho) = \bigsqcup_{k=0}^{\infty} [\![S_D^{(k)}]\!](\rho)
$$

我们能够证明对于任意的整数 $r, k \geqslant 0$，如下声明成立：

- 声明 1：$\langle S, \rho \rangle \to_D^r \langle E, \rho' \rangle \Rightarrow \exists l \geqslant 0 \text{ s.t.} \langle S_D^{(l)}, \rho \rangle \to^* \langle E, \rho' \rangle$
- 声明 2：$\langle S_D^{(k)}, \rho \rangle \to^r \langle E, \rho' \rangle \Rightarrow \langle S, \rho \rangle \to_D^* \langle E, \rho' \rangle$

上述内容可以通过对 r 和 k 使用归纳法以及使用转换规则的推论的深度来证明。 $\square$

练习 3.4.2 完成对命题 3.4.2 的证明。

3.4.4 不动点特性

命题 3.4.2 可以被视作通过命题 3.4.1(5) 对命题 3.3.2 进行的推广。3.3.3 节中将量子
while 循环的不动点特性作为命题 3.3.2 的推论给出。在本节中，我们将给出递归量子程序
的不动点特性，并因此得出推论 3.3.1 的一般形式。在经典编程理论中，递归方程是在函数
的一个确定的域中进行求解的。这里，我们将在 3.3.2 节中定义的量子操作的域中求解递归
量子方程。为此，我们首先介绍如下内容。

定义 3.4.8 令 $S \equiv S[X_1, \cdots, X_n]$ 是量子程序模式，令 $\mathscr{QO}(\mathscr{H}_{\text{all}})$ 是 $\mathscr{H}_{\text{all}}$ 中的量子操
作的集合。那么它的语义泛函是映射：

$$
[\![S]\!] : \mathscr{QO}(\mathscr{H}_{\text{all}})^n \to \mathscr{QO}(\mathscr{H}_{\text{all}})
$$

我们可以将它定义为：对于任意的 $\mathscr{E}_1, \cdots, \mathscr{E}_n \in \mathscr{QO}(\mathscr{H}_{\text{all}})$，都满足

$$
[\![S]\!](\mathscr{E}_1, \cdots, \mathscr{E}_n) = [\![S|E]\!]
$$

其中：

$$
E : \begin{cases} X_1 \Leftarrow T_1 \\ \quad \vdots \\ X_N \Leftarrow T_n \end{cases}
$$

是一个声明，该声明满足对于任意的 $1 \leqslant i \leqslant n$，$T_i$ 都是一个使得 $[\![T_i]\!] = \mathscr{E}_i$ 成立的程序（不
包含任何过程标识符）。

我们认为语义泛函 $[\![S]\!]$ 是定义明确的。从命题 3.3.6 可以推导出程序 T_i 总是存在。另一方面，如果

$$E' : \begin{cases} X_1 \Leftarrow T_1' \\ \vdots \\ X_n \Leftarrow T_n' \end{cases}$$

是另一个满足对于任意的程序 T_i' 都有 $[\![T_i']\!] = \mathscr{E}_i$ 成立的声明，那么我们可以证明：

$$[\![S|E]\!] = [\![S|E']\!]$$

现在我们定义一个域，希望在该域中找到通过过程标识符 $X_1, \cdots, X_n$ 的声明定义的语义泛函的不动点。让我们思考笛卡儿幂 $\mathscr{QO}(\mathscr{H}_{\mathrm{all}})^n$。$\mathscr{QO}(\mathscr{H}_{\mathrm{all}})^n$ 中的序 $\sqsubseteq$ 可以自然而言地通过 $\mathscr{QO}(\mathscr{H}_{\mathrm{all}})$ 中的序 $\sqsubseteq$ 推导得到：对于任意的 $\mathscr{E}_1, \cdots, \mathscr{E}_n, \mathscr{F}_1, \cdots, \mathscr{F}_n \in \mathscr{QO}(\mathscr{H}_{\mathrm{all}})$，

- $(\mathscr{E}_1, \cdots, \mathscr{E}_n) \sqsubseteq (\mathscr{F}_1, \cdots, \mathscr{F}_n)$ $\Leftrightarrow$ 对于任意的 $1 \leqslant i \leqslant n$，都有 $\mathscr{E}_i \sqsubseteq \mathscr{F}_i$。

从引理 3.3.4 可以得出 $(\mathscr{QO}(\mathscr{H}_{\mathrm{all}})^n, \sqsubseteq)$ 是 CPO。此外，我们有：

命题 3.4.3　对于任意的量子程序模式 $S \equiv S[X_1, \cdots, X_n]$，它的语义泛函

91

$$[\![S]\!] : (\mathscr{QO}(\mathscr{H}_{\mathrm{all}})^n, \sqsubseteq) \to (\mathscr{QO}(\mathscr{H}_{\mathrm{all}}), \sqsubseteq)$$

是连续的。

证明：对于任意的 $1 \leqslant i \leqslant n$，令 $\{\mathscr{E}_{ij}\}_j$ 是 $(\mathscr{QO}(\mathscr{H}_{\mathrm{all}})^n, \sqsubseteq)$ 中的一个递增序列。我们需要证明的是：

$$[\![S]\!]\left(\bigsqcup_j \mathscr{E}_{1j}, \cdots, \bigsqcup_j \mathscr{E}_{nj}\right) = \bigsqcup_j [\![S]\!](\mathscr{E}_{1j}, \cdots, \mathscr{E}_{nj})$$

假设：

$$D : \begin{cases} X_1 \Leftarrow P_1 \\ \vdots \\ X_n \Leftarrow P_n \end{cases} \qquad D_j : \begin{cases} X_1 \Leftarrow P_{1j} \\ \vdots \\ X_n \Leftarrow P_{nj} \end{cases}$$

是满足对于任意的 $1 \leqslant i \leqslant n$ 和任意的 j，都有

$$[\![P_i]\!] = \bigsqcup_j \mathscr{E}_{ij}, \quad [\![P_{ij}]\!] = \mathscr{E}_{ij}$$

成立的声明。那么足以证明

$$[\![S|D]\!] = \bigsqcup_j [\![S|D_j]\!] \tag{3.15}$$

使用命题 3.4.1，这个证明通过对 S 的结构使用归纳法来完成。　□

练习 3.4.3　证明等式 (3.15)。

令 D 是一个通过公式 (3.13) 给定的声明。那么 D 可以自然而然地推导出语义泛函：

$$[\![D]\!] : \mathscr{QO}(\mathscr{H}_{\mathrm{all}})^n \to \mathscr{QO}(\mathscr{H}_{\mathrm{all}})^n$$

$$[\![D]\!](\mathscr{E}_1, \cdots, \mathscr{E}_n) = ([\![S_1]\!](\mathscr{E}_1, \cdots, \mathscr{E}_n), \cdots, [\![S_n]\!](\mathscr{E}_1, \cdots, \mathscr{E}_n))$$

对于任意的 $\mathscr{E}_1, \cdots, \mathscr{E}_n \in \mathscr{QO}(\mathscr{H}_{\mathrm{all}})$ 都成立。从命题 3.4.3 可以得出

$$[\![D]\!] : (\mathscr{QO}(\mathscr{H}_{\mathrm{all}})^n, \sqsubseteq) \to (\mathscr{QO}(\mathscr{H}_{\mathrm{all}})^n, \sqsubseteq)$$

是连续的。那么通过 Knaster-Tarski 定理（定理 3.3.1），我们断言 $[D]$ 有一个不动点：

$$\mu[D] = (\mathscr{E}_1^*, \cdots, \mathscr{E}_n^*) \in \mathscr{QO}(\mathscr{H}_{\mathrm{all}})^n$$

92

我们现在可以介绍递归量子程序的不动点特性：

定理 3.4.1　对于包含声明 D 和主语句 S 的递归量子程序，我们有：

$$[S|D] = [S](\mu[D]) = [S](\mathscr{E}_1^*, \cdots, \mathscr{E}_n^*)$$

证明：首先，我们要求对于任意的程序模式 $T \equiv T[X_1, \cdots, X_n]$ 和任意的程序 $T_1, \cdots, T_n$，都有

$$[T[T_1/X_1, \cdots, T_n/X_n]] = [T]([T_1], \cdots, [T_n]) \tag{3.16}$$

实际上，我们思考声明

$$E : \begin{cases} X_1 \Leftarrow T_1 \\ \quad\vdots \\ X_n \Leftarrow T_n \end{cases}$$

因为 $T_1, \cdots, T_n$ 都是程序（不包含过程标识符），所以通过定义 3.4.8 和引理 3.4.1(1)，我们可以得到：

$$\begin{aligned} [T]([T_1], \cdots, [T_n]) &= [T|E] = [T[T_1/X_1, \cdots, T_n/X_n]|E] \\ &= [T[T_1/X_1, \cdots, T_n/X_n]] \end{aligned}$$

其次，我们将从 $\mathscr{QO}(\mathscr{H}_{\mathrm{all}})^n$ 中最小的元素 $\overline{\mathbf{0}} = (\mathbf{0}, \cdots, \mathbf{0})$ 开始的 $[D]$ 的迭代定义为：

$$\begin{cases} [D]^{(0)}(\overline{\mathbf{0}}) = (\mathbf{0}, \cdots, \mathbf{0}) \\ [D]^{(k+1)}(\overline{\mathbf{0}}) = [D]([D]^{(k)}(\overline{\mathbf{0}})) \end{cases}$$

其中 $\mathbf{0}$ 是 $\mathscr{H}_{\mathrm{all}}$ 中的零量子操作。那么它满足

$$[D]^{(k)}(\overline{\mathbf{0}}) = ([S_{1D}^{(k)}], \cdots, [S_{nD}^{(k)}]) \tag{3.17}$$

对于任意的整数 $k \geqslant 0$ 都成立。可以通过对 k 使用归纳法来对公式 (3.17) 进行证明。实际上，$k = 0$ 的情况显然成立。通过 k 的归纳假设和公式 (3.16) 可以得出：

$$\begin{aligned} [D]^{(k+1)}(\overline{\mathbf{0}}) &= [D]([S_{1D}^{(k)}], \cdots, [S_{nD}^{(k)}]) \\ &= ([S_1]([S_{1D}^{(k)}], \cdots, [S_{nD}^{(k)}]), \cdots, [S_n]([S_{1D}^{(k)}], \cdots, [S_{nD}^{(k)}])) \\ &= ([S_1[S_{1D}^{(k)}/X_1, \cdots, S_{nD}^{(k)}/X_n]], \cdots, [S_n[S_{1D}^{(k)}/X_1, \cdots, S_{nD}^{(k)}/X_n]]) \\ &= ([S_{1D}^{(k+1)}], \cdots, [S_{nD}^{(k+1)}]) \end{aligned}$$

93

最后，利用公式 (3.16)、命题 3.4.3、Knaster-Tarski 定理和命题 3.4.1(3)，我们可以得到：

$$\llbracket S \rrbracket \left(\mu \llbracket D \rrbracket \right) = \llbracket S \rrbracket \left(\bigsqcup_{k=0}^{\infty} \llbracket D \rrbracket^{(k)} \left(\overline{\mathbf{0}} \right) \right)$$

$$= \llbracket S \rrbracket \left(\bigsqcup_{k=0}^{\infty} \left(\llbracket S_{1D}^{(k)} \rrbracket, \cdots, \llbracket S_{nD}^{(k)} \rrbracket \right) \right)$$

$$= \bigsqcup_{k=0}^{\infty} \llbracket S[S_{1D}^{(k)}, \cdots, S_{nD}^{(k)}] \rrbracket$$

$$= \bigsqcup_{k=0}^{\infty} \llbracket S_D^{(k+1)} \rrbracket$$

$$= \llbracket S|D \rrbracket$$

$\square$

本节的最后，我们将给读者留下两个思考题。正如本节开头所述，本节中介绍的材料与经典递归程序理论相似，但我相信通过对这两个问题进行研究会发现递归量子程序和经典递归程序之间的一些有趣且微妙的不同之处。

问题 3.4.1

(1) 量子程序中任意的一般性测量是否可以通过一个投影测量加上一个幺正变换来实现？如果这个程序不包含任何递归（和循环），那么命题 2.1.1 已经对这个问题进行了回答。

(2) 如何延迟执行量子程序中的测量？对于程序中不包含递归（和循环）的情况，2.2.6 小节中的延迟测量原则已经对这个问题进行了回答。如果程序中包含递归或者循环，问题将变得很有趣。

问题 3.4.2 本小节只考虑了不带参数的递归量子程序。我们如何定义带参数的递归量子程序呢？我们需要对两类不同的参数进行处理：

(1) 经典参数。

(2) 量子参数。

Bernstein-Varzirani 递归傅里叶采样 [1,37-38] 和 Grover 不动点量子搜索 [109] 是两个带参数的递归量子程序的例子。

94

3.5 例子：Grover 量子搜索

前几节对量子 while 语句及其带递归量子程序的扩展进行了研究。为了说明它的功能，我们现在使用 while 语句编程实现 Grover 搜索算法。为了方便读者阅读，让我们首先简单地回忆一下 2.3.3 节介绍的算法。该算法会对一个由 $N = 2^n$ 个元素构成的数据库进行搜索，这些元素的下标是数字 $0, 1, \cdots, N-1$。假设该搜索问题恰好有 L 个解且 $1 \leqslant L \leqslant N/2$。此外我们还拥有一个有能力识别该搜索问题的解的黑盒。我们将整数 $x \in \{0,1,\cdots,N-1\}$ 和它的二进制表示法 $x \in \{0,1\}^n$ 视为等价的。那么该黑盒可以通过 $n+1$ 个量子比特上的幺正操作 O 来表示：

$$|x\rangle|q\rangle \xrightarrow{O} |x\rangle|q \oplus f(x)\rangle$$

对于任意的 $x \in \{0,1\}^n$ 和 $q \in \{0,1\}$ 都成立，其中 $f : \{0,1\}^n \to \{0,1\}$ 的定义为

$$f(x) = \begin{cases} 1 & x \text{ 是解} \\ 0 & x \text{ 不是解} \end{cases}$$

这是解的特征方程。Grover 算子 G 由以下几步构成：

- 应用黑盒 O。
- 应用 Hadamard 变换 $H^{\otimes n}$。
- 执行一个条件相移 Ph：

$$|0\rangle \to |0\rangle, \quad \text{且对于任意的 } x \neq 0 \text{ 都有} |x\rangle \to -|x\rangle$$

即 $\mathrm{Ph} = 2|0\rangle\langle 0| - I$。

- 再次应用 Hadamard 变换 $H^{\otimes n}$。

2.3.3 节详细地描述了算子 G 作为旋转的几何学知识。图 3.4 对使用 Grover 算子的搜索算法进行了描述，其中 Grover 算子的迭代次数 k 是一个在区间 $\left[\frac{\pi}{2\theta}-1, \frac{\pi}{2\theta}\right]$ 中的正整数，且 θ 是通过 Grover 算子旋转的角度，我们可以将它定义为等式：

$$\cos\frac{\theta}{2} = \sqrt{\frac{N-L}{2}} \left(0 \leqslant \frac{\theta}{2} \leqslant \frac{\pi}{2}\right)$$

- **执行流程：**

  1. $|0\rangle^{\otimes n}|1\rangle$
  2. $\xrightarrow{H^{\otimes(n+1)}} \frac{1}{\sqrt{2^n}} \sum_{x=0}^{2^n-1} |x\rangle|-\rangle = \left(\cos\frac{\theta}{2}|\alpha\rangle + \sin\frac{\theta}{2}|\beta\rangle\right)|-\rangle$
  3. $\xrightarrow{G^k} \left[\cos\left(\frac{2k+1}{2}\theta\right)|\alpha\rangle + \sin\left(\frac{2k+1}{2}\theta\right)|\beta\rangle\right]|-\rangle$
  4. $\xrightarrow{\text{在可计算基矢上对前 } n \text{ 个量子比特进行测量}} |x\rangle|-\rangle$

图 3.4 Grover 搜索算法

现在我们使用量子 **while** 语句对 Grover 算法进行编程。我们将使用 $n+2$ 个量子变量：$q_0, q_1, \cdots, q_{n-1}, q, r$。

- 这些量子变量的类型为：

$$\mathrm{type}(q_i) = \mathrm{type}(q) = \textbf{Boolean}(0 \leqslant i < n)$$

$$\mathrm{type}(r) = \textbf{integer}$$

- 变量 r 用于统计 Grover 算子的迭代次数。为了达到这个目的，我们使用量子变量 r 来替代经典变量，出于方便的考虑，量子 **while** 语句中并不包含经典变量。

那么我们可以将 Grover 算法写成图 3.5 中的 Grover 程序。注意因为待搜索数据库的大小为 $N = 2^n$，所以应当将程序 Grover 中的 n 理解为元变量。在 Grover 中的一些内容需要详细说明：

- 循环卫式（第 7 行）中的测量 $M = \{M_0, M_1\}$ 为：

$$M_0 = \sum_{l \geqslant k} |l\rangle_r \langle l|, \quad M_1 = \sum_{l < k} |l\rangle_r \langle l|$$

其中 k 是区间 $\left[\dfrac{\pi}{2\theta} - 1, \dfrac{\pi}{2\theta}\right]$ 中的正整数。

95
≀
96

- 循环体 D（第 7 行）如图 3.6 所示。

- 在 **if**$\cdots$**fi** 语句（第 8 行）中，N 是在 n 个量子比特的可计算基矢上进行的测量，即

$$M' = \{M'_x : x \in \{0,1\}^n\}$$

其中对于所有的 x，都满足 $M'_x = |x\rangle\langle x|$。

- **程序**：

  1. $q_0 := |0\rangle; q_1 = |0\rangle; \cdots; q_{n-1} := |0\rangle$

  2. $q := |0\rangle$

  3. $r := |0\rangle$

  4. $q := X[q]$

  5. $q_0 := H[q_0]; q_1 := H[q_1]; \cdots; q_{n-1} := H[q_{n-1}]$

  6. $q := H[q]$

  7. **while** $M[r] = 1$ **do** D **od**

  8. **if**$(\square x \cdot M'[q_0, q_1, \cdots, q_{n-1}] = x \to$ **skip**$)$**fi**

图 3.5 量子搜索程序 Grover

- **循环体**：

  1. $q_0, q_1, \cdots, q_{n-1}, q := O[q_0, q_1, \cdots, q_{n-1}, q]$

  2. $q_0 := H[q_0]; q_1 := H[q_1]; \cdots; q_{n-1} := H[q_{n-1}]$

  3. $q_0, q_1, \cdots, q_{n-1} := \mathrm{Ph}[q_0, q_1, \cdots, q_{n-1}]$

  4. $q_0 := H[q_0]; q_1 := H[q_1]; \cdots; q_{n-1} := H[q_{n-1}]$

  5. $r := r + 1$

图 3.6 循环体 D

通过下一章中设计的程序逻辑，我们可以对该程序的正确性进行证明。

3.6 引理的证明

3.3.2 节中介绍的一些关于量子操作和局部密度算子的域的引理并没有证明。出于完整性的考虑，我们将在这一节中给出它们的证明。

证明引理 3.3.2 需要用到正定算子平方根的概念，而这个概念又需要用到无限维希尔伯特空间 $\mathscr{H}$ 中厄米算子的谱分解原理。回忆定义 2.1.16，如果一个算子 $M \in \mathscr{L}(\mathscr{H})$ 满足

$M^\dagger = M$，那么它是厄米算子。正如 2.1.2 节所定义的那样，一个投影算子 P_X 与 $\mathscr{H}$ 的每个闭子空间 X 都相关。$\mathscr{H}$ 中的族谱是一类以实数 λ 为索引的投影算子

$$\{E_\lambda\}_{-\infty < \lambda < +\infty}$$

且实数 λ 满足如下条件：

(1) 当 $\lambda_1 \leqslant \lambda_2$ 时，$E_{\lambda_1} \sqsubseteq E_{\lambda_2}$。

(2) 对于任意的 λ，都有 $E_\lambda = \lim_{\mu \to \lambda^+} E_\mu$。

(3) $\lim_{\lambda \to -\infty} E_\lambda = 0_{\mathscr{H}}$ 且 $\lim_{\lambda \to +\infty} E_\lambda = I_{\mathscr{H}}$。

定理 3.6.1（见文献 [182] 中的定理 III.6.3）（谱分解） 如果 M 是满足 $\mathrm{spec}(M) \subseteq [a,b]$ 的厄米算子，那么存在一个谱族 $\{E_\lambda\}$ 满足：

$$M = \int_a^b \lambda \mathrm{d}E_\lambda$$

其中等式右边的积分被定义为一个满足如下条件的算子：对于任意的 $\epsilon > 0$，都存在 $\delta > 0$ 使得对于任意的 $n \geqslant 1$ 和满足

$$a = x_0 \leqslant y_1 \leqslant x_1 \leqslant \cdots \leqslant y_{n-1} \leqslant x_{n-1} \leqslant y_n \leqslant x_n = b$$

的 $x_0, x_1, \cdots, x_{n-1}, x_n, y_1, \cdots, y_{n-1}, y_n$，当 $\max_{i=1}^n (x_i - x_{i-1}) < \delta$ 成立时，都有

$$d\left(\int_a^b \lambda \mathrm{d}E_\lambda, \sum_{i=1}^n y_i (E_{x_i} - E_{x_{i-1}}) \right) < \epsilon$$

成立。这里，$d(\cdot, \cdot)$ 代表算子之间的距离（参考定义 2.1.14）。

现在我们可以对正定算子 A 的平方根进行定义。因为 A 是一个厄米算子，所以它享有谱分解：

$$A = \int \lambda \mathrm{d}E_\lambda$$

那么可以将其平方根定义为

$$\sqrt{A} = \int \sqrt{\lambda} \mathrm{d}E_\lambda$$

有了这些预备工作，我们可以给出如下证明。

引理 3.3.2 的证明：首先，对于任意的正定算子 A，通过 Cauchy-Schwarz 不等式（参考 [174] 一书的第 68 页）我们可以得到：

$$|\langle \varphi | A | \psi \rangle|^2 = |(\sqrt{A}|\varphi\rangle, \sqrt{A}|\psi\rangle)|^2 \leqslant \langle \varphi | A | \varphi \rangle \langle \psi | A | \psi \rangle \tag{3.18}$$

现在令 $\{\rho_n\}$ 是 $(\mathscr{D}(\mathscr{H}), \sqsubseteq)$ 中的递增序列。对于任意的 $|\psi\rangle \in \mathscr{H}$，令 $A = \rho_n - \rho_m$ 且 $|\varphi\rangle = A|\psi\rangle$。那么

$$\langle \psi | A | \psi \rangle \leqslant \langle \psi | \rho_n | \psi \rangle \leqslant \|\psi\|^2 \cdot \mathrm{tr}(\rho_n) \leqslant \|\psi\|^2$$

与之类似，我们有 $\langle \varphi | A | \varphi \rangle \leqslant \|\varphi\|^2$。因此，从公式 (3.18) 中可以得出：

$$98$$

$$|\langle\varphi|A|\psi\rangle|^2 \leqslant ||\psi||^2 \cdot ||\varphi||^2$$

此外，我们可以得到：

$$
\begin{aligned}
||A||^4 &= \sup_{|\psi\rangle\neq 0} \frac{||A|\psi\rangle||^4}{||\psi||^4} \\
&= \sup_{|\psi\rangle\neq 0} \frac{\langle\varphi|A|\psi\rangle^2}{||\psi||^4} \\
&\leqslant \sup_{|\psi\rangle\neq 0} \frac{||\varphi||^2}{||\psi||^2} \\
&= \sup_{|\psi\rangle\neq 0} \frac{||A|\psi\rangle||^2}{||\psi||^2} = ||A||^2
\end{aligned}
$$

且 $||A|| \leqslant 1$。这导致

$$
\begin{aligned}
\langle\varphi|A|\varphi\rangle &= (A\sqrt{A}|\psi\rangle, A\sqrt{A}|\psi\rangle) \\
&= ||A\sqrt{A}|\psi\rangle||^2 \\
&\leqslant ||A||^2 \cdot ||\sqrt{A}|\psi\rangle||^2 \\
&= (\sqrt{A}|\psi\rangle, \sqrt{A}|\psi\rangle) \\
&= \langle\psi|A|\psi\rangle
\end{aligned}
$$

再次使用式 (3.18)，我们可以得到：

$$
\begin{aligned}
||\rho_n|\psi\rangle - \rho_m|\psi\rangle||^4 &= |\langle\varphi|A|\psi\rangle|^2 \\
&\leqslant \langle\psi|A|\psi\rangle^2 = |\langle\psi|\rho_n|\psi\rangle - \langle\psi|\rho_m|\psi\rangle|^2
\end{aligned}
\tag{3.19}
$$

注意 $\{\langle\psi|\rho_n|\psi\rangle\}$ 是一个递增的实数序列，且它的上界为 $||\psi||^2$，因此这是一个柯西序列⊖。将这条结论与式 (3.19) 相结合意味着 $\{\rho_n|\psi\rangle\}$ 也是 $\mathscr{H}$ 中的柯西序列。所以，我们可以定义：

$$\left(\lim_{n\to\infty}\rho_n\right)|\psi\rangle = \lim_{n\to\infty}\rho_n|\psi\rangle$$

此外，对于任意的复数 $\lambda_1, \lambda_2 \in \mathbb{C}$ 和 $|\psi_1\rangle, |\psi_2\rangle \in \mathscr{H}$，都满足

$$
\begin{aligned}
\left(\lim_{n\to\infty}\rho_n\right)(\lambda_1|\psi_1\rangle + \lambda_2|\psi_2\rangle) &= \lim_{n\to\infty}\rho_n(\lambda_1|\psi_1\rangle + \lambda_2|\psi_2\rangle) \\
&= \lim_{n\to\infty}(\lambda_1\rho_n|\psi_1\rangle + \lambda_2\rho_2|\psi_2\rangle) \\
&= \lambda_1\lim_{n\to\infty}\rho_n|\psi_1\rangle + \lambda_2\lim_{n\to\infty}\rho_n|\psi_2\rangle \\
&= \lambda_1\left(\lim_{n\to\infty}\rho_n\right)|\psi_1\rangle + \lambda_2\left(\lim_{n\to\infty}\rho_n\right)|\psi_2\rangle
\end{aligned}
$$

$$99$$

且 $\lim_{n\to\infty}\rho_n$ 是一个线性算子。对于任意的 $|\psi\rangle \in \mathscr{H}$，我们有：

⊖ 柯西序列（Cauchy 序列）的元素随着序数的增加而愈发靠近。更确切地说，在去掉有限个元素后，可以使得余下元素中任何两点间的距离的最大值不超过任意给定的正数。形式化的定义为：设 $\{x_n\}$ 是距离空间 X 中的点列，如果对于任意的 $\varepsilon > 0$，存在自然数 N，当 $m, n > N$ 时，满足 $|x_n - x_m| < \varepsilon$，则称 $\{x_n\}$ 是一个柯西序列。—— 译者注

$$\langle\psi|\lim_{n\to\infty}\rho_n|\psi\rangle = \left(|\psi\rangle, \lim_{n\to\infty}\rho_n|\psi\rangle\right) = \lim_{n\to\infty}\langle\psi|\rho_n|\psi\rangle \geqslant 0$$

因此，$\lim_{n\to\infty}\rho_n$ 是正定的。令 $\{|\psi_i\rangle\}$ 是 $\mathscr{H}$ 的一组标准正交基。那么

$$\begin{aligned}
\mathrm{tr}(\lim_{n\to\infty}\rho_n) &= \sum_i \langle\psi_i|\lim_{n\to\infty}\rho_n|\psi_i\rangle \\
&= \sum_i \left(|\psi_i\rangle, \lim_{n\to\infty}\rho_n|\psi_i\rangle\right) \\
&= \lim_{n\to\infty}\sum_i \langle\psi_i|\rho_n|\psi_i\rangle \\
&= \lim_{n\to\infty}\mathrm{tr}(\rho_n) \leqslant 1
\end{aligned}$$

且 $\lim_{n\to\infty}\rho_n \in \mathscr{D}(\mathscr{H})$。所以，这足以证明：

$$\lim_{n\to\infty}\rho_n = \bigsqcup_{n=0}^{\infty}\rho_n$$

即：

(1) 对于所有的 $m \geqslant 0$，都有 $\rho_m \sqsubseteq \lim_{n\to\infty}\rho_n$。

(2) 如果对于所有的 $m \geqslant 0$ 都有 $\rho_m \sqsubseteq \rho$，那么 $\lim_{n\to\infty}\rho_n \sqsubseteq \rho$。

注意对于任意的正定算子 B 和 C，$B \sqsubseteq C$ 当且仅当对于任意的 $|\psi\rangle \in \mathscr{H}$ 都有 $\langle\psi|B|\psi\rangle \leqslant \langle\psi|C|\psi\rangle$。那么从 (1) 和 (2) 可以推出

$$\langle\psi|\lim_{n\to\infty}\rho_n|\psi\rangle = \lim_{n\to\infty}\langle\psi|\rho_n|\psi\rangle$$

至此，我们完成了对引理 3.3.2 的证明。　□

基于引理 3.3.2，接下来可以很容易地完成对引理 3.3.3 的证明。

引理 3.3.3 的证明：假设 $\mathscr{E}$ 是一个量子算子，它的 Kraus 算子和表示（参考定理 2.1.1）为 $\mathscr{E} = \sum_i E_i \circ E_i^{\dagger}$，$\{\rho_n\}$ 是 $\mathscr{D}(\mathscr{H})$ 中的一个递增序列。那么通过引理 3.3.2，我们可以得到：

$$\begin{aligned}
\mathscr{E}\left(\bigsqcup_n \rho_n\right) &= \mathscr{E}(\lim_{n\to\infty}\rho_n) \\
&= \sum_i E_i(\lim_{n\to\infty}\rho_n)E_i^{\dagger} \\
&= \lim_{n\to\infty}\sum_i E_i\rho_n E_i^{\dagger} \\
&= \lim_{n\to\infty}\mathscr{E}(\rho_n) \\
&= \bigsqcup_n \mathscr{E}(\rho_n)
\end{aligned}$$
　□

最后，我们对引理 3.3.4 进行证明。

引理 3.3.4 的证明：令 $\{\mathscr{E}_n\}$ 是 $(\mathscr{QO}(\mathscr{H}), \sqsubseteq)$ 中的递增序列。那么对于任意的 $\rho \in \mathscr{D}(\mathscr{H})$，$\{\mathscr{E}_n(\rho)\}$ 是 $(\mathscr{QO}(\mathscr{H}), \sqsubseteq)$ 中的递增序列。通过引理 3.3.2，我们可以定义：

$$\left(\bigsqcup_n \mathscr{E}_n\right)(\rho) = \bigsqcup_n \mathscr{E}_n(\rho) = \lim_{n\to\infty}\mathscr{E}_n(\rho)$$

因为 tr(·) 是连续的，所以满足

$$\mathrm{tr}\left(\left(\bigsqcup_n \mathscr{E}_n\right)(\rho)\right) = \mathrm{tr}(\lim_{n\to\infty}\mathscr{E}_n(\rho)) = \lim_{n\to\infty}\mathrm{tr}(\mathscr{E}_n(\rho)) \leqslant 1$$

此外，可以通过线性关系在 $\mathscr{L}(\mathscr{H})$ 的整体上定义 $\bigsqcup_n \mathscr{E}_n$。$\bigsqcup_n \mathscr{E}_n$ 的定义式表明：

(1) 对于所有的 $m \geqslant 0$，都有 $\mathscr{E}_m \sqsubseteq \bigsqcup_n \mathscr{E}_n$。

(2) 如果对于所有的 $m \geqslant 0$ 都满足 $\mathscr{E}_m \sqsubseteq \mathscr{F}$，那么 $\bigsqcup_n \mathscr{E}_n \sqsubseteq \mathscr{F}$。

所以，这足以证明 $\bigsqcup_n \mathscr{E}_n$ 是完备正定的。假设 $\mathscr{H}_R$ 是一个外部希尔伯特空间。对于任意的 $C \in \mathscr{L}(\mathscr{H}_R)$ 和 $D \in \mathscr{L}(\mathscr{H})$，我们有：

$$\left(\mathscr{I}_R \otimes \bigsqcup_n \mathscr{E}_n\right)(C \otimes D) = C \otimes \left(\bigsqcup_n \mathscr{E}_n\right)(D)$$
$$= C \otimes \lim_{n\to\infty}\mathscr{E}_n(D)$$
$$= \lim_{n\to\infty}(C \otimes \mathscr{E}_n(D))$$
$$= \lim_{n\to\infty}(\mathscr{I}_R \otimes \mathscr{E}_n)(C \otimes D)$$

那么对于任意的 $A \in \mathscr{L}(\mathscr{H}_R \otimes \mathscr{H})$，我们可以通过线性关系得到：

$$\left(\mathscr{I}_R \otimes \bigsqcup_n \mathscr{E}_n\right)(A) = \lim_{n\to\infty}(\mathscr{I}_R \otimes \mathscr{E}_n)(A)$$

因此，如果 A 是正定的，那么对于所有 n，$(\mathscr{I}_R \otimes \mathscr{E}_n)(A)$ 都是正定的，且 $(\mathscr{I}_R \otimes \bigsqcup_n \mathscr{E}_n)(A)$ 也是正定的。 $\square$

3.7 文献注解

文献 [221] 对 3.1 节介绍的量子 **while** 语句进行了定义，但它引用了许多前人设计的量子程序结构，比如 Sanders 和 Zuliani [191,241] 以及 Selinger [194]。文献 [227] 对量子 **while** 循环的一般形式进行了介绍，并对它的性质进行了深入研究。本书的 1.1.1 节对现有的量子编程语言进行了讨论，将本章介绍的量子编程语言与前文中提到的量子编程语言进行比较很有意义。

3.2 节和 3.3 节中的操作语义和指称语义的描述主要是基于文献 [221] 的。指称语义实际上最早是由 Feng 等人在文献 [82] 中提出的，但二者对指称语义的处理方式是不同的：[82] 直接对指称语义进行了定义，然而在 [221] 中，首先给出了操作语义，再从操作语义中推导出指称语义。Selinger [194] 提出了在转换规则中将概率和密度算子编码为局部密度算子的想法。Kashefi [133] 是最早开始对量子计算中的域理论进行研究的。Selinger [194] 在有限维希尔伯特空间的情况下得出了引理 3.3.2 和 3.3.4。文献 [225] 对一般情况下的引理 3.3.2 进行了证明，它本质上是通过对文献 [182] 中的定理 III.6.2 进行修改得到的。Selinger 在文献 [194] 中最早提出了命题 3.3.6 的一种表达形式。但目前命题 3.3.6 的表述形式是基于文献 [233] 中介绍的局部量子变量的概念给出的。

量子编程中的递归最早是由 Selinger 在文献 [194] 中提出的。但本书 3.4 节中提到的材料与文献 [194] 和其他尚未发表的文献中的材料略有不同。

最后应当指出，本章本质上是对 Apt、de Boer 和 Olderog 在文献 [21] 中提出的经典 **while** 程序和递归程序的语义进行的量子化扩展。

量子程序的逻辑

第 3 章中定义了一种简单的量子编程语言,通过它可以对使用经典控制的量子程序进行编程。通过几个例子证明它可以对一些量子算法进行编程。

众所周知,在编程的过程中很容易出错。相较于量子世界,人类的思维更容易接受经典世界,这导致在量子计算机上编程更容易出现错误。因此,设计验证量子程序的技术和方法是很有必要的。

本章中,我们建立用于论证量子程序正确性的逻辑基础。本章由以下部分组成:

- 设计量子编程逻辑的第一步是定义量子谓词的概念,它可以合理地描述量子系统的属性。在 4.1 节中,我们将量子谓词作为物理可观测量进行介绍。此外,我们将在量子程序的情况下对最弱前置条件的概念进行扩展。
- Floyd-Hoare 逻辑经典程序正确性的有效证明系统。我们将在 4.2 节中构建量子程序的 Floyd-Hoare 逻辑并对它的可靠性和(相对)完备性进行证明。此外,我们还会通过一个例子来说明如何使用这类逻辑去验证量子程序。
- 量子程序的逻辑不是对经典程序的相应逻辑的直接扩展。我们需要仔细考虑如何将量子特性融合到逻辑系统中。众所周知,量子系统和经典系统之间有一个明显的不同点:量子系统中的可观测量具有不可交换性。4.3 节将将对量子最弱前置条件的(不可)交换性进行检验。

4.1 量子谓词

在经典逻辑中,谓词用于描述个体或者系统的属性。那么量子谓词是什么呢?一个直观的想法是量子谓词应该是一个物理可观测量。回忆 2.1.4 节,量子系统的可观测量可以通过希尔伯特空间 $\mathscr{H}$ 中的厄米操作 M 进行表示。此处为了简化,我们假设 $\mathscr{H}$ 是一个有限维度的空间。如果 $\lambda \in \mathbb{C}$,并且非零向量 $|\psi\rangle \in \mathscr{H}$ 满足

$$M|\psi\rangle = \lambda|\psi\rangle$$

那么我们称 λ 为 M 的特征值,$|\psi\rangle$ 是对应于 λ 的 M 的特征向量。可以证明 M 的所有特征值都是实数。我们将 M 的特征值的集合记为 $\mathrm{spec}(M)$,即代表 M 的(点)谱。对于任意的特征值 $\lambda \in \mathrm{spec}(M)$,对应于 λ 的 M 的特征空间是闭子空间:

$$X_\lambda = \{|\psi\rangle \in \mathscr{H} : A|\psi\rangle = \lambda|\psi\rangle\}$$

为了理解量子谓词究竟是什么,让我们首先思考一类被称为投影算子的特殊量子可观测量(厄米算子)。Birkhoff-von Neumann 量子逻辑是历史上第一个对量子系统属性进行推

理的逻辑。这类逻辑的一个基本思想是关于量子系统的命题可以通过系统状态空间的（闭）子空间 X 来建模描述。可以将子空间 X 视作特征值为 1 对应的投影算子 P_X 的特征空间（参见定义 2.1.10），且可以将特征值 1 理解为通过 X 建模的命题的真值。

对上述观点进行扩展，如果我们将可观测量（厄米算子）M 视作量子谓词，那么其特征值 λ 由特征空间 X_λ 所描述的命题的真值。注意经典命题的真值不是 0 就是 1，而概率性命题的真值是 0 和 1 之间的一个实数。通过这条结论，我们可以得出：

定义 4.1.1   希尔伯特空间 $\mathscr{H}$ 中的量子谓词是一个厄米操作 M，它的所有特征值都属于单位区间 $[0,1]$。

我们将 $\mathscr{H}$ 中谓词的集合记为 $\mathscr{P}(\mathscr{H})$。虽然为了简化，我们在本节的开头假定 $\mathscr{H}$ 是有限维度的空间，但除非有明确的说明，否则在上述定义和接下来描述中的状态空间 $\mathscr{H}$ 可以是无限维度的希尔伯特空间。

量子谓词的满足度

现在我们来考虑一个量子状态如何才能满足量子谓词要求。回忆练习 2.1.8，对处于混态 ρ 的量子系统执行由可观测量 M 所确定的投影测量，那么测量结果的期望值为 $\mathrm{tr}(M\rho)$。如果我们将 M 视作量子谓词，那么 $\mathrm{tr}(M\rho)$ 代表量子谓词 M 对量子态 ρ 的满足度，或者更准确地说是由处于状态 ρ 的量子系统中的 M 来表示的命题的平均真值。如下事实可以进一步说明上述定义的合理性：

[104]

引理 4.1.1   令 M 是 $\mathscr{H}$ 中的一个厄米算子。那么下列语句是等价的：

(1) $M \in \mathscr{P}(\mathscr{H})$ 是一个量子谓词

(2) $0_{\mathscr{H}} \sqsubseteq M \sqsubseteq I_{\mathscr{H}}$，其中 $0_{\mathscr{H}}$ 和 $I_{\mathscr{H}}$ 分别代表 $\mathscr{H}$ 中的零算子和单位算子。

(3) 对于所有属于 $\mathscr{H}$ 的密度算子 ρ 都满足 $0 \leqslant \mathrm{tr}(M\rho) \leqslant 1$。

在量子逻辑和量子基础的相关文献中，通常将满足 $0_{\mathscr{H}} \sqsubseteq M \sqsubseteq I_{\mathscr{H}}$ 的算子 M 称为一个效应（effect）。上述引理的第三个子句表明量子谓词 M 对量子状态 ρ 的满足度总是属于单位区间。

练习 4.1.1   证明引理 4.1.1。

接下来的两个引理将对本章中经常使用的量子谓词的属性进行介绍。第一个从满足度的角度对两个谓词之间的 Löwner 序进行描述。

引理 4.1.2   对于任意的两个可观测量 M 和 N，下面的两个语句是等价的：

(1) $M \sqsubseteq N$。

(2)对于任意的密度算子 ρ，都有 $\mathrm{tr}(M\rho) \leqslant \mathrm{tr}(N\rho)$。

练习 4.1.2   证明引理 4.1.2。

此外，下面这个引理对关于 Löwner 偏序的量子谓词的格理论结构进行了检验。

引理 4.1.3   包含 Löwner 偏序的量子谓词集合 $(\mathscr{P}(\mathscr{H}), \sqsubseteq)$ 是一个完备偏序 CPO（参考定义 3.3.4）。

证明：该引理的证明与对命题 3.3.2 的证明过程相似。   □

需要指出的是，只有在一维状态空间 $\mathscr{H}$ 的情况下，$(\mathscr{P}(\mathscr{H}), \sqsubseteq)$ 才是一个格，即 $(\mathscr{P}(\mathscr{H}), \sqsubseteq)$ 中元素的最大下界和最小上界并不总是存在。

4.1.1　量子最弱前置条件

可以通过量子谓词来描述量子态的属性。我们在设计用于推理量子程序的逻辑的过程中遇到的下一个问题是：如何描述从一个量子态转变为另一个量子态的这一量子系统属性？

在经典编程理论中，广泛使用最弱前置条件的概念来对程序的属性进行描述。最弱前置条件使用一种逆向的方式对程序进行描述，即为了实现给定的输出属性，它会规定输入必须满足的最弱属性。可以对这个概念进行量子化扩展。实际上，最弱前置条件的量子化扩展在量子程序的逻辑中扮演着至关重要的角色。在这个小节中，我们将介绍量子最弱前置条件的纯语义（语法独立）的概念。上一章我们发现量子程序的指称语义通常是通过一个量子操作来表示的。所以在本节中，我们将量子程序简单地抽象为一个量子操作。

定义 4.1.2　令 $M, N \in \mathscr{P}(\mathscr{H})$ 是量子谓词，令 $\mathscr{E} \in \mathscr{QO}(\mathscr{H})$ 是一个量子操作（参考定义 2.1.25）。那么如果对于任意的密度算子 $\rho \in \mathscr{H}$ 都满足：

$$\mathrm{tr}(M\rho) \leqslant tr(N\mathscr{E}(\rho)) \tag{4.1}$$

则称 M 为 N 的关于 $\mathscr{E}$ 的前置条件，记为 $\{M\}\mathscr{E}\{N\}$。

条件 (4.1) 的直观含义来源于量子态与量子谓词之间的满足关系的解释：$\mathrm{tr}(M\rho)$ 是 ρ 态中的谓词 M 的真值的期望。更确切地说，可以将公式 (4.1) 视为语句"如果态 ρ 满足谓词 M，那么从 ρ 转变为 $\mathscr{E}$ 之后的态满足谓词 N"的概率性版本。

定义 4.1.3　令 $M \in \mathscr{P}(\mathscr{H})$ 是一个量子谓词，且 $\mathscr{E} \in \mathscr{QO}(\mathscr{H})$ 是一个量子操作。那么关于 $\mathscr{E}$ 的 M 的最弱前置条件是满足如下条件的量子谓词 $\mathrm{wp}(\mathscr{E})(M)$：

(1) $\{\mathrm{wp}(\mathscr{E})(M)\}\mathscr{E}\{M\}$。

(2) 对于所有的量子谓词 N，$\{N\}\mathscr{E}\{M\}$ 意味着 $N \sqsubseteq \mathrm{wp}(\mathscr{E})(M)$，其中 $\sqsubseteq$ 代表 Löwner 序。

直观上而言，条件 (1) 表明 $\mathrm{wp}(\mathscr{E})(M)$ 是关于 $\mathscr{E}$ 的 M 的前置条件，条件 (2) 表明如果 N 是 M 的一个前置条件，那么 $\mathrm{wp}(\mathscr{E})(M)$ 是一个比 N 弱化的前置条件。

上述关于量子最弱前置条件的抽象定义在实际应用中通常很难使用。所以，我们希望找到量子最弱前置条件的明确表示法。从定理 2.1.1 中我们学习到了两种能够方便地表示量子操作的方法：Kraus 算子和表示法与系统环境模型。如果量子程序的（指称）语义是通过这两种形式来表示的，那么它的最弱前置条件也可以通过一种简洁的方式来表述。让我们首先考虑 Kraus 算子和表示法。

命题 4.1.1　假设量子操作 $\mathscr{E} \in \mathscr{QO}(\mathscr{H})$ 是通过集合 $\{E_i\}$ 来表示的，即

$$\mathscr{E}(\rho) = \sum_i E_i \rho E_i^\dagger$$

对于任意的密度算子 ρ 都成立。那么对于任意的谓词 $M \in \mathscr{P}(\mathscr{H})$，我们有：

$$\mathrm{wp}(\mathscr{E})(M) = \sum_i E_i^\dagger M E_i \tag{4.2}$$

证明：我们从定义 4.1.3 的条件 (2) 中发现，如果存在最弱前置条件 $\mathrm{wp}(\mathscr{E})(M)$，那么它一定是唯一的。因此我们只需要验证公式 (4.2) 给出的 $\mathrm{wp}(\mathscr{E})(M)$ 满足定义 4.1.3 中的两个条件即可。

(1)既然对于所有 $\mathscr{H}$ 中的算子 A 和 B 都满足 $\mathrm{tr}(BA) = \mathrm{tr}(AB)$，那么我们有：

$$
\begin{aligned}
\mathrm{tr}(\mathrm{wp}(\mathscr{E})(M)\rho) &= \mathrm{tr}\left(\left(\sum_i E_i^\dagger M E_i\right)\rho\right) \\
&= \sum_i \mathrm{tr}\left(E_i^\dagger M E_i \rho\right) \\
&= \sum_i \mathrm{tr}\left(M E_i \rho E_i^\dagger\right) \\
&= \mathrm{tr}\left(M\left(\sum_i E_i \rho E_i^\dagger\right)\right) \\
&= \mathrm{tr}(M\mathscr{E}(\rho))
\end{aligned}
\tag{4.3}
$$

对于任意属于 $\mathscr{H}$ 的密度算子 ρ 都成立。因此 $\{\mathrm{wp}(\mathscr{E})(M)\}\mathscr{E}\{M\}$。

(2) $M \sqsubseteq N$ 成立当且仅当对于任意的 ρ 都满足 $\mathrm{tr}(M\rho) \leqslant \mathrm{tr}(N\rho)$。因此如果 $\{N\}\mathscr{E}\{M\}$，那么对于任意的密度算子 ρ，我们有：

$$
\mathrm{tr}(N\rho) \leqslant \mathrm{tr}(M\mathscr{E}(\rho)) = \mathrm{tr}(\mathrm{wp}(\mathscr{E})(M)\rho)
$$

因此根据 $N \sqsubseteq \mathrm{wp}(\mathscr{E})(M)$ 可以得出该结论。 □

当量子程序的指称语义 $\mathscr{E}$ 是通过系统环境模型的方法表示时，我们同样可以给出 $\mathrm{wp}(\mathscr{E})$ 的本质特征：

$$
\mathscr{E}(\rho) = \mathrm{tr}_E\left[PU(|e_0\rangle\langle e_0| \otimes \rho)U^\dagger P\right]
\tag{4.4}
$$

对于任意属于 $\mathscr{H}$ 的密度算子 ρ 都成立，其中 E 是状态空间为 $\mathscr{H}_E$ 的环境系统，U 是 $\mathscr{H}_E \otimes \mathscr{H}$ 中的幺正变换，P 是向 $\mathscr{H}_E \otimes \mathscr{H}$ 的一些闭子空间进行投影的投影算子且 $|e_0\rangle$ 是空间 $\mathscr{H}_E$ 中的混态。

命题 4.1.2   如果 $\mathscr{E}$ 是通过公式 (4.4) 给出的量子操作，那么我们有：

107

$$
\mathrm{wp}(\mathscr{E})(M) = \langle e_0|U^\dagger P(M \otimes I_E)PU|e_0\rangle
$$

对于任意的 $M \in \mathscr{P}(\mathscr{H})$ 都成立，其中 I_E 是环境系统的状态空间 $\mathscr{H}_E$ 中的单位算子。

证明：令 $\{|e_k\rangle\}$ 是 $\mathscr{H}_E$ 的一组标准正交基。那么：

$$
\mathscr{E}(\rho) = \sum_k \langle e_k|PU|e_0\rangle \rho \langle e_0|U^\dagger P|e_k\rangle
$$

通过命题 4.1.1，我们可以得出：

$$
\begin{aligned}
\mathrm{wp}(\mathscr{E})(M) &= \sum_k \langle e_0|U^\dagger P|e_k\rangle M \langle e_k|PU|e_0\rangle \\
&= \langle e_0|U^\dagger P\left(\sum_k |e_k\rangle M \langle e_k|\right) PU|e_0\rangle
\end{aligned}
$$

注意因为 $\{|e_k\rangle\}$ 是 $\mathscr{H}_E$ 的一组标准正交基且 M 是 $\mathscr{H}$ 的一个操作,所以

$$\sum_k |e_k\rangle M \langle e_k| = M \otimes \left(\sum_k |e_k\rangle\langle e_k| \right) = M \otimes I_E \qquad \square$$

Schrödinger-Heisenberg 二象性

与经典编程理论类似,量子程序的指称语义 $\mathscr{E}$ 是一个正向状态转换器:

$$\mathscr{E} : \mathscr{D}(\mathscr{H}) \to \mathscr{D}(\mathscr{H})$$
$$\rho \mapsto \mathscr{E}(\rho), \text{ 其中 } \rho \in \mathscr{D}(\mathscr{H})$$

其中 $\mathscr{D}(\mathscr{H})$ 表示 $\mathscr{H}$ 空间中局部密度算子的集合,即满足迹不大于 1 的正定算子。另一方面,最弱前置条件的概念定义了一类逆向量子谓词转换器:

$$\text{wp}(\mathscr{E}) : \mathscr{P}(\mathscr{H}) \to \mathscr{P}(\mathscr{H})$$
$$M \mapsto \text{wp}(\mathscr{E})(M), \text{ 其中 } M \in \mathscr{P}(\mathscr{M})$$

这为我们考虑量子程序提供了两种互补的方式。

处理经典程序的过程中广泛使用到了正向语义和逆向语义两者之间的二象性。这在研究量子程序时也同样适用。此外,可以从量子状态(描述为密度算子)和量子可观测量(描述为厄米算子)之间的 Schrödinger-Heisenberg 二象性(图 4.1)的角度,对量子程序及其最弱前置条件之间的关系进行思考。

$$\begin{array}{ccc} \rho & \models & \mathscr{E}^*(M) \\ \mathscr{E}\downarrow & & \uparrow\mathscr{E}^* \\ \mathscr{E}(\rho) & \models & M \end{array}$$

映射 $\rho \mapsto \mathscr{E}(\rho)$ 是 Schrödinger 图像,映射 $M \mapsto \mathscr{E}^*(M)$ 是 Heisenberg 图像。符号 $\models$ 代表满足关系,即 $\text{tr}(M\rho) = \Pr\{\rho \models M\}$($\rho$ 满足 M 的概率)。

图 4.1 Schrödinger-Heisenberg 二象性

定义 4.1.4 令 $\mathscr{E}$ 是将局部密度算子映射到局部密度算子的量子操作,$\mathscr{E}^*$ 是将厄米算子映射到厄米算子的算子。如果

$$(\text{二象性}) \quad \text{tr}[M\mathscr{E}(\rho)] = \text{tr}[\mathscr{E}^*(M)\rho] \tag{4.5}$$

对于任意的(局部)密度算子 ρ 和任意的厄米算子 M 都成立,那么我们就称 $\mathscr{E}$ 和 $\mathscr{E}^*$ 是 (Schrödinger-Heisenberg) 对偶的。

从定义"如果量子操作 $\mathscr{E}$ 的对偶 $\mathscr{E}^*$ 存在,那么它是唯一的"可以得出上述定义。

接下来的命题表明编程理论中的最弱前置条件的概念与物理上的 Schrödinger-Heisenberg 二象性的概念是一致的。

命题 4.1.3 任意的量子操作 $\mathscr{E} \in \mathscr{QO}(\mathscr{H})$ 和它的最弱前置条件 $\text{wp}(\mathscr{E})$ 之间是对偶关系。

证明：从公式 (4.3) 中可以得出。   □

为了对本节进行总结，我们将在接下来的命题中对量子最弱前置条件的一些基本代数属性进行介绍。

命题 4.1.4   令 $\lambda \geqslant 0$ 且 $\mathscr{E}, \mathscr{F} \in \mathcal{QO}(\mathcal{H})$，令 $\{\mathscr{E}_n\}$ 是 $\mathcal{QO}(\mathcal{H})$ 中的递增序列。那么

(1) 假设 $\lambda\mathscr{E} \in \mathcal{QO}(\mathcal{H})$，那么 $\mathrm{wp}(\lambda\mathscr{E}) = \lambda\mathrm{wp}(\mathscr{E})$。

(2) 假设 $\mathscr{E} + \mathscr{F} \in \mathcal{QO}(\mathcal{H})$，那么 $\mathrm{wp}(\mathscr{E} + \mathscr{F}) = \mathrm{wp}(\mathscr{E}) + \mathrm{wp}(\mathscr{F})$。

(3) $\mathrm{wp}(\mathscr{E} \circ \mathscr{F}) = \mathrm{wp}(\mathscr{F}) \circ \mathrm{wp}(\mathscr{E})$。

(4) $\mathrm{wp}(\bigsqcup_{n=0}^{\infty} \mathscr{E}_n) = \bigsqcup_{n=0}^{\infty} \mathrm{wp}(\mathscr{E}_n)$，其中 $\bigsqcup_{n=0}^{\infty} \mathrm{wp}(\mathscr{E}_n)$ 的定义为：对于所有的 $M \in \mathscr{P}(\mathcal{H})$，都有

$$\left(\bigsqcup_{n=0}^{\infty} \mathrm{wp}(\mathscr{E}_n)\right) \triangleq \bigsqcup_{n=0}^{\infty} \mathrm{wp}(\mathscr{E}_n)(M)$$

证明：(1) 和 (2) 可以从命题 4.1.1 中直接得出。

(3) 从 $\{L\}\mathscr{E}\{M\}$ 和 $\{M\}\mathscr{F}\{N\}$ 可以得出：$\{L\}\mathscr{E} \circ \mathscr{F}\{N\}$。因此我们有：

$$\{\mathrm{wp}(\mathscr{E})(\mathrm{wp}(\mathscr{F})(M))\}\mathscr{E} \circ \mathscr{F}\{M\}$$

另一方面，我们需要证明当 $\{N\}\mathscr{E} \circ \mathscr{F}\{M\}$ 时有 $N \sqsubseteq \mathrm{wp}(\mathscr{E})(\mathrm{wp}(\mathscr{F})(M))$ 成立。实际上，对于任意的密度算子 ρ，从公式 (4.3) 可以推导出：

$$\begin{aligned}
\mathrm{tr}(N\rho) &\leqslant \mathrm{tr}(M(\mathscr{E} \circ \mathscr{F})(\rho)) \\
&= \mathrm{tr}(M\mathscr{F}(\mathscr{E}(\rho))) \\
&= \mathrm{tr}(\mathrm{wp}(\mathscr{F})(M)\mathscr{E}(\rho)) \\
&= \mathrm{tr}(\mathrm{wp}(\mathscr{E})(\mathrm{wp}(\mathscr{F})(M))\rho)
\end{aligned}$$

因此我们可以得到：

$$\mathrm{wp}(\mathscr{E} \circ \mathscr{F})(M) = \mathrm{wp}(\mathscr{E})(\mathrm{wp}(\mathscr{F})(M)) = (\mathrm{wp}(\mathscr{F}) \circ \mathrm{wp}(\mathscr{E}))(M)$$

(4) 首先我们从 $\mathrm{CPO}(\mathscr{P}(\mathcal{H}), \sqsubseteq)$ 中的 $\sqsubseteq$ 的定义可以得到如下两个公式：

$$M\left(\bigsqcup_{n=0}^{\infty} M_n\right) = \lim_{n\to\infty} MM_n$$

$$\mathrm{tr}\left(\bigsqcup_{n=0}^{\infty} M_n\right) = \bigsqcup_{n=0}^{\infty} \mathrm{tr}(M_n)$$

那么我们可以证明

$$\left\{\bigsqcup_{n=0}^{\infty} \mathrm{wp}(\mathscr{E}_n)(M)\right\} \bigsqcup_{n=0}^{\infty} \mathscr{E}_n\{M\}$$

实际上，对于任意 $\rho \in \mathscr{D}(\mathcal{H})$，我们有：

$$\mathrm{tr}\left(\bigsqcup_{n=0}^{\infty}\mathrm{wp}(\mathscr{E}_n)(M)\rho\right) = \bigsqcup_{n=0}^{\infty}\mathrm{tr}(\mathrm{wp}(\mathscr{E}_n)(M)\rho)$$

$$\leqslant \bigsqcup_{n=0}^{\infty}\mathrm{tr}(M\mathscr{E}_n(\rho))$$

$$= \mathrm{tr}(\lim_{n\to\infty}M\mathscr{E}_n(\rho))$$

$$= \mathrm{tr}\left(M\left(\bigsqcup_{n=0}^{\infty}\mathscr{E}_n\right)(\rho)\right)$$

第二步需要证明 $\{N\}\bigsqcup_{n=0}^{\infty}\mathscr{E}_n\{M\}$ 意味着 $N \sqsubseteq \bigsqcup_{n=0}^{\infty}\mathrm{wp}(\mathscr{E}_n)(M)$。可以证明对于所有的密度算子 ρ, 都有:

$$\mathrm{tr}(N\rho) \leqslant \mathrm{tr}\left(M\left(\bigsqcup_{n=0}^{\infty}\mathscr{E}_n\right)(\rho)\right)$$

$$= \mathrm{tr}(\lim_{n\to\infty}M\mathscr{E}_n(\rho))$$

$$= \bigsqcup_{n=0}^{\infty}\mathrm{tr}(M\mathscr{E}_n(\rho))$$

$$= \bigsqcup_{n=0}^{\infty}\mathrm{tr}(\mathrm{wp}(\mathscr{E}_n)(M)\rho)$$

$$= \mathrm{tr}\left(\left(\bigsqcup_{n=0}^{\infty}\mathrm{wp}(\mathscr{E}_n)\right)(M)\rho\right)$$

因此它满足:

$$\mathrm{wp}\left(\bigsqcup_{n=0}^{\infty}\mathscr{E}_n\right)(M) = \bigsqcup_{n=0}^{\infty}\mathrm{wp}(\mathscr{E}_n)(M) \qquad\qquad \square$$

4.2　量子程序的 Floyd-Hoare 逻辑

经典编程方法中广泛使用 Floyd-Hoare 逻辑这一逻辑系统来对程序的正确性进行推理。该逻辑系统由一系列从前置条件和后置条件的角度定义的推理规则构成。

上一节对使用量子操作来建模描述的抽象量子程序的量子谓词和最弱前置条件进行了介绍。在本节中,我们将基于上一节的结论提出 3.1 节中的 **while** 语句编写的量子程序的 Floyd-Hoare 逻辑,并通过它对这类程序的正确性进行推理。

4.2.1　正确性公式

在经典 Floyd-Hoare 逻辑中,程序的正确性通过 Hoare 三元组来表示,Hoare 三元组由一个描述输入状态的谓词和一个描述输出状态的谓词构成。我们可以直接对 Hoare 三元组的概念进行量子化扩展。

令 qVar 是 3.1 节中定义的 **while** 语句中的一个量子变量集合。对于任意的集合 $X \subseteq$ qVar, 我们将由 X 中的量子变量构成的系统的状态空间记为:

$$\mathscr{H}_X = \bigotimes_{q\in X}\mathscr{H}_q$$

其中 $\mathscr{H}_q$ 是量子变量 q 的状态空间。特别地，我们记

$$\mathscr{H}_{\mathrm{all}} = \bigotimes_{q \in \mathrm{qVar}} \mathscr{H}_q$$

回忆上一节，$\mathscr{H}_X$ 中的量子谓词是一个满足 $0_{\mathscr{H}_X} \sqsubseteq P \sqsubseteq I_{\mathscr{H}_X}$ 的厄米操作 P。我们记 $\mathscr{H}_X$ 中的量子谓词的集合为 $\mathscr{P}(\mathscr{H}_X)$。

定义 4.2.1   正确性公式是具有如下形式的语句:

$$\{P\}S\{Q\}$$

其中 S 是一个量子程序，$P, Q \in \mathscr{P}(\mathscr{H}_{\mathrm{all}})$ 都是 $\mathscr{H}_{\mathrm{all}}$ 中的量子谓词。我们将量子谓词 P 称为正确性公式的前置条件，Q 为正确性公式的后置条件。

在经典程序的 Floyd-Hoare 逻辑中，Hoare 三元组 $\{P\}S\{Q\}$ 中的 P 和 Q 是两个一阶逻辑公式。Hoare 逻辑公式 $\{P\}S\{Q\}$ 可以用于描述两种不同类型的程序正确性:

- 部分正确性: 如果程序 S 的输入满足条件 P，那么 S 要么不会终止，要么在满足后置条件 Q 的情况下才会终止。
- 整体正确性: 如果程序 S 的输入满足条件 P，那么 S 一定会终止，且它终止的状态满足后置条件 Q。

虽然 Hoare 三元组 $\{P\}S\{Q\}$ 在量子情况下和经典情况下似乎是相同的，但前者的前置条件 P 和后置条件 Q 都是量子谓词；即通过厄米算子表示的可观测量。我们将局部密度算子 (属于 $\mathscr{H}_X$ 的正定算子且迹不大于 1) 的集合记为 $\mathscr{D}(\mathscr{H}_X)$。直观上而言，对于任意的量子谓词 $P \in \mathscr{P}(\mathscr{H}_X)$ 和态 $\rho \in \mathscr{D}(\mathscr{H}_X)$，$\mathrm{tr}(\rho)$ 代表谓词 P 满足状态 ρ 的概率。与经典编程理论相似，量子编程中的正确性公式也可以通过两种不同的方式进行描述:

定义 4.2.2

(1) 从整体正确性来说，如果我们有:

$$\mathrm{tr}(P\rho) \leqslant \mathrm{tr}(Q[\![S]\!](\rho)) \tag{4.6}$$

那么正确性公式 $\{P\}S\{Q\}$ 为真，并记为:

$$\models_{\mathrm{tot}} \{P\}S\{Q\}$$

其中 $\rho \in \mathscr{D}(\mathscr{H}_{\mathrm{all}})$，$[\![S]\!]$ 是 S 的语义函数。

(2) 从部分正确性来说，如果我们有:

$$\mathrm{tr}(P\rho) \leqslant \mathrm{tr}(Q[\![S]\!](\rho)) + [\mathrm{tr}(\rho) - \mathrm{tr}([\![S]\!](\rho)] \tag{4.7}$$

那么正确性公式 $\{P\}S\{Q\}$ 为真，并记为:

$$\models_{\mathrm{par}} \{P\}S\{Q\}$$

其中 $\rho \in \mathscr{D}(\mathscr{H}_{\mathrm{all}})$。

在整体正确性中的不等式 (4.6) 表明：

- 输入 ρ 满足量子谓词 P 的概率不大于量子程序 S 在状态 ρ 上终止的概率，且它的输出 $[\![S]\!](\rho)$ 满足量子谓词 Q。

从定义 4.1.2 中我们可以得出 $\models_{\text{tot}} \{P\}S\{Q\}$ 是对"$\{P\}[\![S]\!]\{Q\}$"的重述。回忆 $\text{tr}(\rho) - \text{tr}([\![S]\!](\rho))$ 是量子程序 S 从输入态 ρ 发散的概率。因此部分正确性中的不等式 (4.7) 表明：

- 如果输入 ρ 满足谓词 P，那么程序 S 要么在 ρ 上终止且它的输出 $[\![S]\!](\rho)$ 满足 Q，要么 S 从 ρ 开始发散。

为了更好地理解这个定义，让我们来看一个简单的例子。这个例子清晰地说明了部分正确性和整体正确性之间的区别。

例子 4.2.1 假设 $\text{type}(q) = \textbf{Boolean}$。考虑如下程序：

$$S \equiv \textbf{while } M[q] = 1 \textbf{ do } q := \sigma_z[q] \textbf{ od}$$

其中 $M_0 = |0\rangle\langle 0|, M_1 = |1\rangle\langle 1|$，且 σ_z 是泡利矩阵。令

$$P = |\psi\rangle_q\langle\psi| \otimes P'$$

其中 $|\psi\rangle = \alpha|0\rangle + \beta|1\rangle \in \mathscr{H}_2$，且 $P' \in P\left(\mathscr{H}_{\text{qVar}\setminus\{q\}}\right)$。那么

(1) 我们发现当 $\beta \neq 0, P' \neq 0_{\mathscr{H}_{\text{qVar}\setminus\{q\}}}$ 时，整体正确性

$$\models_{\text{tot}} \{P\}S\{|0\rangle_q\langle 0| \otimes P'\}$$

并不成立。实际上取：

$$\rho = |\psi\rangle_q\langle\psi| \otimes I_{\mathscr{H}_{\text{qVar}\setminus\{q\}}}$$

注意此处为了方便描述，并没有对 ρ 进行归一化处理。那么

$$[\![S]\!](\rho) = |\alpha|^2|0\rangle_q\langle 0| \otimes I_{\mathscr{H}_{\text{qVar}\setminus\{q\}}}$$

且

$$\text{tr}(P\rho) = \text{tr}(P') > |\alpha|^2\text{tr}(P') = \text{tr}((|0\rangle_q\langle 0| \otimes P')[\![S]\!](\rho))$$

(2) 部分正确性：

$$\models_{\text{par}} \{P\}S\{|0\rangle_q\langle 0| \otimes P'\}$$

即

$$\text{tr}(P\rho) \leqslant \text{tr}((|0\rangle_q\langle 0| \otimes P')[\![S]\!](\rho)) + [\text{tr}(\rho) - \text{tr}([\![S]\!](\rho))] \tag{4.8}$$

此处我们只对 $\mathscr{H}_{\text{qVar}\setminus\{q\}}$ 中的一类特殊的局部密度算子进行思考：

$$\rho = |\varphi\rangle_q\langle\varphi| \otimes \rho'$$

其中 $|\varphi\rangle = a|0\rangle + b|1\rangle \in \mathscr{H}_2$ 且 $\rho' \in \mathscr{D}(\mathscr{H}_{\text{qVar}\setminus\{q\}})$。通过计算可得：

$$[\![S]\!](\rho) = |a|^2|0\rangle_q\langle 0| \otimes \rho'$$

且

$$\operatorname{tr}(P\rho) = |\langle\varphi|\varphi\rangle|^2 \operatorname{tr}(P'\rho')$$
$$\leqslant |a|^2 \operatorname{tr}(P'\rho') + [\operatorname{tr}\rho' - |a|^2 \operatorname{tr}(\rho')]$$
$$= \operatorname{tr}((|0\rangle_q\langle 0| \otimes P')[\![S]\!](\rho)) + [\operatorname{tr}(\rho) - \operatorname{tr}([\![S]\!](\rho))]$$

练习 4.2.1   证明对于任意的 $\rho \in \mathcal{D}(\mathcal{H}_{\text{all}})$，不等式 (4.8) 都成立。

接下来这个命题介绍了几条部分正确性公式和整体正确性公式的基本属性。

命题 4.2.1

(1) 如果 $\models_{\text{tot}} \{P\}S\{Q\}$，那么 $\models_{\text{par}} \{P\}S\{Q\}$。

(2) 对于任意的量子程序 S 和任意的 $P, Q \in \mathcal{P}(\mathcal{H}_{\text{all}})$，我们有：

$$\models_{\text{tot}} \{0_{\mathcal{H}_{\text{all}}}\}S\{Q\}, \quad \models_{\text{par}} \{P\}S\{I_{\mathcal{H}_{\text{all}}}\}$$

(3) (线性关系) 对于任意的 $P_1, P_2, Q_1, Q_2 \in \mathcal{P}(\mathcal{H}_{\text{all}})$ 和满足 $\lambda_1 P_1 + \lambda_2 P_2, \lambda_1 Q_1 + \lambda_2 Q_2 \in \mathcal{P}(\mathcal{H}_{\text{all}})$ 的 $\lambda_1, \lambda_2 \geqslant 0$，如果：

$$\models_{\text{tot}} \{P_i\}S\{Q_i\}(i = 1, 2)$$

那么

$$\models_{\text{tot}} \{\lambda_1 P_1 + \lambda_2 P_2\}S\{\lambda_1 Q_1 + \lambda_2 Q_2\}$$

对于部分正确性而言，如果 $\lambda_1 + \lambda_2 = 1$，那么可以得出相同的结论。

证明：从定义中可以直接得出该命题。   □

4.2.2 量子程序的最弱前置条件

我们在 4.1.1 小节中定义了一般性量子操作 (视作量子程序的指称语义) 的最弱前置条件的概念。在这个小节中，我们将对使用量子 **while** 语句编写的量子程序的最弱前置条件进行研究。与经典 Floyd-Hoare 逻辑相似，最弱前置条件和最弱自由前置条件分别对应于量子程序的整体正确性和部分正确性。它们会在建立量子程序的 Floyd-Hoare 逻辑完备性的过程中扮演重要角色。

定义 4.2.3   令 S 是一个量子 **while** 程序，$P \in \mathcal{P}(\mathcal{H}_{\text{all}})$ 是空间 $\mathcal{H}_{\text{all}}$ 中的量子谓词。

(1) 我们将 S 关于 P 的最弱前置条件定义为满足如下条件的量子谓词 $\text{wp}.S.P \in \mathcal{P}(\mathcal{H}_{\text{all}})$：

(a) $\models_{\text{tot}} \{\text{wp}.S.P\}S\{P\}$。

(b) 如果量子谓词 $Q \in \mathcal{P}(\mathcal{H}_{\text{all}})$ 满足 $\models_{\text{tot}} \{Q\}S\{P\}$，那么 $Q \sqsubseteq \text{wp}.S.P$。

(2) 我们将 S 关于 P 的最弱自由前置条件定义为满足如下条件的量子谓词 $\text{wlp}.S.P \in \mathcal{P}(\mathcal{H}_{\text{all}})$：

(a) $\models_{\text{par}} \{\text{wlp}.S.P\}S\{P\}$。

(b) 如果量子谓词 $Q \in \mathcal{P}(\mathcal{H}_{\text{all}})$ 满足 $\models_{\text{par}} \{Q\}S\{P\}$，那么 $Q \sqsubseteq \text{wlp}.S.P$。

将上述定义与定义 4.1.3 进行比较可以发现它们是兼容的，即

$$\text{wp}.S.P = \text{wp}([\![S]\!])(P) \tag{4.9}$$

注意等式左边是从程序 S 的角度给出的,然而等式右边却是从程序 S 的语义的角度给出的。

接下来的两个命题分别给出了通过量子 **while** 语句编写的量子程序的最弱前置条件和最弱自由前置条件的明确表示。它们在证明量子 Floyd-Hoare 逻辑的部分正确性和整体正确性的过程中非常重要。我们首先对量子程序的最弱前置条件进行研究:

命题 4.2.2

(1) wp.**skip**.$P = P$。

(2)(a) 如果 $\text{type}(q) = $ **Boolean**,那么

$$\text{wp}.q := |0\rangle.P = |0\rangle_q\langle 0|P|0\rangle_q\langle 0| + |1\rangle_q\langle 0|P|0\rangle_q\langle 1|$$

(b) 如果 $\text{type}(q) = $ **integer**,那么

$$\text{wp}.q := |0\rangle.P = \sum_{n=-\infty}^{\infty} |n\rangle_q\langle 0|P|0\rangle_q\langle n|$$

(3) wp.$\bar{q} := U[\bar{q}].P = U^\dagger P U$

(4) wp.$S_1; S_2.P = \text{wp}.S_1.(\text{wp}.S_2.P)$

(5) wp. **if** $(\square m \cdot M[\bar{q}] = m \to S_m)$ **fi**.$P = \sum_m M_m^\dagger(\text{wp}.S_m.P)M_m$

(6) wp. **while** $M[\bar{q}] = 1$ **do** S **od**.$P = \bigsqcup_{n=0}^{\infty} P_n$,其中

$$\begin{cases} P_0 = 0_{\mathscr{H}_{\text{all}}} \\ P_{n+1} = M_0^\dagger P M_0 + M_1^\dagger(\text{wp}.S.P_n)M_1, \text{对于所有的 } n \geqslant 0 \text{ 都成立} \end{cases}$$

115

证明:这里的技巧是通过对量子程序 S 使用归纳法来同时证明这个命题以及推论 4.2.1:

- 情况 1。$S \equiv $ **skip**。显然成立。
- 情况 2。$S \equiv q := |0\rangle$。因为 $\text{type}(q) = $ **Boolean** 的情况与之相似,所以我们只对 $\text{type}(q) = $ **integer** 的情况进行研究。首先,它满足

$$\text{tr}\left(\left(\sum_{n=-\infty}^{\infty} |n\rangle_q\langle 0|P|0\rangle_q\langle n|\right)\rho\right) = \text{tr}\left(P\sum_{n=-\infty}^{\infty} |0\rangle_q\langle n|\rho|n\rangle_q\langle 0|\right)$$
$$= \text{tr}(P[\![q := |0\rangle]\!](\rho))$$

另一方面,对于任意的量子谓词 $Q \in \mathscr{P}(\mathscr{H}_{\text{all}})$,如果

$$\models_{\text{tot}} \{Q\}q := |0\rangle\{P\}$$

也就是说:

$$\text{tr}(Qp) \leqslant \text{tr}(P[\![q := |0\rangle]\!](\rho))$$
$$= \text{tr}\left(\left(\sum_{n=-\infty}^{\infty} |n\rangle_q\langle 0|P|0\rangle_q\langle n|\right)\rho\right)$$

对于所有的 $\rho \in \mathscr{D}(\mathscr{H}_{\text{all}})$ 都成立，那么从引理 4.1.2 中可以得到：

$$\mathscr{Q} \sqsubseteq \sum_{n=-\infty}^{\infty} |n\rangle_q \langle 0|P|0\rangle_q \langle n|$$

- 情况 3。$S \equiv q := U[\bar{q}]$。与情况 2 类似。
- 情况 4。$S \equiv S_1; S_2$。从 S_1 和 S_2 的归纳假设可以得出

$$\begin{aligned} \text{tr}((\text{wp}.S_1.(\text{wp}.S_2.P))\rho) &= \text{tr}((\text{wp}.S_2.P)[\![S_1]\!](\rho)) \\ &= \text{tr}(P[\![S_2]\!]([\![S_1]\!](\rho))) \\ &= \text{tr}(P[\![S_1; S_2]\!](\rho)) \end{aligned}$$

如果 $\models_{\text{tot}} \{Q\}S_1; S_2\{P\}$，那么对于所有的 $\rho \in \mathscr{D}(\mathscr{H}_{\text{all}})$，我们有：

$$\text{tr}(\mathscr{Q}P) \leqslant \text{tr}(P[\![S_1; S_2]\!](\rho)) = \text{tr}((\text{wp}.S_1.(\text{wp}.S_2.P))\rho)$$

116 因此从引理 4.1.2 中可以得到：$\mathscr{Q} \sqsubseteq \text{wp}.S_1.(\text{wp}.S_2.P)$。

- 情况 5。$S \equiv \mathbf{if}(\square m \cdot M[\bar{q}] = m \to S_m)\mathbf{fi}$。通过 S_m 的归纳假设，我们可以得到：

$$\begin{aligned} \text{tr}\left(\left(\sum_m M_m^\dagger(\text{wp}.S_m.P)M_m\right)\rho\right) &= \sum_m \text{tr}((\text{wp}.S_m.P)M_m\rho M_m^\dagger) \\ &= \sum_m \text{tr}(P[\![S_m]\!](M_m\rho M_m^\dagger)) \\ &= \text{tr}\left(P\sum_m [\![S_m]\!](M_m\rho M_m^\dagger)\right) \\ &= \text{tr}(P[\![\mathbf{if}(\square m \cdot M[\bar{q}] = m \to S_m)\mathbf{fi}]\!](\rho)) \end{aligned}$$

如果：

$$\models_{\text{tot}} \{Q\}\mathbf{if}(\square m \cdot M[\bar{q}] = m \to S_m)\mathbf{fi}\{P\}$$

那么：

$$\text{tr}(\mathscr{Q}\rho) \leqslant \text{tr}\left(\left(\sum_m M_m^\dagger(\text{wp}.S_m.P)M_m\right)\rho\right)$$

对于所有的 ρ 都成立。从引理 4.1.2 中我们可以得出：

$$\mathscr{Q} \sqsubseteq \sum_m M_m^\dagger(\text{wlp}.S_m.P)M_m$$

- 情况 6。$S \equiv \mathbf{while}\ M[\bar{q}] = 1\ \mathbf{do}\ S'\ \mathbf{od}$。为了简化，我们将循环 S（参考定义 3.3.6）的第 n 次语法逼近 $(\mathbf{while}\ M[\bar{q}] = 1\ \mathbf{do}\ S'\ \mathbf{od})^n$ 记为 $(\mathbf{while})^n$。首先，我们有：

$$\text{tr}(P_n\rho) = \text{tr}(P[\![(\mathbf{while})^n]\!](\rho))$$

可以通过对 n 使用归纳法来对这个声明进行证明。$n = 0$ 的基本情况是显然成立的。通过 n 和 S' 的归纳假设，我们得到：

$$
\begin{aligned}
\mathrm{tr}(P_{n+1}\rho) &= \mathrm{tr}(M_0^\dagger P M_0 \rho) + \mathrm{tr}(M_1^\dagger (\mathrm{wp}.S'.P_n) M_1 \rho) \\
&= \mathrm{tr}(P M_0 \rho M_0^\dagger) + \mathrm{tr}((\mathrm{wp}.S'.P_n) M_1 \rho M_1^\dagger) \\
&= \mathrm{tr}(P M_0 \rho M_0^\dagger) + \mathrm{tr}(P_n[\![S']\!](M_1 \rho M_1^\dagger)) \\
&= \mathrm{tr}(P M_0 \rho M_0^\dagger) + \mathrm{tr}(P[\![(\mathbf{while})^n]\!]([\![S']\!](M_1 \rho M_1^\dagger))) \\
&= \mathrm{tr}[P(M_0 \rho M_0^\dagger + [\![S'; (\mathbf{while})^n]\!](M_1 \rho M_1^\dagger))] \\
&= \mathrm{tr}(P[\![(\mathbf{while})^{n+1}]\!](\rho))
\end{aligned}
$$

通过迹算子的连续性可以得出：

$$
\begin{aligned}
\mathrm{tr}\left(\left(\bigsqcup_{n=0}^{\infty} P_n\right)\rho\right) &= \bigsqcup_{n=0}^{\infty} \mathrm{tr}(P_n \rho) \\
&= \bigsqcup_{n=0}^{\infty} \mathrm{tr}(P[\![(\mathbf{while})^n]\!](\rho)) \\
&= \mathrm{tr}\left(P \bigsqcup_{n=0}^{\infty} [\![(\mathbf{while})^n]\!](\rho)\right) \\
&= \mathrm{tr}(P[\![\mathbf{while}\ M[\bar{q}]\ = 1\ \mathbf{do}\ S'\ \mathbf{od}]\!](\rho))
\end{aligned}
$$

所以，如果

$$
\models_{\mathrm{tot}} \{Q\}\mathbf{while}\ M[\bar{q}]\ =\ 1\ \mathbf{do}\ S'\ \mathbf{od}\{P\}
$$

那么

$$
\mathrm{tr}(\mathscr{Q}\rho) \leqslant \mathrm{tr}\left(\left(\bigsqcup_{n=0}^{\infty} P_n\right)\rho\right)
$$

对于所有的 ρ 都成立。通过引理 4.1.2 我们可以得到 $\mathscr{Q} \sqsubseteq \bigsqcup_{n=0}^{\infty} P_n$。　　□

下面这个推论表明初始化状态 ρ 满足最弱前置条件 $\mathrm{wp}.S.P$ 的概率与终止态 $[\![S]\!](\rho)$ 满足 P 的概率是相等的。该推论的证明可以从前面命题的证明得出，也可以根据等式 (4.3) 和 (4.9) 推导得到。

推论 4.2.1　对于任意的量子 while 程序，任意的量子谓词 $P \in \mathscr{P}(\mathscr{H}_{\mathrm{all}})$ 和任意的局部密度算子 $\rho \in \mathscr{D}(\mathscr{H}_{\mathrm{all}})$，我们有

$$
\mathrm{tr}((\mathrm{wp}.S.P)\rho) = \mathrm{tr}(P[\![S]\!](\rho))
$$

我们同样可以对量子程序的最弱自由前置条件进行明确表示。

命题 4.2.3

(1) $\mathrm{wlp}.\mathbf{skip}.P = P$

(2)(a)如果 $\text{type}(q) = \textbf{Boolean}$, 那么:

$$\text{wlp}.q := |0\rangle.P = |0\rangle_q\langle 0|P|0\rangle_q\langle 0| + |1\rangle_q\langle 0|P|0\rangle_q\langle 1|$$

(b)如果 $\text{type}(q) = \textbf{integer}$, 那么:

$$\text{wlp}.q := |0\rangle.P = \sum_{n=-\infty}^{\infty} |n\rangle_q\langle 0|P|0\rangle_q\langle n|$$

(3) $\text{wlp}.\bar{q} := U[\bar{q}].P = U^\dagger PU$

(4) $\text{wlp}.S_1; S_2.P = \text{wlp}.S_1.(\text{wlp}.S_2.P)$

(5) $\text{wlp}. \textbf{if } (\square m \cdot M[\bar{q}] := m \rightarrow S_m) \textbf{ fi }.P = \sum_m M_m^\dagger(\text{wlp}.S_m.P)M_m$

(6) $\text{wlp}. \textbf{while } M[\bar{q}] = 1 \textbf{ do } S \textbf{ od}.P = \sqcap_{n=0}^\infty P_n$, 其中:

$$\begin{cases} P_0 = I_{\mathscr{H}_{\text{all}}} \\ P_{n+1} = M_0^\dagger PM_0 + M_1^\dagger(\text{wlp}.S.P_n)M_1, \text{ 对于任意的 } n \geqslant 0 \text{ 都成立} \end{cases}$$

证明: 与最弱前置条件的情况相似,我们通过对量子程序 S 的结构使用归纳法可以同时对这个命题及其推论进行证明。

- 情况 1。$S \equiv \textbf{skip}$,或者 $q := |0\rangle$,或者 $\bar{q} := U[\bar{q}]$。与命题 4.2.2 的证明过程中的情况 1、情况 2 和情况 3 相似。

- 情况 2。$S \equiv S_1; S_2$。首先,通过 S_1 和 S_2 的递归假设,我们有:

$$\begin{aligned} \text{tr}(\text{wlp}.S_1.(\text{wlp}.S_2.P)\rho) &= \text{tr}(\text{wlp}.S_2.P[\![S_1]\!](\rho)) + [\text{tr}(\rho) - \text{tr}([\![S_1]\!](\rho))] \\ &= \text{tr}(P[\![S_2]\!]([\![S_1]\!](\rho))) + [\text{tr}([\![S_1]\!](\rho)) - \text{tr}([\![S_2]\!]([\![S_1]\!](\rho)))] \\ &\quad + [\text{tr}(\rho) - \text{tr}([\![S_1]\!](\rho))] \\ &= \text{tr}(P[\![S_2]\!]([\![S_1]\!](\rho))) + [\text{tr}(\rho) - \text{tr}([\![S_2]\!]([\![S_1]\!](\rho)))] \\ &= \text{tr}(P[\![S]\!](\rho)) + [\text{tr}(\rho) - \text{tr}([\![S]\!](\rho))] \end{aligned}$$

如果 $\models_{\text{par}} \{Q\}S\{P\}$,那么它满足:

$$\begin{aligned} \text{tr}(\mathscr{Q}\rho) &\leqslant \text{tr}(P[\![S]\!](\rho)) + [\text{tr}(\rho) - \text{tr}([\![S]\!](\rho))] \\ &= \text{tr}(\text{wlp}.S_1.(\text{wlp}.S_2.P)\rho) \end{aligned}$$

对于所有的 $\rho \in \mathscr{D}(\mathscr{H}_{\text{all}})$ 都成立。通过引理 4.1.2,我们可以得到:

$$\mathscr{Q} \sqsubseteq \text{wlp}.S_1.(\text{wlp}.S_2.P)$$

- 情况 3。$S \equiv \textbf{if } (\square m \cdot M[\bar{q}] = m \rightarrow S_m) \textbf{ fi}$。因为:

$$\sum_m M_m^\dagger M_m = I_{\mathscr{H}_{\bar{q}}}$$

所以通过所有 S_m 的递归假设可以推导出：

$$\text{tr}\left(\sum_m M_m^\dagger(\text{wlp}.S_m.P)M_m\rho\right) = \sum_m \text{tr}(M_m^\dagger(\text{wlp}.S_m.P)M_m\rho)$$

$$= \sum_m \text{tr}((\text{wlp}.S_m.P)M_m\rho M_m^\dagger)$$

$$= \sum_m \{\text{tr}(P[\![S_m]\!](M_m\rho M_m^\dagger))$$
$$+ [\text{tr}(M_m\rho M_m^\dagger) - \text{tr}([\![S_m]\!](M_m\rho M_m^\dagger))]\}$$

$$= \sum_m \text{tr}(P[\![S_m]\!](M_m\rho M_m^\dagger))$$
$$+ \left[\sum_m \text{tr}(M_m\rho M_m^\dagger) - \sum_m \text{tr}([\![S_m]\!](M_m\rho M_m^\dagger))\right]$$

$$= \text{tr}\left(P\sum_m [\![S_m]\!](M_m\rho M_m^\dagger)\right)$$
$$+ \left[\text{tr}\left(\rho\sum_m M_m^\dagger M_m\right) - \text{tr}\left(\sum_m [\![S_m]\!](M_m\rho M_m^\dagger)\right)\right]$$

$$= \text{tr}(P[\![S]\!](\rho)) + [\text{tr}(\rho) - \text{tr}([\![S]\!](\rho))]$$

如果 $\models_{\text{par}} \{Q\}S\{P\}$，那么对于所有的 $\rho \in \mathscr{D}(\mathscr{H}_{\text{all}})$ 都满足：

$$\text{tr}(\mathscr{Q}\rho) \leqslant \text{tr}(P[\![S]\!](\rho)) + [\text{tr}(\rho) - \text{tr}([\![S]\!](\rho))]$$
$$= \text{tr}\left(\sum_m M_m^\dagger(\text{wlp}.S_m.P)M_m\rho\right)$$

上述结论和引理 4.1.2 意味着

$$\mathscr{Q} \sqsubseteq \sum_m M_m^\dagger(\text{wlp}.S_m.P)M_m$$

- 情况 4。$S \equiv \textbf{while } M[\bar{q}] = 1 \textbf{ do } S' \textbf{ od}$。我们首先对 n 使用归纳法来证明：

$$\text{tr}(P_n\rho) = \text{tr}(P[\![(\textbf{while})^n]\!](\rho)) + [\text{tr}(\rho) - \text{tr}([\![(\textbf{while})^n]\!](\rho))] \tag{4.10}$$

其中 $(\textbf{while})^n$ 是语法逼近 $(\textbf{while } M[\bar{q}] = 1 \textbf{ do } S' \textbf{ od})^n$ 的缩写。$n = 0$ 的情况显然成立。通过对 S' 使用归纳法及 n 的递归假设，我们观察到：

$$
\begin{aligned}
\operatorname{tr}(P_{n+1}\rho) &= \operatorname{tr}[(M_0^\dagger P M_0 + M_1^\dagger(\mathrm{wlp}.S'.P_n)M_1)\rho] \\
&= \operatorname{tr}(M_0^\dagger P M_0 \rho) + \operatorname{tr}(M_1^\dagger(\mathrm{wlp}.S'.P_n)M_1\rho) \\
&= \operatorname{tr}(P M_0\rho M_0^\dagger) + \operatorname{tr}((\mathrm{wlp}.S'.P_n)M_1\rho M_1^\dagger) \\
&= \operatorname{tr}(P M_0\rho M_0^\dagger) + \operatorname{tr}(P_n[\![S']\!](M_1\rho M_1^\dagger)) + [\operatorname{tr}(M_1\rho M_1^\dagger) - \operatorname{tr}([\![S']\!](M_1\rho M_1^\dagger))] \\
&= \operatorname{tr}(P M_0\rho M_0^\dagger) + \operatorname{tr}(P[\![(\mathbf{while})^n]\!]([\![S]\!](M_1\rho M_1^\dagger))) + [\operatorname{tr}([\![S]\!](M_1\rho M_1^\dagger)) \\
&\quad - \operatorname{tr}([\![(\mathbf{while})^n]\!]([\![S]\!](M_1\rho M_1^\dagger)))] + [\operatorname{tr}(M_1\rho M_1^\dagger) - \operatorname{tr}([\![S']\!](M_1\rho M_1^\dagger))] \\
&= \operatorname{tr}(P[M_0\rho M_0^\dagger + [\![(\mathbf{while})^n]\!]([\![S]\!](M_1\rho M_1^\dagger))] \\
&\quad + [\operatorname{tr}(\rho) - \operatorname{tr}(M_0\rho M_0^\dagger + [\![(\mathbf{while})^n]\!]([\![S]\!](M_1\rho M_1^\dagger)))]) \\
&= \operatorname{tr}(P[\![(\mathbf{while})^{n+1}]\!](\rho)) + [\operatorname{tr}(\rho) - \operatorname{tr}([\![(\mathbf{while})^{n+1}]\!](\rho))]
\end{aligned}
$$

这样我们就完成了对公式 (4.10) 的证明。注意量子谓词 $P \sqsubseteq I$。那么 $I - P$ 满足正定性，且通过迹算子的连续性，我们可以得到：

$$
\begin{aligned}
\operatorname{tr}\left((\sqcap_{n=0}^\infty P_n)\rho\right) &= \sqcap_{n=0}^\infty \operatorname{tr}(P_n\rho) \\
&= \sqcap_{n=0}^\infty \{\operatorname{tr}(P[\![(\mathbf{while})^n]\!](\rho)) + [\operatorname{tr}(\rho) - \operatorname{tr}([\![(\mathbf{while})^n]\!](\rho))]\} \\
&= \operatorname{tr}(\rho) + \sqcap_{n=0}^\infty \operatorname{tr}[(P-I)[\![(\mathbf{while})^n]\!](\rho)] \\
&= \operatorname{tr}(\rho) + \operatorname{tr}\left[(P-I)\bigsqcup_{n=0}^\infty [\![(\mathbf{while})^n]\!](\rho)\right] \\
&= \operatorname{tr}(\rho) + \operatorname{tr}[(P-I)[\![S]\!](\rho)] \\
&= \operatorname{tr}(P[\![S]\!](\rho)) + [\operatorname{tr}(\rho) - \operatorname{tr}([\![S]\!](\rho))]
\end{aligned}
$$

对于任意的 $\mathcal{Q} \in \mathscr{P}(\mathscr{H}_{\mathrm{all}})$，$\models_{\mathrm{par}} \{Q\}S\{P\}$ 意味着：

$$
\begin{aligned}
\operatorname{tr}(\mathcal{Q}\rho) &\leqslant \operatorname{tr}(P[\![S]\!](\rho)) + [\operatorname{tr}(\rho) - \operatorname{tr}([\![S]\!](\rho))] \\
&= \operatorname{tr}\left((\sqcap_{n=0}^\infty P_n)\rho\right)
\end{aligned}
$$

对于所有的 $\rho \in \mathscr{D}(\mathscr{H}_{\mathrm{all}})$ 都成立。通过上述结论和引理 4.1.2 可以得出 $\mathcal{Q} \sqsubseteq \sqcap_{n=0}^\infty P_n$。   □

推论 4.2.2　对于任意的量子 **while** 程序 S，任意的量子谓词 $P \in \mathscr{P}(\mathscr{H}_{\mathrm{all}})$ 和任意的局部密度算子 $\rho \in \mathscr{D}(\mathscr{H}_{\mathrm{all}})$，我们有：

$$
\operatorname{tr}((\mathrm{wlp}.S.P)\rho) = \operatorname{tr}(P[\![S]\!](\rho)) + [\operatorname{tr}(\rho) - \operatorname{tr}([\![S]\!](\rho))]
$$

前一个引理表明初始状态 ρ 满足最弱自由前置条件 wlp.S.P 的概率与终止状态 $[\![S]\!](\rho)$ 满足 P 的概率和 S 从状态 ρ 开始运行不会终止的概率之和相等。

为了对本节进行总结，我们将介绍量子 **while** 循环的最弱前置条件和最弱自由前置条件的递归特性。这种特性在证明量子 Floyd-Hoare 逻辑的完备性的过程中至关重要。

命题 4.2.4 我们将量子循环 while $M[\bar{q}] = 1$ do S od 记为 **while**。那么对于任意的 $P \in \mathscr{P}(\mathscr{H}_{\text{all}})$，我们有：

(1) wp.**while**.$P = M_0^\dagger P M_0 + M_1^\dagger(\text{wp}.S.(\text{wp}.\textbf{while}.P))M_1$

(2) wlp.**while**.$P = M_0^\dagger P M_0 + M_1^\dagger(\text{wlp}.S.(\text{wlp}.\textbf{while}.P))M_1$

证明：我们只证明 (2)，(1) 的证明过程与 (2) 类似且更简单。对于任意的 $\rho \in \mathscr{D}(\mathscr{H}_{\text{all}})$，通过命题 4.2.3(4) 我们发现：

$$\text{tr}[(M_0^\dagger P M_0 + M_1^\dagger(\text{wlp}.S.(\text{wlp}.\textbf{while}.P))M_1)\rho]$$

$$= \text{tr}(P M_0 \rho M_0^\dagger) + \text{tr}[(\text{wlp}.S.(\text{wlp}.\textbf{while}.P))M_1 \rho M_1^\dagger]$$

$$= \text{tr}(P M_0 \rho M_0^\dagger) + \text{tr}[(\text{wlp}.\textbf{while}.P)\llbracket S \rrbracket(M_1 \rho M_1^\dagger)]$$

$$\quad + [\text{tr}(M_1 \rho M_1^\dagger) - \text{tr}(\llbracket S \rrbracket(M_1 \rho M_1^\dagger))]$$

$$= \text{tr}(P M_0 \rho M_0^\dagger) + \text{tr}[P \llbracket \textbf{while} \rrbracket(\llbracket S \rrbracket(M_1 \rho M_1^\dagger))] + [\text{tr}(\llbracket S \rrbracket(M_1 \rho M_1^\dagger))$$

$$\quad - \text{tr}(\llbracket \textbf{while} \rrbracket(\llbracket S \rrbracket(M_1 \rho M_1^\dagger)))] + [\text{tr}(M_1 \rho M_1^\dagger) - \text{tr}(\llbracket S \rrbracket(M_1 \rho M_1^\dagger))]$$

$$= \text{tr}[P(M_0 \rho M_0^\dagger + \llbracket \textbf{while} \rrbracket(\llbracket S \rrbracket(M_1 \rho M_1^\dagger)))]$$

$$\quad + [\text{tr}(M_1 \rho M_1^\dagger) - \text{tr}(\llbracket \textbf{while} \rrbracket(\llbracket S \rrbracket(M_1 \rho M_1^\dagger)))]$$

$$= \text{tr}(P \llbracket \textbf{while} \rrbracket(\rho)) + [\text{tr}(\rho M_1^\dagger M_1) - \text{tr}(\llbracket \textbf{while} \rrbracket(\llbracket S \rrbracket(M_1 \rho M_1^\dagger)))]$$

$$= \text{tr}(P \llbracket \textbf{while} \rrbracket(\rho)) + [\text{tr}(\rho(I - M_0^\dagger M_0)) - \text{tr}(\llbracket \textbf{while} \rrbracket(\llbracket S \rrbracket(M_1 \rho M_1^\dagger)))]$$

$$= \text{tr}(P \llbracket \textbf{while} \rrbracket(\rho)) + [\text{tr}(\rho) - \text{tr}(M_0 \rho M_0^\dagger + \llbracket \textbf{while} \rrbracket(\llbracket S \rrbracket(M_1 \rho M_1^\dagger)))]$$

$$= \text{tr}(P \llbracket \textbf{while} \rrbracket(\rho)) + [\text{tr}(\rho) - \text{tr}(\llbracket \textbf{while} \rrbracket(\rho))]$$

这意味着：

$$\left\{ M_0^\dagger P M_0 + M_1^\dagger(\text{wlp}.S.(\text{wlp}.\textbf{while}.P))M_1 \right\} \textbf{ while } \{P\}$$

假设 $\models_{\text{par}} \{Q\}\textbf{while}\{P\}$，那么

$$Q \sqsubseteq M_0^\dagger P M_0 + M_1^\dagger(\text{wlp}.S.(\text{wlp}.\textbf{while}.P))M_1 \qquad \square$$

从命题 4.2.2(6) 和 4.2.3(6) 中我们发现可以对上述命题进行加强：

122

- wp.**while**.P 和 wlp.**while**.P 分别是如下函数的最小不动点和最大不动点：

$$X \mapsto M_0^\dagger P M_0 + M_1^\dagger(\text{wp}.S.X)M_1$$

4.2.3 部分正确性的证明系统

现在我们开始对量子 **while** 程序 Floyd-Hoare 逻辑的公理化系统进行介绍。该公理化系统是从 4.2.1 节定义的正确性公式的角度给出的。可以将量子 Floyd-Hoare 逻辑分为两类证明系统，一类是部分正确性的证明系统，另一类是整体正确性的证明系统。在本小节中，我

们介绍一类名为 qPD 的量子程序部分正确性的证明系统。它由图 4.2 给出的公理和推理规则组成。

$$
\begin{array}{ll}
\text{(Ax-Sk)} & \{P\}\mathbf{Skip}\{P\} \\[2mm]
\text{(Ax-In)} & \text{如果 } \mathrm{type}(q) = \mathbf{Boolean}，\text{那么} \\[3mm]
& \{|0\rangle_q\langle 0|P|0\rangle_q\langle 0| + |1\rangle_q\langle 0|P|0\rangle_q\langle 1|\}q := |0\rangle\{P\} \\[3mm]
& \text{如果 } \mathrm{type}(q) = \mathbf{integer}，\text{那么} \\[3mm]
& \left\{ \sum_{n=-\infty}^{\infty} |n\rangle_q\langle 0|P|0\rangle_q\langle n| \right\} q := |0\rangle\{P\} \\[5mm]
\text{(Ax-UT)} & \{U^{\dagger}PU\}\bar{q} := U[\bar{q}]\{P\} \\[4mm]
\text{(R-SC)} & \dfrac{\{P\}S_1\{Q\} \quad \{Q\}S_2\{R\}}{\{P\}S_1; S_2\{R\}} \\[5mm]
\text{(R-IF)} & \dfrac{\text{对于任意的 } m \text{ 都有} \{P_m\}S_m\{Q\}}{\left\{ \sum_m M_m^{\dagger} P_m M_m \right\} \mathbf{if}\ (\square m \cdot M[\bar{q}] = m \to S_m)\ \mathbf{fi}\{Q\}} \\[5mm]
\text{(R-LP)} & \dfrac{\{Q\}S\left\{ M_0^{\dagger}PM_0 + M_1^{\dagger}PM_1 \right\}}{\left\{ M_0^{\dagger}PM_0 + M_1^{\dagger}PM_1 \right\} \mathbf{while}\ M[\bar{q}] = 1\ \mathbf{do}\ S\ \mathbf{od}\{P\}} \\[5mm]
\text{(R-Or)} & \dfrac{P \sqsubseteq P' \quad \{P'\}S\{Q'\} \quad Q' \sqsubseteq Q}{\{P\}S\{Q\}}
\end{array}
$$

图 4.2   部分正确性的证明系统 qPD

4.2.5 节中会用证明系统 qPD 和下一小节介绍的整体正确性的证明系统 qTD 来证明 Grover 算法的正确性。主要对量子 Floyd-Hoare 逻辑应用感兴趣的读者可以先学习下一小节中介绍的系统 qTD 的规则 (R-LT)，然后直接转到 4.2.5 节。如果读者有兴趣，可以在阅读完 4.2.5 节之后再回到这里继续阅读。

众所周知，对于任意的逻辑系统最值得研究的问题是它的完备性与可靠性。本节我们将继续研究证明系统 qTD 的完备性与可靠性。如果正确性公式 $\{P\}S\{Q\}$ 可以通过对图 4.2 中介绍的公理和推理规则进行有限次应用而推理得到，那么我们称它为在 qPD 上可证明，并记为：

$$
\vdash_{\mathrm{qPD}} \{P\}S\{Q\}
$$

我们首先证明 qPD 在部分正确性的语义方面的可靠性：

• 如果证明系统 qPD 中的正确性公式是可证明的，那么从部分正确性上而言该公式为真。

在证明之前，我们先介绍一个辅助性的概念：对于 $i = 0, 1$，量子操作 $\mathscr{E}_i$ 是这样定义的：

$$
\mathscr{E}_i(\rho) = M_i \rho M_i^{\dagger}
$$

其中 $\rho \in \mathscr{D}(\mathscr{H}_{\mathrm{all}})$。我们在证明命题 3.3.2 时已经使用了这个概念。这一概念还将会在本小节、下一小节及第 5 章中广泛使用。

定理 4.2.1（可靠性）   证明系统 qPD 对于量子 while 程序的部分正确性是可靠的；即对于任意的量子 while 程序 S 和量子谓词 $P,Q \in \mathcal{P}(\mathscr{H}_{\text{all}})$，我们有：

$$\vdash_{\text{qPD}} \{P\}S\{Q\} \text{ 表明: } \models_{\text{par}} \{P\}S\{Q\}$$

123
≀
124

证明： 我们只需要证明 qPD 的公理对于部分正确性而言是有效的且 qPD 的推理规则保有部分正确性。

- (As-Sk) 显然 $\models_{\text{par}} \{P\}\mathbf{skip}\{P\}$。
- (Ax-In) 我们只对 $\text{type}(q) = \mathbf{integer}$ 的情况进行证明，$\text{type}(q) = \mathbf{Boolean}$ 的情况与之类似。对于任意的 $\rho \in \mathscr{D}(\mathscr{H}_{\text{all}})$，从命题 3.3.1(2) 可以得出：

$$\text{tr}\left[\left(\sum_{n=-\infty}^{\infty} |n\rangle_q\langle 0|P|0\rangle_q\langle n|\right)\rho\right] = \sum_{n=-\infty}^{\infty} \text{tr}(|n\rangle_q\langle 0|P|0\rangle_q\langle n|\rho)$$
$$= \sum_{n=-\infty}^{\infty} \text{tr}(P|0\rangle_q\langle n|\rho|n\rangle_q\langle 0|)$$
$$= \text{tr}\left(P\sum_{n=-\infty}^{\infty} |0\rangle_q\langle n|\rho|n\rangle_q\langle 0|\right)$$
$$= \text{tr}(P[\![q := |0\rangle]\!](\rho))$$

因此我们有：

$$\models_{\text{par}} \left\{\sum_{n=-\infty}^{\infty} |n\rangle_q\langle 0|P|0\rangle_q\langle n|\right\} q := |0\rangle\{P\}$$

- (Ax-UT) 很容易发现：

$$\models_{\text{par}} \{U^\dagger P U\}\bar{q} := U[\bar{q}]\{P\}$$

- (R-SC) 如果 $\models_{\text{par}}\{P\}S_1\{Q\}$ 和 $\models_{\text{par}}\{Q\}S_2\{R\}$ 都成立，那么对于任意的 $\rho \in \mathscr{D}(\mathscr{H}_{\text{all}})$，我们有：

$$\text{tr}(P\rho) \leqslant \text{tr}(\mathscr{Q}[\![S_1]\!](\rho)) + [\text{tr}(\rho) - \text{tr}([\![S_1]\!](\rho))]$$
$$\leqslant \text{tr}(R[\![S_2]\!]([\![S_1]\!](\rho))) + [\text{tr}([\![S_1]\!](\rho)) - \text{tr}([\![S_2]\!]([\![S_1]\!](\rho)))]$$
$$+ [\text{tr}(\rho) - \text{tr}([\![S_1]\!](\rho))]$$
$$= \text{tr}(R[\![S_1;S_2]\!](\rho)) + [\text{tr}(\rho) - \text{tr}([\![S_1;S_2]\!](\rho))]$$

因此，$\models_{\text{par}} \{P\}S_1;S_2\{R\}$ 符合预期。

- (R-IF) 假设对于所有可能的测量结果 m 都有 $\models_{\text{par}} \{P_m\}S_m\{Q\}$。那么对于所有的 $\rho \in \mathscr{D}(\mathscr{H}_{\text{all}})$，因为

$$\sum_m M_m^\dagger M_m = I_{\mathscr{H}_{\bar{q}}}$$

125

所以它满足：

$$\text{tr}\left(\sum_m M_m^\dagger P_m M_m \rho\right) = \sum_m \text{tr}(M_m^\dagger P_m M_m \rho)$$

$$= \sum_m \text{tr}(P_m M_m \rho M_m^\dagger)$$

$$\leqslant \sum_m \left\{\text{tr}(\mathscr{Q}[\![S_m]\!](M_m \rho M_m^\dagger)) + [\text{tr}(M_m \rho M_m^\dagger) - \text{tr}([\![S_m]\!](M_m \rho M_m^\dagger))]\right\}$$

$$\leqslant \sum_m \text{tr}\left(\mathscr{Q}[\![S_m]\!](M_m \rho M_m^\dagger)\right) + \left[\sum_m \text{tr}(M_m \rho M_m^\dagger) - \sum_m \text{tr}([\![S_m]\!](M_m \rho M_m^\dagger))\right]$$

$$= \text{tr}\left(\mathscr{Q}\sum_m [\![S_m]\!](M_m \rho M_m^\dagger)\right) + \left[\text{tr}\left(\sum_m \rho M_m^\dagger M_m\right) - \text{tr}\left(\sum_m [\![S_m]\!](M_m \rho M_m^\dagger)\right)\right]$$

$$= \text{tr}(\mathscr{Q}[\![\ \mathbf{if} \cdots \mathbf{fi}\ ]\!](\rho)) + [\text{tr}(\rho) - \text{tr}([\![\mathbf{if} \cdots \mathbf{fi}]\!](\rho))]$$

且

$$\models_{\text{par}} \left\{\sum_m M_m^\dagger P_m M_m\right\} \mathbf{if} \cdots \mathbf{fi}\{\mathscr{Q}\}$$

其中 $\mathbf{if} \cdots \mathbf{fi}$ 是语句 $\mathbf{if}(\square m \cdot M[\bar{q}] = m \to S_m)\mathbf{fi}$ 的缩写。

- (R-LP) 假设：

$$\models_{\text{par}} \{\mathscr{Q}\}S\left\{M_0^\dagger P M_0 + M_1^\dagger \mathscr{Q} M_1\right\}$$

那么对于所有 $\rho \in \mathscr{D}(\mathscr{H}_{\text{all}})$ 都满足

$$\text{tr}(\mathscr{Q}\rho) \leqslant \text{tr}((M_0^\dagger P M_0 + M_1^\dagger \mathscr{Q} M_1)[\![S]\!](\rho)) + [\text{tr}(\rho) - \text{tr}([\![S]\!](\rho))] \tag{4.11}$$

此外，我们有：

$$\text{tr}\left[\left(M_0^\dagger P M_0 + M_1^\dagger \mathscr{Q} M_1\right)\rho\right] \leqslant \sum_{k=0}^n \text{tr}\left(P\left(\mathscr{E}_0 \circ ([\![S]\!] \circ \mathscr{E}_1)^k\right)(\rho)\right)$$
$$+ \text{tr}(\mathscr{Q}(\mathscr{E}_1 \circ ([\![S]\!] \circ \mathscr{E}_1)^n)(\rho)) \tag{4.12}$$
$$+ \sum_{k=0}^{n-1}\left[\text{tr}(\mathscr{E}_1 \circ ([\![S]\!] \circ \mathscr{E}_1)^k(\rho)) - \text{tr}\left(([\![S]\!] \circ \mathscr{E}_1)^{k+1}(\rho)\right)\right]$$

对于所有的 $n \geqslant 1$ 都成立。实际上可以通过对 n 使用归纳法来对式 (4.12) 进行证明。$n=1$ 的情况显然成立。通过式 (4.11)，我们可以得到：

$$\text{tr}(\mathscr{Q}(\mathscr{E}_1 \circ ([\![S]\!] \circ \mathscr{E}_1)^n)(\rho)) \leqslant \text{tr}((M_0^\dagger P M_0 + M_1^\dagger \mathscr{Q} M_1)([\![S]\!] \circ \mathscr{E}_1)^{n+1}(\rho))$$
$$+ [\text{tr}((\mathscr{E}_1 \circ ([\![S]\!] \circ \mathscr{E}_1)^n)(\rho)) - \text{tr}(([\![S]\!] \circ \mathscr{E}_1)^{n+1}(\rho))]$$
$$= \text{tr}(P(\mathscr{E}_0 \circ ([\![S]\!] \circ \mathscr{E}_1)^{n+1})(\rho)) + \text{tr}(Q(\mathscr{E}_1 \circ ([\![S]\!] \circ \mathscr{E}_1)^{n+1})(\rho))$$
$$+ [\text{tr}((\mathscr{E}_1 \circ ([\![S]\!] \circ \mathscr{E}_1)^n)(\rho)) - \text{tr}(([\![S]\!] \circ \mathscr{E}_1)^{n+1}(\rho))] \tag{4.13}$$

结合式 (4.12) 和 (4.13)，我们可以断言：

$$\text{tr}\left[\left(M_0^\dagger P M_0 + M_1^\dagger \mathscr{Q} M_1\right)\rho\right] \leqslant \sum_{k=0}^{n+1} \text{tr}\left(P\left(\mathscr{E}_0 \circ (\llbracket S \rrbracket \circ \mathscr{E}_1)^k\right)(\rho)\right)$$

$$+ \text{tr}\left(Q\left(\mathscr{E}_1 \circ (\llbracket S \rrbracket \circ \mathscr{E}_1)^{n+1}\right)(\rho)\right)$$

$$+ \sum_{k=0}^{n}\left[\text{tr}\left(\mathscr{E}_1 \circ (\llbracket S \rrbracket \circ \mathscr{E}_1)^k(\rho)\right) - \text{tr}\left((\llbracket S \rrbracket \circ \mathscr{E}_1)^{k+1}(\rho)\right)\right]$$

因此，如果式 (4.12) 在 n 的情况下成立，那么它在 $n+1$ 的情况下也一定成立。至此我们完成了式 (4.12) 的证明。

现在我们注意到：

$$\text{tr}\left(\mathscr{E}_1 \circ (\llbracket S \rrbracket \circ \mathscr{E}_1)^k(\rho)\right) = \text{tr}\left(M_1(\llbracket S \rrbracket \circ \mathscr{E}_1)^k(\rho)M_1^\dagger\right)$$

$$= \text{tr}\left((\llbracket S \rrbracket \circ \mathscr{E}_1)^k(\rho)M_1^\dagger M_1\right)$$

$$= \text{tr}\left((\llbracket S \rrbracket \circ \mathscr{E}_1)^k(\rho)\left(I - M_0^\dagger M_0\right)\right)$$

$$= \text{tr}\left((\llbracket S \rrbracket \circ \mathscr{E}_1)^k(\rho)\right) - \text{tr}\left((\mathscr{E}_0 \circ (\llbracket S \rrbracket \circ \mathscr{E}_1)^k)(\rho)\right)$$

那么

$$\sum_{k=0}^{n-1}\left[\text{tr}\left(\mathscr{E}_1 \circ (\llbracket S \rrbracket \circ \mathscr{E}_1)^k(\rho)\right) - \text{tr}\left((\llbracket S \rrbracket \circ \mathscr{E}_1)^{k+1}(\rho)\right)\right] = \sum_{k=0}^{n-1} \text{tr}\left((\llbracket S \rrbracket \circ \mathscr{E}_1)^k(\rho)\right)$$

$$- \sum_{k=0}^{n-1}\left[\text{tr}\left(\mathscr{E}_0 \circ (\llbracket S \rrbracket \circ \mathscr{E}_1)^k(\rho)\right) - \sum_{k=0}^{n-1} \text{tr}\left((\llbracket S \rrbracket \circ \mathscr{E}_1)^{k+1}(\rho)\right)\right] \tag{4.14}$$

$$= \text{tr}(\rho) - \text{tr}((\llbracket S \rrbracket \circ \mathscr{E}_1)^n(\rho)) - \sum_{k=0}^{n-1} \text{tr}\left(\mathscr{E}_0 \circ (\llbracket S \rrbracket \circ \mathscr{E}_1)^k(\rho)\right)$$

另一方面我们可以得到：

$$\text{tr}(\mathscr{Q}(\mathscr{E}_1 \circ (\llbracket S \rrbracket \circ \mathscr{E}_1)^n)(\rho)) = \text{tr}(\mathscr{Q}M_1(\llbracket S \rrbracket \circ \mathscr{E}_1)^n(\rho)M_1^\dagger)$$

$$\leqslant \text{tr}(M_1(\llbracket S \rrbracket \circ \mathscr{E}_1)^n(\rho)M_1^\dagger)$$

$$= \text{tr}((\llbracket S \rrbracket \circ \mathscr{E}_1)^n(\rho)M_1^\dagger M_1) \tag{4.15}$$

$$= \text{tr}((\llbracket S \rrbracket \circ \mathscr{E}_1)^n(\rho)(I - M_0^\dagger M_0))$$

$$= \text{tr}((\llbracket S \rrbracket \circ \mathscr{E}_1)^n(\rho)) - \text{tr}((\mathscr{E}_0 \circ (\llbracket S \rrbracket \circ \mathscr{E}_1)^n)(\rho))$$

将式 (4.14) 和 (4.15) 代入式 (4.12)，可以得到：

$$\mathrm{tr}\left[(M_0^\dagger P M_0 + M_1^\dagger \mathcal{Q} M_1)\rho\right] \leqslant \sum_{k=0}^{n} \mathrm{tr}\left(P(\mathscr{E}_0 \circ (\llbracket S \rrbracket \circ \mathscr{E}_1)^k)(\rho))\right)$$

$$+ \left[\mathrm{tr}(\rho) - \sum_{k=0}^{n} \mathrm{tr}((\mathscr{E}_0 \circ (\llbracket S \rrbracket \circ \mathscr{E}_1)^k)(\rho))\right]$$

$$= \mathrm{tr}\left(P \sum_{k=0}^{n} (\mathscr{E}_0 \circ (\llbracket S \rrbracket \circ \mathscr{E}_1)^k)(\rho)\right)$$

$$+ \left[\mathrm{tr}(\rho) - \mathrm{tr}\left(\sum_{k=0}^{n} (\mathscr{E}_0 \circ (\llbracket S \rrbracket \circ \mathscr{E}_1)^k)(\rho)\right)\right]$$

令 $n \to \infty$。此时有如下结论：

$$\mathrm{tr}\left[(M_0^\dagger P M_0 + M_1^\dagger \mathcal{Q} M_1)\rho\right] \leqslant \mathrm{tr}(P\llbracket \mathbf{while} \rrbracket(\rho)) + [\mathrm{tr}(\rho) - \mathrm{tr}(\llbracket \mathbf{while} \rrbracket(\rho))]$$

且

$$\models_{\mathrm{par}} \{M_0^\dagger P M_0 + M_1^\dagger \mathcal{Q} M_1\} \ \mathbf{while} \ \{P\}$$

其中 **while** 是量子循环 **while** $M[\bar{q}] = 1$ **do** S 的缩写。

- (R-Or) 这个规则的正确性可以从引理 4.1.2 和定义 4.2.2 中直接得到。 □

现在我们准备建立证明系统 qPD 在部分正确性语义方面的完备性：

- 从部分正确性而言量子程序为真意味着它在证明系统 qPD 上满足可证明性。

注意到规则 (R-Or) 中的量子谓词之间的 Löwner 序断言是关于复数的语句。所以只有将 qPD 的完整性与复数领域的理论联系起来才能得到令我们满意的结果；更确切地说，我们需要将所有在复数领域中为真的语句添加到 qPD 中才能使 qPD 完整。下面这个定理应当从这样相对完备性的角度进行理解。

定理 4.2.2（完备性） 对于量子 **while** 程序的部分正确性而言，证明系统 qPD 具有完备性；即对于任意的量子 **while** 程序 S 和量子谓词 $P, Q \in \mathcal{P}(\mathscr{H}_{\mathrm{all}})$，我们有：

$$\models_{\mathrm{par}} \{P\} S \{Q\} \quad \text{意味着} \quad \vdash_{\mathrm{qPD}} \{P\} S \{Q\}$$

证明： 如果 $\models_{\mathrm{par}} \{P\} S \{Q\}$，那么通过定义 4.2.3(2) 我们有 $P \sqsubseteq \mathrm{wlp}.S.Q$。因此，通过规则 (R-Or) 可以证明：

- 声明：

$$\vdash_{\mathrm{qPD}} \{\mathrm{wlp}.S.Q\} S \{Q\}$$

我们可以通过对 S 的结构使用归纳法来证明这个声明。

- 情况 1。$S \equiv \mathbf{skip}$。可以从公理 (Ax-Sk) 得到。
- 情况 2。$S \equiv q := 0$。可以从公理 (Ax-In) 得到。
- 情况 3。$S \equiv \bar{q} := U[\bar{q}]$。可以从公理 (Ax-UT) 得到。
- 情况 4。$S \equiv S_1; S_2$。通过 S_1 和 S_2 的归纳假设我们可以得出：

$$\vdash_{\mathrm{qPD}} \{\mathrm{wlp}.S_1.(\mathrm{wlp}.S_2.Q)\} S_1 \{\mathrm{wlp}.S_2.Q\}$$

且

$$\vdash_{\mathrm{qPD}} \{\mathrm{wlp}.S_2.Q\}S_2\{Q\}$$

通过规则 (R-SC) 我们可以得出：

$$\vdash_{\mathrm{qPD}} \{\mathrm{wlp}.S_1.(\mathrm{wlp}.S_2.Q)\}S_1;S_2\{Q\}$$

此时通过命题 4.2.3(4)，我们发现

$$\vdash_{\mathrm{qPD}} \{\mathrm{wlp}.S_1;S_2.Q\}S_1;S_2\{Q\}$$

- 情况 5。$S \equiv \mathbf{if}(\Box m \cdot M[\bar{q}] = m \to S_m)\mathbf{fi}$。对于所有的 m，通过 S_m 的递归假设我们可以得到：

$$\vdash_{\mathrm{qPD}} \{\mathrm{wlp}.S_m.Q\}S_m\{Q\}$$

使用规则 (R-IF)，我们可以得到：

$$\vdash_{\mathrm{qPD}} \left\{\sum_m M_m^\dagger(\mathrm{wlp}.S_m.Q)M_m\right\} \mathbf{if}(\Box m \cdot M[\bar{q}] = m \to S_m)\mathbf{fi}\{Q\}$$

再使用命题 4.2.3(5)，我们可以得到：

$$\vdash_{\mathrm{qPD}} \{\mathrm{wlp}.\mathbf{if}(\Box m \cdot M[\bar{q}] = m \to S_m)\mathbf{fi}.Q\}\mathbf{if}(\Box m \cdot M[\bar{q}] = m \to S_m)\mathbf{fi}\{Q\}$$

- 情况 6。$S \equiv \mathbf{while}\ M[\bar{q}] = 1\ \mathbf{do}\ S'\ \mathbf{od}$。为了简便，我们将量子循环 $\mathbf{while}\ M[\bar{q}] = 1\ \mathbf{do}\ S'\ \mathbf{od}$ 记作 $\mathbf{while}$。通过 S 的递归假设，我们可以断言：

$$\vdash_{\mathrm{qPD}} \{\mathrm{wlp}.S.(\mathrm{wlp}.\mathbf{while}.P)\}S\{\mathrm{wlp}.\mathbf{while}.P\}$$

通过命题 4.2.4(2)，我们有：

$$\mathrm{wlp}.\mathbf{while}.P = M_0^\dagger P M_0 + M_1^\dagger(\mathrm{wlp}.S.(\mathrm{wlp}.\mathbf{while}.P))M_1$$

129

然后通过规则 (R-LP)，我们可以得到：

$$\vdash_{\mathrm{qPD}} \{\mathrm{wlp}.\mathbf{while}.P\}\mathbf{while}\{P\}$$

满足预期要求。　　　　　　　　　　　　　　　　　　　　　　　　□

4.2.4　整体正确性的证明系统

在上一小节中我们对量子 **while** 程序的部分正确性的证明系统 qPD 进行了研究。在这个小节中，我们将进一步研究量子 **while** 程序的整体正确性的证明系统 qTD。qTD 和 qPD 之间的唯一区别在于量子 **while** 循环的推理规则不同。在系统 qPD 中，我们并不需要考虑量子循环的终止。但是在系统 qTD 中具有可以推断量子循环终止的规则是至关重要的。为了给出量子循环的整体正确性的规则，我们首先需要对有界函数的概念进行介绍。它表示在计算过程中量子循环的迭代次数。

定义 4.2.4　令 $P \in \mathscr{P}(\mathscr{H}_{\mathrm{all}})$ 是一个量子谓词，且 $\epsilon > 0$ 是一个实数。函数

$$t : \mathscr{D}(\mathscr{H}_{\mathrm{all}}) \to \mathbb{N}(\text{非负整数})$$

如果满足如下两个条件，我们就称它为量子循环 while $M[\bar{q}] = 1$ do S od 的 (P,ϵ)-有界函数。

(1) $t\left(\llbracket S \rrbracket \left(M_1 \rho M_1^\dagger\right)\right) \leqslant t(\rho)$

(2) $\mathrm{tr}(P\rho) \geqslant \epsilon$ 表明对于所有的 $\rho \in \mathscr{D}(\mathscr{H}_{\mathrm{all}})$，都有

$$t\left(\llbracket S \rrbracket \left(M_1 \rho M_1^\dagger\right)\right) < t(\rho)$$

有界函数在编程理论的相关文献中也被称为排名函数。循环中使用有界函数的目的是保证循环终止。基本的思路是：因为有界函数的值总是非负的且它的取值会随循环次数的递增而减小，因此循环在进行一定次数的迭代之后会终止。经典循环 while B do S od 的有界函数 t 对于任意的输入状态 s 都满足如下不等式：

$$t(\llbracket S \rrbracket(s)) < t(s)$$

将这个不等式和前面定义的条件 (1) 和 (2) 进行比较会很有趣。我们发现条件 (1) 和条件 (2) 是

$$t\left(\llbracket S \rrbracket \left(M_1 \rho M_1^\dagger\right)\right)$$

和 $t(\rho)$ 之间的不等式，而非 $t(\llbracket S \rrbracket(\rho))$ 和 $t(\rho)$ 之间的。之所以出现这种情况是因为在实现量子循环 while $M[\bar{q}] = 1$ do S od 的过程中，当对循环卫式 $M[\bar{q}] = 1$ 进行检查时，我们需要在 ρ 上执行 yes-no 测量 M，一旦得到的测量结果为 yes，那么量子变量的状态会从 ρ 变为 $M_1 \rho M_1^\dagger$。

接下来的引理从循环的迭代次数达到无限次时量子变量状态的极限的角度给出了量子循环的界限函数的存在表征。它在证明 qTD 的完备性和可靠性的过程中非常重要。

引理 4.2.1　令 $P \in \mathscr{P}(\mathscr{H}_{\mathrm{all}})$ 是一个量子谓词，那么接下来的两条语句是等价的：

(1) 对于任意的 $\epsilon > 0$, while 循环 while $M[\bar{q}] = 1$ do S od 的 (P,ϵ)-有界函数 t_ϵ 都存在。

(2) 对于所有的 $\rho \in \mathscr{D}(\mathscr{H}_{\mathrm{all}})$ 都有 $\lim_{n\to\infty} \mathrm{tr}\left(P(\llbracket S \rrbracket \circ \mathscr{E}_1)^n(\rho)\right) = 0$。

证明： $(1) \Rightarrow (2)$。我们使用反证法来证明。如果

$$\lim_{n\to\infty} \mathrm{tr}\left(P(\llbracket S \rrbracket \circ \mathscr{E}_1)^n(\rho)\right) \neq 0$$

那么存在 $\epsilon_0 > 0$ 和一个非负整数的严格递增序列 $\{n_k\}$ 满足

$$\mathrm{tr}\left(P(\llbracket S \rrbracket \circ \mathscr{E}_1)^{n_k}(\rho)\right) \geqslant \epsilon_0$$

130

对于所有的 $k \geqslant 0$ 都成立。因此我们可以得到一个循环 while $M[\bar{q}] = 1$ do S od 的 (P, ϵ)-有界函数。对于任意的 $k \geqslant 0$，我们取

$$\rho_k = (\llbracket S \rrbracket \circ \mathscr{E}_1)^{n_k}(\rho)$$

此时它满足 $\operatorname{tr}(P\rho_k) \geqslant \epsilon_0$，且通过定义 4.2.4 中的条件 (1) 和 (2)，我们可以得到：

$$
\begin{aligned}
t_{\epsilon_0}(\rho_k) &> t_{\epsilon_0}\left(\llbracket S \rrbracket(M_1 \rho_k M_1^\dagger)\right) \\
&= t_{\epsilon_0}\left((\llbracket S \rrbracket \circ \mathscr{E}_1)(\rho_k)\right) \\
&\geqslant t_{\epsilon_0}\left((\llbracket S \rrbracket \circ \mathscr{E}_1)^{n_{k+1}-n_k}(\rho_k)\right) \\
&= t_{\epsilon_0}(\rho_{k+1})
\end{aligned}
$$

因此，我们可以得到集合 $\mathbb{N}$ 中的一个无穷降链 $\{t_{\epsilon_0}(\rho_k)\}$。这与 $\mathbb{N}$ 是一个良基集相矛盾。

$(2) \Rightarrow (1)$。对于任意的 $\rho \in \mathscr{D}(\mathscr{H}_{\text{all}})$，如果

$$\lim_{n \to \infty} \operatorname{tr}\left(P(\llbracket S \rrbracket \circ \mathscr{E}_1)^n(\rho)\right) = 0$$

那么对于任意的 $\epsilon > 0$，都存在 $N \in \mathbb{N}$ 满足对于所有的 $n \geqslant N$ 都有

$$\operatorname{tr}\left(P(\llbracket S \rrbracket \circ \mathscr{E}_1)^n(\rho)\right) < \epsilon$$

成立。我们定义：

$$t_\epsilon(\rho) = \min\left\{N \in \mathbb{N} : \operatorname{tr}\left(P(\llbracket S \rrbracket \circ \mathscr{E}_1)^n(\rho)\right) < \epsilon, \quad \text{对于所有的 } n \geqslant N \text{ 都成立}\right\}$$

现在我们可以证明 t_ϵ 是循环"while $M[\bar{q}] = 1$ do S od"的 (P, ϵ)-有界函数。最后我们思考如下两种情况：

- 情况 1。$\operatorname{tr}(P\rho) \geqslant \epsilon$。假设 $t_\epsilon(\rho) = N$，那么 $\operatorname{tr}(P\rho) \geqslant \epsilon$ 意味着 $N \geqslant 1$。通过 t_ϵ 的定义，我们断言：对于所有的 $n \geqslant N$ 都有

$$\operatorname{tr}\left(P(\llbracket S \rrbracket \circ \mathscr{E}_1)^n(\rho)\right) < \epsilon$$

  成立。因此，对于所有的 $n \geqslant N - 1 \geqslant 0$，

$$\operatorname{tr}\left(P(\llbracket S \rrbracket \circ \mathscr{E}_1)^n\left(\llbracket S \rrbracket\left(M_1^\dagger \rho M_1\right)\right)\right) = \operatorname{tr}\left(P(\llbracket S \rrbracket \circ \mathscr{E}_1)^{n+1}(\rho)\right) < \epsilon$$

  因此我们有：

$$t_\epsilon\left(\llbracket S \rrbracket\left(M_1^\dagger \rho M_1\right)\right) \leqslant N - 1 < N = t_\epsilon(\rho)$$

- 情况 2。$\operatorname{tr}(P\rho) < \epsilon$。同样，假设 $t_\epsilon(\rho) = N$。现在我们有如下的两个子情况：
  - 子情况 2.1。$N = 0$。那么对于所有的 $n \geqslant 0$，都满足

$$\operatorname{tr}\left(P(\llbracket S \rrbracket \circ \mathscr{E}_1)^n(\rho)\right) < \epsilon$$

131

此外，我们很容易就能得到

$$t_\epsilon\left(\llbracket S \rrbracket\left(M_1\rho M_1^\dagger\right)\right)=0=t_\epsilon(\rho)$$

- 子情况 2.2。$N \leqslant 1$。我们可以按照情况 1 的方法推导出

$$t_\epsilon(\rho)>t_\epsilon\left(\llbracket S \rrbracket\left(M_1\rho M_1^\dagger\right)\right) \qquad\qquad \square$$

现在我们将对量子 **while** 程序的整体正确性的证明系统 qTD 进行介绍。前面已经提到，系统 qTD 与证明系统 qPD 仅仅在循环的推导规则上有所不同。更确切地说，证明系统 qTD 由图 4.2 中的公理 (Ax-Sk)、(Ax-In) 和 (Ax-UT)，推导规则 (R-SC)、(R-IF) 和 (R-Or)，以及图 4.3 中的推导规则 (R-LT) 组成。

132

$$
\begin{array}{ll}
\bullet & \{Q\}S\{M_0^\dagger PM_0+M_1^\dagger PM_1\} \\
\bullet & \text{对于任意的 } \epsilon>0，\text{都有 } t_\epsilon \text{ 是循环 } \textbf{while} M[\overline{q}]=1 \textbf{ do } S \textbf{ od } \text{的} \\
& (M_1^\dagger PM_1,\epsilon)\text{-有界函数} \\
\hline
(\text{R-LT}) & \overline{\{M_0^\dagger PM_0+M_1^\dagger PM_1\}\textbf{while } M[\overline{q}]=1 \textbf{ do } S \textbf{ od}\{P\}}
\end{array}
$$

图 4.3　整体正确性的证明系统 qTD

规则 (R-LT) 可以用于证明 Grover 算法的正确性，这在 4.2.5 节中会有介绍。

接下来我们将建立证明系统 qTD 的完备性和可靠性：

- 证明系统 qTD 中的正确性公式的可证明性与其整体正确性的真值相同。

当正确性公式 $\{P\}S\{Q\}$ 可以通过有限次使用 qTD 中的公理和推导规则得出时，我们记：

$$\vdash_{\text{qTD}} \{P\}S\{Q\}$$

定理 4.2.3（可靠性）　对于量子 **while** 程序的整体正确性而言，证明系统 qTD 是可靠的；即对于任意的量子程序 S 和量子谓词 $P,Q \in \mathscr{P}(\mathscr{H}_{\text{all}})$，我们有：

$$\vdash_{\text{qTD}} \{P\}S\{\mathscr{Q}\} \quad \text{意味着} \quad \models_{\text{tot}} \{P\}S\{Q\}$$

证明：　我们可以证明从整体正确性的角度而言 qTD 的公理是有效的，且 qTD 的推理规则保有整体正确性。

(Ax-Sk)、(Ax-In) 和 (Ax-UT) 的可靠性的证明过程与部分正确性的情况类似。其余推理规则的证明如下：

- (R-SC) 假设 $\models_{\text{tot}} \{P\}S_1\{Q\}$ 且 $\models_{\text{tot}} \{Q\}S_2\{R\}$。那么对于任意的 $\rho \in \mathscr{D}(\mathscr{H}_{\text{all}})$，通过命题 3.3.1(4) 我们可以得到：

$$\text{tr}(P\rho) \leqslant \text{tr}(Q\llbracket S_2 \rrbracket(\rho))$$
$$\leqslant \text{tr}(R\llbracket S_2 \rrbracket(\llbracket S_1 \rrbracket(\rho)))$$
$$= \text{tr}(P\llbracket S_1;S_2 \rrbracket(\rho))$$

因此，$\models_{\text{tot}} \{P\}S_1; S_2\{R\}$。

- (R-IF) 假设对于所有可能的测量结果 m 都满足 $\models_{\text{tot}} \{P_m\}S_m\{Q\}$，那么对于任意的 $\rho \in \mathcal{D}(\mathcal{H}_{\text{all}})$ 都有

$$\text{tr}\left(P_m M_m \rho M_m^\dagger\right) \leqslant \text{tr}\left(Q[\![S_m]\!]\left(M_m \rho M_m^\dagger\right)\right)$$

因此，我们有：

$$\text{tr}\left(\sum_m M_m^\dagger P_m M_m \rho\right) = \sum_m \text{tr}\left(P_m M_m \rho M_m^\dagger\right)$$

$$\leqslant \sum_m \text{tr}\left(Q[\![S_m]\!]\left(M_m \rho M_m^\dagger\right)\right)$$

$$= \text{tr}\left(Q \sum_m [\![S_m]\!]\left(M_m \rho M_m^\dagger\right)\right)$$

$$= \text{tr}(Q[\![\mathbf{if}(\square m \cdot M[\bar{q}] = m \rightarrow S_m)\mathbf{fi}]\!](\rho))$$

且

$$\models_{\text{tot}}\left\{\sum_m M_m^\dagger P M_m\right\} \mathbf{if}(\square m \cdot M[\bar{q}] = m \rightarrow S_m)\mathbf{fi}\{Q\}$$

- (R-LT) 我们假设

$$\models_{\text{tot}} \{Q\}S\left\{M_0^\dagger P M_0 + M_1^\dagger Q M_1\right\}$$

那么对于任意的 $\rho \in \mathcal{D}(\mathcal{D}_{\text{all}})$，我们有：

$$\text{tr}(Q\rho) \leqslant \text{tr}\left((M_0^\dagger P M_0 + M_1^\dagger Q M_1)[\![S]\!](\rho)\right) \tag{4.16}$$

我们首先通过对 n 使用归纳法来证明如下不等式：

$$\text{tr}\left[\left(M_0^\dagger P M_0 + M_1^\dagger Q M_1\right)\rho\right]$$
$$\leqslant \sum_{k=0}^{n} \text{tr}\left(P\left[\mathscr{E}_0 \circ ([\![S]\!] \circ \mathscr{E}_1)\right]^k(\rho)\right) + \text{tr}\left(Q\left[\mathscr{E}_1 \circ ([\![S]\!] \circ \mathscr{E}_1)^n\right](\rho)\right) \tag{4.17}$$

实际上它满足

$$\text{tr}\left[\left(M_0^\dagger P M_0 + M_1^\dagger Q M_1\right)\rho\right] = \text{tr}\left(P M_0 \rho M_0^\dagger\right) + \text{tr}\left(Q M_1 \rho M_1^\dagger\right)$$
$$= \text{tr}(P\mathscr{E}_0(\rho)) + \text{tr}(Q\mathscr{E}_1(\rho))$$

所以在 $n = 0$ 的情况下式 (4.17) 是成立的。假设式 (4.17) 在 $n = m$ 的情况下也同样成立。那么通过式 (4.16)，我们可以得出：

$$\text{tr}\left[\left(M_0^\dagger P M_0 + M_1^\dagger Q M_1\right)\rho\right] = \text{tr}(P\mathscr{E}_0(\rho)) + \text{tr}\left(Q M_1 \rho M_1^\dagger\right)$$

$$\leqslant \sum_{k=0}^{m} \text{tr}\left(P[\mathscr{E}_0 \circ (\llbracket S \rrbracket \circ \mathscr{E}_1)]^k(\rho)\right) + \text{tr}\left(Q\left[\mathscr{E}_1 \circ (\llbracket S \rrbracket \circ \mathscr{E}_1)^m\right](\rho)\right)$$

$$\leqslant \sum_{k=0}^{m} \text{tr}\left(P[\mathscr{E}_0 \circ (\llbracket S \rrbracket \circ \mathscr{E}_1)]^k(\rho)\right)$$
$$+ \text{tr}\left(\left(M_0^\dagger P M_0 + M_1^\dagger Q M_1\right)\llbracket S \rrbracket\left([\mathscr{E}_1 \circ (\llbracket S \rrbracket \circ \mathscr{E}_1)^m](\rho)\right)\right)$$

$$= \sum_{k=0}^{m} \text{tr}\left(P[\mathscr{E}_0 \circ (\llbracket S \rrbracket \circ \mathscr{E}_1)]^k(\rho)\right) + \text{tr}\left(P M_0 \llbracket S \rrbracket\left([\mathscr{E}_1 \circ (\llbracket S \rrbracket \circ \mathscr{E}_1)^m](\rho)\right) M_0^\dagger\right)$$
$$+ \text{tr}\left(Q M_1 \llbracket S \rrbracket\left([\mathscr{E}_1 \circ (\llbracket S \rrbracket \circ \mathscr{E}_1)^m](\rho)\right) M_1^\dagger\right)$$

$$= \sum_{k=0}^{m+1} \text{tr}\left(P[\mathscr{E}_0 \circ (\llbracket S \rrbracket \circ \mathscr{E}_1)]^k(\rho)\right) + \text{tr}\left(Q\left[\mathscr{E}_1 \circ (\llbracket S \rrbracket \circ \mathscr{E}_1)^{m+1}\right](\rho)\right)$$

因此式 (4.17) 在 $n = m+1$ 的情况下依然成立。至此式 (4.17) 得证。

因为对于任意的 $\epsilon > 0$，量子循环 **while** $M[\bar{q}] = 1$ **do** S **od** 都存在 $(M_1^\dagger Q M_1, \epsilon)$-有界函数，那么通过引理 4.2.1，我们可以得到：

$$\lim_{n\to\infty} \text{tr}(Q[\mathscr{E}_1 \circ (\llbracket S \rrbracket \circ \mathscr{E}_1)^n](\rho)) = \lim_{n\to\infty} \text{tr}(Q M_1 (\llbracket S \rrbracket \circ \mathscr{E}_1)^n(\rho) M_1^\dagger)$$
$$= \lim_{n\to\infty} \text{tr}(M_1^\dagger Q M_1 (\llbracket S \rrbracket \circ \mathscr{E}_1)^n(\rho))$$
$$= 0$$

因此，它满足：

$$\text{tr}\left[(M_0^\dagger P M_0 + M_1^\dagger \mathscr{Q} M_1)\rho\right] \leqslant \lim_{n\to\infty} \sum_{k=0}^{n} \text{tr}(P[\mathscr{E}_0 \circ (\llbracket S \rrbracket \circ \mathscr{E}_1)]^k(\rho))$$
$$+ \lim_{n\to\infty} \text{tr}(\mathscr{Q}[\mathscr{E}_1 \circ (\llbracket S \rrbracket \circ \mathscr{E}_1)^n](\rho))$$
$$= \sum_{n=0}^{\infty} \text{tr}(P[\mathscr{E}_0 \circ (\llbracket S \rrbracket \circ \mathscr{E}_1)]^n(\rho))$$
$$= \text{tr}\left(P \sum_{n=0}^{\infty} [\mathscr{E}_0 \circ (\llbracket S \rrbracket \circ \mathscr{E}_1)^n](\rho)\right)$$
$$= \text{tr}(P\llbracket \textbf{while } M[\bar{q}] = 1 \textbf{ do } S \textbf{ od}\rrbracket(\rho)) \qquad \Box$$

定理 4.2.4（完备性） 对于量子 **while** 程序的整体正确性而言，证明系统 qTD 具有完备性；即对于任意的量子程序 S 和量子谓词 $P, Q \in \mathscr{P}(\mathscr{H}_{\text{all}})$，我们有：

$$\models_{\text{tot}} \{P\}S\{Q\} \text{ 意味着 } \vdash_{\text{qTD}} \{P\}S\{Q\}$$

证明： 与部分正确性的情况类似，我们可以对如下内容进行证明：

声明：因为根据定义 4.2.3(1)，我们可以得出当 $\models_{\text{tot}} \{P\}S\{Q\}$ 时有 $P \sqsubseteq wp.S.Q$ 成立，所以

$$\vdash_{\text{qTD}} \{wp.S.Q\}S\{Q\}$$

对于任意的量子程序 S 和量子谓词 $P \in \mathscr{P}(\mathscr{H}_{all})$ 都成立。我们可以通过对 S 的结构使用归纳法来证明该声明。我们只对 $S \equiv$ **while** $M[\bar{q}] = 1$ **do** S' **od** 的情况进行研究。其他情况的证明与定理 4.2.2 的证明类似。

我们将量子循环 **while** $M[\bar{q}] = 1$ **do** S' **od** 记为 **while**。根据命题 4.2.4(1)，我们可以得到：

$$\text{wp.}\textbf{while}.Q = M_0^{\dagger} Q M_0 + M_1^{\dagger}(\text{wp.}S'.(\text{wp.}\textbf{while}.Q))M_1$$

所以我们的目标是推导出：

$$\vdash_{\text{qTD}} \left\{ M_0^{\dagger} Q M_0 + M_1^{\dagger}(\text{wp.}S'.(\text{wp.}\textbf{while}.Q))M_1 \right\} \textbf{while} \{Q\}$$

通过 S' 的归纳假设，我们可以得到：

$$\vdash_{\text{qTD}} \{\text{wp.}S'.(wp.\textbf{while}.Q)\} S' \{\text{wp.}\textbf{while}.Q\}$$

此时结合规则 (R-LT) 可以证明对于任意的 $\epsilon > 0$，量子循环 **while** 都存在 $(M_1^{\dagger}(\text{wp.}S'.(\text{wp.}\textbf{while}.Q))M_1, \epsilon)$-有界函数。应用引理 4.2.1，我们只需要证明：

$$\lim_{n \to \infty} \text{tr} \left(M_1^{\dagger}(\text{wp.}S'.(\text{wp.}\textbf{while}.Q))M_1(\llbracket S' \rrbracket \circ \mathscr{E}_1)^n(\rho) \right) = 0 \qquad (4.18) \quad \boxed{136}$$

公式(4.18) 的证明通过如下两个步骤来完成。首先通过命题 4.2.2(4) 和命题 3.3.1(4)，我们发现：

$$
\begin{aligned}
&\text{tr} \left(M_1^{\dagger}(\text{wp.}S'.(\text{wp.}\textbf{while}.Q))M_1(\llbracket S' \rrbracket \circ \mathscr{E}_1)^n(\rho) \right) \\
&= \text{tr} \left(\text{wp.}S'.(\text{wp.}\textbf{while}.Q)M_1(\llbracket S' \rrbracket \circ \mathscr{E}_1)^n(\rho)M_1^{\dagger} \right) \\
&= \text{tr} \left(\text{wp.}\textbf{while}.Q\llbracket S' \rrbracket \left(M_1(\llbracket S' \rrbracket \circ \mathscr{E}_1)^n(\rho)M_1^{\dagger} \right) \right) \\
&= \text{tr} \left(\text{wp.}\textbf{while}.Q(\llbracket S' \rrbracket \circ \mathscr{E}_1)^{n+1}(\rho) \right) \\
&= \text{tr} \left(Q\llbracket \textbf{while} \rrbracket(\llbracket S' \rrbracket \circ \mathscr{E}_1)^{n+1}(\rho) \right) \\
&= \sum_{k=n+1}^{\infty} \text{tr} \left(Q \left[\mathscr{E}_0 \circ (\llbracket S' \rrbracket \circ \mathscr{E}_1)^k \right] (\rho) \right)
\end{aligned}
\qquad (4.19)
$$

接下来我们对如下非负实数的无穷级数进行研究：

$$\sum_{n=0}^{\infty} \text{tr} \left(Q \left[\mathscr{E}_0 \circ (\llbracket S' \rrbracket \circ \mathscr{E}_1)^k \right] (\rho) \right) = \text{tr} \left(Q \sum_{n=0}^{\infty} \left[\mathscr{E}_0 \circ (\llbracket S' \rrbracket \circ \mathscr{E}_1)^k \right] (\rho) \right) \qquad (4.20)$$

因为 $Q \sqsubseteq I_{\mathscr{H}_{all}}$，所以通过命题 3.3.1(4) 和命题 3.3.4，我们可以得出

$$\text{tr} \left(Q \sum_{n=0}^{\infty} \left[\mathscr{E}_0 \circ (\llbracket S' \rrbracket \circ \mathscr{E}_1)^k \right] (\rho) \right) = \text{tr}(Q\llbracket \textbf{while} \rrbracket(\rho))$$

$$\leqslant \text{tr}(\llbracket \textbf{while} \rrbracket(\rho))$$

$$\leqslant \text{tr}(\rho) \leqslant 1$$

因此式 (4.20) 中给出的无穷级数是收敛的。注意式 (4.19) 是无穷级数 (4.20) 中第 n 项之后的其余各项之和。那么式 (4.20) 中的无穷级数的收敛性意味着式 (4.18) 成立。至此该证明完成。   □

需要指出正如定理 4.2.2 所述，因为除了在 qTD 中使用的规则 (R-Or) 外，规则 (R-LT) 中存在的有界函数也是关于复数的语句，所以前面的定理只是关于复数领域理论的证明系统 qTD 的相对完备性。

4.2.5　例子：推理 Grover 算法

我们在前面两个小节中设计了量子 while 程序的部分正确性证明系统 qPD 和整体正确性证明系统 qTD，并规定了它们的（相对）完备性和可靠性。本小节的目的是说明如何将证明系统 qPD 和 qTD 实际应用于验证量子程序的正确性。我们将以 Grover 搜索算法作为例子进行介绍。

回忆 2.3.3 节和 3.5 节，我们可以将搜索问题按照如下方式进行描述。搜索空间由 $N = 2^n$ 个元素构成，这些元素的下标分别为 $0, 1, \cdots, N-1$。假设这个搜索问题有 L 个解且满足 $1 \leqslant L \leqslant \dfrac{N}{2}$，并且我们有一个可以识别该搜索问题的解的黑盒。每个元素 $x \in \{0, 1, \cdots, N-1\}$ 都用二进制表示法来表示 $x \in \{0, 1\}^n$。在量子 while 语句中，可以将解决这类问题的 Grover 算法写成如图 4.4 所示的程序 Grover，其中：

- 程序：

　　1. $q_0 := |0\rangle; q_1 := |0\rangle; \cdots; q_{n-1} := |0\rangle$

　　2. $q := |0\rangle$

　　3. $r := |0\rangle$

　　4. $q := X[q]$

　　5. $q_0 := H[q_0]; q_1 := H[q_1]; \cdots; q_{n-1} := H[q_{n-1}]$

　　6. $q := H[q]$

　　7. while $M[r] = 1$ do D od

　　8. if $(\Box x \cdot M'[q_0, q_1, \cdots, q_{n-1}] = x \rightarrow \textbf{skip})$ fi

---

图 4.4　量子搜索程序 Grover

- $q_0, q_1, \cdots, q_{n-1}, q$ 是类型为 **Boolean** 的量子变量，r 是类型为 **integer** 的量子变量。
- X 是 NOT 门，H 是 Hadamard 门。
- $M = \{M_0, M_1\}$ 是一个满足

$$M_0 = \sum_{l \geqslant k} |l\rangle_r \langle l|, \quad M - 1 = \sum_{l < k} |l\rangle_r \langle l|$$

的量子测量，且 k 是属于区间 $\left[\dfrac{\pi}{2\theta} - 1, \dfrac{\pi}{2\theta}\right]$ 的正整数，其中 θ 由如下等式决定：

$$\cos\frac{\theta}{2} = \sqrt{\frac{N-L}{2}}\,(0 \leqslant \theta \leqslant \frac{\pi}{2})$$

- M' 是在 n 个量子比特构成的可计算基矢上进行的测量，即

$$M' = \{M'_x : x \in \{0,1\}^n\}$$

其中对于任意的 x 都满足 $M'_x = |x\rangle\langle x|$。

138

- D 是图 4.5 中给出的子程序。

- 循环体：

  1. $q_0, q_1, \cdots, q_{n-1}, q := O[q_0, q_1, \cdots, q_{n-1}, q]$

  2. $q_0 := H[q_0]; q_1 := H[q_1]; \cdots; q_{n-1} := H[q_{n-1}]$

  3. $q_0, q_1, \cdots, q_{n-1} := \text{Ph}[q_0, q_1, \cdots, q_{n-1}]$

  4. $q_0 := H[q_0]; q_1 := H[q_1]; \cdots; q_{n-1} := H[q_{n-1}]$

  5. $r := r + 1$

图 4.5　循环体 D

在图 4.5 中，O 是通过由 $n+1$ 个量子比特上进行的幺正操作来表示的：

$$|x\rangle|q\rangle \xrightarrow{O} |x\rangle|q \oplus f(x)\rangle$$

对于所有的 $x \in \{0,1\}^n, q \in \{0,1\}$ 都成立，其中 $f : \{0,1\}^n \to \{0,1\}$ 是由解的特征函数

$$f(x) = \begin{cases} 1 & x\text{是解} \\ 0 & \text{其他} \end{cases}$$

所定义的。逻辑门 Ph 是一类条件相移：

$$|0\rangle \to |0\rangle, |x\rangle \to -|x\rangle, \quad \text{对于所有的 } x \neq 0 \text{ 都成立}$$

即 $\text{Ph} = 2|0\rangle\langle 0| - I$。

Grover 搜索的正确性公式

2.3.3 节已经证明 Grover 算法的成功概率为

$$\Pr(\text{success}) = \sin^2\left(\frac{2k+1}{2}\theta\right) \geqslant \frac{N-L}{N}$$

其中 k 是最接近实数

$$\frac{\arccos\sqrt{\frac{L}{N}}}{\theta}$$

的整数，即 k 是区间 $\left[\frac{\pi}{2\theta} - 1, \frac{\pi}{2\theta}\right]$ 内的整数。因为 $L \leqslant \frac{N}{2}$，所以成功的概率至少是一半。特别地，如果 $L \ll N$，那么成功的概率会非常高。通过上一小节介绍的内容，上述结论可以通过程序 Grover 的整体正确性来描述：

$$\models_{\text{tot}} \{p_{\text{succ}}I\}\text{Grover}\{P\}$$

139

其中前置条件是成功概率 $p_{\text{succ}} \triangleq \Pr(\text{success})$ 和单位算子

$$I = \bigotimes_{i=0}^{n-1} I_{q_i} \otimes I_q \otimes I_r$$

的乘积，后置条件的定义为

$$P = \left(\sum_{t \text{ solution}} |t\rangle_{\overline{q}} \langle t| \right) \otimes I_q \otimes I_r$$

$I_{q_i}(i = 0, 1, \cdots, n-1)$ 和 I_q 是空间 $\mathscr{H}_2$（其类型为 **Boolean**）中的单位算子，I_r 是空间 $\mathscr{H}_\infty$（其类型为 **integer**）中的单位算子且 $\overline{q} = q_0, q_1, \cdots, q_{n-1}$。

为了避免太复杂的计算，此处我们只对一类特殊情况进行分析：$L = 1$ 且 $k = \frac{\pi}{2\theta} - \frac{1}{2}$ 是区间 $\left[\frac{\pi}{2\theta} - 1, \frac{\pi}{2\theta} \right]$ 的中点。在这种情况下，存在唯一的解，记为 s，且后置条件

$$P = |s\rangle_{\overline{q}} \langle s| \otimes I_q \otimes I_r$$

同样，我们有 $p_{\text{succ}} = 1$。所以需要证明的东西就很简单了：

$$\models_{\text{tot}} \{I\} \text{Grover} \{P\}$$

通过 qTD 的可靠性（定理 4.2.3）可得：

$$\vdash_{\text{qTD}} \{I\} \text{Grover} \{P\} \tag{4.21}$$

我们可以通过图 4.2 和图 4.3 中的证明规则对它进行证明。

循环体 D 的验证

为了帮助读者理解，我们将式 (4.21) 的证明过程分为几个小的步骤。首先我们对图 4.5 中给出的循环体 D 进行验证。验证过程中需要使用如下引理。

引理 4.2.2　对于任意的 $i = 1, 2, \cdots, n$，假设 $\overline{q}_i$ 是一个量子寄存器且 U_i 是空间 $\mathscr{H}_{\overline{q}_i}$ 中的幺正变换。令 $U = U_n \cdots U_2 U_1$，其中对于每个 $i \leqslant n$，U_i 实际表示它在 $\otimes_{i=1}^n \mathscr{H}_{\overline{q}_i}$ 空间中的柱面扩展。那么对于任意的量子谓词 P，我们有：

$$\vdash_{\text{qPD}} \{U^\dagger P U\} \overline{q}_1 := U_1[\overline{q}_1]; \overline{q}_2 := U_2[\overline{q}_2]; \cdots; \overline{q}_n := U_n[\overline{q}_n] \{P\}$$

证明：通过重复使用公理 (Ax-UT) 即可完成证明。　　　　□

通过上述引理，我们可以对循环体 D 的正确性进行声明。首先，我们很容易发现

$$\sum_{t \in \{0, q\}^n} {M_t'}^\dagger P M_t' = P$$

通过公理 (Ax-Sk) 和规则（R-IF）可以得出：

$$\vdash_{\text{qTD}} \{P\} \mathbf{if}(\Box x \cdot M'[q_0, q_1, \cdots, q_{n-1}] = x \to \mathbf{skip}) \mathbf{fi} \{P\} \tag{4.22}$$

我们设

$$P' = |s\rangle_{\bar{q}}\langle s| \otimes |-\rangle_q\langle -| \otimes |k\rangle_r\langle k|$$

$$|\psi_l\rangle = \cos\left[\frac{\pi}{2} + (l-k)\theta\right]|\alpha\rangle + \sin\left[\frac{\pi}{2} + (l-k)\theta\right]|s\rangle$$

对于所有的整数 1 都成立，且

$$Q = \sum_{l<k}(|\psi_l\rangle_{\bar{q}}\langle\psi_l| \otimes |-\rangle_q\langle -| \otimes |l\rangle_r\langle l|)$$

那么我们有：

$$M_0^\dagger P' M_0 + M_1^\dagger Q M_1 = \sum_{l<k}(|\psi_l\rangle_{\bar{q}}\langle\psi_l| \otimes |-\rangle_q\langle -| \otimes |l\rangle_r\langle l|)$$

$$(G^\dagger \otimes I_q \otimes U_{+1}^\dagger)(M_0^\dagger P' M_0 + M_1^\dagger Q M_1)(G \otimes I_q \otimes U_{+1})$$
$$= \sum_{l<k}(|\psi_{l-1}\rangle_{\bar{q}}\langle\psi_{l-1}| \otimes |-\rangle_q\langle -| \otimes |l-1\rangle_r\langle l-1|)$$
$$= Q$$

其中 G 是图 2.2 中定义的 Grover 旋转（参考 2.3.3 节）。因此从引理 4.2.2 中，我们可以得到：

$$\vdash_{\mathrm{qTD}} \{Q\}D\{M_0^\dagger P' M_0 + M_1^\dagger Q M_1\}$$

循环while $M[r] = 1$ do D od" 的可终止性

证明 Grover 算法的正确性时，很重要的一步是证明图 4.4 的第 8 行循环具有可终止性。我们将有界函数

$$t : \mathscr{D}(\mathscr{H}_{\bar{q}} \otimes \mathscr{H}_q \otimes \mathscr{H}_r) \to \mathbb{N}$$

定义为：

- 如果 $\rho \in \mathscr{D}(\mathscr{H}_{\bar{q}} \otimes \mathscr{H}_q \otimes \mathscr{H}_r)$ 可以被写为

$$\rho = \sum_{l,t=-\infty}^{\infty} \rho_{lt} \otimes |l\rangle\langle t|$$

其中对于任意的 $-\infty \leqslant l, t \leqslant \infty$，$\rho_{lt}$ 都是 $\mathscr{H}_{\bar{q}} \otimes \mathscr{H}_q$ 中的算子（不一定是局部密度算子），那么：

$$t(\rho) = k - \max\{\max(l,t)|\rho_{lt} \neq 0 \text{ 且 } l, t \leqslant k\}$$

那么我们可以得到：

$$[\![D]\!](M_1 \rho M_1^\dagger) = [\![D]\!]\left(\sum_{l,t<k}\rho_{l,t} \otimes |l\rangle_r\langle t|\right)$$
$$= \sum_{l,t<k}\left[(G \otimes I_q)\rho_{lt}(G^\dagger \otimes I_q) \otimes |l+1\rangle_r\langle t+1|\right]$$

141

且

$$t\left(\llbracket D\rrbracket\left(M_1\rho M_1^\dagger\right)\right)<t(\rho)$$

其中 G 是 Grover 旋转。所以对于任意的 ϵ, t 都是 $(M_1^\dagger Q M_1, \epsilon)$–有界函数。通过规则 (R-LT)，我们可以断言：

$$\vdash_{\text{qTD}}\{M_0^\dagger P'M_0+M_1^\dagger Q M_1\}\textbf{while } M[r]\ =\ 1\ \textbf{do}\ D\ \textbf{od}\{P^\dagger\} \tag{4.23}$$

Grover 算法的正确性

最后，我们可以在上述准备工作的基础上对 Grover 算法的正确性进行证明。使用公理 (Ax-In) 我们可以得到：

$$\left\{\bigotimes_{i=0}^{m-1}|0\rangle_{q_i}\langle 0|\otimes\bigotimes_{i=m}^{n-1}I_{q_i}\otimes I_q\otimes I_r\right\}q_m:=|0\rangle\left\{\bigotimes_{i=0}^{m}|0\rangle_{q_i}\langle 0|\otimes\bigotimes_{i=m+1}^{n-1}I_{q_i}\otimes I_q\otimes I_r\right\}$$

对于 $m=0,1,\cdots,n-1$ 都成立。结合规则 (R-SC) 可以得到：

$$\{I\}q_0:=|0\rangle; q_1:=|0\rangle;\cdots; q_{n-1}:=|0\rangle\left\{\bigotimes_{i=0}^{n-1}|0\rangle_{q_i}\langle 0|\otimes I_q\otimes I_r\right\}$$

$$q:=|0\rangle\left\{\bigotimes_{i=0}^{n-1}|0\rangle_{q_i}\langle 0|\otimes|0\rangle_q\langle 0|\otimes I_r\right\}$$

$$r:=|0\rangle\left\{\bigotimes_{i=0}^{n-1}|0\rangle_{q_i}\langle 0|\otimes|0\rangle_q\langle 0|\otimes|0\rangle_r\langle 0|\right\}$$

$$q:=X[q]; q_0:=H[q_0]; q_1:=H[q_1];\cdots; q_{n-1}:=H[q_{n-1}];$$

$$q:=H[q]\{|\psi\rangle_{\overline{q}}\langle\psi|\otimes|-\rangle_q\langle-|\otimes|0\rangle_r\langle-|\} \tag{4.24}$$

其中

$$|\psi\rangle=\frac{1}{\sqrt{2^n}}\sum_{x\in\{0,1\}^n}|x\rangle$$

是均等叠加态。注意到式 (4.24) 最后的一部分是通过引理 4.2.2 和如下等式推导得到的：

$$\left[(H^\dagger)^{\otimes n}\otimes X^\dagger H^\dagger\otimes I_r\right](|\psi\rangle_{\overline{q}}\langle\psi|\otimes|-\rangle_q\langle-|\otimes|0\rangle_r\langle 0|)(H^{\otimes n}\otimes HX\otimes I_r)$$

$$=\bigotimes_{i=0}^{n-1}|0\rangle_{q_i}\langle 0|\otimes|0\rangle_q\langle 0|\otimes|0\rangle_r\langle 0|$$

显然 $P'\sqsubseteq P$。另一方面，根据假设 $k=\dfrac{\pi}{2\theta}-\dfrac{1}{2}$ 可以得出 $|\psi\rangle=|\psi_0\rangle$。那么有：

$$|\psi\rangle_{\overline{q}}\langle\psi|\otimes|-\rangle_q\langle-|\otimes|0\rangle_r\langle 0|=|\psi_0\rangle_{\overline{q}}\langle\psi_0|\otimes|-\rangle_q\langle-|\otimes|0\rangle_r\langle 0|$$

$$\sqsubseteq M_0^\dagger P'M_0+M_1^\dagger Q M_1$$

我们通过使用规则 (R-Or)、(R-SC) 和式 (4.22)、(4.23)、(4.24) 完成了这个证明。

4.3 量子最弱前置条件的可交换性

我们在本章前几节中建立了用于推理量子程序正确性的逻辑基础，包括量子最弱前置条件语义和量子 **while** 程序的 Floyd-Hoare 逻辑。当然，这个逻辑基础是对应的经典程序和概率性程序的理论的量子化扩展，但这并不是简单的扩展。实际上，它需要回答一些在经典编程和概率性编程领域中不会出现的问题。本节就对量子前置条件的（不可）交换性这一问题进行处理。量子系统和经典系统的不同所带来的其他影响会在第 6 章、第 7 章和 8.5、8.6 两节中讨论。

以下观察结果表明了量子谓词的（不可）交换性的重要性：在描述和推理量子程序的复杂属性时会用到不止一个谓词，但是：

- 量子谓词都是可观测量。根据海森堡不确定性原则（参考 [174] 一书第 89 页）可以得出，它们在物理上能否同时验证取决于它们之间是否满足交换律。
- 从数学上来说，只有两个量子谓词之间满足可交换性，它们的逻辑组合（如合取和析取）才是明确定义了的。

我们将对 4.1.1 小节中定义的量子最弱前置条件的（不可）交换性问题进行研究。对于任意两个希尔伯特空间 $\mathscr{H}$ 中的算子 A 和 B，如果满足

$$AB = BA$$

143

那么就称它们具有可交换性。所以困扰我们的问题是：

- 给定一个量子算子 $\mathscr{E} \in \mathscr{QO}(\mathscr{H})$（作为量子程序的指称语义）。对于两个量子谓词 $M, N \in \mathscr{P}(\mathscr{H})$，什么情况下 $\mathrm{wp}(\mathscr{E})(M)$ 和 $\mathscr{E}(N)$ 满足可交换性？

因为在对复杂量子程序进行推理时可能需要对量子谓词的逻辑组合进行处理，所以我们需要仔细研究上述问题。举例来说，如果我们想知道在量子程序 $\mathscr{E}$ 执行之后是否满足合取关系 M and N。那么我们需要考虑在程序执行之前最弱前置条件是否满足合取关系 $\mathrm{wp}(\mathscr{E})(M)$ and $\mathrm{wp}(\mathscr{E})(N)$。但正如前文所述，只有涉及的量子谓词满足可交换性，合取才是定义明确的。（本节末尾的问题 4.3.2 会对相关问题做进一步讨论。）

现在我们开始解决这个问题。先看一个简单的例子：

例子 4.3.1（比特翻转和相位翻转通道） 比特翻转和相位翻转都是单量子比特上的量子操作，并且它们被广泛应用于量子纠错理论中。令 X, Y, Z 为泡利矩阵（参考例子 2.2.2）。

- 比特翻转的定义为

$$\mathscr{E}(\rho) = E_0 \rho E_0^\dagger + E_1 \rho E_1^\dagger \tag{4.25}$$

其中 $E_0 = \sqrt{p}I$ 且 $E_1 = \sqrt{1-p}X$。很容易发现当 $MN = NM$ 且 $MXN = NXM$ 时 $\mathrm{wp}(\mathscr{E})((M)$ 与 $\mathrm{wp}(\mathscr{E}(M)(M(N(M)$ 具有可交换性。

- 如果将等式 (4.25) 中的 E_1 通过 $\sqrt{1-p}Z$（相应的，$\sqrt{1-p}Y$）进行替换，那么 $\mathscr{E}$ 是相位翻转（相应的，比特–相位翻转），当 $MN = NM$ 且 $MZN = NZM$（相应的，$MYN = NYM$）时，$\mathrm{wp}(\mathscr{E})(M)$ 与 $\mathrm{wp}(\mathscr{E})(N)$ 满足可交换性。

接下来我们考虑两类简单的量子操作：幺正变换和投影测量。

命题 4.3.1

(1) 令 $\mathscr{E} \in \mathcal{QO}(\mathscr{H})$ 是一个幺正变换, 即

$$\mathscr{E}(\rho) = U\rho U^\dagger$$

对于任意的 $\rho \in \mathscr{D}(\mathscr{H})$ 都成立, 其中 U 是空间 $\mathscr{H}$ 中的幺正算子。那么 $\mathrm{wp}(\mathscr{E})(M)$ 和 $\mathrm{wp}(\mathscr{E})(N)$ 具有可交换性当且仅当 M 与 N 具有可交换性。

(2) 令 $\{P_k\}$ 是空间 $\mathscr{H}$ 中的一个投影测量, 即 $P_{k_1}P_{k_2} = \delta_{k_1k_2}P_{k_1}$ 且 $\sum_k P_k = I_\mathscr{H}$, 其中

$$\delta_{k_1k_2} = \begin{cases} 1 & k_1 = k_2 \\ 0 & \text{其他} \end{cases}$$

如果 $\mathscr{E}$ 是由此测量给出的, 且该测量的测量结果未知:

$$\mathscr{E}(\rho) = \sum_k P_k\rho P_k$$

对于任意的 $\rho \in \mathscr{D}(\mathscr{H})$ 都成立, 那么 $\mathrm{wp}(\mathscr{E})(M)$ 和 $\mathrm{wp}(\mathscr{E})(N)$ 满足可交换性当且仅当对于所有的索引 k 都有 P_kMP_k 与 P_kNP_k 是可交换的。

特别地, 令 $\{|i\rangle\}$ 是空间 $\mathscr{H}$ 的标准正交基。如果 $\mathscr{E}$ 是由在基 $\{|i\rangle\}$ 上进行的测量给出:

$$\mathscr{E}(\rho) = \sum_i P_i\rho P_i$$

其中 $P_i = |i\rangle\langle i|$ 对于任意的基态 $|i\rangle$ 都成立, 那么对于任意的 $M, N \in \mathscr{P}(\mathscr{H})$ 都有 $\mathrm{wp}(\mathscr{E})(M)$ 与 $\mathrm{wp}(\mathscr{E})(N)$ 是可交换的。

练习 4.3.1 证明命题 4.3.1。

在对上述例子和特殊情况进行处理之后, 我们现在对关于一般性量子操作 $\mathscr{E}$ 的最弱前置条件进行研究。很不幸的是我们只能给出 $\mathrm{wp}(\mathscr{E})(M)$ 与 $\mathrm{wp}(\mathscr{E})(N)$ 满足可交换性的充分条件 (但非必要条件)。

按照惯例, 我们对 $\mathscr{E}$ 的两种表现形式进行研究: Kraus 算子和表示法和环境系统模型。我们首先对通过 Kraus 算子和表示法表示量子操作 $\mathscr{E}$ 的情况进行研究。下面这个命题给出了在 M 和 N 是可交换的情况下 $\mathrm{wp}(\mathscr{E})(M)$ 和 $\mathrm{wp}(\mathscr{E})(N)$ 具有可交换性的充分条件。

命题 4.3.2 假设 $\mathscr{H}$ 是有限维希尔伯特空间。令 $M, N \in \mathscr{P}(\mathscr{H})$ 且它们具有可交换性, 也就是说空间 $\mathscr{H}$ 存在一组标准正交基 $\{|\psi_i\rangle\}$ 满足:

$$M = \sum_i \lambda_i|\psi_i\rangle\langle\psi_i|, \quad N = \sum_i \mu_i|\psi_i\rangle\langle\psi_i|$$

其中对于任意的 i, λ_i 和 μ_i 都是实常数 (参见 [174] 一书中的定理 2.2), 且令量子操作 $\mathscr{E} \in \mathscr{SO}(\mathscr{H})$ 通过算子的集合 $\{E_i\}$ 来表示, 即 $\mathscr{E} = \sum_i E_i \circ E_i^\dagger$。如果对于任意的 i, j, k, l, 都有 $\lambda_k\mu_l = \lambda_l\mu_k$ 或

$$\sum_m \langle\psi_k|E_i|\psi_m\rangle\langle\psi_l|E_j|\psi_m\rangle = 0$$

成立, 那么 $\mathrm{wp}(\mathscr{E})(M)$ 和 $\mathrm{wp}(\mathscr{E})(N)$ 是可交换的。

练习 4.3.2　证明命题 4.3.2。

为了描述量子最弱前置条件可交换性的另一个充分条件，我们需要对量子操作和量子谓词之间的可交换性进行介绍。

定义 4.3.1　令量子操作 $\mathscr{E} \in \mathscr{QO}(\mathscr{H})$ 是通过算子的集合 $\{E_i\}$ 来表示的，即 $\mathscr{E} = \sum_i E_i \circ E_i^\dagger$。且令量子谓词 $M \in \mathscr{P}(\mathscr{H})$。那么如果对于任意的 i，M 和 E_i 都具有可交换性，我们就称 M 和 $\mathscr{E}$ 是可交换的。

[145]

该定义似乎表明量子谓词 M 和量子程序 $\mathscr{E}$ 之间的可交换性取决于 $\mathscr{E}$ 的 Kraus 表示法中对算子 E_i 的选择。因此可能有人会问因为 Kraus 算子 E_i 不是唯一的，那么这个定义是否对于不同的选择都是成立的呢？为了回答这个问题，我们需要介绍如下引理：

引理 4.3.1（Kraus 算子和表示法的单位自由度，参考 [174] 一书中的定理 8.2）　假设 $\{E_i\}$ 和 $\{F_j\}$ 分别是表示量子操作 $\mathscr{E}$ 和 $\mathscr{F}$ 的算子元素的集合，即

$$\mathscr{E} = \sum_i E_i \circ E_i^\dagger, \quad \mathscr{F} = \sum_i F_i \circ F_i^\dagger$$

将零算子添加到元素数量较少的集合中，使得 $\{E_i\}$ 和 $\{F_j\}$ 两个集合中的元素数量相同。那么 $\mathscr{E} = \mathscr{F}$ 成立当且仅当存在复数 u_{ij} 满足

$$E_i = \sum_j U_{ij} F_j$$

对于所有的 i 都成立，且 $U = (u_{ij})$ 是一个（通过矩阵表示法进行表示的）幺正算子。

我们可以得出一个简单的推论：关于量子谓词 M 和量子操作 $\mathscr{E}$ 之间的可交换性的定义是否成立并不依赖于 $\mathscr{E}$ 的 Kraus 算子和表示法对算子的选择。

引理 4.3.2　可观测量和量子操作之间的可交换性的概念是定义明确的。更确切地说，假设 $\mathscr{E}$ 可以通过 $\{E_i\}$ 和 $\{F_j\}$ 来表示：

$$\mathscr{E} = \sum_i E_i \circ E_i^\dagger = \sum_j F_j \circ F_j^\dagger$$

那么对于任意的 i，M 和 E_i 都具有可交换性当且仅当对于任意的 j，M 和 F_j 都是可交换的。

此外，如果可观测量和多个量子操作分别满足可交换性，那么该可观测量与这些量子操作的组合也保有可交换性。

命题 4.3.3　令 $M \in \mathscr{P}(\mathscr{H})$ 是一个量子谓词，令 $\mathscr{E}_1, \mathscr{E}_2 \in \mathscr{QO}(\mathscr{H})$ 是两个量子操作。如果 $i = 1, 2$ 时 M 和 $\mathscr{E}_i$ 是可交换的，那么 M 和由 $\mathscr{E}_1$ 和 $\mathscr{E}_2$ 组成的 $\mathscr{E}_1 \circ \mathscr{E}_2$ 也是可交换的。

练习 4.3.3　证明命题 4.3.3。

接下来这个引理给出了在 M 和 N 具有可交换性的情况下 $\mathrm{wp}(\mathscr{E})(M)$ 和 $\mathrm{wp}(\mathscr{E})(N)$ 满足可交换性成立的另一个充分条件。该充分条件是从量子操作和量子谓词之间的可交换性的角度来进行描述的。

命题 4.3.4　令 $M, N \in \mathscr{P}(\mathscr{H})$ 是两个量子谓词，且令 $\mathscr{E} \in \mathscr{QO}(\mathscr{H})$ 是一个量子操作。如果 M 和 N 具有可交换性，M 和 $\mathscr{E}$ 具有可交换性且 N 和 $\mathscr{E}$ 具有可交换性，那么 $\mathrm{wp}(\mathscr{E})(M)$ 和 $\mathrm{wp}(\mathscr{E})(N)$ 也具有可交换性。

[146]

练习 4.3.4 证明命题 4.3.4。

现在我们对量子操作的环境系统模型进行研究：

$$\mathcal{E}(\rho) = \mathrm{tr}_E\left[PU(|e_0\rangle\langle e_0| \otimes \rho)U^\dagger P\right] \tag{4.26}$$

对于任意属于 $\mathcal{H}$ 的密度算子 ρ 都成立，其中 E 是状态空间为 $\mathcal{H}_E$ 的环境系统，U 是 $\mathcal{H}_E \otimes \mathcal{H}$ 中的幺正算子，P 是向 $\mathcal{H}_E \otimes \mathcal{H}$ 的闭子空间进行投影的投影算子，且 $|e_0\rangle$ 是空间 $\mathcal{H}_E$ 中给定的状态。为此我们需要两个关于线性算子之间的可交换性的概念。

定义 4.3.2 令 $M, N, A, B, C \in \mathcal{L}(\mathcal{H})$ 都是 $\mathcal{H}$ 中的算子。那么：

(1) 当

$$AMBNC = ANBMC$$

成立时，我们称 M 和 N 满足 (A, B, C)-可交换性。特别地，如果 M 和 N 满足 (A, A, A)-可交换性，那么我们简单地记作 M 和 N 满足 A-可交换性。

(2) 当

$$AB^\dagger = BA^\dagger$$

成立时，我们称 A 和 B 满足共轭可交换性。

显然，本节所讨论的交换性为 $I_{\mathcal{H}}$-可交换性。

下面两个命题在量子操作 $\mathcal{E}$ 通过环境系统模型的方式来表示的情况下，给出了几条使得量子最弱前置条件之间的可交换性成立的充分条件。

命题 4.3.5 令量子操作 $\mathcal{E}$ 由公式 (4.26) 给出，且我们记 $A = PU|e_0\rangle$。那么：

(1) $\mathrm{wp}(\mathcal{E})(M)$ 和 $\mathrm{wp}(\mathcal{E})(N)$ 具有可交换性当且仅当 $M \otimes I_E$ 和 $N \otimes I_E$ 满足 $(A^\dagger, AA^\dagger, A)$-可交换性。

(2) 当 $(M \otimes I_E)A$ 和 $(N \otimes I_E)A$ 满足共轭可交换性时，$\mathrm{wp}(\mathcal{E})(M)$ 和 $\mathrm{wp}(\mathcal{E})(N)$ 是可交换的。

其中 $I_E = I_{\mathcal{H}_E}$ 是空间 $\mathcal{H}_E$ 中的单位算子。

命题 4.3.6 假设 $\mathcal{H}$ 是有限维希尔伯特空间。令量子操作 $\mathcal{E}$ 由公式 (4.26) 给出，令 $M, N \in \mathcal{P}(\mathcal{H})$ 是量子谓词且它们之间满足可交换性，即空间 $\mathcal{H}$ 存在一组标准正交基 $\{|\psi_i\rangle\}$ 满足

$$M = \sum_i \lambda_i |\psi_i\rangle\langle\psi_i|, \quad N = \sum_i \mu_i |\psi_i\rangle\langle\psi_i|$$

其中对于任意的 i，λ_i, μ_i 都是实数。如果对于任意的 i, j, k, l，我们都有 $\lambda_i\mu_j = \lambda_j\mu_i$ 或

$$\langle e_0|U^\dagger P|\psi_i e_k\rangle \perp \langle e_0|U^\dagger P|\psi_j e_l\rangle$$

成立，那么 $\mathrm{wp}(\mathcal{E})(M)$ 和 $\mathrm{wp}(\mathcal{E})(N)$ 具有可交换性。

147 **练习 4.3.5** 证明命题 4.3.5 和命题 4.3.6。

显然，直到现在我们还没有完全理解量子最弱前置条件的（不可）交换性。本节最后我们将提出两个问题，以供后续探索。

问题 4.3.1 本节我们主要处理了在 M 和 N 具有可交换性这种特殊情况下的最弱前置条件 $\mathrm{wp}(\mathcal{E})(M)$ 和 $\mathrm{wp}(\mathcal{E})(N)$ 之间的可交换性问题 (命题 4.3.2、4.3.4 和 4.3.6)。所以在 M 和 N 不一定满足可交换性的情况下,能否找到使得 $\mathrm{wp}(\mathcal{E})(M)$ 和 $\mathrm{wp}(\mathcal{E})(N)$ 满足可交换性的充要条件将是一个有趣的问题。

更一般性的问题是:如何从 $[M, N]$ 的角度描述 $[\mathrm{wp}(\mathcal{E})(M), \mathrm{wp}(\mathcal{E})(N)]$,其中对于任意的操作 X 和 Y,$[X, Y]$ 代表它们的对易,即 $[X, Y] = XY - YX$?

问题 4.3.2 Dijkstra[75] 为经典程序的谓词转换语义设计了多种健壮性条件,如合取和析取。这些条件也可以用于检验概率性谓词转换器[166]。根据量子谓词的不可交换性对量子谓词转换器的健壮性条件进行研究将会是一个有趣的问题。文献 [225] 在一类称为投影算子的特殊量子谓词的情况下对这类问题进行了研究。

4.4 文献注解

4.1 节提到的 Birkhoff-von Neumann 量子逻辑是在文献 [42] 中首次提出的。经过超过 80 年的发展,它逐渐成为逻辑和量子基础交叉领域中一门内容丰富的学科;[62] 一书对其进行了系统阐述。

D'Hondt 和 Panangaden 提出可以将量子谓词作为厄米算子,并在文献 [70] 中率先提出量子最弱前置条件这一概念。

4.2 节基于文献 [221] 对量子程序的 Floyd-Hoare 逻辑进行了介绍。1.1.3 节简要讨论了其他几种处理 Floyd-Hoare 量子逻辑的方法。此外,Kakutani[132] 对 Hartog 的概率性 Hoare 逻辑 [114] 进行了扩展,并用它对通过 Selinger 语言 QPL[194] 编写的量子程序进行推理研究。Adams[8] 定义了一种逻辑 QPEL(Quantum Program and Effect Language)并从状态效果三角形的角度对其范畴语义进行了定义。

4.3 节基于文献 [224] 对量子最弱前置条件的(不可)交换性进行了讨论。求解问题 4.3.2 的基础是量子谓词的格理论操作(即量子效应),20 世纪 50 年代后有许多数学文献对其进行了研究,比如 [110, 131]。

量子程序的分析

在第 4 章中,我们设计了解释量子程序正确性的逻辑工具。本章转向对量子程序行为的算法分析,并着重于可终止性分析。本章介绍的理论结果和算法在设计量子编程语言的编译器和量子程序优化方面很有用。

本章由以下部分组成:

- 在 5.1 节中,我们对 3.1 节中介绍的while循环的量子扩展的行为进行检验,包括可终止性和平均运行时间。这一节又分为三个小节:5.1.1 节对以幺正算子作为循环体的简单量子循环进行研究,5.1.2 节进一步对使用一般性量子操作作为循环体的量子循环进行处理,5.1.3 节介绍了一个例子——计算在 n 元环上的量子游走的平均时间。
- 受到量子 while 循环的启发,我们将量子马尔可夫链作为量子程序的语义模型。此外,我们认为对量子程序的可终止性分析可以简化为量子马尔可夫链的可达性问题。经典马尔可夫链的可达性分析技术是基于解决图中可达性问题的算法设计的。同样,希尔伯特空间的一类被称为量子图的图结构将会在量子马尔可夫链的可达性分析中扮演重要角色。所以 5.2 节对量子图结构进行了介绍并为 5.3 节提供了数学基础。
- 在 5.3 节中,我们研究了量子马尔可夫链的可达性问题。此外,我们还为计算量子马尔可夫链的可达性、重复可达性和持续性概率专门介绍了几种(经典)算法。
- 考虑到可读性,5.1~5.3 节中的几条引理并没有提供证明。我们将 5.4 节中对这些引理进行证明。

既然我们的主要目的是设计分析量子程序的算法,那么在本章中默认希尔伯特空间都是有限维度的。虽然本章中的部分结论在无限维希尔伯特空间下仍然适用,但大多数结论却不行。在无限维希尔伯特空间下分析量子程序是一个极具挑战性的问题,需要全新的思路。这个问题在今后的研究中将会是一个很重要的课题。

5.1 量子 while 循环的终止性分析

与经典编程类似,对量子程序进行分析的难点主要来自于循环和递归。本节着重于对 3.1 节中介绍的 while 循环的量子扩展进行分析。我们主要对量子循环的可终止性进行讨论,对其平均运行时间只做简单描述。

5.1.1 使用幺正操作作为循环体的量子 while 循环

为了便于理解,我们将从一类特殊的量子 while 循环开始介绍:

$$S \equiv \textbf{while } M[\bar{q}] \ = \ 1 \textbf{ do } \bar{q} := \ U[\bar{q}] \textbf{ od} \tag{5.1}$$

其中:

- 将量子寄存器 $q_1, \cdots, q_n$ 记为 $\bar{q}$，且它的状态希尔伯特空间为 $\mathscr{H} = \bigotimes_{i=1}^n \mathscr{H}_{q_i}$。
- 循环体是幺正变换 $\bar{q} := U[\bar{q}]$，其中 U 是在空间 $\mathscr{H}$ 中的幺正算子。
- 循环卫式中的 yes-no 测量 $M = \{M_0, M_1\}$ 是投影变换；即 $M_0 = P_{X^\perp}$ 且 $M_1 = P_X$，其中 X 是空间 $\mathscr{H}$ 的闭子空间且 $X^\perp$ 是 X 的正交补（参考定义 2.1.7(2)）。

3.2 节和 3.3 节中介绍的操作语义和指称语义对式 (5.1) 中的量子循环 S 的执行过程进行了详细描述。为了帮助读者进一步理解循环 S 的行为，此处我们将用一种略有不同的方法来检验其计算过程。对于任意的输入状态 $\rho \in \mathscr{D}(\mathscr{H})$，我们可以将循环 S 的行为按照如下方式进行描述：

(1)初始化阶段：循环在输入态 ρ 上执行投影测量

$$M = \{M_0 = P_{X^\perp}, M_1 = P_X\}$$

如果输出结果为 1，那么程序将在测量之后的状态上执行幺正操作 U；否则程序终止。更确切地说，我们有：

- 循环终止的概率为

$$p_{\mathrm{T}}^{(1)}(\rho) = \mathrm{tr}(P_{X^\perp}\rho)$$

在这种情况下，这一步的输出结果为

$$\rho_{\mathrm{out}}^{(1)} = \frac{P_{X^\perp}\rho P_{X^\perp}}{p_{\mathrm{T}}^{(1)}(\rho)}$$

- 循环继续进行的概率为

$$p_{\mathrm{NT}}^{(1)}(\rho) = 1 - p_{\mathrm{T}}^{(1)}(\rho) = \mathrm{tr}(P_X\rho)$$

在这种情况下，测量之后程序的状态为

$$\rho_{\mathrm{mid}}^{(1)} = \frac{P_X\rho P_X}{p_{\mathrm{NT}}^{(1)}(\rho)}$$

此外对 $\rho_{\mathrm{mid}}^{(1)}$ 执行幺正操作 U，可以得到态

$$\rho_{\mathrm{in}}^{(2)} = U\rho_{\mathrm{mid}}^{(1)}U^\dagger$$

注意下一步执行将会以 $\rho_{\mathrm{in}}^{(2)}$ 作为输入状态。

(2)归纳推理阶段：假设循环已经执行了 n 次，并且在第 n 次执行之后没有终止，即 $p_{\mathrm{NT}}^{(n)} > 0$。如果程序在第 n 次执行之后的状态为 $\rho_{\mathrm{in}}^{(n+1)}$，那么第 $(n+1)$ 步的输入为 $\rho_{\mathrm{in}}^{(n+1)}$。所以我们可以得出：

- 终止的概率为：

$$p_{\mathrm{T}}^{(n+1)}(\rho) = \mathrm{tr}(P_{X^\perp}\rho_{\mathrm{in}}^{(n+1)})$$

这一步的输出结果为

$$\rho_{\mathrm{out}}^{(n+1)} = \frac{P_{X^\perp}\rho_{\mathrm{in}}^{(n+1)}P_{X^\perp}}{p_{\mathrm{T}}^{(n+1)}(\rho)}$$

- 循环没有终止的概率为

$$p_{\mathrm{NT}}^{(n+1)}(\rho) = 1 - p_{\mathrm{T}}^{(n+1)}(\rho) = \mathrm{tr}(P_X \rho_{\mathrm{in}}^{(n+1)})$$

在这种情况下，测量之后的状态为

$$\rho_{\mathrm{mid}}^{(n+1)} = \frac{P_X \rho_{\mathrm{in}}^{(n+1)} P_X}{p_{\mathrm{NT}}^{(n+1)}(\rho)}$$

将幺正操作 U 作用于测量之后的状态上，可以得到

$$\rho_{\mathrm{in}}^{(n+2)} = U \rho_{\mathrm{mid}}^{(n+1)} U^\dagger$$

此时状态 $\rho_{\mathrm{in}}^{(n+2)}$ 是第 $(n+2)$ 次执行的输入状态。

读者可能会将量子循环 S 的执行过程描述与 3.2 节中给出的语义进行比较。基于这个描述，我们可以对终止的概念进行介绍。

定义 5.1.1

(1) 如果对于有一些正整数 n 都有概率 $p_{\mathrm{NT}}^{(n)}(\rho) = 0$ 成立，那么我们称循环 (5.1) 在输入状态为 ρ 的情况下会终止。

(2) 循环 (5.1) 在输入状态为 ρ 的情况下不会终止的概率为

$$p_{\mathrm{NT}}(\rho) = \lim_{n \to \infty} p_{\mathrm{NT}}^{(\leqslant n)}(\rho)$$

其中

$$p_{\mathrm{NT}}^{(\leqslant n)}(\rho) = \prod_{i=1}^{n} p_{\mathrm{NT}}^{(i)}(\rho)$$

表示循环在执行 n 次之后不会终止的概率。

(3) 当循环 (5.1) 不会终止的概率 $p_{\mathrm{NT}}(\rho) = 0$ 时，我们称它在输入状态为 ρ 的情况下几乎确定会终止。

如果对于任意的 $\epsilon > 0$，存在一个足够大的正整数 $n(\epsilon)$ 满足循环在 $n(\epsilon)$ 步内终止的概率比 $1 - \epsilon$ 大，那么我们就称该量子循环几乎确定可以终止。

上述定义中，我们只在单一输入的情况下对可终止性进行了研究。我们同样可以在所有可能输入的情况下对可终止性进行定义。

定义 5.1.2   如果一个量子循环在所有输入 $\rho \in \mathscr{D}(\mathscr{H})$ 的情况下都是可终止的（相应的，几乎确定可终止），那么这个量子循环是可终止（相应的，几乎确定可终止）的。

在量子循环的计算过程中，可以使用密度算子作为输入，并且每一步都会按照确定的概率给出一个密度算子作为输出。因此我们可以将每一步得到的密度算子按照它们各自对应的概率合并成一个整体输出。注意有时循环不以非零概率终止。所以合并之后的输出可能不是一个密度算子，而仅仅是一个局部密度算子。因此量子循环定义了一个将密度算子映射为局部密度算子的函数。

定义 5.1.3　由量子循环 (5.1) 计算的函数 $\mathscr{F} : \mathscr{D}(\mathscr{H}) \to \mathscr{D}(\mathscr{H})$ 的定义为：对于任意的 $\rho \in \mathscr{D}(\mathscr{H})$，都有

$$\mathscr{F}(\rho) = \sum_{n=1}^{\infty} p_{\mathrm{NT}}^{(\leqslant n-1)}(\rho) \cdot p_{\mathrm{T}}^{(n)}(\rho) \cdot \rho_{\mathrm{out}}^{(n)}$$

成立。

应当注意到在 $\mathscr{F}(\rho)$ 定义式中的量

$$p_{\mathrm{NT}}^{(\leqslant n-1)}(\rho) \cdot p_{\mathrm{T}}^{(n)}(\rho)$$

是循环从第一步到第 $n-1$ 步都不会终止，却在第 n 步终止的概率。

对于任意属于希尔伯特空间 $\mathscr{H}$ 的算子 A 和任意 $\mathscr{H}$ 的子空间 X，我们记：

$$A_X = P_X A P_X$$

其中 P_X 是向 X 进行的投影，即 A_X 是 A 在 X 上的约束算子。那么可以将量子循环 (5.1) 的计算过程总结为：

引理 5.1.1　令 ρ 是循环 (5.1) 的输入状态，那么我们有：

(1) 对于任意的正整数 n，都有：

$$p_{\mathrm{NT}}^{(\leqslant n)}(\rho) = \mathrm{tr}(U_X^{n-1} \rho_X U_X^{\dagger n-1})$$

(2)

$$\mathscr{F}(\rho) = P_{X^\perp} \rho P_{X^\perp} + P_{X^\perp} U \left(\sum_{n=0}^{\infty} U_X^n \rho_X U_X^{\dagger n} \right) U^\dagger P_{X^\perp}$$

其中 X 是定义了循环卫式中的投影测量的子空间，U 是循环体中的幺正变换。

练习 5.1.1　证明引理 5.1.1。

下面这个练习进一步说明了通过式 (5.1) 中的量子循环 S 计算得到的函数与定义 3.3.1 中介绍的 S 的指称语义具有一致性。

练习 5.1.2　证明对于任意的 $\rho \in \mathscr{D}(\mathscr{H})$，都有 $\mathscr{F}(\rho) = \llbracket S \rrbracket(\rho)$。

下面这个练习告诉我们量子循环的几乎确定可终止性可以从由它计算得到的函数来描述。

练习 5.1.3　证明对于任意的 $\rho \in \mathscr{D}(\mathscr{H})$，我们有：

(1) 如果 $|\varphi\rangle$ 或 $|\psi\rangle \in X$ 成立，那么 $\langle \varphi | \mathscr{F}(\rho) | \psi \rangle = 0$。

(2) $\mathrm{tr}(\mathscr{F}(\rho)) = \mathrm{tr}(\rho) - p_{\mathrm{NT}}(\rho)$。因此 $\mathrm{tr}(\mathscr{F}(\rho)) = \mathrm{tr}(\rho)$ 成立当且仅当循环 (5.1) 在以 ρ 为输入状态的情况下几乎确定可终止。

可终止性

显然很难直接通过定义 5.1.1 来判定量子循环是否具有可终止性。接下来我们将尝试找出量子循环终止的充要条件。这项任务可以通过以下几步来完成。

首先，在检验量子循环可终止性时，下面这条引理可以帮助我们将一个输入密度矩阵分解为一系列简单的输入密度矩阵。

引理 5.1.2   令 $\rho = \sum_i p_i \rho_i$，其中对所有的 i 都有 $p_i > 0$ 成立。那么循环 (5.1) 在输入状态为 ρ 的情况下可终止当且仅当对于所有的 i，它都会在以 ρ_i 为输入的情况下终止。

练习 5.1.4   证明引理 5.1.2。

如果 $\{(p_i, |\psi_i\rangle)\}$ 是一个系综，其中对于任意的 i 都有 $p_i > 0$，且密度算子

$$\rho = \sum_i p_i |\psi_i\rangle\langle\psi_i|$$

那么根据前面的引理我们可以断言循环 (5.1) 在以混态 ρ 为输入的情况下会终止当且仅当对于所有的 i，它都会在以纯态 $|\psi_i\rangle$ 为输入的情况下终止。特别地，我们有：

推论 5.1.1   量子循环具有可终止性当且仅当它在以所有纯态为输入的情况下都会终止。

其次，可以将量子循环的可终止性问题简化为一个复数域的经典循环的相应问题。我们将量子循环 (5.1) 的卫式中定义投影测量的子空间 X 及其正交补 $X^\perp$ 进行分解。令 $\{|m_1\rangle, \cdots, |m_l\rangle\}$ 是空间 $\mathscr{H}$ 的一组标准正交基且满足

$$\sum_{i=1}^{k} |m_i\rangle\langle m_i| = P_X \quad \text{且} \quad \sum_{i=k+1}^{l} |m_i\rangle\langle m_i| = P_{X^\perp}$$

其中 $1 \leqslant k \leqslant l$。换言之，可以将空间 $\mathscr{H}$ 的基 $\{|m_1\rangle, \cdots, |m_l\rangle\}$ 分为两部分：$\{|m_1\rangle, \cdots, |m_k\rangle\}$ 和 $\{|m_{k+1}\rangle, \cdots, |m_l\rangle\}$，前者是 X 的基，后者是 $X^\perp$ 的基。不失一般性，我们假定在这个序列中，根据这组基得到的算子 U（循环体中的幺正变换）、U_X（U 在 X 内上的约束算子）和 ρ_X（输入 ρ 在 X 上的约束）的矩阵也记为 U、U_X 和 ρ_X。同样，对于任意的纯态 $|\psi\rangle$，我们将在这组基上的投影 $P_X|\psi\rangle$ 的向量表示记为 $|\psi\rangle_X$。

引理 5.1.3   下列两条语句是等价的：

(1) 量子循环 (5.1) 在以 $\rho \in \mathscr{D}(H)$ 为输入的情况下会终止。

(2) 存在非负整数 n 使得 $U_X^n \rho_X U_X^{\dagger n} = 0_{k\times k}$ 成立，其中 $0_{k\times k}$ 是一个 $(k\times k)$-零矩阵。

特别地，循环在以纯态 $|\psi\rangle$ 为输入的情况下会终止，当且仅当存在非负整数 n 使得 $U_X^n|\psi\rangle_X = 0$ 成立，其中 0 是 k 维的零向量。

证明：通过引理 5.1.1(1) 和当 A 是正定算子时 $\text{tr}(A) = 0$ 当且仅当 $A = 0$ 这一事实，我们可以推导出这个结论。□

我们应当注意到在引理 5.1.3 中的条件 $U_X^n|\psi\rangle_X = 0$ 实际上是如下循环的终止条件：

$$\textbf{while } \mathbf{v} \neq \mathbf{0} \textbf{ do } \mathbf{v} := U_X\mathbf{v} \textbf{ od} \tag{5.2}$$

应当将该循环理解为复数域中的传统计算。

再次，我们可以证明经典循环在经过一次非奇异变换[⊖]之后终止性不会改变。

引理 5.1.4   令 S 是一个 $(k\times k)$-复矩阵。那么下列两条语句是等价的：

(1)（满足 $\mathbf{v} \in C^k$ 的）经典循环 (5.2) 在以 $\mathbf{v}_0 \in C^k$ 为输入的情况下会终止。

(2) 经典循环：

$$\textbf{while } \mathbf{v} \neq \mathbf{0} \textbf{ do } \mathbf{v} := (SU_XS^{-1})\mathbf{v} \textbf{ od}$$

（其中 $\mathbf{v} \in C^k$）会在输入为 $S\mathbf{v}_0$ 的情况下终止。

⊖ 非奇异变换是指和一个非奇异矩阵相乘，非奇异矩阵是其对应的行列式不等于 0 的矩阵。—— 译者注

证明：因为 S 是非奇异的，所以 $S_{\mathbf{v}} \neq \mathbf{0}$ 成立当且仅当 $\mathbf{v} \neq \mathbf{0}$。那么通过简单的计算就可以得出这个结论。 □

此外，我们在证明本节主要结论的时候需要使用到 Jordan 标准型定理。读者可以在任何一本关于矩阵理论的教材中找到关于这类标准型定理的证明，比如文献 [40]。

引理 5.1.5（Jordan 标准型定理） 对于任意的 $(k \times k)$-复矩阵 A，都存在一个非奇异的 $(k \times k)$-复矩阵 S 满足：

$$A = SJ(A)S^{-1}$$

其中⊖

$$
\begin{aligned}
J(A) &= \bigoplus_{i=1}^{l} J_{k_i}(\lambda_i) \\
&= \mathrm{diag}(J_{k_1}(\lambda_1), J_{k_2}(\lambda_2), \cdots, J_{k_l}(\lambda_l)) \\
&= \begin{bmatrix} J_{k_1}(\lambda_1) & & & \\ & J_{k_2}(\lambda_2) & & \\ & & \ddots & \\ & & & J_{k_l}(\lambda_l) \end{bmatrix}
\end{aligned}
$$

是 A 的 Jordan 标准型，$\sum_{i=1}^{l} k_i = k$，且

$$
J_{k_i}(\lambda_i) = \begin{bmatrix} \lambda_i & 1 & & & \\ & \lambda_i & 1 & & \\ & & & \ddots & \\ & & & \ddots & 1 \\ & & & & \lambda_i \end{bmatrix} \tag{5.3}
$$

对于任意的 $1 \leqslant i \leqslant l$ 都是一个 $(k_i \times k_i)$-Jordan 分块。此外，如果对应于每一个不同的特征值⊖ 的 Jordan 分块是按照分块的大小递减排列的，那么一旦给定了特征值的顺序之后，Jordan 标准型也就唯一确定了。

下面这条关于 Jordan 分块的幂的引理在接下来的讨论中也会用到。

引理 5.1.6 令 $J_r(\lambda)$ 是一个 $(r \times r)$-Jordan 分块且 $\mathbf{v}$ 是一个 r 维的复向量。那么存在非负整数 n 使得

$$J_r(\lambda)^n \mathbf{v} = \mathbf{0}$$

成立，当且仅当 $\lambda = 0$ 或 $\mathbf{v} = \mathbf{0}$ 成立，其中 $\mathbf{0}$ 是一个 r 维的零向量。

⊖ $\mathrm{diag}(x_1, x_2, \ldots, x_n)$ 是指对角线元素从左上到右下分别为 $x_1, x_2, \cdots, x_n$ 的对角矩阵，对角矩阵除了主对角线外，其余元素为 0。—— 译者注

⊖ $(A - \lambda E)X = 0$ 则说明 λ 是 A 的特征值，如果有非 0 特征值，那么前面的公式等价于 $|A - \lambda E| = 0$，计算得到特征值之后，将特征值代入 $(A - \lambda E)X = 0$，X 为一个 $n \times 1$ 的列向量，求解方程组即可（如令其中一个为 1，即求出来的列向量中各个元素不能再约分）。在求得的列向量前面加上系数 k，即为该特征值对应的特征向量空间。—— 译者注

证明："当"这部分显然成立，我们只需要对"且仅当"这部分进行证明。通过程序计算我们可以得到：

$$J_r(\lambda)^n = \begin{bmatrix} \lambda^n & \binom{n}{1}\lambda^{n-1} & \binom{n}{2}\lambda^{n-2} & \cdots & \binom{n}{r-2}\lambda^{n-r+2} & \binom{n}{r-1}\lambda^{n-r+1} \\ 0 & \lambda^n & \binom{n}{1}\lambda^{n-1} & \cdots & \binom{n}{r-3}\lambda^{n-r+3} & \binom{n}{r-2}\lambda^{n-r+2} \\ 0 & 0 & \lambda^n & \cdots & \binom{n}{r-4}\lambda^{n-r+4} & \binom{n}{r-3}\lambda^{n-r+3} \\ \vdots & \vdots & \vdots & & \vdots & \vdots \\ 0 & 0 & 0 & \cdots & \lambda^n & \binom{n}{1}\lambda^{n-1} \\ 0 & 0 & 0 & \cdots & 0 & \lambda^n \end{bmatrix}$$

注意 $J_r(\lambda)^n$ 是上三角矩阵且对角线元素是 λ^n。所以如果 $\lambda \neq 0$，那么 $J_r(\lambda)^n$ 是非奇异矩阵，且 $J_r(\lambda)^n\mathbf{v} = \mathbf{0}$ 表明 $\mathbf{v} = \mathbf{0}$。 $\square$

现在我们将介绍一条本节的主要结论，它给出了一条在以纯态为输入的情况下量子循环可终止的充要条件。

定理 5.1.1   假设 U_X 的 Jordan 分解为

$$U_X = SJ(U_X)S^{-1}$$

其中

$$J(U_X) = \bigoplus_{i=1}^{l} J_{k_i}(\lambda_i) = \text{diag}(J_{k_1}(\lambda_1), J_{k_2}(\lambda_2), \cdots, J_{k_l}(\lambda_l))$$

将 $S^{-1}|\psi\rangle_X$ 分为 l 个子向量 $\mathbf{v}_1, \mathbf{v}_2, \cdots, \mathbf{v}_l$，其中 $\mathbf{v}_i$ 的长度为 k_i。那么量子循环 (5.1) 在以 $|\psi\rangle$ 为输入的情况下是可终止的当且仅当对于任意 $1 \leqslant i \leqslant l$ 都有 $\lambda_1 = 0$ 或者 $\mathbf{v}_i = \mathbf{0}$ 成立，其中 $\mathbf{0}$ 是 k_i 维零向量。

证明：通过引理 5.1.3 和 5.1.4，我们可以得出量子循环 (5.1) 在以 $|\psi, 3\rangle$ 为输入的情况下会终止当且仅当存在非负整数 n 使得

$$J(U_X)^n S^{-1}|\psi\rangle_X = \mathbf{0} \tag{5.4}$$

成立。通过简单的计算可以得到

$$J(U_X)^n S^{-1}|\psi\rangle_X = ((J_{k_1}(\lambda_1)^n \mathbf{v}_1)^T, ((J_{k_2}(\lambda_2)^n \mathbf{v}_2)^T, \cdots, ((J_{k_l}(\lambda_l)^n \mathbf{v}_l)^T)^T$$

其中 $\mathbf{v}^T$ 代表向量 $\mathbf{v}$ 的转置；即如果 $\mathbf{v}$ 是一个列向量，那么 $\mathbf{v}^T$ 是一个行向量，反之亦然。因此，存在非负整数 n 使得等式 (5.4) 成立当且仅当对于任意的 $1 \leqslant i \leqslant l$，存在非负整数 n_i 满足

$$J_{k_i}(\lambda_i)^{n_i}\mathbf{v}_i = \mathbf{0}$$

通过使用引理 5.1.6 我们可以完成该证明。 □

显然我们可以根据引理 5.1.2 和定理 5.1.1 来判定在以任意混态作为输入的情况下量子循环 (5.1) 是否会终止。

推论 5.1.2 量子循环 (5.1) 可以终止当且仅当 U_X 的特征值只有 0。

几乎确定终止

我们现在对几乎确定终止的情况进行思考。量子循环 (5.1) 几乎确定可终止的充要条件可以通过如下几步得出。首先我们将给出一条与引理 5.1.2 相似的引理，这样就可以将混态输入简化为一系列纯态输入。

引理 5.1.7 令 $\rho = \sum_i p_i\rho_i$，其中对于任意的 i 都有 $p_i > 0$。那么量子循环 (5.1) 在输入状态为 ρ 的情况下几乎确定可以终止当且仅当它在所有输入为 ρ_i 的情况下都几乎确定可以终止。

练习 5.1.5 证明引理 5.1.7。

推论 5.1.3 量子循环几乎确定可以终止当且仅当它对于所有纯态输入都几乎确定可以终止。

接下来我们介绍的这引理将在证明定理 5.1.2 的过程中起到重要作用。

引理 5.1.8 量子循环 (5.1) 在以纯态 $|\psi\rangle$ 为输入的情况下几乎确定可以终止当且仅当

$$\lim_{n\to\infty}||U_X^n|\psi\rangle|| = 0$$

证明：通过定理 5.1.1 我们可以得出：

$$p_{\mathrm{NT}}^{(\leqslant n)}(|\psi\rangle) = ||U_X^{n-1}|\psi\rangle||^2$$

注意上述等式左手边的 $|\psi\rangle$ 实际代表了它对应的密度算子 $|\psi\rangle\langle\psi|$。所以 $p_{NT}(|\psi\rangle) = 0$ 成立当且仅当 $\lim_{n\to\infty}||U_X^n|\psi\rangle|| = 0$。 □

接下来的定理给出了在以纯态为输入情况下量子循环几乎确定可终止的充要条件。

定理 5.1.2 假设 U_X、S、$J(U_X)$、$J_{k_i}(\lambda_i)$ 和 $\mathbf{v}_i$ 的含义与定理 5.1.1 中的相同，其中 $1 \leqslant i \leqslant l$。那么量子循环 (5.1) 在输入状态为 $|\psi\rangle$ 的情况下几乎确定可终止当且仅当对于任意的 $1 \leqslant i \leqslant l$，都有 $|\lambda_i| < 1$ 或 $\mathbf{v}_i = \mathbf{0}$，其中 $\mathbf{0}$ 是 k_i 维零向量。

157

证明：首先，对于任意的非负整数 n，我们有：

$$U_X^n|\psi\rangle = SJ(U_X)S^{-1}|\psi\rangle$$

那么因为 S 是非奇异的，所以 $\lim_{n\to\infty}||U_X^n|\psi\rangle||$ 成立当且仅当

$$\lim_{n\to\infty}||J(U_X)^nS^{-1}|\psi\rangle|| = 0 \tag{5.5}$$

通过引理 5.1.8 我们可以得出循环 (5.1) 在输入为 $|\psi\rangle$ 的情况下几乎确定可终止当且仅当等式 (5.5) 成立。注意

$$J(U_X)^nS^{-1}|\psi\rangle = ((J_{k_1}(\lambda_1)^n\mathbf{v}_1)^{\mathrm{T}}, (J_{k_2}(\lambda_2)^n\mathbf{v}_2)^{\mathrm{T}}, \cdots, (J_{k_l}(\lambda_l)^n\mathbf{v}_l)^{\mathrm{T}})^{\mathrm{T}}$$

其中 $\mathbf{v}^{\mathrm{T}}$ 代表向量 $\mathbf{v}$ 的转置。那么等式 (5.5) 成立当且仅当

$$\lim_{n\to\infty} ||J_{k_i}(\lambda_i)^n \mathbf{v}_i|| = 0 \tag{5.6}$$

对于所有的 $1 \leqslant i \leqslant l$ 都成立。此外，我们有：

$$J_r(\lambda)^n \mathbf{v} = \left(\sum_{i=0}^{r-1} \binom{n}{i} \lambda^{n-i} v_{i+1}, \sum_{i=0}^{r-2} \binom{n}{i} \lambda^{n-i} v_{i+2}, \cdots, \lambda^n v_{r-1} + \binom{n}{1} \lambda^{n-1} v_r, \lambda^n v_r \right)^{\mathrm{T}}$$

所以等式 (5.6) 成立当且仅当下面这个由 k_i 个方程构成的方程组是有效的：

$$\begin{cases} \lim_{n\to\infty} \sum_{j=0}^{k_i-1} \binom{n}{j} \lambda_i^{n-j} v_{i(j+1)} = 0 \\ \\ \lim_{n\to\infty} \sum_{j=0}^{k_i-2} \binom{n}{j} \lambda_i^{n-j} v_{i(j+2)} = 0 \\ \qquad\qquad \vdots \\ \lim_{n\to\infty} [\lambda_i^n v_{i(k_i-1)} + \binom{n}{1} \lambda_i^{n-1} v_{ik_i}] = 0 \\ \lim_{n\to\infty} \lambda_i^n v_{ik_i} = 0 \end{cases} \tag{5.7}$$

其中假设 $\mathbf{v}_i = (v_{i1}, v_{i2}, \cdots, v_{ik_i})$。

我们现在考虑两种情况。如果 $|\lambda_i| < 1$，那么

$$\lim_{n\to\infty} \binom{n}{j} \lambda_i^{n-j} = 0$$

对于任意的 $0 \leqslant j \leqslant k_i - 1$ 都成立，且方程组 (5.7) 中的所有等式都成立。另一方面，如果 $|\lambda_i| \geqslant 1$，那么从方程组 (5.7) 的最后一个等式我们可以得出 $v_{ik} = 0$。将 $v_{ik} = 0$ 代入方程组 (5.7) 的倒数第二个等式，我们可以得到 $v_{i(k-1)} = 0$。我们可以在方程组 (5.7) 中从下到上重复按照这种方式进行计算，最终可以得到：

$$v_{i1} = v_{i2} = \cdots = v_{i(k_i-1)} = v_{ik_i} = 0$$

至此该证明完成。 □

推论 5.1.4　量子循环 (5.1) 几乎确定可终止当且仅当 U_X 的所有特征值都小于 1。

这一小节只研究了一类以幺正变换作为循环体的特殊的量子循环，这只是为下一小节做的预热。但是因为这一小节介绍的终止条件比下一小节给出的一般性量子循环的终止条件更容易验证，所以它具有独立的意义。

5.1.2　一般性量子 while 循环

在上一小节中，我们仔细研究了以幺正变换作为循环体的量子 while 循环的终止条件。但是这类量子循环的应用范围很有限，例如，它不能对在循环体中包含测量或者循环中包含

另一个循环这些情况进行建模。现在我们考虑 3.1 节定义的一般性量子 while 循环:

$$\textbf{while } M[\bar{q}] = 1 \textbf{ do } S \textbf{ od} \tag{5.8}$$

其中 $M = \{M_0, M_1\}$ 是 yes-no 测量,$\bar{q}$ 是一个量子寄存器,且循环体 S 是一般性量子程序。就像我们在 3.3 节中所看到的,S 的指称语义是在 $\bar{q}$ 的状态空间中的量子操作 $[\![S]\!] = \mathscr{E}$(如果量子变量 qvar$(S) \subseteq \bar{q}$)。所以可以将循环 (5.8) 等价地表示为:

$$\textbf{while } M[\bar{q}] = 1 \textbf{ do } \bar{q} := \mathscr{E}[\bar{q}] \textbf{ od} \tag{5.9}$$

这一小节主要针对量子循环 (5.9) 进行研究。让我们看看循环 (5.9) 是怎么执行的。大致说来,该循环由两部分构成。循环体"$\bar{q} := \mathscr{E}[\bar{q}]$"将密度算子 σ 转换为密度算子 $\mathscr{E}(\sigma)$。每一次执行时都会对循环卫式"$M[\bar{q}] = 1$"进行检验。当 $i = 0, 1$ 时,我们使用循环卫式中的测量 $M = \{M_0, M_1\}$ 来对量子操作 $\mathscr{E}_i$ 进行定义:

$$\mathscr{E}_i(\sigma) = M_i \sigma M_i^\dagger \tag{5.10}$$

对于任意的密度算子 σ 都成立。此外,对于任意两个量子操作 $\mathscr{F}_1, \mathscr{F}_2$,我们将它们的组合记为 $\mathscr{F}_2 \circ \mathscr{F}_1$,即

$$(\mathscr{F}_2 \circ \mathscr{F}_1)(\rho) = \mathscr{F}_2(\mathscr{F}_1(\rho))$$

159

对于所有的 $\rho \in \mathscr{D}(\mathscr{H})$ 都成立。对于量子操作 $\mathscr{F}$,$\mathscr{F}^n$ 表示 $\mathscr{F}$ 的 n 次幂,即 n 个 $\mathscr{F}$ 的组合。在输入状态为 ρ 的情况下,可以将该循环的执行过程按照如下形式进行更确切的描述。

(1)初始化阶段: 我们首先在输入状态 ρ 上执行终止测量 $\{M_0, M_1\}$。

- 程序终止的概率,也就是测量结果为 0 的概率为:

$$p_T^{(1)}(\rho) = \text{tr}[\mathscr{E}_0(\rho)]$$

且程序在测量之后的状态为:

$$\rho_{\text{out}}^{(1)} = \mathscr{E}_0(\rho) / p_T^{(1)}(\rho)$$

我们将概率 $p_T^{(1)}(\rho)$ 和密度算子 $\rho_{\text{out}}^{(1)}$ 编码为一个局部密度算子:

$$p_T^{(1)}(\rho) \rho_{\text{out}}^{(1)} = \mathscr{E}_0(\rho)$$

所以 $\mathscr{E}_0(\rho)$ 是第一步的部分输出状态。

- 程序不终止的概率,也就是测量结果为 1 的概率为

$$p_{NT}^{(1)}(\rho) = \text{tr}[\mathscr{E}_1(\rho)] \tag{5.11}$$

且程序在测量之后的状态为

$$\rho_{\text{mid}}^{(1)} = \mathscr{E}_1(\rho) / p_{NT}^{(1)}(\rho)$$

在执行循环体 $\mathcal{E}$ 之后状态变为

$$\rho_{\text{in}}^{(2)} = (\mathcal{E} \circ \mathcal{E}_1)(\rho)/p_{\text{NT}}^{(1)}(\rho)$$

循环的第二步会在这个状态上执行。我们可以将 $p_{\text{NT}}^{(1)}$ 和 $\rho_{\text{in}}^{(2)}$ 合并为一个局部密度算子

$$p_{\text{NT}}^{(1)}(\rho)\rho_{\text{(in)}}^{(2)} = (\mathcal{E} \circ \mathcal{E}_1)(\rho)$$

(2)归纳推理阶段: 我们将程序在执行 n 步之内不会终止的概率记为

$$p_{\text{NT}}^{(\leqslant n)} = \prod_{i=1}^{n} p_{\text{NT}}^{(i)}$$

其中对于任意的 $1 \leqslant i \leqslant n$, $p_{\text{NT}}^{(i)}$ 是程序在第 i 步没有终止的概率。程序在第 n 次测量之后得到测量结果为 1 时的状态为:

$$\rho_{\text{mid}}^{(n)} = \frac{\left[\mathcal{E}_1 \circ (\mathcal{E} \circ \mathcal{E}_1)^{n-1}\right](\rho)}{p_{\text{NT}}^{(\leqslant n)}}$$

接下来执行循环体 $\mathcal{E}$, 上述状态会变为

$$\rho_{\text{in}}^{(n+1)} = \frac{(\mathcal{E} \circ \mathcal{E}_1)^n(\rho)}{p_{\text{NT}}^{(\leqslant n)}}$$

我们将 $p_{\text{NT}}^{(\leqslant n)}$ 和 $\rho_{\text{in}}^{(n+1)}$ 合并为一个局部密度算子

$$p_{\text{NT}}^{(\leqslant n)}(\rho)\rho_{\text{in}}^{(n+1)} = (\mathcal{E} \circ \mathcal{E}_1)^n(\rho)$$

现在程序的第 $(n+1)$ 步会以 $\rho_{\text{in}}^{(n+1)}$ 作为输入。

- 程序在第 $(n+1)$ 步终止的概率为

$$p_{\text{T}}^{(n+1)}(\rho) = \text{tr}\left[\mathcal{E}_0\left(\rho_{\text{in}}^{(n+1)}\right)\right]$$

且程序在 n 步内不终止却在第 $(n+1)$ 步终止的概率为

$$q_{\text{T}}^{(n+1)}(\rho) = \text{tr}([\mathcal{E}_0 \circ (\mathcal{E} \circ \mathcal{E}_1)^n](\rho))$$

程序在终止之后的状态为

$$\rho_{\text{out}}^{(n+1)} = [\mathcal{E}_0 \circ (\mathcal{E} \circ \mathcal{E}_1)^n](\rho)/q_{\text{T}}^{(n+1)}(\rho)$$

将 $q_{\text{T}}^{(n+1)}(\rho)$ 和 $\rho_{\text{out}}^{(n+1)}$ 进行合并, 可以得到程序在第 $(n+1)$ 次循环执行之后的部分输出状态为

$$q_{\text{T}}^{(n+1)}(\rho)\rho_{\text{out}}^{(n+1)} = [\mathcal{E}_0 \circ (\mathcal{E} \circ \mathcal{E}_1)^n](\rho)$$

- 程序在 $(n+1)$ 步之内仍没有终止的概率为

$$P_{\text{NT}}^{(\leqslant n+1)}(\rho) = \text{tr}([\mathcal{E}_1 \circ (\mathcal{E} \circ \mathcal{E}_1)^n](\rho)) \tag{5.12}$$

正如 3.1 节所述，经典循环和量子循环的主要不同来源于对循环卫式的检查。在对经典循环的卫式进行检查时，程序状态并不会发生改变。但是对量子循环的卫式进行量子测量会影响系统的状态。因此量子程序的状态会与检查之前的状态不同。由测量 M 导致的程序状态的变化可以通过量子操作 $\mathscr{E}_0$ 和 $\mathscr{E}_1$ 来描述。

此前关于量子循环 (5.9) 的计算过程的描述是对 5.1.1 节描述的循环 (5.1) 的执行过程的扩展。现在特殊量子循环 (5.1) 的定义 5.1.1、5.1.2 和 5.1.3 可以很容易地扩展到一般性量子循环 (5.9)。

定义 5.1.4

(1) 如果存在正整数 n 使得概率 $p_{\mathrm{NT}}^{(n)}(\rho) = 0$ 成立，那么我们称循环 (5.9) 在输入状态为 ρ 的情况下会终止。

(2) 如果循环 (5.9) 在输入状态为 ρ 的情况下不终止的概率

$$p_{\mathrm{NT}}(\rho) = \lim_{n \to \infty} p_{\mathrm{NT}}^{(\leqslant n)}(\rho) = 0$$

那我们称循环 (5.9) 几乎确定可终止，其中 $p_{\mathrm{NT}}^{(\leqslant n)}$ 是程序前 n 步没有终止的概率。

定义 5.1.5　如果量子循环 (5.9) 对于任意的输入状态 ρ 都终止 (相应的，几乎确定可终止)，那么我们称它可终止 (相应的，几乎确定可终止)。

量子循环的 (总体) 输出态可以通过对其每一步的部分计算结果求和得到。我们可以将这个求和的过程形式化地定义为:

定义 5.1.6　通过量子循环 (5.9) 计算得到的函数 $\mathscr{F} : \mathscr{D}(H) \to \mathscr{D}(H)$ 的定义为:

$$\mathscr{F}(\rho) = \sum_{n=1}^{\infty} q_{\mathrm{T}}^{(n)}(\rho) \rho_{\mathrm{out}}^{(n)} = \sum_{n=0}^{\infty} [\mathscr{E}_0 \circ (\mathscr{E} \circ \mathscr{E}_1)^n](\rho)$$

对于任意的 $\rho \in \mathscr{D}(\mathscr{H})$ 都成立，其中:

$$q_{\mathrm{T}}^{(n)} = p_{\mathrm{NT}}^{(\leqslant n-1)} p_{\mathrm{T}}^{(n)}$$

是程序在 $(n-1)$ 步之内不终止却在第 n 步终止的概率。

显然，一旦循环体是幺正算子，那么上述三个定义就会退化为上一小节中所对应的定义。

下列命题给出了通过量子循环 (5.9) 计算得到的函数 $\mathscr{F}$ 的递归特性。这本质上是对推论 3.3.1 的再次声明，且可以通过其定义直接进行证明。

命题 5.1.1　通过循环 (5.9) 计算得到的量子操作 $\mathscr{F}$ 对于所有的密度算子 ρ，都满足如下递归方程:

$$\mathscr{F}(\rho) = \mathscr{E}_0(\rho) + \mathscr{F}[(\mathscr{E} \circ \mathscr{E}_1)(\rho)]$$

量子操作的矩阵表示

接下来我们将对量子循环 (5.9) 的可终止性和运行时间进行分析。既然在循环 (5.9) 的可终止性和计算函数 $\mathscr{F}$ 的定义中涉及量子操作 $\mathscr{E}, \mathscr{E}_0, \mathscr{E}_1$ 的迭代次数，那么在分析的过程对这些迭代次数进行处理将不可避免。但是通常很难直接计算量子操作的迭代次数。为了克服这个难题，我们将介绍一个有用的数学工具：量子操作的矩阵表示。相较于量子操作本身，其矩阵表示更容易操控。

定义 5.1.7 假设在 n 维希尔伯特空间 $\mathscr{H}$ 中的量子操作 $\mathscr{E}$ 的 Kraus 算子和表示法为：

$$\mathscr{E}(\rho) = \sum_i E_i \rho E_i^\dagger$$

对于任意的密度算子 ρ 都成立。那么 $\mathscr{E}$ 的矩阵表示是一个 $d^2 \times d^2$ 的矩阵：

$$M = \sum_i E_i \times E_i^*$$

其中 A^* 代表矩阵 A 的共轭，即当 $A = (a_{ij})$ 时 $A^* = (a_{ij}^*)$，其中 a_{ij}^* 是复数 a_{ij} 的共轭。

量子操作的矩阵表示法给分析量子程序带来的影响主要源于下面这条引理。该引理建立了"量子操作 $\mathscr{E}$ 作用在矩阵 A 的像"与"$\mathscr{E}$ 的矩阵表示和 A 的柱面扩张的乘积"之间的联系。实际上，这个引理将会在对本章的主要结论进行证明的过程中扮演关键角色。

引理 5.1.9 假设希尔伯特空间 $\mathscr{H}$ 的维度为 d。我们记：

$$|\Phi\rangle = \sum_j |jj\rangle$$

为在空间 $\mathscr{H} \otimes \mathscr{H}$ 中的 (非归一化) 最大纠缠态，其中 $\{|j\rangle\}$ 是 $\mathscr{H}$ 的一组标准正交基。令 M 是量子操作 $\mathscr{E}$ 的矩阵表示。那么对于任意的 $d \times d$ 矩阵 A，我们有：

$$(\mathscr{E}(A) \times I)|\Phi\rangle = M(A \otimes I)|\Phi\rangle \tag{5.13}$$

其中 I 代表 $d \times d$ 维单位矩阵。

证明：我们首先对这个矩阵等式进行观察：对于任意的矩阵 A、B 和 C，

$$(A \otimes B)(C \otimes I)|\Phi\rangle = (ACB^{\mathrm{T}} \otimes I)|\Phi\rangle$$

其中 B^{T} 代表矩阵 B 的转置。这个等式可以通过常规的矩阵计算方法得到证明。据此我们可以得出

$$
\begin{aligned}
M(A \otimes I)|\Phi\rangle &= \sum_i (E_i \otimes E_i^*)(A \otimes I)|\Phi\rangle \\
&= \sum_i (E_i A E_i^\dagger \otimes I)|\Phi\rangle \\
&= (\mathscr{E}(A) \otimes I)|\Phi\rangle \qquad \square
\end{aligned}
$$

我们可以发现一个很有趣的现象：通过最大纠缠态 $|\Phi\rangle$，可以按照如下方式将一个 $d \times d$ 维矩阵 $A = (a_{ij})$ 表示为一个 d^2 维的向量：

$$(A \otimes I)|\Phi\rangle = (a_{11}, \cdots, a_{1d}, a_{21}, \cdots, a_{2d}, \cdots, a_{d1}, \cdots, a_{dd})^{\mathrm{T}}$$

此外，通过等式 (5.13) 我们可以将一个 d 维希尔伯特空间内的量子算子 $\mathscr{E}$ 转化为一个 $d^2 \times d^2$ 维矩阵 M。

通过上述引理，我们可以证明量子操作的矩阵表示是定义明确的：如果

$$\mathscr{E}(\rho) = \sum_i E_i \rho E_i^\dagger = \sum_j F_j \rho F_j^\dagger$$

对于所有的密度算子 ρ 都成立，那么

$$\sum_i E_i \otimes E_i^* = \sum_j F_j \otimes F_j^*$$

从方程 (5.13) 中矩阵 A 的任意性可以轻易得出这一结论。

在准备好量子操作的矩阵表示这一数学工具之后，我们开始对量子循环 (5.9) 进行研究。假设在循环体中的量子操作 $\mathscr{E}$ 使用 Kraus 算子和表示法可以表示为：对任意的密度算子 ρ 都有

$$\mathscr{E}(\rho) = \sum_i E_i \rho E_i^\dagger$$

令 $\mathscr{E}_i (i=0,1)$ 是通过循环卫式中的量子操作 M_0 和 M_1 按照等式 (5.10) 的方式定义的量子操作。我们将 $\mathscr{E}$ 和 $\mathscr{E}_1$ 的组合记为 $\mathscr{G}$：

$$\mathscr{G} = \mathscr{E} \circ \mathscr{E}_1$$

那么 $\mathscr{G}$ 的 Kraus 算子和表示法为：

$$\mathscr{G}(\rho) = \sum_i (E_i M_1) \rho (M_1^\dagger E_i^\dagger)$$

其中 ρ 为任意的密度算子。此外，$\mathscr{E}_0$ 和 $\mathscr{G}$ 的矩阵表示分别为：

$$N_0 = M_0 \otimes M_0^*$$

$$R = \sum_i (E_i M_1) \otimes (E_i M_1)^* \tag{5.14}$$

假设 R 的 Jordan 分解为

$$R = S J(R) S^{-1}$$

其中 S 是一个非奇异矩阵，且 $J(R)$ 是 R 的 Jordan 标准形：

$$J(R) = \bigoplus_{i=1}^{l} J_{k_i}(\lambda_i) = \mathrm{diag}(J_{k_1}(\lambda_1), J_{k_2}(\lambda_2), \cdots, J_{k_l}(\lambda_l))$$

其中 $J_{k_s}(\lambda_s)$ 是特征值为 $\lambda_s (1 \leqslant s \leqslant l)$ 的一个 $k_s \times k_s$-Jordan 分块 (参考引理 5.1.5)。

接下来将介绍一个关键引理，它向我们描述了量子操作 $\mathscr{G}$ 的矩阵表示 R 的结构。

引理 5.1.10

(1) 对于所有的 $1 \leqslant s \leqslant l$，都有 $|\lambda_s| \leqslant 1$ 成立。

(2) 如果 $|\lambda_s| = 1$，那么第 s 个 Jordan 分块是 1 维的，即 $k_s = 1$。

为了增强可读性，我们将这个引理的证明放到 5.4 节中。

164

终止和几乎确定可终止

现在我们开始研究量子循环 (5.9) 的可终止性。首先，接下来的引理从量子操作的矩阵表示的角度给出了一个简单的终止条件。

引理 5.1.11　令 R 是按照公式 (5.14) 的方式进行定义的，且令

$$|\Phi\rangle = \sum_j |jj\rangle$$

是在空间 $\mathcal{H} \otimes \mathcal{H}$ 中的 (非归一化) 最大纠缠态。那么我们有：

(1)量子循环 (5.9) 在以 ρ 为输入的情况下会终止当且仅当存在整数 $n \geqslant 0$ 使得如下等式成立：

$$R^n(\rho \otimes I)|\Phi\rangle = \mathbf{0}$$

(2)量子循环 (5.9) 在以 ρ 为输入的情况下几乎确定可终止当且仅当如下等式的成立：

$$\lim_{n \to \infty} R^n(\rho \otimes I)|\Phi\rangle = \mathbf{0}$$

证明：我们只对第一部分进行证明，第二部分的证明和第一部分类似。首先，从引理 5.1.9 我们可以得到：

$$[\mathscr{G}(\rho) \otimes I]|\Phi\rangle = R(\rho \otimes I)|\Phi\rangle$$

重复应用这个等式，可以得到：

$$[\mathscr{G}^n(\rho) \otimes I]|\Phi\rangle = R^n(\rho \otimes I)|\Phi\rangle$$

另一方面，对于任意的矩阵 A 都有

$$\mathrm{tr}(A) = \langle\Phi|A \otimes I|\Phi\rangle$$

成立。因此既然 $\mathscr{E}$ 具有保迹性，那么我们可以得到：

$$\begin{aligned} \mathrm{tr}\left(\left[\mathscr{E}_1 \circ (\mathscr{E} \circ \mathscr{E}_1)^{n-1}\right](\rho)\right) &= \mathrm{tr}((\mathscr{E} \circ \mathscr{E}_1)^n(\rho)) \\ &= \mathrm{tr}(\mathscr{G}^n(\rho)) \\ &= \langle\Phi|R^n(\rho \otimes I)|\Phi\rangle \end{aligned}$$

此外，显然 $= \langle\Phi|R^n(\rho \otimes I)|\Phi\rangle = 0$ 成立当且仅当 $R^n(\rho \otimes I)|\Phi\rangle = \mathbf{0}$。　□

直接应用前面的引理，我们可以得到：

引理 5.1.12　令 R 和 $|\Phi\rangle$ 符合引理 5.1.11 的描述。

(1)量子循环 (5.9) 会终止当且仅当存在整数 $n \geqslant 0$，使得 $R^n|\Phi\rangle = \mathbf{0}$ 成立。

(2)量子循环 (5.9) 几乎确定可终止当且仅当 $\lim_{n \to \infty} R^n|\Phi\rangle = \mathbf{0}$。

证明：注意到量子循环会终止当且仅当它在输入状态为一类特殊的混合态。

$$\rho_0 = \frac{1}{d} \cdot I$$

的情况下会终止，其中 d 是空间 $\mathscr{H}$ 的维度，I 是空间 $\mathscr{H}$ 的单位算子。那么该引理可以通过引理 5.1.11 直接得出。 □

接下来我们将介绍一条本小节的主要结论。该结论从循环中涉及的量子操作的矩阵表示的特征值的角度，给出了量子循环可终止的一条充要条件。

定理 5.1.3 令 R 和 $|\Phi\rangle$ 是按照引理 5.1.11 的方式进行定义的。那么我们有：

(1) 如果存在整数 $k \geqslant 0$ 使得 $R^k|\Phi\rangle = \mathbf{0}$ 成立，那么量子循环 (5.9) 会终止。反过来，如果循环 (5.9) 具有可终止性，那么 $R^k|\Phi\rangle = \mathbf{0}$ 对于任意的整数 $k \geqslant k_0$ 都成立，其中 k_0 是当 R 的特征值为 0 时所对应的 Jordan 分块的最大值。

(2) 量子循环 (5.9) 几乎确定可终止当且仅当 $|\Phi\rangle$ 与当 $R^\dagger$ 的特征值为 λ 时所对应的所有特征向量都正交，其中 $|\lambda| = 1$ 且 $R^\dagger$ 是 R 的转置共轭。

证明：我们首先证明第一部分。如果存在 $k \geqslant 0$ 使得 $R^k|\Phi\rangle = \mathbf{0}$ 成立，那么通过引理 5.1.12，我们可以断定循环 (5.9) 会终止。反过来，假设循环 (5.9) 可终止。再次使用引理 5.1.12，我们可以得到存在整数 $n \geqslant 0$ 使得 $R^n|\Phi\rangle = \mathbf{0}$ 成立。对于任意不小于 R 的特征值为 0 时对应的 Jordan 块的最大值的整数 k，我们希望证明 $R^k|\Phi\rangle = \mathbf{0}$。不失一般性，我们假设 R 的 Jordan 分解为：

$$R = SJ(R)S^{-1}$$

其中

$$J(R) = \bigoplus_{i=1}^{l} J_{k_i}(\lambda_i) = \mathrm{diag}(J_{k_1}(\lambda_1), J_{k_2}(\lambda_2), \cdots, J_{k_l}(\lambda_l))$$

在上述等式中有 $|\lambda_1| \geqslant \cdots \geqslant |\lambda_s| > 0$ 且 $\lambda_{s+1} = \cdots = \lambda_l = 0$。观察可得

$$R^n = SJ(R)^n S^{-1}$$

因为 S 是非奇异矩阵，所以从 $R^n|\Phi\rangle = \mathbf{0}$ 可以得到：

$$J(R)^n S^{-1}|\Phi\rangle = \mathbf{0}$$

我们可以将矩阵 $J(R)$ 和向量 $S^{-1}|\Phi\rangle$ 都分为两部分：

$$J(R) = \begin{bmatrix} A & 0 \\ 0 & B \end{bmatrix}, \quad S^{-1}|\Phi\rangle = \begin{bmatrix} |x\rangle \\ |y\rangle \end{bmatrix}$$

其中

$$A = \bigoplus_{i=1}^{s} J_{k_i}(\lambda_i) = \mathrm{diag}(J_{k_1}(\lambda_1), \cdots, J_{k_S}(\lambda_s))$$

$$B = \bigoplus_{i=s+1}^{l} J_{k_i}(\lambda_i) = \mathrm{diag}(J_{k_{s+1}}(0), \cdots, J_{k_l}(0))$$

$|x\rangle$ 是一个 t 维向量，$|y\rangle$ 是一个 $(d^2 - t)$ 维向量，且 $t = \sum_{j=1}^{s} k_j$。那么我们可以得到：

$$J(R)^n S^{-1}|\Phi\rangle = \begin{bmatrix} A^n|x\rangle \\ B^n|y\rangle \end{bmatrix}$$

注意到 $\lambda_1, \cdots, \lambda_s \neq 0$。所以 $J_{k_1}(\lambda_1), \cdots, J_{k_S}(\lambda_s)$ 和 A 都是非奇异的。因此 $J(R)^n S^{-1} |\Phi\rangle = \mathbf{0}$ 意味着 $A^n |x\rangle = \mathbf{0}$，进一步可以得到 $|x\rangle = \mathbf{0}$。另一方面，对于任意满足 $s+1 \leqslant j \leqslant l$ 的 j，因为 $k \geqslant k_j$，所以 $J_{k_j}(0)^k = \mathbf{0}$ 成立。因此 $B^k = \mathbf{0}$。我们将这个结论与 $|x\rangle = \mathbf{0}$ 相结合，可以得出

$$J(R)^k S^{-1} |\Phi\rangle = \mathbf{0}$$

且

$$R^k |\Phi\rangle = S J(R)^k S^{-1} |\Phi\rangle = \mathbf{0}$$

现在我们证明第二部分。首先通过引理 5.1.12，可以得出程序 (5.9) 几乎确定可终止当且仅当

$$\lim_{n \to \infty} J(R)^n S^{-1} |\Phi\rangle = \mathbf{0}$$

我们假设在 R 的 Jordan 分解中有：

$$1 = |\lambda_1| = \cdots = |\lambda_r| > |\lambda_{r+1}| \geqslant \cdots \geqslant |\lambda_l|$$

且

$$J(R) = \begin{bmatrix} C & 0 \\ 0 & D \end{bmatrix}, \qquad S^{-1} |\Phi\rangle = \begin{bmatrix} |u\rangle \\ |v\rangle \end{bmatrix}$$

其中：

$$C = \operatorname{diag}(\lambda_1, \cdots, \lambda_r)$$

$$D = \operatorname{diag}(J_{k_{r+1}}(\lambda_{r+1}), \cdots, J_{k_l}(\lambda_l))$$

$|u\rangle$ 是一个 r 维向量，$|v\rangle$ 是一个 $(d^2 - r)$ 维向量。（注意，因为 $|\lambda_1| = \cdots = |\lambda_r| = 1$，所以 $J_{k_1}(\lambda_1), \cdots, J_{k_r}(\lambda_r)$ 都是 1×1 维矩阵；参考引理 5.1.10。）

如果 $|\Phi\rangle$ 与 $R^\dagger$ 的所有模为 1 的特征值所对应的特征向量都正交，那么通过定义我们可以得到 $|u\rangle = \mathbf{0}$。另一方面对于任意满足 $r+1 \leqslant j \leqslant l$ 的 j，因为 $|\lambda_j| < 1$，所以我们有

$$\lim_{n \to \infty} J_{k_j}(\lambda_j)^n = \mathbf{0}$$

因此 $\lim_{n \to \infty} D^n = \mathbf{0}$。我们可以得出

$$\lim_{n \to \infty} J(R)^n S^{-1} |\Phi\rangle = \lim_{n \to \infty} \begin{bmatrix} C^n |u\rangle \\ D^n |v\rangle \end{bmatrix} = \mathbf{0}$$

反过来，如果

$$\lim_{n \to \infty} J(R)^n S^{-1} |\Phi\rangle = \mathbf{0}$$

那么 $\lim_{n \to \infty} C^n |u\rangle = \mathbf{0}$。因为 C 是对角单位矩阵，所以 $|u\rangle = \mathbf{0}$。因此，$|\Phi\rangle$ 与 $R^\dagger$ 的所有模为 1 的特征值所对应的特征向量都正交。 $\qquad\square$

输出中可观测量的期望

除了我们刚刚讨论的程序可终止性问题，计算程序变量的期望值在经典程序分析中也是一个很重要的问题。我们现在考虑该问题在量子情况下的对应问题——计算量子程序输出中可观测量的期望。

回忆练习 2.1.8，可观测量可以通过厄米算子 P 来建模描述，且在状态 σ 下 P 的期望（平均值）为 $\mathrm{tr}(P\sigma)$。特别地，当 P 是量子谓词时，即 $0_{\mathscr{H}} \sqsubseteq P \sqsubseteq I_{\mathscr{H}}$，那么可以将期望 $\mathrm{tr}(P\sigma)$ 理解为谓词 P 满足状态 σ 的概率。实际上，对于给定的输入状态 ρ，量子循环 (5.9) 的一些有趣特性可以从输出态 $\mathscr{F}(\rho)$ 中的可观测量 P 的期望 $\mathrm{tr}(P\mathscr{F}(\rho))$ 的角度进行描述。因此，通常可以将量子程序分析的问题简化为计算期望 $\mathrm{tr}(P\mathscr{F}(\rho))$ 的问题。

现在我们设计一种计算期望 $\mathrm{tr}(P\mathscr{F}(\rho))$ 的方法。这将和我们在定义 5.1.4 的证明过程中看到的类似，该方法依赖于幂级数的收敛性：

$$\sum_n R^n$$

其中 R 是 $\mathscr{G} = \mathscr{E} \circ \mathscr{E}_1$ 的矩阵表示。但是当 R 的一些特征值的模为 1 时，该级数可能并不收敛。为了解决这个问题，我们按照将特征值模为 1 所对应的 Jordan 分块（根据引理 5.1.10，这些 Jordan 分块都是 1 维的）设置为 0 的方式来对 R 的 Jordan 范式 $J(R)$ 进行修改。我们得到如下矩阵：

$$N = SJ(N)S^{-1} \tag{5.15}$$

其中 $J(N)$ 通过修改 $J(R)$ 得到的，它具有如下形式：

$$J(N) = \mathrm{diag}(J_1', J_2', \cdots, J_l') \tag{5.16}$$

$$J_s' = \begin{cases} 0 & |\lambda_s| = 1 \\ J_{k_s}(\lambda_s) & \text{其他} \end{cases}$$

其中 $1 \leqslant s \leqslant l$。

幸运的是，正如下面这条引理所展示的那样，$\mathscr{G}$ 的矩阵表示 R 与循环卫式中的测量算子 M_0 相结合的时候，这种修改不会改变它的幂的行为。

引理 5.1.13 对于任意的整数 $n \geqslant 0$，我们有：

$$N_0 R^n = N_0 N^n$$

其中 $N_0 = M_0 \otimes M_0^*$ 是 $\mathscr{E}_0$ 的矩阵表示。

这个引理的证明很复杂，因此也放在 5.4 节中进行。

现在我们开始介绍本小节的另一条主要结论。这条结论将给出一条可以对量子循环输出中的可观测量的期望进行计算的显式公式。

定理 5.1.4 当量子循环 (5.9) 的输入状态为 ρ 时，其输出态 $\mathscr{F}(\rho)$ 中的可观测量 P 的期望为

$$\mathrm{tr}(P\mathscr{F}(\rho)) = \langle\Phi|(P \otimes I)N_0(I \otimes I - N)^{-1}(\rho \otimes I)|\Phi\rangle$$

其中 I 代表在空间 $\mathscr{H}$ 中的单位算子，且

$$|\Phi\rangle = \sum_j |jj\rangle$$

是空间 $\mathscr{H} \otimes \mathscr{H}$ 中的（非归一化）最大纠缠态，$\{|j\rangle\}$ 是 $\mathscr{H}$ 的一组标准正交基。

证明：通过上述准备工作，这个定理的证明或多或少可以基于定义 5.1.6 直接计算来得到。首先，将量子操作 $\mathscr{E}_0$ 和 $\mathscr{G}$ 的定义式与引理 5.1.9 相结合可以得到：

$$[\mathscr{E}_0(\rho) \otimes I]|\Phi\rangle = N_0(\rho \otimes I)|\Phi\rangle \tag{5.17}$$

$$[\mathscr{G}(\rho) \otimes I]|\Phi\rangle = R(\rho \otimes I)|\Phi\rangle \tag{5.18}$$

接下来先使用式 (5.17)，再重复使用式 (5.18)，我们可以得到：

$$
\begin{aligned}
{[\mathscr{F}(\rho) \otimes I]}|\Phi\rangle &= \left[\sum_{n=0}^{\infty} \mathscr{E}_0\left(\mathscr{G}^n(\rho)\right) \otimes I\right]|\Phi\rangle \\
&= \sum_{n=0}^{\infty} [\mathscr{E}_0\left(\mathscr{G}^n(\rho)\right) \otimes I]|\Phi\rangle \\
&= \sum_{n=0}^{\infty} N_0\left(\mathscr{G}^n(\rho) \otimes I\right)|\Phi\rangle \\
&= \sum_{n=0}^{\infty} N_0 R^n(\rho \otimes I)|\Phi\rangle \\
&\overset{(a)}{=} \sum_{n=0}^{\infty} N_0 N^n(\rho \otimes I)|\Phi\rangle \\
&= N_0\left(\sum_{n=0}^{\infty} N^n\right)(\rho \otimes I)|\Phi\rangle \\
&= N_0(I \otimes I - N)^{-1}(\rho \otimes I)|\Phi\rangle
\end{aligned}
$$

其中通过 (a) 标记的等式是通过引理 5.1.13 得到的。最后通过计算可以得到 $\mathrm{tr}(\rho) = \langle\Phi|\rho \otimes I|\Phi\rangle$。因此我们有：

$$
\begin{aligned}
\mathrm{tr}(P\mathscr{F}(\rho)) &= \langle\Phi|P\mathscr{F}(\rho) \otimes I|\Phi\rangle \\
&= \langle\Phi|(P \otimes I)(\mathscr{F}(\rho) \otimes I)|\Phi\rangle \\
&= \langle\Phi|(P \otimes I)N_0(I \otimes I - N)^{-1}(\rho \otimes I)|\Phi\rangle \qquad \square
\end{aligned}
$$

平均运行时间

我们已经通过量子操作的矩阵表示对量子循环 (5.9) 的两个程序分析问题（终止性与期望值）进行了研究。为了进一步说明上面介绍的方法究竟有多强大，接下来我们对以状态 ρ

为输入的循环 (5.9) 的平均运行时间进行计算:

$$\sum_{n=1}^{\infty} n p_{\mathrm{T}}^{(n)}$$

其中对于任意的 $n \geqslant 1$,

$$p_{\mathrm{T}}^{(n)} = \mathrm{tr}\left[\left(\mathscr{E}_0 \circ (\mathscr{E} \circ \mathscr{E}_1)^{n-1}\right)(\rho)\right] = \mathrm{tr}\left[\left(\mathscr{E}_0 \circ \mathscr{G}^{n-1}\right)(\rho)\right]$$

是循环 (5.9) 在第 n 步终止的概率。很明显,这不能通过直接应用定理 5.1.4 来完成。但是按照与定理 5.1.4 的证明过程相类似的步骤可以得到如下命题:

命题 5.1.2 以 ρ 为输入状态的量子循环 (5.9) 的平均运行时间为:

$$\langle \Phi | N_0 (I \otimes I - N)^{-2} (\rho \otimes I) | \Phi \rangle$$

证明: 这个证明也是基于定义 5.1.6 的简单计算。通过等式 (5.17)、(5.18) 和引理 5.1.13,我们有:

171

$$\begin{aligned}
\sum_{n=1}^{\infty} n p_n &= \sum_{n=1}^{\infty} n \cdot \mathrm{tr}\left[\left(\mathscr{E}_0 \circ \mathscr{G}^{n-1}\right)(\rho)\right] \\
&= \sum_{n=1}^{\infty} n \langle \Phi | \left(\mathscr{E}_0 \circ \mathscr{G}^{n-1}\right)(\rho) \otimes I | \Phi \rangle \\
&= \sum_{n=1}^{\infty} n \langle \Phi | N_0 R^{n-1}(\rho \otimes I) | \Phi \rangle \\
&= \sum_{n=1}^{\infty} n \langle \Phi | N_0 N^{n-1}(\rho \otimes I) | \Phi \rangle \\
&= \langle \Phi | N_0 \left(\sum_{n=1}^{\infty} n N^{n-1}\right)(\rho \otimes I) | \Phi \rangle \\
&= \langle \Phi | N_0 (I \otimes I - N)^{-2}(\rho \otimes I) | \Phi \rangle \qquad \square
\end{aligned}$$

5.1.3 例子

我们现在给出一个例子来说明如何使用命题 5.1.2 来计算量子游走的平均运行时间。考虑 n 元环上的量子游走。可以将这类游走视为一维量子游走的一种变形,也可以视作一类特殊的图上的量子游走。

令 $\mathscr{H}_d$ 是方向空间,该空间是以 $|L\rangle$ 和 $|R\rangle$ 为标准正交基态的二维希尔伯特空间,其中 $|L\rangle$ 和 $|R\rangle$ 分别代表左方向和右方向。假定在 n 元环上的 n 个不同位置分别使用数字 $0, 1, \cdots, n-1$ 来进行标记。令 $\mathscr{H}_p$ 是有一个标准正交基态为 $|0\rangle, |1\rangle, \cdots, |n-1\rangle$ 的 n 维希尔伯特空间,其中对于任意的 $0 \leqslant i \leqslant n-1$,基向量 $|i\rangle$ 对应于 n 元环上的第 i 个位置。因此量子游走的状态空间为 $\mathscr{H} = \mathscr{H}_d \otimes \mathscr{H}_p$。假设初始态为 $|L\rangle|0\rangle$。与 2.3.4 节中讨论的量子游走不同,此处讨论的量子游走在位置 1 处有吸收边界。所以这类游走的每一步都由如下步骤组成:

(1)测量系统的位置来审查当前是否在位置 1。如果测量结果是"yes"，那么游走停止；否则将会继续进行游走。我们用这个测量对吸收边界进行建模。可以将其描述为：

$$M = \{M_{\text{yes}} = I_d \otimes |1\rangle\langle 1|, M_{\text{no}} = I - M_{\text{yes}}\}$$

其中 I_d 和 I 分别是空间 $\mathcal{H}_d$ 和 $\mathcal{H}$ 中的单位算子。

(2)作用于方向空间 $\mathcal{H}_d$ 的"掷硬币"算子为

$$H = \frac{1}{\sqrt{2}} \begin{bmatrix} 1 & 1 \\ 1 & -1 \end{bmatrix}$$

172

此处我们使用 Hadamard 门对"掷硬币"操作进行建模。

(3)作用于空间 $\mathcal{H}$ 的移位算子为：

$$S = \sum_{i=0}^{n-1} |L\rangle\langle L| \otimes |i \ominus 1\rangle\langle i| + \sum_{i=0}^{n-1} |R\rangle\langle R| \otimes |i \oplus 1\rangle\langle i|$$

算子 S 的直观含义是系统会根据方向态来向左或者向右游走一步。其中 $\oplus$ 和 $\ominus$ 分别代表模 n 加法和模 n 减法。

通过在 3.1 节中定义的量子 while 语句，可以将上述量子游走写成量子循环的形式：

$$\textbf{while } M[d,p] = \text{ yes } \textbf{do } d,p := W[d,p] \textbf{ od}$$

其中量子变量 d 和 p 分别用于标记方向和位置。

$$W = S(H \otimes I_p)$$

是单步游走算子，且 I_p 是在空间 $\mathcal{H}_p$ 中的单位算子。

我们现在对这类量子游走的平均运行时间进行计算。通过命题 5.1.2，可以得到这类游走的平均运行时间为：

$$\langle \Phi | N_0 (I \otimes I - N)^{-2} (\rho \otimes I) | \Phi \rangle \tag{5.19}$$

其中：

$$N_0 = M_{\text{no}} \otimes M_{\text{no}}, \quad N = (WM_{\text{yes}}) \otimes (WM_{\text{yes}})^*$$

I 是在空间 $\mathcal{H} = \mathcal{H}_d \otimes \mathcal{H}_p$ 中的单位算子，且 $\rho = |L\rangle\langle L| \otimes |0\rangle\langle 0|$。注意这里我们不需要按照式 (5.15) 和 (5.16) 给出的流程进行修改。算法 1 是对公式 (5.19) 进行计算的 MATLAB 程序。将该算法在笔记本电脑上以 $n < 30$ 的条件运行，计算结果表明在 n 元环上进行的量子

173

游走的平均运行时间为 n。

算法 1　计算在 n 元环上量子游走的平均运行时间

　输入: 整数 n

　输出: b（在 n 元环上量子游走的平均时间）

　$n \times n$ **矩阵** $I \leftarrow E(n)$；（*n 维单位矩阵 *）

　整数 $m \leftarrow 2n$;

　$m \times m$ **矩阵** $I_2 \leftarrow E(m)$；（*m 维单位矩阵 *）

　m^2 **维向量** $|\Phi\rangle \leftarrow \vec{I}_2$；（* 最大纠缠态 *）

　$m \times m$ **矩阵** $\rho \leftarrow |1\rangle\langle 1|$；（* 初始态 *）

　2×2 **矩阵** $H \leftarrow [1\ 1; 1\ -1]/\sqrt{2}$；（*Hadamard 矩阵 *）

　$m \times m$ **矩阵** $M_0 \leftarrow |0\rangle\langle 0| \otimes E(2)$；（* 终止测试测量 *）

　$m \times m$ **矩阵** $M_1 \leftarrow I_2 - M_0$;

　$n \times n$ **矩阵** $X \leftarrow I * 0$；（* 移位矩阵 *）

　for $j = 1 : n-1$ **do**

　　　$X(j, j+1) \leftarrow 1$;

　end for

　$X(n, 1) \leftarrow 1$;

　$C \leftarrow X^{\dagger}$;

　$m \times m$ **矩阵** $S \leftarrow X \otimes |0\rangle\langle 0| + C \otimes |1\rangle\langle 1|$；（* 移位算子 *）

　$m \times m$ **矩阵** $W \leftarrow S(I \otimes H)M_1$;

　$m^2 \times m^2$ **矩阵** $M_{\mathrm{T}} \leftarrow M_0 \otimes M_0$;

　$m^2 \times m^2$ **矩阵** $N_{\mathrm{T}} \leftarrow W_1 \otimes W_1$;

　$m^2 \times m^2$ **矩阵** $I_3 \leftarrow E(m^2)$；（*m^2 维单位矩阵 *）

　实数 $b \leftarrow \langle\Phi|M_{\mathrm{T}}(I_3 - N_{\mathrm{T}})^{-2}(\rho \otimes I_2)|\Phi\rangle$；（* 计算平均运行时间 *）

　return b

　　问题 5.1.1　*对于参数 $n \geqslant 30$ 的情况，在 n 元环上进行的量子游走的平均运行时间是否仍为 n? 证明你的结论。*

5.2　量子图理论

　　在上一节中，我们仔细研究了量子 **while** 循环的可终止性和几乎确定可终止性。在下节中将会看到，量子循环的可终止性问题是量子马尔可夫链可达性问题的一种特殊情况。实际上，经典马尔可夫链已被广泛用于对随机算法和概率程序的验证和分析。所以，本节和下一节将致力于开发量子马尔可夫链可达性分析的理论框架和一些算法。希望这能够为进一步研究量子程序的算法分析铺平道路。

　　经典马尔可夫链的可达性分析技术主要依靠图可达性问题的算法。与之类似，希尔伯特空间中的一类被称为量子图的图结构也会在量子马尔可夫链的可达性分析中扮演重要角色。因此在本节中我们将对量子图理论进行简单介绍。

　　可以将本节和下一节看作对经典马尔可夫链可达性分析进行的量子化扩展；读者如果觉得这两节中有难以理解的地方，可以在[29]一书的第10章中找到相应的经典情况作为参考。

5.2.1 基本定义

量子图结构存在于量子马尔可夫链中。所以我们将从量子马尔可夫链的定义开始描述。经典马尔可夫链是一类二元组 $\langle S, P \rangle$，其中 S 是有限状态集合，P 是转移概率矩阵；即映射 $P : S \times S \to [0, 1]$，且该映射对于任意的 $s \in S$ 都满足

$$\sum_{t \in S} P(s, t) = 1$$

其中 $P(s, t)$ 是系统从状态 s 到状态 t 的概率。在马尔可夫链 $\langle S, P \rangle$ 中潜在包含了一个有向图。S 中的元素是该有向图的顶点，图中的邻接关系的定义为：对于任意的 $s, t \in S$，如果 $P(s, t) > 0$，那么图中存在 s 到 t 的边。理解这类图的结构会对分析马尔可夫链 $\langle S, P \rangle$ 有所帮助。量子马尔可夫链是对经典马尔可夫链的量子化扩展：经典马尔可夫链的状态空间将用希尔伯特空间来替代，而转移概率矩阵将用量子操作来替代，其中量子操作是（开放式）量子系统的离散时间演化的数学形式（参见 2.1.7 节）。

定义 5.2.1　量子马尔可夫链是一类二元组 $\mathscr{C} = \langle \mathscr{H}, \mathscr{E} \rangle$，其中：

(1) $\mathscr{H}$ 是有限维希尔伯特空间。

(2) $\mathscr{E}$ 是空间 $\mathscr{H}$ 中的量子操作（或超算子）。

可以将量子马尔可夫链的行为大致描述为：如果当前处于混态 ρ，那么下一步将处于 $\mathscr{E}(\rho)$ 态。所以量子马尔可夫链 $\langle \mathscr{H}, \mathscr{E} \rangle$ 是一个以 $\mathscr{H}$ 为状态空间，并用量子操作 $\mathscr{E}$ 来描述其动态变化的离散时间的量子系统。从量子编程的角度来说，可以将量子马尔可夫链用于对量子循环 (5.9) 的循环体进行建模。

现在我们对量子马尔可夫链 $\mathscr{C} = \langle \mathscr{H}, \mathscr{E} \rangle$ 中潜在的图结构进行检验。首先，我们引入由量子操作 $\mathscr{E}$ 来表示空间 $\mathscr{H}$ 中的量子态之间的邻接关系。为此我们需要一些辅助性概念。回忆前面的内容，$\mathscr{D}(\mathscr{H})$ 表示空间 $\mathscr{H}$ 中的局部密度算子的集合，即满足迹 $\mathrm{tr}(\rho) \leqslant 1$ 的正定算子 ρ 的集合。对于任意的 $\mathscr{H}$ 的子空间 X，我们将由 X 扩展成的 $\mathscr{H}$ 的子空间记为 $\mathrm{span}X$，即 $\mathrm{span}X$ 由 X 中向量的所有有限线性组合构成。

定义 5.2.2　局部密度算子 $\rho \in \mathscr{D}(\mathscr{H})$ 的支集 $\mathrm{supp}(\rho)$ 是由 ρ 的非零特征值所对应的特征向量扩展成的 $\mathscr{H}$ 的子空间。

定义 5.2.3　令 $\{X_k\}$ 代表空间 $\mathscr{H}$ 中的一类子空间。$\{X_k\}$ 中的连接关系是这样定义的：

$$\bigvee_k X_k = \mathrm{span}\left(\bigcup_k X_k\right)$$

特别地，我们将子空间 X 和 Y 之间的连接关系记为 $X \vee Y$。很容易发现 $\bigvee_k X_k$ 是 $\mathscr{H}$ 中包含所有 X_k 的最小子空间。

定义 5.2.4　量子操作 $\mathscr{E}$ 作用在 $\mathscr{H}$ 的子空间 X 的像为

$$\mathscr{E}(X) = \bigvee_{|\psi\rangle \in X} \mathrm{supp}(\mathscr{E}(|\psi\rangle\langle\psi|))$$

直观上而言，$\mathscr{E}(X)$ 是由 X 中的所有态在 $\mathscr{E}$ 的作用下的像扩展成的 $\mathscr{H}$ 的子空间。注意在 $\mathscr{E}(X)$ 的定义式中，$|\psi\rangle\langle\psi|$ 是纯态 $|\psi\rangle$ 的密度算子。

我们收集了密度算子的支集和量子操作的像的几条简单属性供以后使用。

命题 5.2.1

(1)如果对于所有的 $\lambda_k > 0$ 都有 $\rho = \sum_k \lambda_k |\psi_k\rangle\langle\psi_k|$ 成立 (但是 $|\psi_k\rangle$ 之间不一定相互正交)，那么 $\mathrm{supp}(\rho) = \mathrm{span}\{|\psi_k\rangle\}$。

(2) $\mathrm{supp}(\rho + \sigma) = \mathrm{span}(\rho) \vee \mathrm{supp}(\sigma)$

(3)如果 $\mathscr{E}$ 的 Kraus 算子和表示法为 $\mathscr{E} = \sum_{i \in I} E_i \circ E_i^\dagger$，那么

$$\mathscr{E}(X) = \mathrm{span}\{E_i|\psi\rangle : i \in I \text{ and } |\psi\rangle \in X\}$$

(4) $\mathscr{E}(X_1 \vee X_2) = \mathscr{E}(X_1) \vee \mathscr{E}(X_2)$。所以，$X \subseteq Y \Rightarrow \mathscr{E}(X) \subseteq \mathscr{E}(Y)$。

(5) $\mathscr{E}(\mathrm{supp}(\rho)) = \mathrm{supp}(\mathscr{E}(\rho))$

练习 5.2.1 证明命题 5.2.1。

基于定义 5.2.2 和 5.2.4，我们可以定义量子马尔可夫链中的态 (纯态和混态) 之间的邻接关系。

定义 5.2.5 令 $\mathscr{C} = \langle \mathscr{H}, \mathscr{E} \rangle$ 是量子马尔可夫链，$|\psi\rangle \in \mathscr{H}$ 是纯态且 $\rho, \sigma \in \mathscr{D}(\mathscr{H})$ 是混态。那么：

(1)如果 $|\varphi\rangle \in \mathrm{supp}(\mathscr{E}(|\psi\rangle\langle\psi|))$，那么 $|\varphi\rangle$ 与 $|\psi\rangle$ 在 $\mathscr{C}$ 上是相邻的，记为 $|\psi\rangle \to |\varphi\rangle$。

(2)如果 $|\varphi\rangle \in \mathscr{E}(\mathrm{supp}(\rho))$，那么 $|\varphi\rangle$ 与 ρ 是相邻的，记为 $\rho \to |\varphi\rangle$。

(3)如果 $\mathrm{supp}(\sigma) \subseteq \mathscr{E}(\mathrm{supp}(\rho))$，那么 σ 与 ρ 是相邻的，记为 $\rho \to \sigma$。

我们可以将 $\langle \mathscr{H}, \to \rangle$ 想象成"有向图"。但该图与经典图之间有两个主要区别：

- 经典图中顶点的集合通常是有限的，但希尔伯特空间 $\mathscr{H}$ 却是一个连续统⊖。
- 经典图中除了邻接关系之外没有其他的数学结构，但是空间 $\mathscr{H}$ 却保有线性代数结构，且这类结构在图 $\langle \mathscr{H}, \to \rangle$ 的搜索算法中非常重要。

我们将在下文中看到，量子图与经典图之间的这些差异使得对前者进行分析要比对后者进行分析更加困难。

现在我们可以基于邻接关系来定义本节的核心概念，即量子图中的可达性。

$\boxed{176}$

定义 5.2.6

(1)量子马尔可夫链 $\mathscr{C}$ 中从 ρ 到 σ 的路径是 $\mathscr{C}$ 中的相邻密度算子的序列

$$\pi = \rho_0 \to \rho_1 \to \cdots \to \rho_n (n \geqslant 0)$$

其中 $\mathrm{supp}(\rho_0) \subseteq \mathrm{supp}(\rho)$ 且 $\rho_n = \sigma$。

(2)对于任意的密度算子 ρ 和 σ，如果都存在从 ρ 到 σ 的路径，那么我们称在 $\mathscr{C}$ 上可以从 ρ 到达 σ。

⊖ 任意一个可数无限集合 (比如自然数集 **N**) 的幂集 (集合 A 的幂集定义为 A 的所有子集组成的集合) 被称作一个连续统。——译者注

定义 5.2.7 令 $\mathscr{C} = \langle \mathscr{H}, \mathscr{E} \rangle$ 是一个量子马尔可夫链。对于任意的 $\rho \in \mathscr{D}(\mathscr{H})$, 它在 $\mathscr{C}$ 中的可达空间是从 ρ 可以到达的状态扩展的 $\mathscr{H}$ 的子空间:

$$\mathscr{R}_{\mathscr{C}}(\rho) = \text{span}\{|\psi\rangle \in \mathscr{H} : |\psi\rangle \text{ 是可以从 } \rho \text{ 到达的态}\} \tag{5.20}$$

注意在等式 (5.20) 中, 我们将 $|\psi\rangle$ 和其密度算子 $|\psi\rangle\langle\psi|$ 视为等价的。

经典图理论中的可达性满足传递性; 即如果从顶点 u 可以到达顶点 v, 从顶点 v 可以到达顶点 w, 那么从顶点 u 一定可以到达顶点 w。与经典图类似, 下面这条引理表明量子马尔可夫链上的可达性也满足传递性。

引理 5.2.1 (可达性的传递性) 对于任意的 $\rho, \sigma \in \mathscr{D}(\mathscr{H})$, 如果 $\text{supp}(\rho) \subseteq \mathscr{R}_{\mathscr{C}}(\sigma)$, 那么 $\mathscr{R}_{\mathscr{C}}(\rho) \subseteq \mathscr{R}_{\mathscr{C}}(\sigma)$。

练习 5.2.2 证明引理 5.2.1。

我们现在考虑如何计算量子马尔可夫链中的态的可达空间。为了能够获得一些启发, 让我们首先思考经典有向图 $\langle V, E \rangle$, 其中 V 是顶点的集合且 $E \subseteq V \times V$ 是邻接关系。E 的传递闭包[⊖]为:

$$t(E) = \bigcup_{n=0}^{\infty} E^n = \{\langle v, v' \rangle : v' \text{ 是在图 } \langle V, E \rangle \text{ 上可以从 } v \text{ 到达的点}\}$$

传递闭包可以按照如下方式进行计算:

$$t(E) = \bigcup_{n=0}^{|V|-1} E^n$$

其中 $|V|$ 是顶点的个数。我们可以对这种情况进行量子化扩展:

定理 5.2.1 令 $\mathscr{C} = \langle \mathscr{H}, \mathscr{E} \rangle$ 是量子马尔可夫链。如果 $d = \dim\mathscr{H}$, 那么对于任意的 $\rho \in \mathscr{D}(\mathscr{H})$, 我们有:

$$\mathscr{R}_{\mathscr{C}}(\rho) = \bigvee_{i=0}^{d-1} \text{supp}\left(\mathscr{E}^i(\rho)\right) \tag{5.21}$$

其中 $\mathscr{E}^i$ 是 $\mathscr{E}$ 的 i 次幂; 即 $\mathscr{E}^0 = \mathscr{I}$ (空间 $\mathscr{H}$ 的单位操作) 且对于任意的 $i \geqslant 0$ 都有

$$\mathscr{E}^{i+1} = \mathscr{E} \circ \mathscr{E}^i$$

证明: 我们首先证明从 ρ 可以到达 $|\psi\rangle$ 当且仅当存在 $i \geqslant 0$ 使得 $|\psi\rangle \in \text{supp}\left(\mathscr{E}^i(\rho)\right)$ 成立。实际上如果从 ρ 可以到达 $|\psi\rangle$, 那么存在 $\rho_1, \cdots, \rho_{i-1}$ 满足:

$$\rho \rightarrow \rho_1 \rightarrow \cdots \rightarrow \rho_{i-1} \rightarrow |\psi\rangle$$

通过命题 5.2.1(5), 我们可以得到:

$$|\psi\rangle \in \text{supp}(\mathscr{E}(\rho_{i-1})) = \mathscr{E}(\text{supp}(\rho_{i-1}))$$
$$\subseteq \mathscr{E}(\text{supp}(\rho_{i-2}))$$
$$= \text{supp}\left(\mathscr{E}^2(\rho_{i-2})\right) \subseteq \cdots \subseteq \text{supp}\left(\mathscr{E}^i(\rho)\right)$$

⊖ R 是一种二元关系, 其传递闭包记为 $t(R)$, 含义是包含 R 的集合 X 上的最小传递关系。比如对于一个节点 i, 如果 j 能到 i, i 能到 k, 那么 j 就能到 k。求传递闭包, 就是把图中所有满足这种传递性的节点对都找出来。—— 译者注

相反，如果 $|\psi\rangle \in \operatorname{supp}\left(\mathscr{E}^i(\rho)\right)$，那么

$$\rho \to \mathscr{E}(\rho) \to \cdots \to \mathscr{E}^{i-1}(\rho) \to |\psi\rangle$$

且从 ρ 可以到达 $|\psi\rangle$。因此它满足

$$\mathscr{R}_{\mathscr{E}}(\rho) = \operatorname{span}\{|\psi\rangle : \text{从 } \rho \text{ 可以到达 } |\psi\rangle\}$$
$$= \operatorname{span}\left[\bigcup_{i=0}^{\infty} \operatorname{supp}\left(\mathscr{E}^i(\rho)\right)\right]$$
$$= \bigvee_{i=0}^{\infty} \operatorname{supp}\left(\mathscr{E}^i(\rho)\right)$$

现在对于任意 $n \geqslant 0$，我们取：

$$X_n = \bigvee_{i=0}^{n} \operatorname{supp}\left(\mathscr{E}^i(\rho)\right)$$

那么我们可以得到一个 $\mathscr{H}$ 的子空间中的递增序列

$$X_0 \subseteq X_1 \subseteq \cdots \subseteq X_n \subseteq X_{n+1} \subseteq \cdots$$

令对于任意的 $n \geqslant 0$ 都有 $d_n = \dim X_n$，那么

$$d_0 \leqslant d_1 \leqslant \cdots \leqslant d_n \leqslant d_{n+1} \leqslant \cdots$$

注意对于所有的 n 都有 $d_n \leqslant d$。因此一定存在 n 使得 $d_n = d_{n+1}$ 成立。假设 N 是使得 $d_n = d_{n+1}$ 成立的最小的整数 n。那么我们有

$$0 < \dim \operatorname{supp}(\rho) = d_0 < d_1 < \cdots < d_{N-1} < d_N \leqslant d$$

178

且 $N \leqslant d - 1$。另一方面，X_N 和 X_{N+1} 都是 $\mathscr{H}$ 的子空间，$X_N \subseteq X_{N+1}$ 且 $\dim X_N = \dim X_{N+1}$。因此 $X_N = X_{N+1}$。我们可以对 k 使用归纳法来证明对于任意的 $k \geqslant 1$ 都满足

$$\operatorname{supp}\left(\mathscr{E}^{N+k}(\rho)\right) \subseteq X_N$$

所以 $\mathscr{R}_{\mathscr{E}}(\rho) = X_N$。 □

5.2.2 末端强连通分量

在上一节中，我们仔细定义了量子马尔可夫链中的图。本节我们将对其数学结构进行检验。在经典图理论中，末端强联通分量（Bottom Strongly Connected Component，BSCC）⊖是研究可达性问题的重要工具。在对由马尔可夫链进行建模的概率性程序的分析过程中也经常用到它。本节中，我们将对这个概念进行量子化扩展。BSCC 的量子版本将会是下一节给出的量子马尔可夫链的可达性分析算法的基础。

我们首先引入一个辅助性概念。令 X 是 $\mathscr{H}$ 的子空间且 $\mathscr{E}$ 是 $\mathscr{H}$ 中的量子操作。那么 $\mathscr{E}$ 在 X 上的约束是 X 中的量子操作 $\mathscr{E}_X$，该量子操作的定义为：

$$\mathscr{E}_X(\rho) = P_X \mathscr{E}(\rho) P_X$$

⊖ 在有向图 G 中，如果两个顶点 v_i 和 v_j 间有一条从 v_i 到 v_j 的有向路径，同时还有一条从 v_j 到 v_i 的有向路径，则称两个顶点强连通。如果有向图 G 的每两个顶点都强连通，则称 G 是一个强连通图。有向图的极大强连通子图称为强连通分量。—— 译者注

对于所有的 $\rho \in \mathscr{D}(X)$ 都成立，其中 P_X 是向空间 X 进行投影的投影算子。有了这个概念，我们可以对量子马尔可夫链中的强联通性进行定义。

定义 5.2.8   令 $\mathscr{C} = \langle \mathscr{H}, \mathscr{E} \rangle$ 是量子马尔可夫链。X 是 $\mathscr{H}$ 的子空间。如果对于任意的 $|\varphi\rangle, |\psi\rangle \in X$ 都满足：

$$|\varphi\rangle \in \mathscr{R}_{\mathscr{C}_X}(\psi) \text{且} |\psi\rangle \in \mathscr{R}_{\mathscr{C}_X}(\varphi) \tag{5.22}$$

那么我们称 X 在 $\mathscr{C}$ 中强联通，其中 $\varphi = |\varphi\rangle\langle\varphi|$ 和 $\psi = |\psi\rangle\langle\psi|$ 分别是相对应的纯态 $|\varphi\rangle$ 和 $|\psi\rangle$ 的密度算子，量子马尔可夫链 $\mathscr{C}_X = \langle X, \mathscr{E}_X \rangle$ 是 $\mathscr{C}$ 在 X 上的约束，$\mathscr{R}_{\mathscr{C}_X}(\cdot)$ 表示 $\mathscr{C}_X$ 中的可达空间。

直观上而言，条件 (5.22) 表明对于任意两个属于 X 的态 $|\varphi\rangle$ 和 $|\psi\rangle$，从 $|\varphi\rangle$ 可以到达 $|\psi\rangle$ 且从 $|\psi\rangle$ 可以到达 $|\varphi\rangle$。

我们将 $\mathscr{C}$ 中所有属于 $\mathscr{H}$ 的强联通子空间的集合记为 $\mathrm{SC}(\mathscr{C})$。显然 $\mathrm{SC}(\mathscr{C})$ 满足集合包含关系 $\subseteq$，即 $(\mathrm{SC}(\mathscr{C}), \subseteq)$ 是一种偏序（参考定义 3.3.2）。为了进一步检验这种偏序，我们需要回忆几个关于格理论的概念。令 $(L, \sqsubseteq)$ 是一种偏序。如果任意两个属于 L 的元素 x 和 y 是可比较的，即 $x \sqsubseteq y$ 或者 $y \sqsubseteq x$，那么我们称 L 是以 $\sqsubseteq$ 来进行线性排序的。如果 L 的任意子集 K 可以通过 $\sqsubseteq$ 来线性排序，且在 L 中存在最小上界 $\bigsqcup K$，那么我们称偏序 $(L, \sqsubseteq)$ 是可归纳的。

引理 5.2.2   偏序 $(\mathrm{SC}(\mathscr{C}), \subseteq)$ 是可归纳的。

179

练习 5.2.3   证明引理 5.2.2。

现在我们思考偏序 $(\mathrm{SC}(\mathscr{C}), \subseteq)$ 中的一些特殊元素。回想一下，假设 x 是偏序集 $(L, \sqsubseteq)$ 中的元素，如果对于任意的 $y \in L$，$x \sqsubseteq y$ 成立则 $x = y$，那么我们称 x 是 L 中的最大元素。集合论中的 Zorn 引理断言：每个可归纳偏序都至少有一个最大元素。

定义 5.2.9 $(\mathrm{SC}(\mathscr{C}), \subseteq)$ 中的最大元素被称为 $\mathscr{C}$ 中的强联通分量 (SCC)。

为了定义量子马尔可夫链中 BSCC 的概念，我们需要再引入一个关于不变子空间的辅助概念。

定义 5.2.10 X 是 $\mathscr{H}$ 的一个子空间，$\mathscr{E}$ 是量子操作。如果 $\mathscr{E}(X) \subseteq X$ 成立，那么我们称 X 在 $\mathscr{E}$ 的作用下是不变的。

包含关系 $\mathscr{E}(X) \subseteq X$ 背后的基本思想是量子操作 $\mathscr{E}$ 不能把 X 中的态移动到 X 之外的态上去。假设量子操作 $\mathscr{E}$ 的 Kraus 表示法为 $\mathscr{E} = \sum_i E_i \circ E_i^\dagger$。那么从命题 5.2.1 可以得出：$X$ 在 $\mathscr{E}$ 的作用下是不变的当且仅当 X 在 Kraus 算子 $E_i : E_i X \subseteq X$ 的作用下是不变的。

下面这条定理介绍了不变子空间的一个有用的性质：量子操作不会减小量子态落入不变子空间的概率。

定理 5.2.2   令 $\mathscr{C} = \langle \mathscr{H}, \mathscr{E} \rangle$ 是一个量子马尔可夫链。如果 $\mathscr{H}$ 的子空间 X 在 $\mathscr{E}$ 的作用下是不变的，那么我们有：

$$\mathrm{tr}(P_X \mathscr{E}(\rho)) \geqslant \mathrm{tr}(P_X \rho)$$

对于任意的 $\rho \in \mathscr{D}(\mathscr{H})$ 都成立。

证明：可以证明对于任意 $|\psi\rangle \in \mathscr{H}$ 都有

$$\mathrm{tr}(P_X \mathscr{E}(|\psi\rangle\langle\psi|)) \geqslant \mathrm{tr}(P_X |\psi\rangle\langle\psi|)$$

假设 $\mathscr{E} = \sum_i E_i \circ E_i^\dagger$ 且 $|\psi\rangle = |\psi_1\rangle + |\psi_2\rangle$,其中 $|\psi_1\rangle \in X$ 且 $|\psi_2\rangle \in X^\perp$。因为 X 在 $\mathscr{E}$ 的作用下是不变的,所以可以得到 $E_i|\psi_1\rangle \in X$ 且 $P_X E_i|\psi_1\rangle = E_i|\psi_1\rangle$。那么

$$
\begin{aligned}
a &\triangleq \sum_i \operatorname{tr}\left(P_X E_i|\psi_2\rangle\langle\psi_1|E_i^\dagger\right) = \sum_i \operatorname{tr}\left(E_i|\psi_2\rangle\langle\psi_1|E_i^\dagger P_X\right)\\
&= \sum_i \operatorname{tr}\left(E_i|\psi_2\rangle\langle\psi_1|E_i^\dagger\right) = \sum_i \langle\psi_1|E_i^\dagger E_i|\psi_2\rangle = \langle\psi_1|\psi_2\rangle = 0
\end{aligned}
$$

与之类似

$$
b \triangleq \sum_i \operatorname{tr}\left(P_X E_i|\psi_1\rangle\langle\psi_2|E_i^\dagger\right) = 0
$$

180

此外,我们可以得出

$$
c \triangleq \sum_i \operatorname{tr}\left(P_X E_i|\psi_2\rangle\langle\psi_2|E_i^\dagger\right) \geqslant 0
$$

因此,

$$
\begin{aligned}
\operatorname{tr}(P_X \mathscr{E}(|\psi\rangle\langle\psi|)) &= \sum_i \operatorname{tr}\left(P_X E_i|\psi_1\rangle\langle\psi_1|E_i^\dagger\right) + a + b + c\\
&\geqslant \sum_i \operatorname{tr}\left(P_X E_i|\psi_1\rangle\langle\psi_1|E_i^\dagger\right) = \sum_i \langle\psi_1|E_i^\dagger E_i|\psi_1\rangle\\
&= \langle\psi_1|\psi_1\rangle = \operatorname{tr}(P_X|\psi\rangle\langle\psi|)
\end{aligned}
$$

$\square$

现在我们来介绍本节的重要概念,即末端强连通分量。

定义 5.2.11 令 $\mathscr{C} = \langle \mathscr{H}, \mathscr{E} \rangle$ 是一个量子马尔可夫链。X 是 $\mathscr{H}$ 的子空间,如果 X 是 $\mathscr{C}$ 的一个强连通分量 (SCC) 且 X 在 $\mathscr{E}$ 的作用下是不变的,那么我们称 X 是 $\mathscr{C}$ 的末端强连通分量 (BSCC)。

例子 5.2.1 假设 $\mathscr{C} = \langle \mathscr{H}, \mathscr{E} \rangle$ 是以 $\mathscr{H} = \operatorname{span}\{|0\rangle, \cdots, |4\rangle\}$ 为状态空间,且以 $\mathscr{E} = \sum_{i=1}^5 E_i \circ E_i^\dagger$ 为量子操作的量子马尔可夫链,其中 $\mathscr{E}$ 的 Kraus 算子为

$$
E_1 = \frac{1}{\sqrt{2}}(|1\rangle\langle\theta_{01}^+| + |3\rangle\langle\theta_{23}^+|), \quad E_2 = \frac{1}{\sqrt{2}}(|1\rangle\langle\theta_{01}^-| + |3\rangle\langle\theta_{23}^-|)
$$

$$
E_3 = \frac{1}{\sqrt{2}}(|0\rangle\langle\theta_{01}^+| + |2\rangle\langle\theta_{23}^+|), \quad E_4 = \frac{1}{\sqrt{2}}(|0\rangle\langle\theta_{01}^-| + |2\rangle\langle\theta_{23}^-|)
$$

$$
E_5 = \frac{1}{10}(|0\rangle\langle4| + |1\rangle\langle4| + |2\rangle\langle4| + 4|3\rangle\langle4| + 9|4\rangle\langle4|)
$$

且

$$
|\theta_{ij}^\pm\rangle = (|i\rangle \pm |j\rangle)/\sqrt{2} \tag{5.23}
$$

很容易验证 $B = \operatorname{span}\{|0\rangle, |1\rangle\}$ 是量子马尔可夫链 $\mathscr{C}$ 的一个 BSCC。实际上,对于任意 $|\psi\rangle = \alpha|0\rangle + \beta|1\rangle \in B$,我们有:

$$
\mathscr{E}(|\psi\rangle\langle\psi|) = (|0\rangle\langle0| + |1\rangle\langle1|)/2
$$

BSCC 的特性

为了帮助读者更好地理解这些概念，我们给出 BSCC 的两个特性。第一个特性非常简单，它是从可达子空间的角度来描述的。

引理 5.2.3   子空间 X 是量子马尔可夫链 $\mathscr{C}$ 的 BSCC 当且仅当对于任意的 $|\varphi\rangle \in X$ 都有 $\mathscr{R}_{\mathscr{C}}(|\varphi\rangle\langle\varphi|) = X$。

证明：　"当"这部分的证明很简单，这里不再进行描述。我们只证明"且仅当"这一部分。假设 X 是 BSCC。通过 X 的强连通性，我们有对于所有的 $|\varphi\rangle \in X$，$\mathscr{R}_{\mathscr{C}}(|\varphi\rangle\langle\varphi|) \supseteq X$ 都成立。另一方面，对于任意属于 X 的向量 $|\varphi\rangle$，通过 X 的不变性，即 $\mathscr{E}(X) \subseteq X$，很容易证明如果 $|\psi\rangle$ 可以从 $|\varphi\rangle$ 到达，那么 $|\psi\rangle \in X$。所以 $\mathscr{R}_{\mathscr{C}}(|\varphi\rangle\langle\varphi|) \subseteq X$。　　　□

BSCC 的第二个特性有一些复杂。我们需要借助量子操作的不动点的概念对它进行描述。

定义 5.2.12

(1) ρ 是在空间 $\mathscr{H}$ 中的密度算子，如果 $\mathscr{E}(\rho) = \rho$ 成立，那么我们称 ρ 为量子操作 $\mathscr{E}$ 的不动点态。

(2) ρ 是量子操作 $\mathscr{E}$ 的一个不动点态，如果 $\mathscr{E}$ 的任意不动点态 σ 满足 $\mathrm{supp}(\sigma) \subseteq \mathrm{supp}(\rho)$ 成立则 $\sigma = \rho$，那么我们称 ρ 是 $\mathscr{E}$ 的最小不动点态。

下面这条引理对在量子操作 $\mathscr{E}$ 作用下的不变子空间和 $\mathscr{E}$ 的不动点态之间的密切关系进行说明。该引理是定理 5.2.3 的证明过程的重要步骤。

引理 5.2.4   如果 ρ 是 $\mathscr{E}$ 的不动点态，那么 $\mathrm{supp}(\rho)$ 在 $\mathscr{E}$ 的作用下是不变的。反过来说，如果 X 在 $\mathscr{E}$ 的作用下是不变的，那么存在 $\mathscr{E}$ 的不动点态 ρ_X 满足 $\mathrm{supp}(\rho_X) \subseteq X$。

练习 5.2.4   证明引理 5.2.4。

现在我们可以给出 BSCC 的第二个特性，该特性为 BSCC 和最小不动点态之间建立了联系。

定理 5.2.3   子空间 X 是量子马尔可夫链 $\mathscr{C} = \langle \mathscr{H}, \mathscr{E} \rangle$ 的一个 BSCC 当且仅当 $\mathscr{E}$ 存在满足 $\mathrm{supp}(\rho) = X$ 的最小不动点态 ρ。

证明：我们首先证明"当"这部分。令 ρ 是一个满足 $\mathrm{supp}(\rho) = X$ 的最小不动点态。通过引理 5.2.4 可以得到，X 在 $\mathscr{E}$ 的作用下是不变的。再通过引理 5.2.3，我们可以证明对于任意的 $|\varphi\rangle \in X$，$\mathscr{R}_{\mathscr{C}}(|\varphi\rangle\langle\varphi|) = X$ 都成立。假设反过来存在满足 $\mathscr{R}_{\mathscr{C}}(|\psi\rangle\langle\psi|) \subsetneq X$ 的态 $|\psi\rangle \in X$。那么通过引理 5.2.1，我们可以证明 $\mathscr{R}_{\mathscr{C}}(|\psi\rangle\langle\psi|)$ 在 $\mathscr{E}$ 的作用下是不变的。通过引理 5.2.4，我们可以找到一个不动点态 ρ_ψ 满足

$$\mathrm{supp}(\rho_\psi) \subseteq \mathscr{R}_{\mathscr{C}}(|\psi\rangle\langle\psi|) \subsetneq X$$

这与假设 ρ 是一个最小不动点态相矛盾。

再证明"且仅当"这部分。假设 X 是一个 BSCC。那么 X 在 $\mathscr{E}$ 的作用下是不变的，且通过引理 5.2.4，我们可以找到一个满足 $\mathrm{supp}(\rho_X) \subseteq X$ 的 $\mathscr{E}$ 的最小不动点态 ρ_X。取 $|\varphi\rangle \in \mathrm{supp}(\rho_X)$。通过引理 5.2.5 我们可以得到：$\mathscr{R}_{\mathscr{C}}(|\psi\rangle\langle\psi|) = X$。但是再次使用引理 5.2.4，我们发现 $\mathrm{supp}(\rho_X)$ 在 $\mathscr{E}$ 的作用下是不变的，所以 $\mathscr{R}_{\mathscr{C}}(|\psi\rangle\langle\psi|) \subseteq \mathrm{supp}(\rho_X)$。因此 $\mathrm{supp}(\rho_X) = X$。□

正如上文所述，BSCC 在分析量子马尔可夫链的过程中将会扮演重要角色。BSCC 的这个应用不仅基于我们对其结构的理解（参考引理 5.2.3 和定理 5.2.3），也基于它们相互之间的关系。下面这条引理对两个不同 BSCC 之间的关系进行了说明。

182

引理 5.2.5

(1) X 和 Y 是量子马尔可夫链 $\mathscr{C}$ 中任意两个不同的 BSCC，我们有 $X \cap Y = \{0\}$（0 维希尔伯特空间）。

(2) 如果 X 和 Y 是 $\mathscr{C}$ 的两个不同的 BSCC 且 $\dim X \neq \dim Y$，那么它们是正交的，即 $X \perp Y$。

证明：

(1) 假设存在一个非零的向量 $|\varphi\rangle \in X \cap Y$。那么通过引理 5.2.3，我们可以得到 $X = \mathscr{R}_{\mathscr{C}}(|\varphi\rangle\langle\varphi|) = Y$，这与假设 $X \neq Y$ 相矛盾。因此 $X \cap Y = \{0\}$。

(2) 因为完成这个证明需要借助下一节介绍的定理 5.2.5，所以我们将这个证明放在 5.4 节中。 □

5.2.3 状态希尔伯特空间的分解

前面两个小节对量子马尔可夫链中的图结构进行了定义，并对 BSCC 的概念进行了量子化扩展。在这个小节中，我们将通过对状态希尔伯特空间的分解来进一步研究量子马尔可夫链中的图结构。

回忆一下，在经典马尔可夫链中，如果一个状态的进程以非零的概率不再返回其自身，我们就称这个状态为瞬态；如果返回的概率为 1，则称这个状态为循环态。众所周知，在一个有限状态马尔可夫链中，一个态是循环态当且仅当它属于 BSCC，因此马尔可夫链的状态空间可以分解为一类 BSCC 和一个瞬态子空间的并集。本小节的目的是对该结论进行量子化扩展。对状态希尔伯特空间进行的这种分解是下一节中介绍的量子马尔可夫链可达性分析算法的基础。

瞬态子空间

我们先对量子马尔可夫链的瞬态子空间的概念进行定义。可以将有限状态的经典马尔可夫链中的瞬态等价地描述为：一个态是瞬态当且仅当系统停留在这个状态上的概率最终会变为 0。这一观察启发了下面这个定义：

定义 5.2.13 量子马尔可夫链 $\mathscr{C} = \langle \mathscr{H}, \mathscr{E} \rangle$ 中的子空间 $X \subseteq \mathscr{H}$ 如果满足对于所有的 $\rho \in \mathscr{D}(\mathscr{H})$ 都满足：

$$\lim_{k \to \infty} \operatorname{tr}\left(P_X \mathscr{E}^k(\rho)\right) = 0 \tag{5.24}$$

其中 P_X 是向 X 的投影，那么 X 是瞬态子空间。

直观上而言，$\operatorname{tr}\left(P_X \mathscr{E}^k(\rho)\right)$ 代表执行 k 次量子操作 $\mathscr{E}$ 之后，系统状态落入子空间 X 的概率。所以等式 (5.24) 表明系统停留在子空间 X 上的概率最终会变为 0。

183

从上述定义中我们可以得出：如果子空间 $X \subseteq Y$ 且 Y 是瞬态子空间，那么 X 也是瞬态子空间。有了这个概念，我们就可以理解最大瞬态子空间的结构了。幸运的是，最大瞬态子空间具有一种简洁的特性。为了给出这种特性，我们需要先介绍：

定义 5.2.14   令 $\mathscr{E}$ 是属于空间 $\mathscr{H}$ 的量子操作。那么它的渐近均值为:

$$\mathscr{E}_\infty = \lim_{N\to\infty} \frac{1}{N} \sum_{n=1}^{N} \mathscr{E}^n \tag{5.25}$$

从引理 3.3.4 可以得出 $\mathscr{E}_\infty$ 也是量子操作。

接下来的引理对量子操作的不动点态和它的渐近均值之间的关系进行说明。在定理 5.2.4 的证明过程中会用到这一关系。

引理 5.2.6

(1)对于任意的密度算子 ρ, $\mathscr{E}_\infty(\rho)$ 都是 $\mathscr{E}$ 的一个不动点态。

(2)对于任意的不动点态 σ, 都有 $\mathrm{supp}(\sigma) \subseteq \mathscr{E}_\infty(\mathscr{H})$。

练习 5.2.5   证明引理 5.2.6。

现在我们将从渐近均值的角度对最大瞬态子空间的特性进行描述。

定理 5.2.4   令 $\mathscr{C} = \langle \mathscr{H}, \mathscr{E}\rangle$ 是一个量子马尔可夫链。那么在 $\mathscr{E}$ 的渐近均值作用下的空间 $\mathscr{H}$ 的像的正交补

$$T_\mathscr{E} = \mathscr{E}_\infty(\mathscr{H})^\perp$$

是 $\mathscr{C}$ 中的最大不变子空间,其中 $\perp$ 代表该集合为正交补 (参考定义 2.1.7(2))。

证明: 令 P 是向子空间 $T_\mathscr{E}$ 进行的投影。对于任意的 $\rho \in \mathscr{D}(\mathscr{H})$, 我们设对于任意的 $k \geqslant 0$ 都满足 $p_k = \mathrm{tr}\left(P\mathscr{E}^k(\rho)\right)$。因为 $\mathscr{E}_\infty(\mathscr{H})$ 在 $\mathscr{E}$ 的作用下是不变的,那么通过定理 5.2.2 我们可以发现 $\{p_k\}$ 是非递增序列。所以该序列的极限 $p_\infty = \lim_{k\to\infty} p_k$ 并不存在。此外,因为

$$\mathrm{supp}(\mathscr{E}_\infty(\rho)) \subseteq \mathscr{E}_\infty(\mathscr{H})$$

所以有

$$\begin{aligned}
0 = \mathrm{tr}(P\mathscr{E}_\infty(\rho)) &= \mathrm{tr}\left(P \lim_{N\to\infty} \frac{1}{N}\sum_{n=1}^{N} \mathscr{E}^n(\rho)\right) \\
&= \lim_{N\to\infty} \frac{1}{N}\sum_{n=1}^{N} \mathrm{tr}\left(P\mathscr{E}^n(\rho)\right) \\
&= \lim_{N\to\infty} \frac{1}{N}\sum_{n=1}^{N} p_n \\
&\geqslant \lim_{N\to\infty} \frac{1}{N}\sum_{n=1}^{N} p_\infty = p_\infty
\end{aligned}$$

因此 $p_\infty = 0$, 且 $T_\mathscr{E}$ 在任意 ρ 的作用下都是不变的。

接下来证明 $T_\mathscr{E}$ 是 $\mathscr{C}$ 的最大不变子空间。首先我们注意到

$$\mathrm{supp}(\mathscr{E}_\infty(I)) = \mathscr{E}_\infty(\mathscr{H})$$

令 $\sigma = \mathscr{E}_\infty(I/d)$。那么通过引理 5.2.6, 可以得出 σ 是满足 $\mathrm{supp}(\sigma) = T_\mathscr{E}^\perp$ 的不动点态。假设 Y 是不变子空间。那么我们可以得出

$$\mathrm{tr}(P_Y \sigma) = \lim_{i\to\infty} \mathrm{tr}\left(P_Y \mathscr{E}^i(\sigma)\right) = 0$$

这表明 $Y \perp \operatorname{supp}(\sigma) = T_{\mathscr{E}}^{\perp}$。所以，我们有 $Y \subseteq T_{\mathscr{E}}$。 □

BSCC 分解

在介绍了不变子空间的概念之后，我们现在来考虑如何对量子马尔可夫链 $\mathscr{C} = \langle \mathscr{H}, \mathscr{E} \rangle$ 的状态希尔伯特空间进行分解。首先，可以简单地将该空间分为两部分：

$$\mathscr{H} = \mathscr{E}_{\infty}(\mathscr{H}) \oplus \mathscr{E}_{\infty}(\mathscr{H})^{\perp}$$

其中 $\oplus$ 代表 (正交) 加法 (参考定义 2.1.8)，且 $\mathscr{E}_{\infty}(\mathscr{H})$ 是整个状态希尔伯特空间在渐近均值 $\mathscr{E}_{\infty}$ 作用下的像。从定理 5.2.4 我们已经知道 $\mathscr{E}_{\infty}(\mathscr{H})^{\perp}$ 是最大不变子空间。所以接下来要做的就是研究 $\mathscr{E}_{\infty}(\mathscr{H})$ 的结构。

我们是基于下面这条关键引理来对 $\mathscr{E}_{\infty}(\mathscr{H})$ 进行分解的。它说明了如何从不动点态中减去另一个不动点态。

引理 5.2.7 令 ρ 和 σ 是两个属于 $\mathscr{E}$ 的不动点态，且 $\operatorname{supp}(\sigma) \subsetneq \operatorname{supp}(\rho)$。那么存在另一个不动点态 η 满足：

(1) $\operatorname{supp}(\eta) \perp \operatorname{supp}(\sigma)$

(2) $\operatorname{supp}(\rho) = \operatorname{supp}(\eta) \oplus \operatorname{supp}(\sigma)$

直观上而言，可以将上述引理中的态 η 理解为 ρ 减去 σ 的差。读者可以在 5.4 节中找到该引理的证明。

重复使用上述引理就可以推导出 $\mathscr{E}_{\infty}(\mathscr{H})$ 的 BSCC 分解。

定理 5.2.5 令 $\mathscr{C} = \langle \mathscr{H}, \mathscr{E} \rangle$ 是一个量子马尔可夫链。那么可以将 $\mathscr{E}_{\infty}(\mathscr{H})$ 分解为属于 $\mathscr{C}$ 且相互正交的 BSCC 的直和。

证明：观察发现 $\mathscr{E}_{\infty}(\frac{I}{d})$ 是属于 $\mathscr{E}$ 的不动点态，且

$$\operatorname{supp}\left(\mathscr{E}_{\infty}\left(\frac{I}{d}\right)\right) = \mathscr{E}_{\infty}(\mathscr{H})$$

其中 $d = \dim \mathscr{H}$。那么我们可以证明：

- **声明：** 令 ρ 是属于 $\mathscr{E}$ 的不动点态。那么 $\operatorname{supp}(\rho)$ 可以分解为一些相互正交的 BSCC 的直和。

实际上，如果 ρ 是最小不动点态，那么通过定理 5.2.3，我们可以得到 $\operatorname{supp}(\rho)$ 本身就是一个 BSCC，证明完成。否则通过引理 5.2.7，我们可以得到两个具有更小正交支集的不动点态。重复这个过程，我们可以得到一个最小不动点态集合 $\rho_1, \cdots, \rho_k$。该集合中的元素所对应的支集相互正交，且满足

$$\operatorname{supp}(\rho) = \bigoplus_{i=1}^{k} \operatorname{supp}(\rho_i)$$

最后，从引理 5.2.4 和定理 5.2.3 中我们可以得出任意一个 $\operatorname{supp}(\rho_i)$ 都是 BSCC。 □

现在我们终于完成了在本节开始时介绍的分解。结合定理 5.2.4 和 5.2.5，我们发现量子马尔可夫链 $\mathscr{C} = \langle \mathscr{H}, \mathscr{E} \rangle$ 的状态希尔伯特空间可以分解为一个不变子空间和一类 BSCC 之间的直和：

$$\mathscr{H} = B_1 \oplus \cdots \oplus B_u \oplus T_{\mathscr{E}} \tag{5.26}$$

185

其中 B_i 是属于 $\mathscr{C}$ 的正交 BSCC，$T_{\mathscr{E}}$ 是最大不变子空间。

上述定理说明量子马尔可夫链存在 BSCC 分解。那么会有一个新的问题出现：这种分解是唯一的吗？我们都知道经典马尔可夫链的 BSCC 分解是唯一的，但是对于量子马尔可夫链却并非如此。

例子 5.2.2　令量子马尔可夫链 $\mathscr{C} = \langle \mathscr{H}, \mathscr{E} \rangle$ 是按照例子 5.2.1 的方式给出的。那么：

$$B_1 = \mathrm{span}\{|0\rangle, |1\rangle\}, \quad B_2 = \mathrm{span}\{|2\rangle, |3\rangle\}$$

$$D_1 = \mathrm{span}\{|\theta_{02}^+\rangle, |\theta_{13}^+\rangle\}, \quad D_2 = \mathrm{span}\{|\theta_{02}^-\rangle, |\theta_{13}^-\rangle\}$$

都是 BSCC，其中态 $|\theta_{ij}^{\pm}\rangle$ 是通过公式 (5.23) 定义的。显然 $T_{\mathscr{E}} = \mathrm{span}\{|4\rangle\}$ 是最大不变子空间。此外，我们有两个不同的分解方式：

$$\mathscr{H} = B_1 \oplus B_2 \oplus T_{\mathscr{E}} = D_1 \oplus D_2 \oplus T_{\mathscr{E}}$$

虽然量子马尔可夫链的 BSCC 分解不是唯一的，但是这些不同的分解方式具有弱唯一性：任意两种分解中都有同样多的 BSCC，且这两种分解方式中对应的 BSCC 具有相同的维度。

定理 5.2.6　令 $\mathscr{C} = \langle \mathscr{H}, \mathscr{E} \rangle$ 是量子马尔可夫链，且

$$\mathscr{H} = B_1 \oplus \cdots \oplus B_u \oplus T_{\mathscr{E}} = D_1 \oplus \cdots \oplus D_v \oplus T_{\mathscr{E}}$$

是按照公式 (5.26) 的形式进行的两种分解，B_i 和 D_i 都是根据维度递增的顺序进行排列的。那么：

(1) $u = v$

(2) 对于任意的 $1 \leqslant i \leqslant u$ 都有 $\dim\ B_i = \dim\ D_i$ 成立。

证明：为了简化，我们记 $b_i = \dim\ B_i$，$d_i = \dim\ D_i$。通过对 i 使用归纳法可以证明对于任意 $1 \leqslant i \leqslant \min\{u, v\}$ 都有 $b_i = d_i$ 成立，因此 $u = v$ 也成立。

首先，我们要证明 $b_1 = d_1$。否则令 $b_1 < d_1$。那么对于任意的 j，都有 $b_1 < d_j$ 成立。因此通过引理 5.2.5(2)，我们有：

$$B_1 \perp \bigoplus_{j=1}^{v} D_j$$

但是我们同样可以得出 $B_1 \perp T_{\mathscr{E}}$。所以满足

$$\left(\bigoplus_{j=1}^{v} D_j \right) \oplus T_{\mathscr{E}} = \mathscr{H}$$

这显然是矛盾的。

现在假设我们已经证明对于任意的 $i < n$ 都有 $b_i = d_i$ 成立。我们要证明 $b_n = d_n$。否则令 $b_n < d_n$。那么通过引理 5.2.5(2)，我们有：

$$\bigoplus_{i=1}^{n} B_i \perp \bigoplus_{i=n}^{v} D_i$$

因此

$$\bigoplus_{i=1}^{n} B_i \subseteq \bigoplus_{i=1}^{n-1} D_i$$

另一方面，我们有

$$\dim\left(\bigoplus_{i=1}^{n} B_i\right) = \sum_{i=1}^{n} b_i > \sum_{i=1}^{n-1} d_i = \dim\left(\bigoplus_{i=1}^{n-1} D_i\right)$$

这显然是相互矛盾的。 □

分解算法

我们已经证明量子马尔可夫链的 BSCC 分解是存在的且具有弱唯一性。借助前面介绍的理论，我们可以提出一种用于寻找量子马尔可夫链的 BSCC 和不变子空间分解的算法；参考算法 2 和程序 Decompose(X)。

187

算法 2　Decompose($\mathscr{C}$)

　输入：量子马尔可夫链 $\mathscr{C} = \langle \mathscr{H}, \mathscr{E} \rangle$

　输出：正交 BSCC 的集合 $\{B_i\}$，满足 $\mathscr{H} = (\bigoplus_i B_i) \oplus T_{\mathscr{E}}$ 的瞬态子空间 $T_{\mathscr{E}}$

begin

　　$\mathscr{B} \leftarrow \text{Decompose}(\mathscr{E}_\infty(\mathscr{H}))$;

　　return $\mathscr{B}, \mathscr{E}_\infty(\mathscr{H})^\perp$;

end

程序　Decompose(X)

　输入：$\mathscr{E}$ 的不动点态所在的子空间 X

　输出：满足 $X = \bigoplus B_i$ 的正交 BSCC 的集合 $\{B_i\}$

begin

　　$\mathscr{E}' \leftarrow P_X \circ \mathscr{E}$;

　　$\mathscr{B} \leftarrow$ 集合 $\{\mathscr{H}$ 中的算子 $A : \mathscr{E}'(A) = A\}$ 中的密度算子基;

　　if $|\mathscr{B}| = 1$ **then**

　　　　$\rho \leftarrow \mathscr{B}$ 中的唯一性元素;

　　　　return $\{\text{supp}(\rho)\}$;

　　else

　　　　$\rho_1, \rho_2 \leftarrow \mathscr{B}$ 中两个任意的元素;

　　　　$\rho \leftarrow \rho_1 - \rho_2$ 的正部分;

　　　　$Y \leftarrow \text{supp}(\rho)^\perp$; (* X 中 $\text{supp}(\rho)$ 的正交补集 *)

　　　　return $\text{Decompose}(\text{supp}(\rho)) \cup \text{Decompose}(Y)$;

　　end

end

本节最后，我们将对 BSCC 分解算法的正确性和复杂度进行分析。下面这条引理是求解算法 2 的复杂度的关键。

引理 5.2.8　令 $\langle \mathscr{H}, \mathscr{E} \rangle$ 是一个满足 $d = \dim \mathscr{H}$ 的量子马尔可夫链，其中 $\rho \in \mathscr{D}(\mathscr{H})$。那么：

(1) 可以在 $O(d^8)$ 的时间内计算出渐近均值态 $\mathscr{E}_\infty(\rho)$。

(2) 可以在 $O(d^6)$ 的时间内计算出 $\mathscr{E}$ 的不动点集的一组密度算子基：

$$\{ \text{属于 } \mathscr{H} \text{ 的算子} A : \mathscr{E}(A) = A \}$$

为了方便读者阅读，我们将这个引理的证明放在 5.4 节中。

现在我们可以对算法 2 的正确性和复杂度进行分析：

定理 5.2.7　给定一个量子马尔可夫链 $\langle \mathscr{H}, \mathscr{E} \rangle$，通过算法 2 可以在 $O(d^8)$ 的时间内将希尔伯特空间 $\mathscr{H}$ 分解为一组正交的 BSCC 和一个属于 $\mathscr{C}$ 的不变子空间的直和，其中 $d = \dim \mathscr{H}$。

证明：算法 2 的正确性可以从定理 5.2.4 中直接得出。

接下来分析时间复杂度，观察得知：程序 Decompose(X) 的非递归部分可以在 $O(d^6)$ 的时间内计算完成。此外，该程序还需要调用自身至多 $O(d)$ 次，所以程序 Decompose(X) 的整体复杂度为 $O(d^7)$。按照引理 5.2.8(1) 的描述，算法 2 首先花费 $O(d^8)$ 的时间来计算 $\mathscr{E}_\infty(\mathscr{H})$，并将计算结果作为参数传递给程序 Decompose(X)。因此算法 2 的整体复杂度为 $O(d^8)$。□

问题 5.2.1　本节介绍的量子图理论仅仅是为量子马尔可夫链的可达性分析提供必要的数学工具。我们希望通过将文献 [33] 中更多图理论的结论进行量子化扩展，以及理解经典图与量子图之间的本质区别的方式，来建立更完善的量子图理论。

问题 5.2.2　文献 [76] 中介绍非交换图的概念是为了对量子香农信息理论中的信道容量的特性进行描述。对非交换图与本节介绍的量子图之间的关联进行研究将会非常有趣。

5.3　量子马尔可夫链的可达性分析

我们在上一节中仔细介绍了量子马尔可夫链的图结构。这为量子马尔可夫链的可达性分析提供了必要的数学工具。本节中，我们将通过前一节介绍的量子图理论，对量子马尔可夫链的可达性以及它的两种变形（重复可达性和持续性）进行研究。

从练习 5.3.1 中发现，我们可以将量子 **while** 循环的可终止性问题简化为量子马尔可夫链的可达性问题。实际上，与经典程序和概率性程序类似，当量子程序的语义是通过量子马尔可夫链建模描述的时候，我们都可以从本节讨论的可达性和持续性的角度对其进行描述。此外，本节还为进一步分析更复杂的量子程序打下基础，比如 3.4 节定义的递归量子程序、非确定性量子程序和并行量子程序，它们的语义模型都是对量子马尔可夫链的扩展，比如递归量子马尔可夫链和量子马尔可夫决策过程。

5.3.1　可达性概率

我们首先考虑量子马尔可夫链中的可达性概率。可以将它进行形式化定义：

定义 5.3.1　令 $\langle \mathscr{H}, \mathscr{E} \rangle$ 是量子马尔可夫链，$\rho \in \mathscr{D}(\mathscr{H})$ 是初始态，X 是属于 $\mathscr{H}$ 的一个子空间。那么从状态 ρ 出发可以达到 X 的概率为

$$\mathrm{Pr}(\rho \models \lozenge X) = \lim_{i \to \infty} \mathrm{tr}\left(P_X \tilde{\mathscr{E}}^i(\rho)\right) \tag{5.27}$$

其中 $\tilde{\mathscr{E}}^i$ 是 i 个 $\tilde{\mathscr{E}}$ 的副本的组合，$\tilde{\mathscr{E}}$ 是一个量子操作，其定义为对于任意的密度算子 σ 都满足

$$\tilde{\mathscr{E}}(\sigma) = P_X \sigma P_X + \mathscr{E}\left(P_{X^\perp} \sigma P_{X^\perp}\right)$$

显然，因为随着数字 i 的增加，概率 $\mathrm{tr}\left(P_X \tilde{\mathscr{E}}^i(\rho)\right)$ 的值不会减小，所以上述定义中存在极限。直观上而言，我们可以将 $\tilde{\mathscr{E}}$ 视为一种程序，该程序首先执行投影测量 $\{P_X, P_{X^\perp}\}$，然后根据测量的结果来选择是执行单位算子 $\mathscr{I}$ 还是 $\mathscr{E}$。

练习 5.3.1

(1)考虑量子 **while** 循环 (5.9) 的一种特殊情况，这种情况下循环卫式中的测量是投影测量：

$$M = \{M_0 = P_X, M_1 = P_{X^\perp}\}$$

找出量子马尔可夫链 $\langle \mathscr{H}, \mathscr{E} \rangle$ 中的可达性概率 $\mathrm{Pr}(\rho \models \lozenge X)$ 和可终止性概率之间的联系：

$$p_{\mathrm{T}}(\rho) = 1 - \lim_{n \to \infty} p_{\mathrm{NT}}^{(n)}(\rho)$$

其中 ρ 是初始态，$\mathscr{E}$ 是循环体中的量子操作，$p_{\mathrm{NT}}^{(n)}(\rho)$ 是通过式 (5.11) 与 (5.12) 进行定义的。

(2)任意的一般性测量可以通过一个投影测量加上一个幺正变换来实现(参考 2.1.5 节)。说明如何将一般性循环 (5.9) 的可终止性问题简化为量子马尔可夫链的可达性问题。

可达性概率的计算

现在我们来看看如何通过上一节介绍的量子 BSCC 分解的方法来计算可达性概率 (5.27)。首先注意到等式 (5.27) 中的子空间 X 在 $\tilde{\mathscr{E}}$ 的作用下是不变的。因此 $\langle X, \tilde{\mathscr{E}} \rangle$ 是量子马尔可夫链。很容易可以验证 $\tilde{\mathscr{E}}_\infty(X) = X$。因此根据定理 5.2.5，我们可以将 X 分解为一组相互正交的 BSCC。

下面这条引理表明了属于一个 BSCC 的极限概率与初始态的渐近均值存在于同一个 BSCC 的概率之间的关系。

引理 5.3.1　令 $\{B_i\}$ 是 $\mathscr{E}_\infty(\mathscr{H})$ 的一个 BSCC 分解，P_{B_i} 是向 B_i 进行的投影变换。那么对于任意的 i，我们有

$$\lim_{k \to \infty} \mathrm{tr}\left(P_{B_i} \mathscr{E}^k(\rho)\right) = \mathrm{tr}\left(P_{B_i} \mathscr{E}_\infty(\rho)\right) \tag{5.28}$$

对于任意的 $\rho \in \mathscr{D}(\mathscr{H})$ 都成立。

证明：我们将向 $T_{\mathscr{E}} = \mathscr{E}_\infty(\mathscr{H})^\perp$ 进行的投影变换记为 P。与定理 5.2.4 的证明过程相类似，我们发现极限

$$q_i \triangleq \lim_{k \to \infty} \mathrm{tr}\left(P_{B_i} \mathscr{E}^k(\rho)\right)$$

是存在的，且 $\mathrm{tr}\,(P_{B_i}\mathscr{E}_\infty(\rho)) \leqslant q_i$。此外，我们有：

$$1 = \mathrm{tr}((I-P)\mathscr{E}_\infty(\rho)) = \sum_i \mathrm{tr}\,(P_{B_i}\mathscr{E}_\infty(\rho))$$

$$\leqslant \sum_i q_i$$

$$= \lim_{k\to\infty} \mathrm{tr}\,((I-P)\mathscr{E}^k(\rho)) = 1$$

这表明 $q_i = \mathrm{tr}\,(P_{B_i}\mathscr{E}_\infty(\rho))$。 □

上述引理与定理 5.2.4 为我们提供了一种计算量子马尔可夫链中子空间的可达性概率的简单的方法。

定理 5.3.1 令 $\langle \mathscr{H}, \mathscr{E} \rangle$ 是量子马尔可夫链，$\rho \in \mathscr{D}(\mathscr{H})$ 且 X 是属于 $\mathscr{H}$ 的子空间。那么

$$\Pr(\rho \models \Diamond X) = \mathrm{tr}(P_X \tilde{\mathscr{E}}_\infty(\rho))$$

且可以在 $O(d^8)$ 的时间内计算出这个概率，其中 d 代表空间 $\mathscr{H}$ 的维度。

证明：通过引理 5.3.1 和定理 5.2.4，我们可以直接推导出

$$\Pr(\rho \models \Diamond X) = \mathrm{tr}(P_X \tilde{\mathscr{E}}_\infty(\rho))$$

再通过引理 5.2.8(1) 可以得到计算可达性概率的时间复杂度。 □

应当指出通过证明定理 5.1.4 和命题 5.1.2 时所使用的方法也可以直接计算可达性概率 $\Pr(\rho \models \Diamond X)$。

5.3.2 重复可达性概率

上一小节对量子马尔可夫链的可达性问题进行了讨论。本节中，我们将使用量子 BSCC 分解的方法进一步研究量子马尔可夫链的重复可达性。重复可达性意味着系统会无限次地满足预期的条件。重复可达性在为由一组进程组成的并发程序指定公平性条件时非常重要。公平性条件要求只要某进程处于有效状态，那么它往往会无限次参与到计算过程中。

一类特殊情况

我们先来考虑一类特殊情况：如果一个量子马尔可夫链 $\langle \mathscr{H}, \mathscr{E} \rangle$ 从纯态 $|\psi\rangle$ 出发，那么它的演化序列

$$|\psi\rangle\langle\psi|, \mathscr{E}(|\psi\rangle\langle\psi|), \mathscr{E}^2(|\psi\rangle\langle\psi|), \cdots$$

如何到达属于 $\mathscr{H}$ 的子空间 X 呢？

因为量子测量会改变被测量系统的状态，所以会出现两种不同的情况。第一种情况是这样的：对于任意的 $i \geqslant 0$，在从 $|\psi\rangle\langle\psi|$ 到 $\mathscr{E}^i(|\psi\rangle\langle\psi|)$ 的 i 次演化过程中，投影测量 $\{P_X, P_{X^\perp}\}$ 仅在最后阶段执行$\ominus$。

$\ominus$ 仅执行一次。—— 译者注

引理 5.3.2（单次测量）　令 B 是属于量子马尔可夫链 $\mathscr{C} = \langle \mathscr{H}, \mathscr{E} \rangle$ 的 BSCC，X 是一个与 B 不正交的子空间。那么对于任意的 $|\psi\rangle \in B$，都存在无数个 i 使得下式成立：

$$\mathrm{tr}\left(P_X \mathscr{E}^i(|\psi\rangle\langle\psi|)\right) > 0$$

证明：因为 X 与 B 并不正交，所以我们总可以找到一个满足 $P_X|\varphi\rangle \neq 0$ 的纯态 $|\varphi\rangle \in B$。对于任意的 $|\psi\rangle \in B$，如果存在整数 N，使得对于任意 $k > N$ 都满足

$$\mathrm{tr}\left(P_X \mathscr{E}^k(|\psi\rangle\langle\psi|)\right) = 0$$

那么

$$|\varphi\rangle \notin \mathscr{R}_{\mathscr{C}}\left(\mathscr{E}^{N+1}(|\psi\rangle\langle\psi|)\right)$$

这表明可达空间 $\mathscr{R}_{\mathscr{C}}\left(\mathscr{E}^{N+1}(|\psi\rangle\langle\psi|)\right)$ 是属于 B 的不变子空间。这与假设 B 是 BSCC 相矛盾。因此存在无数个 i 使得

$$\mathrm{tr}\left(P_X \mathscr{E}^i(|\psi\rangle\langle\psi|)\right) > 0$$

成立。 $\qquad\square$

第二种情况中，在从 $|\psi\rangle\langle\psi|$ 到 $\mathscr{E}^i(|\psi\rangle\langle\psi|)$ 的 i 次演变过程中，每次演变过程的最后阶段都会执行测量 $\{P_X, P_{X^\perp}\}$：如果 P_X 所对应的测量结果是可观测量，那么程序终止；否则程序继续进行。

引理 5.3.3（多次测量）　令 B 是量子马尔可夫链 $\mathscr{C} = \langle \mathscr{H}, \mathscr{E} \rangle$ 的 BSCC，X 是 B 的子空间。那么对于任意的 $|\psi\rangle \in B$，我们有

$$\lim_{i \to \infty} \mathrm{tr}\left(\mathscr{G}^i(|\psi\rangle\langle\psi|)\right) = 0$$

其中量子操作 $\mathscr{G}$ 是属于 $X^\perp$ 的 $\mathscr{E}$ 的约束，即

$$\mathscr{G}(\rho) = P_{X^\perp} \mathscr{E}(\rho) P_{X^\perp}$$

对于所有密度算子 ρ 都成立，其中 $X^\perp$ 是 X 在空间 $\mathscr{H}$ 内的正交补。

证明：通过引理 3.3.4，可以得到极限

$$\mathscr{G}_\infty \triangleq \lim_{N \to \infty} \frac{1}{N} \sum_{n=1}^{N} \mathscr{G}^n$$

存在。对于任意 $|\psi\rangle \in B$，我们声明

$$\rho_\psi \triangleq \mathscr{G}_\infty(|\psi\rangle\langle\psi|)$$

是零算子。否则很容易验证 ρ_ψ 是 $\mathscr{G}$ 的不动点。此外，因为

$$\mathscr{E}(\rho_\psi) = \mathscr{G}(\rho_\psi) + P_X \mathscr{E}(\rho_\psi) P_X = \rho_\psi + P_X \mathscr{E}(\rho_\psi) P_X$$

且 $\mathscr{E}$ 具有保迹性，所以 $\mathrm{tr}(P_X \mathscr{E}(\rho_\psi)) = 0$。因此 $P_X \mathscr{E}(\rho_\psi) = 0$，且 ρ_ψ 也是属于 $\mathscr{E}$ 的不动点。注意

$$\mathrm{supp}(\rho_\psi) \subseteq X^\perp \cap B$$

192

通过定理 5.2.3，我们发现这与假设 B 是 BSCC 相矛盾。

现在通过上述声明和 $\mathrm{tr}(\mathscr{G}^i(|\psi\rangle\langle\psi|))$ 不会随着 i 的增加而单调递增这一事实，我们可以得到：

$$\lim_{i\to\infty} \mathrm{tr}\left(\mathscr{G}^i(|\psi\rangle\langle\psi|)\right) = 0$$

上述引理表明，如果将 X 作为属于 BSCC B 的吸收边界，那么可达性概率最终会趋近于 0。 □

现在我们来研究更具一般性的情况：以通过密度算子 ρ 来表示的混态作为初始状态。首先，我们将先前的引理进行扩展：

定理 5.3.2　令 $\mathscr{C} = \langle\mathscr{H}, \mathscr{E}\rangle$ 是量子马尔可夫链。令 X 是属于 $\mathscr{H}$ 的子空间，且对于所有的密度算子 ρ 都有：

$$\mathscr{G}(\rho) = P_{X^\perp}\mathscr{E}(\rho)P_{X^\perp}$$

那么接下来的两条语句是等价的：

(1)子空间 $X^\perp$ 中不包含 BSCC。

(2)对于任意的 $\rho \in \mathscr{D}(\mathscr{H})$，都有

$$\lim_{i\to\infty} \mathrm{tr}(\mathscr{G}^i(\rho)) = 0$$

证明：该证明过程与引理 5.3.3 的证明过程类似，这里不再描述。 □

下面的例子是对定理 5.3.2 的应用。

例子 5.3.1　考虑在 n 元环上进行的量子游走（参考 5.1.3 节）。我们在位置 0 处设置吸收边界（而 5.1.3 节是在位置 1 处设置吸收边界）。对于任意的初始态 $|\psi\rangle$，我们从定理 5.3.2 中可以得知由于没有与吸收边界正交的 BSCC，所以不可终止性的概率会逐渐变为 0。

基于上述讨论（特别是引理 5.3.3 和定理 5.3.2），我们可以对量子马尔可夫链 $\langle\mathscr{H}, \mathscr{E}\rangle$ 中的重复可达性概率的一般形式进行定义。注意 $\mathscr{E}_\infty(\mathscr{H})^\perp$ 是不变子空间。所以我们可以将重点放在 $\mathscr{E}_\infty(\mathscr{H})$ 上。

令 $\mathscr{C} = \langle\mathscr{H}, \mathscr{E}\rangle$ 是量子马尔可夫链且 X 是属于 $\mathscr{E}_\infty(\mathscr{H})$ 的子空间。那么我们可以定义：

$$\mathscr{X}(X) = \left\{ |\psi\rangle \in \mathscr{E}_\infty(\mathscr{H}) : \lim_{k\to\infty} \mathrm{tr}\left(\mathscr{G}^k(|\psi\rangle\langle\psi|)\right) = 0 \right\}$$

其中对于任意 $\rho \in \mathscr{D}(\mathscr{H})$ 都有

$$\mathscr{G}(\rho) = P_{X^\perp}\mathscr{E}(\rho)P_{X^\perp}$$

成立。直观上而言，从属于 $\mathscr{X}(X)$ 的状态 $|\psi\rangle$ 开始，我们反复地执行量子操作 $\mathscr{E}$，且每一步最后都执行测量 $\{X, X^\perp\}$。$\mathscr{X}(X)$ 的定义式表明系统最终落入空间 $X^\perp$ 的概率为 0，也就是说系统总是可以到达空间 X。显然 $\mathscr{X}(X)$ 是属于 $\mathscr{H}$ 的子空间。那么重复可达性概率可以基于 $\mathscr{X}(X)$ 进行定义。

定义 5.3.2　令 $\mathscr{C} = \langle \mathscr{H}, \mathscr{E} \rangle$ 是量子马尔可夫链，X 是属于 $\mathscr{H}$ 的子空间且 ρ 是属于 $\mathscr{H}$ 的密度算子。那么状态 ρ 满足重复可达性 $\mathrm{rep}(X)$ 的概率为：

$$\Pr(\rho \models \mathrm{rep}(X)) = \lim_{k \to \infty} \mathrm{tr}\left(P_{\mathscr{X}(X)} \mathscr{E}^k(\rho)\right) \tag{5.29}$$

因为 $\mathscr{X}(X)$ 在 $\mathscr{E}$ 的作用下是不变的，所以 $\Pr(\rho \models \mathrm{rep}(X))$ 的定义是明确的。通过定理 5.2.2，我们发现序列

$$\left\{ \mathrm{tr}\left(P_{\mathscr{X}(X)} \mathscr{E}^k(\rho)\right) \right\}$$

是非递增的，因此它存在极限。前面的定义并不容易理解，为了帮助读者更好地掌握这条定义，让我们按照下面这种方式说明重复可达性概率的定义式 (5.29)。首先对于任意 $0 \leqslant \lambda < 1$，从公式 (5.29) 可以得到：$\Pr(\rho \models \mathrm{rep}(X)) \geqslant \lambda$ 当且仅当对于任意的 $\epsilon > 0$，都存在整数 N 使得对于所有的 $k \geqslant N$，$\mathscr{E}^k(\rho)$ 会以 $\geqslant \lambda - \epsilon$ 的概率落入子空间 $\mathscr{X}(X)$。另一方面，我们已经知道从属于 $\mathscr{X}(X)$ 的任意状态开始，系统都会无限次到达 X。因此从状态 ρ 开始，系统能够无限次到达空间 X。 〔194〕

下一小节将会对重复可达性概率的计算和持续性概率的计算进行讨论。

5.3.3　持续性概率

本小节将研究量子马尔可夫链的另一类可达性问题，我们称这类问题为持续性。持续性意味着从某个确定的时间起，系统总是满足预期的情况。正如上节所述，因为 $\mathscr{E}_{\infty}(\mathscr{H})^{\perp}$ 是不变子空间，所以我们可以更多地将注意力集中在 $\mathscr{E}_{\infty}(\mathscr{H})$ 上。

定义 5.3.3　令 $\mathscr{C} = \langle \mathscr{H}, \mathscr{E} \rangle$ 是量子马尔可夫链且 X 是属于 $\mathscr{E}_{\infty}(\mathscr{H})$ 的子空间。那么属于 $\mathscr{E}_{\infty}(\mathscr{H})$ 且最终会永远属于空间 X 的态的集合为

$$\mathscr{Y}(X) = \left\{ |\psi\rangle \in \mathscr{E}_{\infty}(\mathscr{H}) : (\exists N \geqslant 0)(\forall k \geqslant N) \mathrm{supp}\left(\mathscr{E}^k(|\psi\rangle\langle\psi|)\right) \subseteq X \right\}$$

从它的定义式可以清楚地看到，$\mathscr{Y}(X)$ 是由这样的一些纯态构成，在某个时间点 N 之后能够到达的纯态都属于 X。我们给出一个简单的例子来对 $\mathscr{Y}(X)$ 和 $\mathscr{X}(X)$ 的概念进行说明。

例子 5.3.2　让我们回顾例子 5.2.1：

$$\mathscr{E}_{\infty}(\mathscr{H}) = \mathrm{span}\{|0\rangle, |1\rangle, |2\rangle, |3\rangle\}$$

(1) 如果 $X = \mathrm{span}\{|0\rangle, |1\rangle, |2\rangle\}$，那么

$$\mathscr{E}_{\infty}(X^{\perp}) = \mathrm{supp}(\mathscr{E}_{\infty}(|3\rangle\langle3|)) = \mathrm{supp}((|2\rangle\langle2| + |3\rangle\langle3|)/2)$$

且 $\mathscr{E}_{\infty}(X) = \mathscr{E}_{\infty}(\mathscr{H})$。因此 $\mathscr{Y}(X) = B_1$ 且 $\mathscr{X}(X) = \mathscr{E}_{\infty}(\mathscr{H})$。

(2) 如果 $X = \mathrm{span}\{|3\rangle\}$，那么

$$\mathscr{E}_{\infty}(X^{\perp}) = B_1 \oplus B_2$$

且 $\mathscr{E}_{\infty}(X) = B_2$。因此 $\mathscr{Y}(X) = \{0\}$ 且 $\mathscr{X}(X) = B_2$。

下面这条引理将对 $\mathscr{Y}(X)$ 和 $\mathscr{X}(X)$ 的特性进行描述，并说明了两者之间的关系。

引理 5.3.4   对于任意属于 $\mathscr{E}_\infty(\mathscr{H})$ 的子空间 X，$\mathscr{Y}(X)$ 和 $\mathscr{X}(X)$ 都是属于 $\mathscr{H}$ 的不变子空间[⊖]。此外我们可以得到：

(1) $\mathscr{X}(X) = \mathscr{E}_\infty(X)$

(2) $\mathscr{Y}(X) = \bigvee_{B \subseteq X} B = \mathscr{X}(X^\perp)^\perp$，其中 B 的取值遍历所有的 BSCC，且它的正交补属于 $\mathscr{E}_\infty(\mathscr{H})$。

195

读者可以在 5.4 节中找到对该定理的证明。

现在我们可以对量子马尔可夫链的持续性概率进行定义。

定义 5.3.4   令 $\mathcal{C} = \langle \mathscr{H}, \mathscr{E} \rangle$ 是量子马尔可夫链，X 是属于 $\mathscr{H}$ 的子空间且 ρ 是属于 $\mathscr{H}$ 的密度算子。那么状态 ρ 满足持续性 $\mathrm{pers}(X)$ 的概率为：

$$\mathrm{Pr}(\rho \models \mathrm{pers}(X)) = \lim_{k \to \infty} \mathrm{tr}\left(P_{\mathscr{Y}(X)} \mathscr{E}^k(\rho) \right)$$

因为 $\mathscr{Y}(X)$ 在 $\mathscr{E}$ 的作用下不变，所以通过定理 5.2.2 可以得到

$$\left\{ \mathrm{tr}\left(P_{\mathscr{Y}(X)} \mathscr{E}^k(\rho) \right) \right\}$$

是非递增序列，因此 $\mathrm{Pr}(\rho \models \mathrm{pers}(X))$ 是定义明确的。可以按照对定义 5.3.2 的理解方式来理解上述定义。对于任意的 $0 \leqslant \lambda < 1$，$\mathrm{Pr}(\rho \models \mathrm{pers}(X)) \geqslant \lambda$ 当且仅当对于任意的 $\epsilon > 0$，都存在整数 N 满足对于任意的 $k \geqslant N$，$\mathscr{E}^k(\rho)$ 会以不小于 $\lambda - \epsilon$ 的概率落入子空间 $\mathscr{Y}(X)$。此外，从属于 $\mathscr{Y}(X)$ 的任意状态出发，经过某个时间点后能够到达的所有状态都一定属于 X。因此定义 5.3.4 与本节首段对持续性[⊜]的描述是一致的。

结合定理 5.3.1 和引理 5.3.4，我们可以得到本节的主要结论：

定理 5.3.3

(1)重复可达性概率为：

$$\mathrm{Pr}(\rho \models \mathrm{rep}(X)) = 1 - \mathrm{tr}\left(P_{\mathscr{X}(X)^\perp} \mathscr{E}_\infty(\rho) \right)$$
$$= 1 - \mathrm{Pr}\left(\rho \models \mathrm{pers}\left(X^\perp \right) \right)$$

(2)持续性概率为：

$$\mathrm{Pr}(\rho \models \mathrm{pers}(X)) = \mathrm{tr}(P_{\mathscr{Y}(X)} \mathscr{E}_\infty(\rho))$$

重复可达性概率和持续性概率的计算

现在我们来考虑如何对量子马尔可夫链的重复可达性概率和持续性概率进行计算。基于定理 5.3.3(2)，我们可以给出一种计算持续性概率的算法；参考算法 3。

⊖ $\mathscr{Y}(X)$ 和 $\mathscr{X}(X)$ 在 $\mathscr{E}$ 的作用下不变。—— 译者注
⊜ 持续性意味着从某个确定的时间起，系统总是满足预期的情况。—— 译者注

算法 3　Persistence(X, ρ)

输入：量子马尔可夫链 $\langle \mathscr{H}, \mathscr{E} \rangle$，子空间 $X \subseteq \mathscr{H}$，初始态 $\rho \in \mathscr{D}(\mathscr{H})$

输出：概率 $\Pr(\rho \models \mathrm{pers}(X))$

begin

    $\rho_\infty \leftarrow \mathscr{E}_\infty(\rho)$;

    $Y \leftarrow \mathscr{E}_\infty(X^\perp)$;

    $P \leftarrow$ 向空间 $Y^\perp$ 做的投影; (*$Y^\perp$ 是空间 $\mathscr{E}_\infty(\mathscr{H})$ 中 Y 的正交补集 *)

    return $\mathrm{tr}(P\rho_\infty)$

end

定理 5.3.4　给定一个量子马尔可夫链 $\langle \mathscr{H}, \mathscr{E} \rangle$，初始状态为 $\rho \in \mathscr{D}(\mathscr{H})$，$X$ 是属于 $\mathscr{H}$ 的子空间。算法 3 可以在 $O(d^8)$ 的时间内计算出持续性概率 $\Pr(\rho \models \mathrm{pers}(X))$，其中 d 代表空间 $\mathscr{H}$ 的维度。

证明：算法 3 的正确性可以从定理 5.3.3(2) 推导得出。该算法的时间复杂度主要受计算 $\mathscr{E}_\infty(\rho)$ 和 $\mathscr{E}_\infty(X^\perp)$ 时需要进行的 Jordan 分解的时间复杂度所影响，因此时间复杂度为 $O(d^8)$。　　□   196

通过定理 5.3.3(1)，我们发现也可以将算法 3 用于计算重复可达性概率 $\Pr(\rho \models \mathrm{rep}(X))$。本节最后我们提出一个有待研究的问题以供大家思考。

问题 5.3.1　本章中介绍的所有用于分析量子程序的算法都是经典算法; 也就是说，它们使用经典计算机来分析量子程序。我们希望设计出能以更低的时间复杂度来达到相同目的的量子算法。

5.4　引理的证明

在前面的小节中，我们使用了很多引理但没有对它们进行相应的证明。为了方便读者阅读，我们将在本节中对这些引理进行证明。

证明引理 5.1.10：首先，我们给出一些在证明过程中需要用到的关键引理。回忆 5.1.2 节：$\mathscr{E}$ 是一个量子操作，$M = \{M_0, M_1\}$ 是一个量子测量。量子算子 $\mathscr{E}_0$ 和 $\mathscr{E}_1$ 分别通过测量算子 M_0 和 M_1 进行定义，即对于任意密度算子 ρ，$i = 0, 1$ 都有

$$\mathscr{E}_i(\rho) = M_i \rho M_i^\dagger$$

成立。我们将 $\mathscr{E} \circ \mathscr{E}_1$ 记为 $\mathscr{G}$。

引理 5.4.1　量子操作 $\mathscr{G} + \mathscr{E}_0$ 具有保迹性，即对于任意密度算子 ρ 都有

$$\mathrm{tr}[(\mathscr{G} + \mathscr{E}_0)(\rho)] = \mathrm{tr}(\rho) \tag{5.30}$$

成立。

证明: 可以发现

$$\sum_i (E_i M_1)^\dagger E_i M_1 + M_0^\dagger M_0 = M_1^\dagger \left(\sum_i E_i^\dagger E_i \right) M_1 + M_0^\dagger M_0$$

$$= M_1^\dagger M_1 + M_0^\dagger M_0 = I \qquad \square$$

197

下面这个引理表明任意一个复矩阵都可以通过四个正定矩阵来表示。

引理 5.4.2　对于任意矩阵 A, 存在四个正定矩阵 B_1, B_2, B_3, B_4 满足:

(1) $A = (B_1 - B_2) + i(B_3 - B_4)$

(2) $\mathrm{tr} B_i^2 \leqslant \mathrm{tr}(A^\dagger A)$, 其中 $i = 1, 2, 3, 4$。

证明: 我们取厄米算子

$$(A + A^\dagger)/2 = B_1 - B_2, \quad -i(A - A^\dagger)/2 = B_3 - B_4$$

其中 B_1 和 B_2 是对应支集相互正交的正定算子, B_3 和 B_4 也是对应支集相互正交的正定算子。那么我们有

$$\sqrt{\mathrm{tr} B_1^2} = \sqrt{\mathrm{tr}(B_1^\dagger B_1)}$$

$$\leqslant \sqrt{\mathrm{tr}(B_1^\dagger B_1 + B_2^\dagger B_2)}$$

$$= \|((A + A^\dagger)/2 \otimes I)|\Phi\rangle\|$$

$$\leqslant (\|(A \otimes I)|\Phi\rangle\| + \|(A^\dagger \otimes I)|\Phi\rangle\|)/2$$

$$= \sqrt{\mathrm{tr}(A^\dagger A)}$$

使用同样的方法可以证明 $\mathrm{tr} B_i^2 \leqslant \mathrm{tr}(A^\dagger A)$ 对于 $i = 2, 3, 4$ 都成立。 $\qquad \square$

令 R 是量子操作 $\mathscr{G}$ 的矩阵表示$^\ominus$; 参考其定义式 (5.14)。下面这条引理给出了 R 的 n 次幂的边界。

引理 5.4.3　对于任意不小于 0 的整数 n 和任意属于 $\mathscr{H} \otimes \mathscr{H}$ 的态 $|\alpha\rangle$, 我们有:

$$\|R^n |\alpha\rangle\| \leqslant 4\sqrt{d} \| |\alpha\rangle\|$$

其中 d 是希尔伯特空间 $\mathscr{H}$ 的维度。

证明: 假设 $|\alpha\rangle = \sum_{i,j} a_{ij} |ij\rangle$。那么我们记

$$|\alpha\rangle = (A \otimes I)|\Phi\rangle$$

其中 $A = (a_{ij})$ 是一个 $d \times d$ 的矩阵。通过计算可以得到:

$$\| |\alpha\rangle\| = \sqrt{\mathrm{tr} A^\dagger A}$$

通过引理 5.4.2, 我们可以将 A 写成如下形式:

$$A = (B_1 - B_2) + i(B_3 - B_4)$$

$\ominus$ $R = \sum_i (E_i M_1) \otimes (E_i M_1)^*$。——译者注

因为式 (5.30) 的保迹性只适用于正定算子，所以我们可以进行这种分解。取

$$|\beta_i\rangle = (B_i \otimes I)|\Phi\rangle$$

其中 $i = 1, 2, 3, 4$。根据三角不等式，我们可以得到：

$$||R^n|\alpha\rangle|| \leqslant \sum_{i=1}^{4} ||R^n|\beta_i\rangle|| = \sum_{i=1}^{4} ||(\mathscr{G}^n(B_i) \otimes I)|\Phi\rangle||$$

注意

$$||(\mathscr{G}^n(B_i) \otimes I)|\Phi\rangle|| = \sqrt{\text{tr}(\mathscr{G}^n(B_i))^2} \tag{5.31}$$

$$\text{tr}B_i^2 \leqslant (\text{tr}B_i)^2 \tag{5.32}$$

此外，从引理 5.4.1 我们可以得知

$$\text{tr}[\mathscr{G}^n(B_i)] \leqslant \text{tr}[(\mathscr{G} + \mathscr{E}_0)^n(B_i)] = \text{tr}B_i \tag{5.33}$$

将等式 (5.31)、(5.32) 和 (5.33) 相结合，可以得到

$$\sqrt{\text{tr}(\mathscr{G}^n(B_i))^2} \leqslant \sqrt{(\text{tr}\mathscr{G}^n(B_i))^2} \leqslant \sqrt{(\text{tr}B_i)^2}$$

此外，通过柯西不等式我们有

$$(\text{tr}B_i)^2 \leqslant d \cdot (\text{tr}B_i^2)$$

因此，从引理 5.4.2 可以推导出

$$||R^n|\alpha\rangle|| \leqslant \sum_{i=1}^{4} \sqrt{d \cdot \text{tr}B_i^2} \leqslant 4\sqrt{d \cdot \text{tr}(A^\dagger A)} = 4\sqrt{d}|| |\alpha\rangle|| \qquad \square$$

现在开始证明引理 5.1.10。我们使用反证法来证明引理 5.1.10(1)。如果 R 存在满足 $|\lambda| > 1$ 的特征值 λ，假设其对应的归一化特征向量为 $|x\rangle$：$R|x\rangle = \lambda|x\rangle$。选取满足 $|\lambda|^n > 4\sqrt{d}$ 的整数 n。那么

$$||R^n|x\rangle|| = ||\lambda^n|x\rangle|| = |\lambda|^n > 4\sqrt{d}|| |x\rangle||$$

这与引理 5.4.3 相矛盾。

引理 5.1.10(2) 也可以通过反证法来证明。不失一般性，我们假设在 R 的 Jordan 分解 $R = SJ(R)S^{-1}$ 中，特征值 $|\lambda_1| = 1$ 所对应的 Jordan 分块满足 $k_1 > 1$。假设 $\{|i\rangle\}_{i=1}^{d^2}$ 是空间 $\mathscr{H} \otimes \mathscr{H}$ 的一组标准正交基，且它与 R 的列和行的编号方式相一致。取一个非归一化的向量 $|y\rangle = S|k_1\rangle$，其中 $|k_1\rangle$ 是基 $\{|i\rangle\}_{i=1}^{d^2}$ 中的第 k_1 个态。因为 S 是非奇异矩阵，所以存在实数 $L, r > 0$ 使得对于任意属于 $\mathscr{H} \otimes \mathscr{H}$ 的向量 $|x\rangle$ 都满足

$$r \cdot || |x\rangle|| \leqslant ||S|x\rangle|| \leqslant L \cdot || |x\rangle||$$

通过定义，我们可以得出 $|| |y\rangle|| \leqslant L$。因为 $r > 0$，所以可以选取满足 $nr > L \cdot 4\sqrt{d}$ 的整数 n。通过计算可以得出：

$$R^n|y\rangle = L \cdot \sum_{t=0}^{k_1-1} \binom{n}{t} \lambda_1^{n-t}|k_1 - t\rangle$$

因此，我们有：

$$\||R^n|y\rangle\|| \geqslant r \cdot \sum_{t=1}^{k_1} \binom{n}{t} |\lambda_1|^{n-t}$$

$$\geqslant nr > L \cdot 4\sqrt{d} \geqslant 4\sqrt{d}\|| |y\rangle\||$$

这与引理 5.4.3 相矛盾，我们完成了证明。

证明引理 5.1.13：回忆 5.1.2 节，将矩阵 R 的 Jordan 标准型 $J(R)$ 中特征值的模为 1 的一维 Jordan 分块用数字 0 进行替换，可以得到矩阵 $J(N)$。不失一般性，我们假设 R 的特征值满足：

$$1 = |\lambda_1| = \cdots = |\lambda_s| > |\lambda_{s+1}| \geqslant \cdots \geqslant |\lambda_l|$$

那么

$$J(R) = \begin{bmatrix} U & 0 \\ 0 & J_1 \end{bmatrix}$$

其中 $U = \operatorname{diag}(\lambda_1, \cdots, \lambda_s)$ 是一个 $s \times s$ 的对角幺正矩阵，且

$$J_1 = \operatorname{diag}(J_{k_{s+1}}(\lambda_{s+1}), \cdots, J_{k_l}(\lambda_l))$$

此外，我们有：

$$J(N) = \begin{bmatrix} 0 & 0 \\ 0 & J_1 \end{bmatrix}$$

通过引理 3.3.4，可以得到

$$\sum_{n=0}^{\infty} (\mathscr{E}_0 \circ \mathscr{G}^n)$$

具有收敛性。这反过来又表明 $\sum_{n=0}^{\infty} N_0 R^n$ 也是收敛的。显然如下等式成立：

$$\sum_{n=0}^{\infty} N_0 R^n = \sum_{n=0}^{\infty} N_0 S J(R)^n S^{-1}$$

因为 S 是非奇异矩阵，所以

$$\sum_{n=0}^{\infty} N_0 S J(R)^n$$

也具有收敛性。这表明

$$\lim_{n \to \infty} N_0 S J(R)^n = 0$$

现在我们记：

$$N_0 S = \begin{bmatrix} Q & P \\ V & T \end{bmatrix}$$

其中 Q 是一个 $s \times s$ 的矩阵，T 是一个 $(d^2 - s) \times (d^2 - s)$ 的矩阵，且 d 代表状态空间 $\mathscr{H}$ 的维度。那么

$$N_0 S J(R)^n = \begin{bmatrix} Q U^n & P J_1^n \\ V U^n & T J_1^n \end{bmatrix}$$

由此可以断定 $\lim_{n\to\infty} QU^n = 0$ 且 $\lim_{n\to\infty} VU^n = 0$。所以

$$\mathrm{tr}(Q^\dagger Q) = \lim_{n\to\infty} \mathrm{tr}(QU^n)^\dagger QU^n = 0$$

$$\mathrm{tr}(V^\dagger V) = \lim_{n\to\infty} \mathrm{tr}(VU^n)^\dagger VU^n = 0$$

那么 $Q = 0$ 且 $V = 0$，所以我们可以得到 $N_0 R^n = N_0 N^n$。

证明引理 5.2.5(2)：我们将证明假设量子马尔可夫链的任意两个维度不同的 BSCC X 和 Y 是相互正交的。证明该引理需要一些技术上的准备。A 是属于空间 $\mathscr{H}$ 的一个算子（该算子不一定是局部密度算子），如果满足 $\mathscr{E}(A) = A$，那么我们称 A 是量子操作 $\mathscr{E}$ 的不动点。下面这条引理表明将不动点按照引理 5.4.2 中给出的正定矩阵分解的方式进行分解之后，仍然会保持其不动点的特性。

引理 5.4.4 令 $\mathscr{E}$ 是属于空间 $\mathscr{H}$ 的量子操作且 A 是 $\mathscr{E}$ 的不动点。如果我们有：

(1) $A = (X_+ - X_-) + i(Y_+ - Y_-)$

(2) X_+，X_-，Y_+，Y_- 都是正定矩阵

(3) $\mathrm{supp}(X_+) \perp \mathrm{supp}(X_-)$ 且 $\mathrm{supp}(Y_+) \perp \mathrm{supp}(Y_-)$

那么 X_+，X_-，Y_+，Y_- 都是 $\mathscr{E}$ 的不动点。

练习 5.4.1 证明引理 5.4.4。

现在开始证明引理 5.2.5(2)。为了不失一般性，我们假设 $\dim X < \dim Y$。通过定理 5.2.3，可以发现存在两个满足 $\mathrm{supp}(\rho) = X$ 和 $\mathrm{supp}(\sigma) = Y$ 的最小不动点态 ρ 和 σ。注意对于任意的 $\lambda > 0$，$\rho - \lambda\sigma$ 也是 $\mathscr{E}$ 的不动点。我们可以取一个足够大的 λ 使得

$$\rho - \lambda\sigma = \Delta_+ - \Delta_-$$

成立，其中 $\Delta_\pm$ 具有正定性，$\mathrm{supp}(\Delta_-) = \mathrm{supp}(\sigma)$ 且 $\mathrm{supp}(\Delta_+) \perp \mathrm{supp}(\Delta_-)$。令 P 是向空间 Y 进行的投影。通过引理 5.4.4，我们发现 Δ_+ 和 Δ_- 都是 $\mathscr{E}$ 的不动点。那么

$$P\rho P = \lambda P\sigma P + P\Delta_+ P - P\Delta_- P = \lambda\sigma - \Delta_-$$

也是 $\mathscr{E}$ 的不动点态。注意 $\mathrm{supp}(P\rho P) \subseteq Y$，$\sigma$ 是最小不动点态且 $\mathrm{supp}(\sigma) = Y$。因此，存在 $p \geqslant 0$ 使得 $P\rho P = p\sigma$ 成立。如果 $p > 0$，那么通过命题 5.2.1(3) 我们可以得到：

$$Y = \mathrm{supp}(\sigma) = \mathrm{supp}(P\rho P) = \mathrm{span}\{P|\psi\rangle : |\psi\rangle \in X\}$$

所以 $\dim Y \leqslant \dim X$，这与我们的假设相矛盾。因此 $P\rho P = 0$，这表明 $X \perp Y$。

证明引理 5.2.7：大致说来，该引理断言可以将属于 $\mathscr{E}$ 的不动点态分解为两个正交的不动点态。引理 5.2.5(2) 告诉我们两个维度不同的 BSCC 是相互正交的。我们可以用这个结论来证明引理 5.2.7。首先，注意到对于任意的 $\lambda > 0$，$\rho - \lambda\sigma$ 也是 $\mathscr{E}$ 的不动点，因此我们可以取足够大的 λ 使得

$$\rho - \lambda\sigma = \Delta_+ - \Delta_-$$

成立，其中 $\Delta_\pm$ 具有正定性，$\mathrm{supp}(\Delta_-) = \mathrm{supp}(\sigma)$，$\mathrm{supp}(\Delta_+)$ 是 $\mathrm{supp}(\Delta_-)$ 在 $\mathrm{supp}(\rho)$ 中的正交补。通过引理 5.4.4，可以发现 Δ_+ 和 Δ_- 都是 $\mathscr{E}$ 的不动点。令 $\eta = \Delta_+$，我们有：

$$\mathrm{supp}(\rho) = \mathrm{supp}(\rho - \lambda\sigma) = \mathrm{supp}(\Delta_+) \oplus \mathrm{supp}(\Delta_-) = \mathrm{supp}(\eta) \oplus \mathrm{supp}(\sigma)$$

证明引理 5.2.8：该引理的结论 (1) 要求我们指出计算密度算子 ρ 的渐近均值 $\mathscr{E}_\infty(\rho)$ 所需的时间复杂度。为此，我们首先介绍一条关于量子操作的渐近均值的矩阵表示的引理。

引理 5.4.5 令 $M = SJS^{-1}$ 是 M 的 Jordan 分解，其中

$$J = \bigoplus_{k=1}^{K} J_k(\lambda_k) = \text{diag}(J_1(\lambda_1), \cdots, J_K(\lambda_K))$$

且 $J_k(\lambda_k)$ 是特征值 λ_k 所对应的 Jordan 分块。定义

$$J_\infty = \bigoplus_{k \text{ s.t. } \lambda_k = 1} J_k(\lambda_k)$$

且 $M_\infty = SJ_\infty S^{-1}$。那么 M_∞ 是 $\mathscr{E}_\infty$ 的矩阵表示。

202

练习 5.4.2 证明引理 5.4.5。

现在我们开始对引理 5.2.8(1) 进行证明。文献 [61] 已经证明将 $d \times d$ 的矩阵进行 Jordan 分解所需的时间复杂度为 $O(d^4)$。所以我们可以在 $O(d^8)$ 的时间内计算出 $\mathscr{E}_\infty$ 的矩阵表示 M_∞。此外，也可以在相同的时间复杂度内计算出 $\mathscr{E}_\infty(\rho)$(引理 5.1.9)：

$$(\mathscr{E}_\infty(\rho) \oplus I_{\mathscr{H}}) |\Psi\rangle = M_\infty(\rho \otimes I_{\mathscr{H}})|\Psi\rangle$$

其中 $|\Psi\rangle = \sum_{i=1}^{d} |i\rangle|i\rangle$ 是属于 $\mathscr{H} \otimes \mathscr{H}$ 的（非归一化）最大纠缠态。

证明引理 5.2.8(2) 需要计算找到 $\mathscr{E}$ 的不动点集的密度算子基（即 $\{$矩阵$A : \mathscr{E}(A) = A\}$）的时间复杂度。首先，我们发现可以按照如下三步对密度算子基进行计算：

(1) 计算 $\mathscr{E}$ 的矩阵表示 M。时间复杂度为 $O(md^4)$，其中 $m \leqslant d^2$ 是 Kraus 表示法 $\mathscr{E} = \sum_i E_i \circ E_i^\dagger$ 中算子 E_i 的个数。

(2) 找到矩阵 $M - I_{\mathscr{H} \otimes \mathscr{H}}$ 的零空间的一组基 $\mathscr{B}$，并使用矩阵的形式来表示它。这一步可以通过高斯消元法在 $O((d^2)^3) = O(d^6)$ 的时间内完成。

(3) 对 $\mathscr{B}$ 中的每个基矩阵 A 都进行分解：

$$A = X_+ - X_- + i(Y_+ - Y_-)$$

其中 X_+, X_-, Y_+, Y_- 都是正定矩阵且满足 $\text{supp}(X_+) \perp \text{supp}(X_-)$, $\text{supp}(Y_+) \perp \text{supp}(Y_-)$。令 Q 是 $\{X_+, X_-, Y_+, Y_-\}$ 中的非零元素的集合。那么通过引理 5.4.4 可以发现 Q 中的任何一个元素都是 $\mathscr{E}$ 的不动点态。用 Q 中经过归一化处理之后的元素来替换 A。此时 $\mathscr{B}$ 即为所求密度算子基。最后我们通过高斯消元法，将 $\mathscr{B}$ 中多余的元素删去，使得 $\mathscr{B}$ 中的元素都是线性无关的$^{\ominus}$。这一步的计算复杂度为 $O(d^6)$。

所以计算 $\{$矩阵$A : \mathscr{E}(A) = A\}$ 的密度算子基的整体复杂度为 $O(d^6)$。

证明引理 5.3.4：我们首先证明如下引理：

引理 5.4.6 令 S 是 $\mathscr{E}_\infty(\mathscr{H})$ 的子空间，且它在 $\mathscr{E}$ 的作用下是不变的。那么对于任意满足 $\text{supp}(\rho) \subseteq \mathscr{E}_\infty(\mathscr{H})$ 的密度算子 ρ 和任意的整数 k，我们有

$$\text{tr}\left(P_S \mathscr{E}^k(\rho)\right) = \text{tr}(P_S \rho)$$

$\ominus$ 线性相关是指 $a_1|v_1\rangle + \cdots + a_n|v_n\rangle = 0$。如果某元素可以通过其他元素表示，则这个元素就是多余元素。——译者注

其中 P_S 是向空间 S 进行的投影。

证明: 通过引理 5.2.7，可以发现存在满足 $\mathscr{E}_\infty(\mathscr{H}) = S \oplus T$ 的不变子空间 T，其中 S 和 T 是相互正交的。那么通过定理 5.2.2，我们有

$$\mathrm{tr}\left(P_S \mathscr{E}^k(\rho)\right) \geqslant \mathrm{tr}(P_S \rho) \text{且} \mathrm{tr}\left(P_T \mathscr{E}^k(\rho)\right) = \mathrm{tr}(P_T \rho)$$

203

我们可以进一步推导出

$$1 \geqslant \mathrm{tr}\left(P_S \mathscr{E}^k(\rho)\right) + \mathrm{tr}\left(P_T \mathscr{E}^k(\rho)\right)$$
$$\geqslant \mathrm{tr}(P_S \rho) + \mathrm{tr}(P_T \rho) = \mathrm{tr}(\rho) = 1$$

因此:

$$\mathrm{tr}\left(P_S \mathscr{E}^k(\rho)\right) = \mathrm{tr}(P_S \rho) \qquad \square$$

现在我们可以对引理 5.3.4 进行证明。对于任意的纯态 $|\varphi\rangle$，我们将其对应的密度算子记为 $\varphi = |\varphi\rangle\langle\varphi|$。首先，我们需要证明 $\mathscr{Y}(X)$ 是一个子空间。令 $|\psi_i\rangle \in \mathscr{Y}(X)$ 且 α_i 是复数，$i = 1, 2$。通过 $\mathscr{Y}(X)$ 的定义，可以发现存在整数 N_i 使得对于任意的 $j \geqslant N_i$，都有 $\mathrm{supp}(\mathscr{E}^j(\psi_i)) \subseteq X$ 成立。令

$$|\psi\rangle = \alpha_1 |\psi_1\rangle + \alpha_2 |\psi_2\rangle \quad \text{且} \quad \rho = |\psi_1\rangle\langle\psi_1| + |\psi_2\rangle\langle\psi_2|$$

那么 $|\psi\rangle \in \mathrm{supp}(\rho)$，从命题 5.2.1(1)、(2) 和 (4) 中可以得出对于任意的 $j \geqslant 0$，都满足

$$\mathrm{supp}\left(\mathscr{E}^j(\psi)\right) \subseteq \mathrm{supp}\left(\mathscr{E}^j(\rho)\right) = \mathrm{supp}\left(\mathscr{E}^j(\psi_1)\right) \vee \mathrm{supp}\left(\mathscr{E}^j(\psi_2)\right)$$

所以，对于任意的 $j \geqslant N \triangleq \max\{N_1, N_2\}$ 都有 $\mathrm{supp}\left(\mathscr{E}^j(\psi)\right) \subseteq X$ 成立。因此 $|\psi\rangle \in \mathscr{Y}(X)$。

我们将还未被证明的部分划分为六个声明:

- 声明 1: $\mathscr{Y}(X) \supseteq \bigvee\{B \subseteq X : B \text{ 是 BSCC}\}$。

  对于任意的 $B \subseteq X$，从引理 5.2.6(2) 和 5.2.4，我们可以得到 $B \subseteq \mathscr{E}_\infty(\mathscr{H})$。此外，由于 B 是 BSCC，所以对于任意的 $|\psi\rangle \in B$ 和任意的 i，都满足

  $$\mathrm{supp}\left(\mathscr{E}^i(\psi)\right) \subseteq B \subseteq X$$

  因此 $B \subseteq \mathscr{Y}(X)$。因为 $\mathscr{Y}(X)$ 是子空间，所以该声明得证。

- 声明 2: $\mathscr{Y}(X) \subseteq \bigvee\{B \subseteq X : B \text{ 是 BSCC}\}$。

  对于任意的 $|\psi\rangle \in \mathscr{Y}(X)$，注意到 $\rho_\psi \triangleq \mathscr{E}_\infty(\psi)$ 是一个不动点态。令 $Z = \mathrm{supp}(\rho_\psi)$。我们可以声明 $|\psi\rangle \in Z$。显然当 $Z = \mathscr{E}_\infty(\mathscr{H})$ 时，该声明成立。否则，因为 $\mathscr{E}_\infty\left(\frac{I_\mathscr{H}}{d}\right)$ 是一个不动点态且

  $$\mathscr{E}_\infty(\mathscr{H}) = \mathrm{supp}\left(\mathscr{E}_\infty\left(\frac{I_\mathscr{H}}{d}\right)\right)$$

  那么通过引理 5.2.7，我们可以得到 $\mathscr{E}_\infty(\mathscr{H}) = Z \oplus Z^\perp$，其中 $Z^\perp$ 是 Z 在空间 $\mathscr{E}_\infty(\mathscr{H})$ 中的正交补，且它也具有不变性。因为 Z 也是一些正交的 BSCC 的直和，所以通过引理 5.3.1，我们可以得到:

  $$\lim_{i \to \infty} \mathrm{tr}\left(P_Z \mathscr{E}^i(\psi)\right) = \mathrm{tr}(P_Z \mathscr{E}_\infty(\psi)) = 1$$

204

即

$$\lim_{i\to\infty} \mathrm{tr}\left(P_{Z^\perp}\mathscr{E}^i(\psi)\right) = 0$$

通过定理 5.2.2，我们可以得到 $\mathrm{tr}(P_{Z^\perp}\psi) = 0$，所以 $|\psi\rangle \in Z$。

结合 $\mathscr{Y}(X)$ 的定义，我们可以发现存在 $M \geqslant 0$ 使得对于所有的 $i \geqslant M$，都有 $\mathrm{supp}(\mathscr{E}^i(\psi)) \subseteq X$ 成立。因此

$$Z = \mathrm{supp}\left(\lim_{N\to\infty}\frac{1}{N}\sum_{i=1}^{N}\mathscr{E}^i(\psi)\right)$$

$$= \mathrm{supp}\left(\lim_{N\to\infty}\frac{1}{N}\sum_{i=M}^{N}\mathscr{E}^i(\psi)\right) \subseteq X$$

此外，因为可以将 Z 分解为一些 BSCC 的直和，所以我们有

$$|\psi\rangle \in Z \subseteq \bigvee\{B \subseteq X : B \text{是BSCC}\}$$

因此，声明 2 得证。

- 声明 3：$\mathscr{Y}(X^\perp)^\perp \subseteq \mathscr{X}(X)$。

  首先，根据声明 1 和声明 2，我们可以得到 $\mathscr{Y}(X^\perp) \subseteq X^\perp$ 且

  $$X' \triangleq \mathscr{Y}(X^\perp)^\perp$$

  是不变的。因此 $X \subseteq \mathscr{Y}(X^\perp)^\perp$，且 $\mathscr{E}$ 也是子空间 X' 中的量子操作。我们现在对量子马尔可夫链 $\langle X', \mathscr{E}\rangle$ 进行思考。声明 1 表明任意属于空间 $X^\perp$ 的 BSCC 也属于空间 $\mathscr{Y}(X^\perp)$。因此，$X' \cap X^\perp$ 中不存在 BSCC。通过定理 5.3.2，我们可以得到对于任意的 $|\psi\rangle \in X'$，都满足

  $$\lim_{i\to\infty} \mathrm{tr}\left[(P_{X^\perp}\circ\mathscr{E})^i(\psi)\right] = 0$$

  因此 $|\psi\rangle \in \mathscr{X}(X)$，此声明得证。

- 声明 4：$\mathscr{X}(X) \subseteq \mathscr{Y}(X^\perp)^\perp$。

  与声明 3 相似，我们可以得到 $\mathscr{Y}(X^\perp) \subseteq X^\perp$ 且 $\mathscr{Y}(X^\perp)$ 是不变的。令 P 是向空间 $\mathscr{Y}(X^\perp)$ 进行的投影变换。那么 $P_{X^\perp}PP_{X^\perp} = P$。对于任意的 $|\psi\rangle \in \mathscr{X}(X)$，我们有：

  $$\mathrm{tr}\left(P\left(P_{X^\perp}\circ\mathscr{E}\right)(\psi)\right) = \mathrm{tr}\left(P_{X^\perp}PP_{X^\perp}\mathscr{E}(\psi)\right)$$

  $$= \mathrm{tr}(P\mathscr{E}(\psi)) \geqslant \mathrm{tr}(R_\psi)$$

  其中最后一个不等式是根据定理 5.2.2 所得。因此

  $$0 = \lim_{i\to\infty} \mathrm{tr}\left(\left(P_{X^\perp}\circ\mathscr{E}\right)^i(\psi)\right)$$

  $$\geqslant \lim_{i\to\infty} \mathrm{tr}\left(P\left(P_{X^\perp}\circ\mathscr{E}\right)^i(\psi)\right) \geqslant \mathrm{tr}(P\psi)$$

  所以 $|\psi\rangle \in \mathscr{Y}(X^\perp)^\perp$。

- 声明 5：$\bigvee\{B \subseteq X : B \text{ 是 BSCC}\} \subseteq \mathscr{E}_{\infty}(X^{\perp})^{\perp}$。

  假设 B 是属于 X 的 BSCC。那么我们有 $\text{tr}(P_B I_{X^{\perp}}) = 0$。从引理 5.4.6 可以得到

$$\text{tr}\left(P_B \mathscr{E}^i(I_{X^{\perp}})\right) = 0$$

对于任意的 $i \geqslant 0$ 都成立。因此

$$\text{tr}\left(P_B \mathscr{E}_{\infty}(I_{X^{\perp}})\right) = 0$$

这意味着 $B \perp \mathscr{E}_{\infty}(X^{\perp})$。因此 $B \subseteq \mathscr{E}_{\infty}(X^{\perp})^{\perp}$。因为 $\mathscr{E}_{\infty}(X^{\perp})^{\perp}$ 是子空间，所以该声明得证。

- 声明 6：$\mathscr{E}_{\infty}(X^{\perp})^{\perp} \subseteq \bigvee\{B \subseteq X : B \text{ 是 BSCC}\}$。

  我们首先注意到可以将 $\mathscr{E}_{\infty}(X^{\perp})^{\perp}$ 分解为多个 BSCC B_i 的直和。对于任意的 B_i，我们有

$$\text{tr}(P_{B_i} \mathscr{E}_{\infty}(I_{X^{\perp}})) = 0$$

因此 $\text{tr}(P_{B_i} I_{X^{\perp}}) = 0$ 且 $B_i \perp X^{\perp}$。所以 $B_i \subseteq X$，该声明得证。

最后我们发现声明 1 和声明 2 中已经对 $\mathscr{X}(X)$ 和 $\mathscr{Y}(X)$ 的不变性进行了证明。至此证明完成。

5.5 文献注解

本章中介绍的对量子程序的分析最早由文献 [227] 提出，其中对以幺正变换作为循环体的量子 **while** 循环的可终止性进行了研究。文献 [234] 对 Sharir、Pnueli 和 Hart[202] 设计的概率性程序验证方法进行了量子化扩展，因为量子程序的可终止性分析是以量子马尔可夫链作为其语义模型进行的，因此文献 [227] 中的许多主要结论都被显著地扩展了。5.1.1 小节和 5.1.2 小节中所使用的材料分别取自文献 [227] 和 [234]。5.2 节和 5.3 节主要基于 S. G. Ying 等人 [235]，其中对量子马尔可夫链的可达性问题进行了透彻的研究；特别地，它还提出了量子图中的 BSCC 这一概念。引理 5.4.4 和引理 5.4.5 取自 Wolf[216]。

我建议读者沿着以下三条路线进行延展阅读：

(1)量子程序的扰动：虽然本章并没有涉及相关内容，但是由于量子逻辑门的实现中存在噪声，所以在量子程序中进行扰动分析非常重要。文献 [227] 证明了如果满足一些明显的维度限制条件，那么对于循环体中的幺正变换或循环卫式中的测量，微小的干扰都会导致程序终止。

(2)递归量子程序的分析：本章我们只对量子循环程序的分析进行了研究。在文献 [87] 中，Feng 等人对 Etessami 和 Yannakakis 的递归马尔可夫链 [79] 进行了量子化扩展，称为递归超算子值马尔可夫链，并为其可达性分析设计了一系列技术。显然可以将这些技术用于对 3.4 节中定义的递归量子程序进行分析。经典递归程序的另一类分析技术是基于下推自动机的；参考文献 [78]。文献 [103] 对下推量子自动机的概念进行了介绍，但目前仍不清楚如何将下推量子自动机应用于递归量子程序的分析。

206

(3) 不确定性和并发性量子程序的分析: Li 等人 [152] 最早开始对不确定性量子程序的可终止进行分析,扩展了 Hart、Sharir 和 Pnueli[113] 对概率性量子程序的可终止性所得的结果。Yu 等人 [238] 对包含公平性条件的并发性量子程序的可终止性进行了研究。S. G. Ying 等人 [236] 从量子马尔可夫决策过程的可达性的角度对它进行了进一步讨论。另一方面,本章只对最简单的量子程序可达性问题进行了研究。Li 等人 [153] 对量子系统的一些更复杂的可达性属性进行了研究。

除了本章所述的研究之外,相关文献中还提到了许多其他对量子程序进行分析的方法。JavadiAbhari 等人 [126] 提出了一种可以对通过 Scaffold[3] 进行编写的量子程序进行编译和分析的可扩展框架 ScaffCC;特别地,他们对路径估计的时序分析进行了研究。1.1.3 节已经提到 Jorrand 和 Perdrix[129] 对量子程序分析的抽象解释进行了扩展。Honda[118] 对其做了进一步扩展和细化,并用它对量子程序中量子变量的可分离性进行推理。

带量子控制的量子程序

量子case语句

我们在第 3~5 章中系统地研究了属于量子数据叠加范式的量子程序。特别是在第 3 章中，我们研究了量子 while 程序和递归量子程序，并说明了如何将一些量子算法方便地写成这类量子程序的形式。量子 while 程序的控制流是通过 case 语句和 while 循环产生的，而递归量子程序的控制流则是通过程序调用产生的。因为量子 while 程序和递归量子程序是由经典信息控制的，所以它们的控制流被称为（量子程序中的）经典控制流。

本章与下一章的目的是采用程序叠加范式的方式来介绍量子程序，即具有量子控制流的量子程序。众所周知，程序的控制流是由其内部的程序结构（如 case 语句、循环和递归）所决定的。有趣的是，当我们将经典编程中的 case 语句、循环和递归的概念应用到量子编程时，会有两种不同的情况产生：

(1)使用经典控制流的 case 语句、循环和递归，这在第 3~5 章中已经详细地描述了。

(2)量子 case 语句、循环和递归：使用量子控制流的 case 语句、循环和递归。

我们在下文中将会看到，许多量子算法可以通过具有量子控制的编程语言更方便地编程实现。本章重点研究量子 case 语句，下一章将会重点研究使用量子控制流的循环和递归。

本章的结构如下：

- 6.1 节通过图上的量子游走这一示例，对量子 case 语句的概念进行了详细描述，并对量子 case 语句的控制流进行分析。此外，这一节中还列举了在定义量子 case 语句的语义的过程中所遇到的技术难点。

- 6.2 节中定义了一种新的量子编程语言：QuGCL。该语言支持使用量子 case 语句进行编程。

- 6.3 节介绍了几种关键要素，这些要素都是定义 QuGCL 的指称语义所必需的，其中包括各种量子操作的卫式组合。6.4 节详细介绍了 QuGCL 的指称语义。

- 在 6.5 节中，我们基于量子 case 语句的概念对量子选择进行了定义。

- 6.6 节介绍了 QuGCL 程序的一类代数法则。我们可以用这些法则来对包含量子 case 语句的程序进行验证、转换和编译。

- 我们在 6.7 节中通过一些例子对 QuGCL 语言的表达能力进行说明。

- 6.8 节对量子 case 语句可能存在的扩展和变体进行了讨论。

- 为了增强可读性，我们将在 6.9 节中对前面几节中没有证明的引理、命题和定理进行证明。

6.1　case 语句：从经典到量子

首先考虑两个问题：为什么需要引入一类新的量子 case 语句？它和第 3 章介绍的量子

程序中的 case 语句有何不同？我们将按照以下三个步骤来回答这些问题，并从这些问题的答案中得到量子 case 语句的概念。

(1) 经典编程中的 case 语句：回忆经典编程中的条件语句

$$\textbf{if } b \textbf{ then } S_1 \textbf{ else } S_0 \textbf{ fi} \tag{6.1}$$

其中 b 是布尔表达式。当 b 为"真"时，会执行子程序 S_1；反之会执行 S_0。更一般地，经典编程中的 case 语句是一组卫式命令：

$$\textbf{if}(\square i \cdot G_i \to S_i)\textbf{fi} \tag{6.2}$$

其中 $1 \leqslant i \leqslant n$。子程序 S_i 是否执行由布尔表达式 G_i 决定：只有当 G_i 为真的时候 S_i 才能执行。

(2) 量子编程中的经典 case 语句：在第 3 章中我们已经基于量子测量对量子编程中的经典 case 语句进行了定义。令 $\bar{q}$ 是一类量子变量的集合，$M = \{M_m\}$ 是对 $\bar{q}$ 执行的测量。对于任意可能的测量结果 m，令 S_m 是一个量子程序。那么我们可以将 case 语句写作：

$$\textbf{if}(\square m \cdot M[\bar{q}] = m \to S_m)\textbf{fi} \tag{6.3}$$

212

语句 (6.3)会根据测量 M 的结果来选择需要执行的命令：如果测量结果为 m，那么会执行相对应的程序 S_m。特别地，当 M 是 yes-no 测量，即只有两种可能的测量结果 1（yes）和 0（no）时，那么 case 语句 (6.3) 是条件语句 (6.1) 的一种泛化。我们将这种情况下的 case 语句称为量子编程中的经典条件语句。练习 3.4.1 表明，可以将量子while循环 (3.4) 视作由这种条件语句进行声明的递归程序。

(3) 量子 case 语句：除了 (6.3) 之外，在量子编程中还存在一类非常有用的 case 语句。可以通过对图上量子游走中移位算子定义中的关键想法进行扩展，从而定义这种新的 case 语句。例子 2.3.2 告诉我们，移位算子是空间 $\mathscr{H}_d \otimes \mathscr{H}_p$ 中的算子，且对于任意的方向 $1 \leqslant i \leqslant n$ 和顶点 $v \in V$ 都满足：

$$S|i, v\rangle = |i, v_i\rangle$$

其中 v_i 是 v 的第 i 个邻接顶点，$\mathscr{H}_d$ 是方向"硬币"空间，$\mathscr{H}_p$ 是位置空间。

这种移位算子也可以通过如下方式进行理解：对于任意的 $1 \leqslant i \leqslant n$，我们定义朝方向 i 进行的位移 S_i 是属于空间 $\mathscr{H}_p$ 的算子：

$$S_i|v\rangle = |v_i\rangle$$

其中 v 是图中任意一个顶点。我们可以根据每次移位的方向⊖，将这些算子 $S_i(1 \leqslant i \leqslant n)$ 进行结合，最终形成一个整体移位算子 S：

$$S|i, v\rangle = |i\rangle S_i|v\rangle \tag{6.4}$$

⊖ 原文是 "along the coin"，因为每一次移位的方向都是通过类似掷硬币的方式来随机决定，所以这里没有直译。—— 译者注

其中 $1 \leqslant i \leqslant n$ 且 $v \in V$。需要注意算子 S 和 $S_i (1 \leqslant i \leqslant n)$ 是在不同的希尔伯特空间下定义的：S 属于 $\mathscr{H}_d \otimes \mathscr{H}_p$，$S_i$ 却属于空间 $\mathscr{H}_p$。

让我们仔细研究一下移位算子 S 的行为。可以将算子 $S_1, \cdots, S_n$ 视作一组相互独立的程序。因为 S 只选择 $S_1, \cdots, S_n$ 其中的一个去执行，所以可以将 S 看作 $S_1, \cdots, S_n$ 的一类 case 语句。但式 (6.4) 表明这类 case 语句与 (6.3) 有明显的不同：式 (6.4) 中的选择是根据"硬币空间"的基态 $|i\rangle$ 来决定的，这是量子信息而非经典信息。因此我们可以将 S 称为量子 case 语句。虽然测量结果 m 是经典信息而基态 $|i\rangle$ 是量子信息，但读者可能仍然怀疑 case 语句 (6.3) 的行为和量子 case 语句是否真的有所不同。我们接下来要研究量子 case 语句的控制流。随着研究的深入，我们将会逐渐发现两者之间确实存在巨大的差异。

我们可以对上述想法进行扩展。令 $S_1, S_2, \cdots, S_n$ 都是一组一般性的量子程序，它们的状态空间都是 $\mathscr{H}$。引入一个名为"硬币"系统的外部系统$^{\ominus}$，它可以是单系统，也可以是复合系统。所以，可以用没在 $S_1, S_2, \cdots, S_n$ 中出现过的量子变量所组成的量子寄存器 $\overline{q}$ 对其进行表示。假设系统 $\overline{q}$ 的状态空间是 n 维的希尔伯特空间 $\mathscr{H}_{\overline{q}}$ 且 $\{|i\rangle\}_{i=1}^{n}$ 是该空间的一组标准正交基。那么量子 case 语句 S 可以通过沿着基 $\{|i\rangle\}$ 对程序 $S_1, S_2, \cdots, S_n$ 进行组合来定义：

$$
\begin{aligned}
S \equiv \ \mathbf{qif} \ [\overline{q}] : |1\rangle &\rightarrow S_1 \\
\square \quad\quad |2\rangle &\rightarrow S_2 \\
\vdots \\
\square \quad\quad |n\rangle &\rightarrow S_n \\
\mathbf{fiq} \quad\quad\quad\quad&
\end{aligned}
\tag{6.5}
$$

也可以将上式缩写为：

$$
S \equiv \mathbf{qif} \ [\overline{q}](\square i \cdot |i\rangle \rightarrow S_i) \ \mathbf{fiq}
$$

量子控制流

现在让我们看看量子 case 语句 (6.5) 的控制流，即它的执行顺序。我们可以从语义的角度来理解 S 的控制流。通过式 (6.4)，我们有理由认为 S 的语义 $[S]$ 是在张量积 $\mathscr{H}_{\overline{q}} \otimes \mathscr{H}$ 中定义的且对于任意的 $1 \leqslant i \leqslant n$，$|\varphi\rangle \in \mathscr{H}$ 都满足

$$
[S](|i\rangle|\varphi\rangle) = |i\rangle([S_i]|\varphi\rangle)
\tag{6.6}
$$

其中 $[S_i]$ 是 S_i 的语义。那么程序 S 的控制流是由"硬币"变量 $\overline{q}$ 所决定的。换言之，对于任意的 $1 \leqslant i \leqslant n$，程序 (6.5) 的执行受到"硬币"$\overline{q}$ 的控制：当 $\overline{q}$ 处于状态 $|i\rangle$ 时，将会执行子程序 S_i。有趣的是，$\overline{q}$ 是"量子硬币"而非"经典硬币"，所以它不仅可以处于基态 $|i\rangle$，也可以处于基态的叠加态。基态的叠加态会产生量子控制流——控制流叠加：

$$
[S]\left(\sum_{i=1}^{n} \alpha_i |i\rangle|\varphi_i\rangle\right) = \sum_{i=1}^{n} \alpha_i |i\rangle([S_i]|\varphi_i\rangle)
\tag{6.7}
$$

$\ominus$ 一个系统是另一个系统的外部系统，说明两个系统的状态空间没有任何交集。—— 译者注

对于任意的 $|\varphi_i\rangle \in \mathcal{H}$ 和任意的复数 $\alpha_i (1 \leqslant i \leqslant n)$ 都成立。在式 (6.7) 中，对于任意的 $1 \leqslant i \leqslant n$，子程序 S_i 会以 $\alpha_i * \alpha_i^*$ 的概率执行。而量子程序的经典 case 语句 (6.3) 中的卫式 "$M[\bar{q}] = m_1$"，$\cdots$，"$M[\bar{q}] = m_n$" 却不会处于叠加态。

214

定义量子 case 语句语义的技术难点

乍一看，似乎可以将量子游走中移位算子的定义式顺利地推广到式 (6.6)，并以此来定义一般性量子 case 语句的指称语义。但在实际操作时却不那么顺利。当 $S_i (1 \leqslant i \leqslant n)$ 上没有量子测量发生时，每个 S_i 的操作语义都只是一系列简单的幺正算子，式 (6.6) 没有任何问题。然而当一些 $S_i (1 \leqslant i \leqslant n)$ 包含量子测量时，其语义结构会变为线性算子树，且执行测量的地方会产生分支。在这种情况下，式 (6.6) 在量子力学的框架下就会变得毫无意义。所以定义量子 case 语句 S 的语义就需要对这些树进行合理的组合，使得相关的量子力学原理在这种情况下依旧适用。我们在 6.3 和 6.4 节中，通过从算子值函数的角度引入半经典语义巧妙地回避了这个问题。

练习 6.1.1 当一些 $S_i (1 \leqslant i \leqslant n)$ 上有量子测量发生时，为什么不能用式 (6.6) 来定义量子 case 语句 (6.5) 的语义？举例说明你的观点。

6.2 QuGCL：支持量子 case 语句的编程语言

上一节详细讨论了量子 case 语句的概念，现在我们开始研究如何使用量子 case 语句进行编程。首先，我们形式化地定义一种名为 QuGCL 的编程语言，该语言包含量子 case 语句的程序结构。可以将它视为 Dijkstra's GCL（Guarded Command Language）在量子情况下的扩展。接下来给出 QuGCL 的入门规范：

- 在第 3 章中，我们曾假定 qVar 是一个由 q, q_1, q_2, $\cdots$ 等量子变量构成的可数集合。对于任意的量子变量 $q \in$ qVar，都表示一个状态空间为 $\mathcal{H}_q$ 的量子系统。不同的量子变量可以构成量子寄存器 $\bar{q} = q_1, q_2, \cdots, q_n$，我们将量子寄存器 $\bar{q}$ 的状态空间记为：

$$\mathcal{H}_{\bar{q}} = \bigotimes_{i=1}^{n} \mathcal{H}_{q_i}$$

- 为了简化描述，我们将 QuGCL 设计为一门纯粹的量子编程语言。但为了记录量子测量的结果，仍然需要引入由 x, y, $\cdots$ 等经典变量构成的可数无限集合 Var。QuGCL 语言中虽然有经典变量的集合，却不包含经典计算（比如经典编程语言中的赋值语句 $x := e$），所以它仍是一门纯粹的量子编程语言。对于任意属于 Var 的经典变量 x，都对应一个非空集合 D_x，即 x 只能取属于集合 D_x 中的值。在实际应用中，如果将 x 用于存储量子测量 M 的测量结果，那么 M 所有可能的测量结果都应该属于集合 D_x。

215

- 经典变量的集合 Var 和量子变量的集合 qVar 是互斥的，即 qVar∩Var = ∅。

通过这些简单的描述，我们可以对使用 QuGCL 进行编程的程序进行定义。对于任意的 QuGCL 程序 S，我们将其经典变量的集合记为 var(S)，量子变量的集合记为 qvar(P)，"硬币"变量记为 cvar(P)。

定义 6.2.1 可以将 QuGCL 程序归纳地定义为:

(1) abort 和 **skip** 都是 QuGCL 程序, 且

$$\mathrm{var}(\mathbf{abort}) = \mathrm{var}(\mathbf{skip}) = \varnothing$$

$$\mathrm{qvar}(\mathbf{abort}) = \mathrm{qvar}(\mathbf{abort}) = \varnothing$$

$$\mathrm{cvar}(\mathbf{abort}) = \mathrm{cvar}(\mathbf{abort}) = \varnothing$$

(2) 如果 $\bar{q}$ 是量子寄存器, U 是属于空间 $\mathscr{H}_{\bar{q}}$ 的幺正算子, 那么

$$\bar{q} := U[\bar{q}]$$

是 QuGCL 程序, 且

$$\mathrm{var}(\bar{q} := U[\bar{q}]) = \varnothing, \quad \mathrm{qvar}(\bar{q} := U[\bar{q}]) = \bar{q}, \quad \mathrm{cvar}(\bar{q} := U[\bar{q}]) = \varnothing$$

(3) 如果 S_1 和 S_2 是满足 $\mathrm{var}(S_1) \cap \mathrm{var}(S_2) = \varnothing$ 的 QuGCL 程序, 那么 $S_1; S_2$ 也是 QuGCL 程序, 且

$$\mathrm{var}(S_1; S_2) = \mathrm{var}(S_1) \cup \mathrm{var}(S_2)$$

$$\mathrm{qvar}(S_1; S_2) = \mathrm{qvar}(S_1) \cup \mathrm{qvar}(S_2)$$

$$\mathrm{cvar}(S_1; S_2) = \mathrm{cvar}(S_1) \cup \mathrm{cvar}(S_2)$$

(4) 如果 $\bar{q}$ 是量子寄存器, x 是经典变量, $M = \{M_m\}$ 是属于空间 $\mathscr{H}_{\bar{q}}$ 的量子测量, 测量 M 所有可能的测量结果都属于 D_x。$\{S_m\}$ 是一类以测量 M 的测量结果 m 为下标的 QuGCL 程序的集合且满足 $x \notin \bigcup_m \mathrm{var}(S_m)$。那么由测量结果 m 所控制的 S_m 的经典 case 语句

$$S \equiv \mathbf{if}(\square m \cdot M[\bar{q} : x] = m \to S_m)\mathbf{fi} \tag{6.8}$$

是 QuGCL 程序, 且

$$\mathrm{var}(S) = \{x\} \cup \left(\bigcup_m \mathrm{var}(S_m) \right)$$

$$\mathrm{qvar}(S) = \bar{q} \cup \left(\bigcup_m \mathrm{qvar}(S_m) \right)$$

$$\mathrm{cvar}(S) = \bigcup_m \mathrm{cvar}(S_m)$$

(5) 如果 $\bar{q}$ 是量子寄存器, $\{|i\rangle\}$ 是 $\mathscr{H}_{\bar{q}}$ 的一组标准正交基。$\{S_i\}$ 是一类以基态 $|i\rangle$ 为下标的 QuGCL 程序的集合且满足

$$\bar{q} \cap \left(\bigcup_i \mathrm{qvar}(S_i) \right) = \varnothing$$

那么受基态 $|i\rangle$ 所控制的 S_i 的量子 case 语句

$$S \equiv \mathbf{qif}[\overline{q}](\square i \cdot |i\rangle \to S_i)\mathbf{fiq} \tag{6.9}$$

是 QuGCL 程序, 且

$$\mathrm{var}(S) = \bigcup_i \mathrm{var}(S_i),$$

$$\mathrm{qvar}(S) = \overline{q} \cup \left(\bigcup_i \mathrm{qvar}(S_i)\right)$$

$$\mathrm{cvar}(S) = \overline{q} \cup \left(\bigcup_i \mathrm{cvar}(S_i)\right)$$

上述定义中同时对量子程序、经典变量、量子变量和"硬币"变量进行了定义, 这导致该定义看起来非常复杂, 但我们可以将 QuGCL 的语法简单地总结为:

$$S := \mathbf{abort}|\mathbf{skip}|\overline{q} := U[\overline{q}]|S_1; S_2$$

$$|\mathbf{if}(\square m \cdot M[\overline{q} : x] = m \to S_m)\mathbf{fi} \qquad (\text{经典 case 语句})$$

$$|\mathbf{qif}[\overline{q}](\square i \cdot |i\rangle \to S_i)\mathbf{fiq} \qquad (\text{量子 case 语句})$$

为了简化描述, 我们通常将幺正语句 $\overline{q} := U[\overline{q}]$ 记为 $U[\overline{q}]$。QuGCL 语言中的 **skip**、幺正变换和线性组合⊖的含义与第 3 章中定义的量子 **while** 语句相同。与 Dijkstra's GCL 语言相似, QuGCL 语言中的 **abort** 是一条未定义的指令, 它可以完成任何任务, 甚至不需要对其设置终止条件。我们已经在 6.1 节中对量子 case 语句 (6.9) 进行了详细说明, 但仍然需要对 QuGCL 语言设计过程中的几个微妙的点详加叙述:

- 线性组合 $S_1; S_2$ 要求 $\mathrm{var}(S_1) \cap \mathrm{var}(S_2) = \varnothing$, 这意味着在不同子程序上执行测量所得到的结果需要存放在不同的经典变量中。这点要求主要是为了方便从技术上进行实现, 且这样做可以简化表述。

- 语句 (6.8) 和 (6.3) 在本质上是相同的, 两者之间唯一的不同在于 (6.8) 需要引入一个经典变量 x 来存储测量结果。语句 (6.8) 要求 $x \notin \bigcup_m \mathrm{var}(S_m)$。这意味着一个经典变量一旦存储了程序 S_m 的测量结果, 就不能再存储其他测量的结果。这点要求从技术角度而言略显复杂, 但却可以极大地简化 QuGCL 的语义表示。另一方面, 并没有要求被测量的量子变量 $\overline{q}$ 一定不能出现在 S_m 中。所以测量 M 不仅可以对外部系统进行, 也可以对一些属于 S_m 的量子变量进行。 217

- 量子 case 语句 (6.9) 要求属于 $\overline{q}$ 的变量不能出现在任何程序 S_i 中。这意味着"硬币系统" $\overline{q}$ 是程序 S_i 的外部系统。这点要求非常重要, 我们将会在下文中反复提及。当我们开始研究量子 case 语句的语义时, 将会明白为什么要提出这点要求。

- 显然, 所有的"硬币"都是量子变量: 对于任意的程序 S, 都有 $\mathrm{cvar}(S) \subseteq \mathrm{qvar}(S)$。我们在定义一种用于区分"硬币"变量集合 $\mathrm{cvar}(S)$ 与其他属于 S 的量子变量的量子程序之间的等价关系时, 需要用到这个结论。

⊖ $S_1; S_2$ 的意思是首先执行 S_1, S_1 终止之后再执行 S_2。—— 译者注

6.3   量子操作的卫式组合

上一节介绍了量子编程语言 QuGCL 的语法。现在我们开始研究如何定义 QuGCL 的语义。因为第 3 章已经对除量子 case 语句之外的程序结构的语义进行了定义，所以在定义 QuGCL 语义的过程中，我们只需要对量子 case 语句的语义进行定义即可。但正如 6.1 节所指出的，量子 case 语句的分支子程序上可能会有量子测量发生，一旦有测量发生，那么定义量子 case 语句的语义将会变得非常困难。所以在本节中，我们设计了一种名为量子操作的卫式组合的数学工具来解决这个问题。

6.3.1   幺正算子的卫式组合

为了降低理解一般性卫式组合的难度，我们先来考虑一类特殊的卫式组合：幺正算子的卫式组合。这是通过对式 (6.4) 中的量子游走移位算子 S 进行扩展所得。这种简单的情况中没有涉及量子测量。

定义 6.3.1   对于任意的 $1 \leqslant i \leqslant n$，令 U_i 是希尔伯特空间 $\mathscr{H}$ 内的幺正算子。令 $\mathscr{H}_q$ 是一个名为"硬币空间"的辅助空间，$\{|i\rangle\}$ 是 $\mathscr{H}_q$ 的一组标准正交基。那么可以将空间 $\mathscr{H}_q \otimes \mathscr{H}$ 的线性算子 U 定义为：

$$U(|i\rangle|\psi\rangle) = |i\rangle U_i|\psi\rangle \tag{6.10}$$

其中 $|\psi\rangle \in \mathscr{H}$，$1 \leqslant i \leqslant n$。通过线性关系，我们可以得出：

$$U\left(\sum_i \alpha_i |i\rangle |\psi_i\rangle\right) = \sum_i \alpha_i |i\rangle U_i |\psi_i\rangle \tag{6.11}$$

对于任意的 $|\psi_i\rangle \in \mathscr{H}$ 和任意的复数 α_i 都成立。算子 U 被称为 $U_i(1 \leqslant i \leqslant n)$ 沿着基 $\{|i\rangle\}$ 进行的卫式组合，并记为：

$$U \equiv \bigoplus_{i=1}^n (|i\rangle \to U_i) \quad \text{或} \quad U \equiv \bigoplus_{i=1}^n U_i$$

很容易验证卫式组合 U 是空间 $\mathscr{H}_q \otimes \mathscr{H}$ 中的幺正算子。特别地，量子"硬币" q 是主系统的外部系统⊖且它的状态空间为 $\mathscr{H}$；否则这两个系统组成的复合系统的状态空间不会是 $\mathscr{H}_q \otimes \mathscr{H}$，式 (6.10) 和 (6.11) 也不会成立。

实际上，幺正算子的卫式组合并不是什么新东西，它只是 2.2.4 节介绍的量子多路复用器（QMUX）。

例子 6.3.1 U 是量子多路复用器，它有 k 个选择量子比特，数据总线宽度为 d 个量子比特。我们可以用分块对角矩阵来表示它：

$$U = \mathrm{diag}(U_0, U_1, \cdots, U_{2^k-1}) = \begin{bmatrix} U_0 & & & \\ & U_1 & & \\ & & \ddots & \\ & & & U_{2^k-1} \end{bmatrix}$$

⊖ 外部系统即系统所对应的状态空间不重合。张量一般发生在不重合的两个空间上，因为有重合就会有相互作用，可能导致非线性。—— 译者注

包含 k 个量子选择位的多路复用 $U_0, U_1, \cdots, U_{2^k-1}$ 恰好是沿着 k 个量子比特的可计算基矢 $\{|i\rangle\}$ 进行的卫式组合

$$\bigoplus_{i=0}^{2^k-1}(|i\rangle \to U_i)$$

定义 6.3.1 中 U_i 的卫式组合 U 依赖于对"硬币"空间 $\mathscr{H}_q$ 的标准正交基 $\{|i\rangle\}$ 的选取。如果"硬币"空间 $\mathscr{H}_q$ 有两组不同的标准正交基 $\{|i\rangle\}$ 和 $\{|\varphi_i\rangle\}$，那么存在一个幺正算子使得对于任意的 i 都有 $|\varphi_i\rangle = U_q|i\rangle$。此外，通过计算可以得到：

引理 6.3.1　取两组不同的基 $\{|i\rangle\}$ 和 $\{|\varphi_i\rangle\}$。分别沿着这两组基进行卫式组合，能够得到两种不同的卫式组合。它们之间的关系为：

$$\bigoplus_i(|\varphi_i\rangle \to U_i) = (U_q \otimes I_{\mathscr{H}})\bigoplus_i(|i\rangle \to U_i)(U_q^\dagger \otimes I_{\mathscr{H}})$$

其中 $I_{\mathscr{H}}$ 是属于空间 $\mathscr{H}$ 的单位算子。

上述引理告诉我们，以 $\{|i\rangle\}$ 为基和以 $\{|\varphi_i\rangle\}$ 为基都可以进行卫式组合，且这两种卫式组合之间可以相互表示。因此在定义卫式组合时，对于"硬币"空间标准正交基的选取并不那么重要。

6.3.2　算子值函数

直接对定义 6.3.1 进行扩展并不能得到一般性量子算子的卫式组合。为了解决这个问题，我们需要算子值函数的概念。对于任意的希尔伯特空间 $\mathscr{H}$，将 $\mathscr{H}$ 中的（线性限界）算子的空间记为 $\mathscr{L}(\mathscr{H})$。

定义 6.3.2　令 Δ 是一个非空集合。如果满足

$$\sum_{\delta \in \Delta} F(\delta)^\dagger \cdot F(\delta) \sqsubseteq I_{\mathscr{H}} \tag{6.12}$$

那么就称函数 $F: \Delta \to \mathscr{L}(\mathscr{H})$ 为定义在集合 Δ 上的算子值函数，其中 $I_{\mathscr{H}}$ 是属于空间 $\mathscr{H}$ 的单位算子，$\sqsubseteq$ 代表 Löwner 序（见定义 2.1.13）。特别地，不等式 (6.12) 的等号成立当且仅当 F 是满的。

算子值函数最简单的例子是幺正算子和量子测量。

例子 6.3.2

(1) 属于希尔伯特空间 $\mathscr{H}$ 的幺正算子 U 是在单元素集合 $\Delta = \{\delta\}$ 上定义的完全算子值函数。该函数将 Δ 中唯一的元素 δ 向 U 做映射。

(2) 属于希尔伯特空间 $\mathscr{H}$ 的量子测量 $M = \{M_m\}$ 是在集合 $\Delta = \{m\}$ 上定义的完全算子值函数，该集合的元素为测量 M 所有可能的测量结果。该函数将每个可能的测量结果 m 向其对应的测量算子 M_m 做映射。

将例子 6.3.2(2) 与例子 2.1.9(2) 进行比较会很有趣。在例子 2.1.9(2) 中，我们通过忽略量子测量的结果来得到一个新的量子操作；但是在例子 6.3.2(2) 中，所有可能的测量结果都不能忽略，必须将这些结果存储在索引集 $\Delta = \{m\}$ 中。

通常情况下, 一个量子操作可以定义一类算子值函数。令 $\mathscr{E}$ 是属于希尔伯特空间 $\mathscr{H}$ 的量子操作, 那么可以将 $\mathscr{E}$ 通过 Kraus 算子和表示法进行表示:

$$\mathscr{E} = \sum_i E_i \circ E_i^{\dagger}$$

这表明对于任意属于 $\mathscr{H}$ 的密度算子 ρ 都有 (该推理参考定理 2.1.1):

$$\mathscr{E}(\rho) = \sum_i E_i \rho E_i^{\dagger}$$

在使用这种表示法的情况下, 我们用集合 $\Delta = \{i\}$ 来对下标进行存储, 并在集合 Δ 上定义算子值函数

$$F(i) = E_i$$

该定义对任意的 $i \in \Delta$ 都成立。因为 $\mathscr{E}$ 的算子和表示法并不唯一, 所以 $\mathscr{E}$ 能够定义不止一个单算子值函数。

定义 6.3.3 量子操作 $\mathscr{E}$ 产生的算子值函数的集合 $\mathbb{F}(\mathscr{E})$ 由 $\mathscr{E}$ 的所有不同的 Kraus 算子和表示法定义的算子值函数构成。

与之相反, 一个算子值函数只能唯一确定一个量子操作。

定义 6.3.4 令 F 是定义在集合 Δ 上的算子值函数且 $F \in \mathscr{H}$, 那么 F 会唯一确定一个量子操作 $\mathscr{E}(F) \in \mathscr{H}$:

$$\mathscr{E}(F) = \sum_{\delta \in \Delta} F(\delta) \circ F(\delta)^{\dagger}$$

即

$$\mathscr{E}(F)(\rho) = \sum_{\delta \in \Delta} F(\delta) \rho F(\delta)^{\dagger}$$

对于任意属于空间 $\mathscr{H}$ 的密度算子 ρ 都成立。

为了进一步说明算子值函数和量子操作之间的关系, 可以将一类算子值函数 $\mathbb{F}$ 记为:

$$\mathscr{E}(\mathbb{F}) = \{\mathscr{E}(F) : F \in \mathbb{F}\}$$

显然对于任意量子操作 $\mathscr{E}$, 都满足 $\mathscr{E}(\mathbb{F}(\mathscr{E})) = \{\mathscr{E}\}$。另一方面, 对于任意在集合 $\Delta = \{\delta_1, \cdots, \delta_k\}$ 上定义的算子值函数 F, 通过引理 4.3.1 (即 [174] 一书中的定理 8.2) 可以得到, $\mathbb{F}(\mathscr{E}(F))$ 由在集合 $\Gamma = \{\gamma_1, \cdots, \gamma_l\}$ 上定义的所有算子值函数 G 构成, 且对于任意的 $1 \leqslant i \leqslant n$ 都有

$$G(\gamma_i) = \sum_{j=1}^n u_{ij} \cdot F(\delta_j)$$

成立, 其中 $n = \max(k, l)$, $U = (u_{ij})$ 是一个 $n \times n$ 的幺正矩阵, 对于所有的 $k+1 \leqslant i \leqslant n$ 和 $l+1 \leqslant j \leqslant n$ 的 i 和 j, 都有 $F(\delta_i) = G(\gamma_j) = 0_{\mathscr{H}}$, $0_{\mathscr{H}}$ 是 $\mathscr{H}$ 中的零算子。

6.3.3　算子值函数的卫式组合

现在我们开始定义算子值函数的卫式组合。在正式开始定义之前，需要先介绍一个概念。对于任意的 $1 \leqslant i \leqslant n$，令 Δ_i 是一个非空集合。那么记：

$$\bigoplus_{i=1}^{n} \Delta_i = \{\oplus_{i=1}^{n} \delta_i : \delta_i \in \Delta_i, 1 \leqslant i \leqslant n\} \tag{6.13}$$

221

此处 $\oplus_{i=1}^{n} \delta_i$ 只是一个表示 δ_i 的正式语法组合的符号。当我们在下一小节中使用 δ_i 来表示经典变量的状态时，会对这个符号的直观含义进行详细解释。

定义 6.3.5　对于任意的 $1 \leqslant i \leqslant n$，令 F_i 是在集合 Δ_i 上定义的算子值函数且 $F_i \in \mathscr{H}$。令 $\mathscr{H}_q$ 是"硬币"希尔伯特空间且 $\{|i\rangle\}$ 是它的一组标准正交基。那么沿着基 $\{|i\rangle\}$ 进行的 F_i 的卫式组合

$$F \triangleq \bigoplus_{i=1}^{n} (|i\rangle \to F_i) \text{ 也可以简记为 } F \triangleq \bigoplus_{i=1}^{n} F_i$$

就是在集合 $\bigoplus_{i=1}^{n} \Delta_i$ 上定义的算子值函数

$$F : \bigoplus_{i=1}^{n} \Delta_i \to \mathscr{L}(\mathscr{H}_q \otimes \mathscr{H})$$

且该算子值函数属于空间 $\mathscr{H}_q \otimes \mathscr{H}$。我们可以按照如下三步对其进行定义：

(1) 对于任意的 $\delta_i \in \Delta_i (1 \leqslant i \leqslant n)$，

$$F(\oplus_{i=1}^{n} \delta_i)$$

是属于空间 $\mathscr{H}_q \otimes \mathscr{H}$ 的一个算子。

(2) 对于任意的 $|\Psi\rangle \in \mathscr{H}_q \otimes \mathscr{H}$，存在一个唯一的元组 $(|\psi_1\rangle, \cdots, |\psi_n\rangle)$ 满足 $|\psi_1\rangle, \cdots, |\psi_n\rangle \in \mathscr{H}$。此外可以将 $|\Psi\rangle$ 写作

$$|\Psi\rangle = \sum_{i=1}^{n} |i\rangle |\psi_i\rangle$$

那么可以定义

$$F(\oplus_{i=1}^{n} \delta_i)|\Psi\rangle = \sum_{i=1}^{n} \left(\prod_{k \neq i} \lambda_{k\delta_k} \right) |i\rangle (F_i(\delta_i)|\psi_i\rangle) \tag{6.14}$$

(3) 对于任意的 $\delta_k \in \Delta_k (1 \leqslant k \leqslant n)$，它的系数为：

$$\lambda_{k\delta_k} = \sqrt{\frac{\mathrm{tr} F_k(\delta_k)^{\dagger} F_k(\delta_k)}{\sum_{\tau_k \in \Delta_k} \mathrm{tr} F_k(\tau_k)^{\dagger} F_k(\tau_k)}} \tag{6.15}$$

特别地，如果 F_k 是满的且 $d = \dim \mathscr{H} < \infty$，那么

$$\lambda_{k\delta_k} = \sqrt{\frac{\mathrm{tr} F_k(\delta_k)^{\dagger} F_k(\delta_k)}{d}}$$

这个定义非常复杂，不仔细观察很难发现式 (6.14) 中 $\lambda_{k\delta_k}$ 的乘积是如何得到的。简单来说，就是对概率幅进行归一化处理便可以得到这一乘积。当我们对引理 6.3.3（见 6.9 节）

222

进行证明时，会对此有更清晰的理解。直观上而言，可以将式 (6.15) 中系数的平方 $\lambda_{k\delta_k}^2$ 理解为一类条件概率。实际上，式 (6.14) 和 (6.15) 中有一些系数的选择可能不同，我们将会在 6.8.1 节对这个问题做进一步讨论。

我们需要特别注意，在先前的定义中卫式组合 F 的状态空间是 $\mathscr{H}_q \otimes \mathscr{H}$，主系统的状态空间为 $\mathscr{H}$，因此量子"硬币"q 必须是主系统的外部系统。

如果对于任意的 $1 \leqslant i \leqslant n$，集合 Δ_i 都是单元素集合，那么所有的 $\lambda_{k\delta_k}$ 都等于 1，且式 (6.14) 会退化为式 (6.11)。所以可以将上述定义视作对 6.3.1 节中介绍的幺正算子的卫式组合在一般情况下的扩展。

下面这条引理表明算子值函数的卫式组合是定义明确的。

引理 6.3.2　卫式组合 $\bigoplus_{i=1}^{n}(|i\rangle \to F_i)$ 是在集合 $\bigoplus_{i=1}^{n} \Delta_i$ 上定义的算子值函数，且该算子值函数属于空间 $\mathscr{H}_q \otimes \mathscr{H}$。特别地，如果对于所有的 $1 \leqslant i \leqslant n$，相应的 F_i 是满的，那么 F 也是满的。

我们将在 6.9 节对该引理进行证明。

与引理 6.3.1 相似，在构建算子值函数的卫式组合的过程中选取"硬币空间"的哪一组标准正交基并不重要。假设 $\{|i\rangle\}$ 和 $\{|\varphi_i\rangle\}$ 是"硬币空间"$\mathscr{H}_q$ 的任意两组标准正交基，令 U_q 是幺正算子且对于任意的 i，都有 $|\varphi_i\rangle = U_q|i\rangle$ 成立。那么我们有：

引理 6.3.3　假设 $\{|i\rangle\}$ 和 $\{|\varphi_i\rangle\}$ 是"硬币空间"$\mathscr{H}_q$ 的任意两组标准正交基，那么沿着不同基得到的卫式组合之间的关系如下所示：

$$\bigoplus_{i=1}^{n}(|\varphi_i\rangle \to F_i) = (U_q \otimes I_{\mathscr{H}}) \cdot \bigoplus_{i=1}^{n}(|i\rangle \to F_i) \cdot (U_q^{\dagger} \otimes I_{\mathscr{H}})$$

即对于任意的 $\delta_1 \in \Delta_1, \cdots, \delta_n \in \Delta_n$，都满足：

$$\bigoplus_{i=1}^{n}(|\varphi_i\rangle \to F_i)(\oplus_{i=1}^{n}\delta_i) = (U_q \otimes I_{\mathscr{H}}) \left[\bigoplus_{i=1}^{n}(|i\rangle \to F_i)(\oplus_{i=1}^{n}\delta_i) \right] (U_q^{\dagger} \otimes I_{\mathscr{H}})$$

现在通过一个例子来对定义 6.3.5 进行说明。这个例子告诉我们如何通过一个量子"硬币"将两个量子测量进行组合。

例子 6.3.3　考虑由两个最简单的量子测量构成的卫式组合：

- $M^{(0)}$ 可以对量子比特 p(主量子比特) 在可计算基矢 $|0\rangle, |1\rangle$ 上进行测量，即 $M^{(0)} = \{M_0^{(0)}, M_1^{(0)}\}$，其中

$$M_0^{(0)} = |0\rangle\langle 0|, \quad M_1^{(0)} = |1\rangle\langle 1|$$

- $M^{(1)}$ 可以对相同的量子比特 p 在基

$$|\pm\rangle = \frac{1}{\sqrt{2}}(|0\rangle \pm |1\rangle)$$

上进行测量，即 $M^{(1)} = \{M_+^{(1)}, M_-^{(1)}\}$，其中

$$M_+^{(1)} = |+\rangle\langle +|, \quad M_-^{(1)} = |-\rangle\langle -|$$

那么 $M^{(0)}$ 和 $M^{(1)}$ 沿着另一个量子比特 q（"硬币量子比特"）的可计算基矢进行的卫式组合是对量子比特 p 和 q 进行的测量

$$M = M^{(0)} \oplus M^{(1)} = \{M_{0+}, M_{0-}, M_{1+}, M_{1-}\}$$

其中 ij 是 $i \oplus j$ 的缩写，且

$$M_{ij}(|0\rangle_q|\psi_0\rangle_p + |1\rangle_q|\psi_1\rangle_p) = \frac{1}{\sqrt{2}}\left(|0\rangle_q M_i^{(0)}|\psi_0\rangle_p + |1\rangle_q M_j^{(1)}|\psi_1\rangle_p\right)$$

对于主量子比特 p 任意的态 $|\psi_0\rangle, |\psi_1\rangle$ 都成立，其中 $i \in \{0,1\}$，$j \in \{+,-\}$。此外，对于两个量子比特 p, q 的任意态 $|\Psi\rangle$ 和任意的 $i \in \{0,1\}$，$j \in \{+,-\}$，通过计算可以得到：对处于态 $|\Psi\rangle$ 的双量子比特系统 q, p 执行 $M^{(0)}$ 和 $M^{(1)}$ 的卫式组合 M 得到的测量结果为 ij 的概率为

$$p(i, j|\Psi\rangle, M) = \frac{1}{2}\left[p\left(i|_q\langle 0|\Psi\rangle, M^{(0)}\right) + p\left(j|_q\langle 1|\Psi\rangle, M^{(1)}\right)\right]$$

其中：

　　(1)假定双量子比特系统处于 $|\Psi\rangle$ 态，选取"硬币"量子比特 q 的基态为 $|k\rangle$，其中 $k = 0, 1$。如果 $|\Psi\rangle = |0\rangle_q|\psi_0\rangle_p + |1\rangle_q|\psi_1\rangle_p$，那么

$$_q\langle k|\Psi\rangle = |\psi_k\rangle$$

是主量子比特 p 的"条件"态。

　　(2)量子比特 p 处于状态 $_q\langle 0|\Psi\rangle$，那么对它执行测量 $M^{(0)}$ 得到测量结果为 i 的概率为 $p\left(i|_q\langle 0|\Psi\rangle, M^{(0)}\right)$；

　　(3)量子比特 p 处于状态 $_q\langle 1|\Psi\rangle$，那么对它执行测量 $M^{(1)}$ 得到测量结果为 j 的概率为 $p\left(j|_q\langle 1|\Psi\rangle, M^{(1)}\right)$。

6.3.4　量子操作的卫式组合

　　上一节中，我们研究了如何利用外部量子"硬币"来组合一类算子值函数。现在，量子操作的卫式组合可以通过由它们产生的算子值函数的卫式组合进行定义。

定义 6.3.6　对于任意的 $1 \leqslant i \leqslant n$，令 $\mathscr{E}_i$ 是属于希尔伯特空间 $\mathscr{H}$ 的量子操作（即超算子）。令 $\mathscr{H}_q$ 是以 $\{|i\rangle\}$ 为一组标准正交基的"硬币"希尔伯特空间。那么可以将沿着基 $\{|i\rangle\}$ 进行的 $\mathscr{E}_i$ 的卫式组合定义为属于空间 $\mathscr{H}_q \otimes \mathscr{H}$ 的一类量子操作：

$$\bigoplus_{i=1}^n (|i\rangle \to \mathscr{E}_i) = \left\{\mathscr{E}\left(\bigoplus_{i=1}^n (|i\rangle \to F_i)\right) : \text{对于任意的 } 1 \leqslant i \leqslant n \text{ 都有 } F_i \in \mathbb{F}(\mathscr{E}_i)\right\}$$

其中：

　　(1) $\mathbb{F}(\mathscr{F})$ 表示由量子操作 $\mathscr{F}$ 产生的量子算子值函数的集合（参考定义 6.3.3）；

　　(2) $\mathscr{E}(F)$ 是通过算子值函数 F 定义的量子操作（参考定义 6.3.4）。

　　与定义 6.3.1 和定义 6.3.5 的情况相似，卫式组合 $\bigoplus_{i=1}^n (|i\rangle \to \mathscr{E}_i)$ 是属于空间 $\mathscr{H}_q \otimes \mathscr{H}$ 的量子操作，因此量子"硬币" q 是状态空间为 $\mathscr{H}$ 的主系统的外部系统。

224

如果 $n = 1$，那么上述量子操作的卫式组合仅由 $\mathscr{E}_1$ 构成。如下面这个例子所示，如果 $n > 1$，那么它通常不是单元素集合。对于任意属于希尔伯特空间 $\mathscr{H}$ 的幺正算子 U，我们将通过 U 定义的量子操作记为 $\mathscr{E}_U = U \circ U^{\dagger}$，即对于任意属于 $\mathscr{H}$ 的密度算子 ρ，都有 $\mathscr{E}_U(\rho) = U\rho U^{\dagger}$（参考例子 2.1.8）。

例子 6.3.4　假设 U_0 和 U_1 是两个属于希尔伯特空间 $\mathscr{H}$ 的幺正算子。令 U 是由单量子比特的可计算基矢 $|0\rangle, |1\rangle$ 控制的 U_0 和 U_1 的组合：

$$U = U_0 \oplus U_1$$

那么 $\mathscr{E}_U$ 是超算子 $\mathscr{E}_{U_0}$ 和 $\mathscr{E}_{U_1}$ 构成的卫式组合

$$\mathscr{E} = \mathscr{E}_{U_0} \oplus \mathscr{E}_{U_1}$$

中的一个元素。但 $\mathscr{E}$ 包含不止一个元素。实际上，它满足：

$$\mathscr{E}\{\mathscr{E}_{U_\theta} = U_\theta \circ U_\theta^{\dagger} : 0 \leqslant \theta < 2\pi\}$$

其中

$$U_\theta = U_0 \oplus \mathrm{e}^{\mathrm{i}\theta} U_1$$

注意卫式组合 $\mathscr{E}$ 中元素的非唯一性是 U_0 和 U_1 之间的相对相位 θ 导致的。

现在来检验在量子操作的卫式组合中如何选择"硬币空间"的基。为此，我们需要先介绍两个概念：

225

(1) $\mathscr{E}_1$ 和 $\mathscr{E}_2$ 是属于空间 $\mathscr{H}$ 的两个量子操作，它们的顺序组合 $\mathscr{E}_2 \circ \mathscr{E}_1$ 是属于 $\mathscr{H}$ 的量子操作，且

$$(\mathscr{E}_2 \circ \mathscr{E}_1)(\rho) = \mathscr{E}_2(\mathscr{E}_1(\rho))$$

对于任意属于 $\mathscr{H}$ 的密度算子 ρ 都成立。这个概念在 5.1.2 节中已经介绍过了。

(2) 更一般性地，对于任意属于 $\mathscr{H}$ 的量子操作 $\mathscr{E}$ 和任意属于 $\mathscr{H}$ 的量子操作的集合 Ω，将 Ω 和 $\mathscr{E}$ 的顺序组合记为：

$$\mathscr{E} \circ \Omega = \{\mathscr{E} \circ \mathscr{F} : \mathscr{F} \in \Omega\} \quad \text{且} \quad \Omega \circ \mathscr{E} = \{\mathscr{F} \circ \mathscr{E} : \mathscr{F} \in \Omega\}$$

下面的引理可以从引理 6.3.3 推导得到，它表明对于量子操作的卫式组合，如何选取"硬币空间"的标准正交基并不重要。假设 $\{|i\rangle\}$ 和 $\{|\varphi_i\rangle\}$ 是"硬币空间" $\mathscr{H}_q$ 的任意两组标准正交基。对于任意的 i，令 U_q 是满足 $|\varphi_i\rangle = U_q|i\rangle$ 的幺正算子。那么我们有：

引理 6.3.4　假设 $\{|i\rangle\}$ 和 $\{|\varphi_i\rangle\}$ 是"硬币空间" $\mathscr{H}_q$ 的任意两组标准正交基，那么沿着不同的基得到的卫式组合之间的关系为

$$\bigoplus_{i=1}^{n}(|\varphi_i\rangle \to \mathscr{E}_i) = \left[\mathscr{E}_{U_q^{\dagger} \otimes I_{\mathscr{H}}} \circ \bigoplus_{i=1}^{n}(|i\rangle \to \mathscr{E}_i)\right] \circ \mathscr{E}_{U_q \otimes I_{\mathscr{H}}}$$

其中 $\mathscr{E}_{U_q \otimes I_{\mathscr{H}}}$ 和 $\mathscr{E}_{U_q^{\dagger} \otimes I_{\mathscr{H}}}$ 分别是由幺正算子 $U_q \otimes I_{\mathscr{H}}$ 和 $U_q^{\dagger} \otimes I_{\mathscr{H}}$ 定义的量子操作，且它们都属于空间 $\mathscr{H}_q \otimes \mathscr{H}$。

练习 6.3.1　证明引理 6.3.1、6.3.3 和 6.3.4。

6.4　QuGCL 程序的语义

通过 6.3 节的准备，我们可以对 6.2 节提出的量子编程语言 QuGCL 的语义进行定义。在开始定义之前，我们首先简单介绍几个在本节中需要用到的概念。

- 令 $\mathscr{H}$ 和 $\mathscr{H}'$ 是两个希尔伯特空间，E 是属于 $\mathscr{H}$ 的算子。那么 E 的柱面扩张是属于空间 $\mathscr{H} \otimes \mathscr{H}'$ 的算子 $E \otimes I_{\mathscr{H}'}$，其中 $I_{\mathscr{H}'}$ 是空间 $\mathscr{H}'$ 的单位算子。在不会产生混淆时，我们将 $E \otimes I_{\mathscr{H}'}$ 简单地记作 E。

- 令 F 是在集合 Δ 上定义的算子值函数，它属于空间 $\mathscr{H}$。F 的柱面扩展是属于空间 $\mathscr{H} \otimes \mathscr{H}'$ 的算子值函数 $\overline{F}$，该算子值函数定义在集合 Δ 上，且对于任意的 $\delta \in \Delta$ 都满足

$$\overline{F}(\delta) = F(\delta) \otimes I_{\mathscr{H}'}$$

当可以根据上下文进行判断时，我们将 $\overline{F}$ 简单地记作 F。

- 令 $\mathscr{E} = \sum_i E_i \circ E_i^\dagger$ 是属于空间 $\mathscr{H}$ 的量子操作。$\mathscr{E}$ 的柱面扩张是属于空间 $\mathscr{H} \otimes \mathscr{H}'$ 的量子操作：

$$\overline{\mathscr{E}} = \sum_i (E_i \otimes I_{\mathscr{H}'}) \circ (E_i^\dagger \otimes I_{\mathscr{H}'})$$

在不会产生混淆时，我们将 $\overline{\mathscr{E}}$ 简单地记作 $\mathscr{E}$。如果 E 是属于 $\mathscr{H}$ 的算子，ρ 是属于空间 $\mathscr{H} \otimes \mathscr{H}'$ 的密度算子，那么可以将 $E\rho E^\dagger$ 理解为 $(E \otimes I_{\mathscr{H}'})\rho(E^\dagger \otimes I_{\mathscr{H}'})$。

6.4.1　经典态

定义 QuGCL 语义的第一步是定义 QuGCL 中经典变量的状态。这里需要注意，QuGCL 中的经典变量只用于存储量子测量的测量结果（参考 6.2 节）。

定义 6.4.1　我们可以将经典态及其域归纳定义为：

(1) ϵ 是一种被称为空态的经典态，且 $\mathrm{dom}(\epsilon) = \varnothing$。

(2) 如果 $x \in \mathrm{Var}$ 是经典变量，$a \in D_x$ 是 x 的域中的元素，那么 $[x \leftarrow a]$ 是经典态，且 $\mathrm{dom}([x \leftarrow a]) = \{x\}$。

(3) 如果 δ_1 和 δ_2 都是经典态，且 $\mathrm{dom}(\delta_1) \cap \mathrm{dom}(\delta_2) = \varnothing$，那么 $\delta_1\delta_2$ 也是经典态，且 $\mathrm{dom}(\delta_1\delta_2) = \mathrm{dom}(\delta_1) \cup \mathrm{dom}(\delta_2)$。

(4) 如果对于所有的 $1 \leqslant i \leqslant n$，$\delta_i$ 都是经典态，那么 $\oplus_{i=1}^n \delta_i$ 也是经典态，且

$$\mathrm{dom}(\oplus_{i=1}^n \delta_i) = \bigcup_{i=1}^n \mathrm{dom}(\delta_i)$$

直观上而言，该定义的前三条子句中定义的经典态 δ 实际上是对经典变量的（局部）赋值操作；更确切地说，δ 是一个属于笛卡儿积 $\prod_{x \in \mathrm{dom}(\delta)} D_x$ 的元素，即该经典态是一种选择函数：

$$\delta : \mathrm{dom}(\delta) \to \bigcup_{x \in \mathrm{dom}(\delta)} D_x$$

满足对于任意的 $x \in \mathrm{dom}(\delta)$，都有 $\delta(x) \in D_x$。子句 (4) 定义的态 $\oplus_{i=1}^n \delta_i$ 是态 $\delta_i (1 \leqslant i \leqslant n)$ 的一类形式化组合。这在定义量子 case 语句的语义（即算子值函数的卫式组合）的过程中

很有用。我们可以通过式 (6.13) 和定义 6.3.5 来解释为什么需要这类组合。更确切地说，我们有：

- 空态 ϵ 是空函数。因为 $\prod_{x \notin \varnothing} D_x = \{\epsilon\}$，所以 ϵ 是唯一一个可能包含空域的态。
- 态 $[x \leftarrow a]$ 将变量 x 赋值为 a，但其他变量仍未被赋值。
- 可以将组合态 $\delta_1 \delta_2$ 视作对 $\mathrm{dom}(\delta_1) \cup \mathrm{dom}(\delta_2)$ 中的变量进行赋值：

$$(\delta_1 \delta_2)(x) = \begin{cases} \delta_1(x) & x \in \mathrm{dom}(\delta_1) \\ \delta_2(x) & x \in \mathrm{dom}(\delta_2) \end{cases} \tag{6.16}$$

因为要求 $\mathrm{dom}(\delta_1) \cap \mathrm{dom}(\delta_2) = \varnothing$，所以公式 (6.16) 是定义明确的。特别地，对于任意的态 δ，都满足 $\epsilon\delta = \delta\epsilon = \delta$，如果 $x \notin \mathrm{dom}(\delta)$，那么 $\delta[x \leftarrow a]$ 代表对属于域 $\mathrm{dom}(\delta) \cup \{x\}$ 的变量进行赋值：

$$\delta[x \leftarrow a](y) = \begin{cases} \delta(y) & y \in \mathrm{dom}(\delta) \\ a & y = x \end{cases}$$

因此，$[x_1 \leftarrow a_1] \cdots [x_k \leftarrow a_k]$ 是经典态，它将变量 x_i 赋值为 $a_i(1 \leqslant i \leqslant k)$。下文中，我们通常将该经典态简写为：

$$[x_1 \leftarrow a_1, \cdots, x_k \leftarrow a_k]$$

- 可以将态 $\oplus_{i=1}^n \delta_i$ 视作对 $\delta_i(1 \leqslant i \leqslant n)$ 进行的一类不确定性选择。我们在下一小节（特别是定义 6.4.2 的结论 (5)）中将发现，经典态 $[x_1 \leftarrow a_1, \cdots, x_k \leftarrow a_k]$ 实际上是由一系列将测量结果 $a_1, \cdots, a_k$ 存储到变量 $x_1, \cdots, x_k$ 中的量子测量 $M_1, \cdots, M_k$ 产生的。但是量子测量 $M_1, \cdots, M_k$ 也可能有其他测量结果 $a_1', \cdots, a_k'$，所以我们可以得到许多其他的经典态 $\delta' = [x_1 \leftarrow a_1', \cdots, x_k \leftarrow a_k']$。因此形式为 $\oplus_{i=1}^n \delta_i$ 的态需要存储通过量子测量 $M_1, \cdots, M_k$ 得到的所有不需要使用的测量结果。

6.4.2　半经典语义

现在我们对 QuGCL 中的半经典语义进行定义，它将作为定义其纯量子语义的阶梯。对于任意的 QuGCL 程序 S，我们将其经典变量所有可能的状态记为 $\Delta(S)$。

- 我们将 S 的半经典指称语义 $\lfloor S \rfloor$ 定义为集合 $\Delta(S)$ 上定义的算子值函数，且该算子值函数属于 $\mathcal{H}_{\mathrm{qvar}(S)}$，其中 $\mathcal{H}_{\mathrm{qvar}(S)}$ 是在 S 中出现的量子变量的状态空间。

特别地，如果 $\mathrm{qvar}(S) = \varnothing$，比如 $S = \mathbf{abort}$ 或者 $\mathbf{skip}$，那么 $\mathcal{H}_{\mathrm{qvar}(S)}$ 实际上是一维空间 $\mathcal{H}_\varnothing$，且可以将 $\mathcal{H}_\varnothing$ 中的算子视作一个复数；比如零算子就是数字 0，单位算子就是数字 1。对于任意量子变量的集合 $V \subseteq \mathrm{qVar}$，我们将希尔伯特空间 $\mathcal{H}_V = \otimes_{q \in V} \mathcal{H}_q$ 的单位算子记为 I_V。

定义 6.4.2　我们可以将 QuGCL 程序 S 的经典态 $\Delta(S)$ 和半经典语义函数 $\lfloor S \rfloor$ 归纳定义为：

(1) $\Delta(\mathbf{abort} = \{\epsilon\})$ 且 $\lfloor \mathbf{abort} \rfloor(\epsilon) = 0$

(2) $\Delta(\mathbf{skip} = \{\epsilon\})$ 且 $\lfloor \mathbf{skip} \rfloor(\epsilon) = 1$

(3) 如果 $S \equiv \overline{q} := U[\overline{q}]$, 那么 $\Delta(S) = \{\epsilon\}$ 且 $[\![S]\!](\epsilon) = U_{\overline{q}}$, 其中 $U_{\overline{q}}$ 是作用在空间 $\mathscr{H}_{\overline{q}}$ 上的幺正算子 U。

(4) 如果 $S \equiv S_1; S_2$, 那么

$$\Delta(S) = \Delta(S_1); \Delta(S_2)$$
$$= \{\delta_1 \delta_2 : \delta_1 \in \Delta(S_1), \delta_2 \in \Delta(S_2)\}$$

$$[\![S]\!](\delta_1 \delta_2) = ([\![S_2]\!](\delta_2) \otimes I_{V \backslash \mathrm{qvar}(S_2)}) \cdot ([\![S_1]\!](\delta_1) \otimes I_{V \backslash \mathrm{qvar}(S_1)}) \qquad (6.17)$$

其中 $V = \mathrm{qvar}(S_1) \cup \mathrm{qvar}(S_2)$。

(5) 如果 S 是经典 case 语句:

$$S \equiv \mathbf{if}(\square m \cdot M[\overline{q} : x] = m \to S_m)\mathbf{fi}$$

其中量子测量 $M = \{M_m\}$, 那么

$$\Delta(S) = \bigcup_m \{\delta[x \leftarrow m] : \delta \in \Delta(S_m)\}$$

$$[\![S]\!](\delta[x \leftarrow m]) = ([\![S_m]\!](\delta) \otimes I_{V \backslash \mathrm{qvar}(S_m)}) \cdot (M_m \otimes I_{V \backslash \overline{q}})$$

对于任意的 $\delta \in \triangle(S_m)$ 和测量结果 m 都成立, 其中

$$V = \overline{q} \cup \left(\bigcup_m \mathrm{qvar}(S_m)\right)$$

(6) 如果 S 是量子 case 语句:

$$S \equiv \mathbf{qif}[\overline{q}](\square i \cdot |i\rangle \to S_i)\mathbf{fiq}$$

那么

$$\Delta(S) = \bigoplus_i \Delta(S_i) \qquad (6.18)$$

$$[\![S]\!] = \bigoplus_i (|i\rangle \to [\![S_i]\!]) \qquad (6.19)$$

其中式 (6.18) 中的操作 $\oplus$ 是通过式 (6.13) 进行定义的, 式 (6.19) 中的 $\oplus$ 代表算子值函数的卫式组合 (参考定义 6.3.5)。

229

因为定义 6.2.1 中要求顺序组合 $S_1; S_2$ 满足 $\mathrm{var}(S_1) \cap \mathrm{var}(S_2) = \varnothing$, 所以对于任意的 $\delta_1 \in \Delta(S_1)$ 和 $\delta_2 \in \Delta(S_2)$ 都满足 $\mathrm{dom}(\delta_1) \cap \mathrm{dom}(\delta_2) = \varnothing$。因此式 (6.17) 是定义明确的。

我们可以将量子程序的半经典语义想象为:

- 如果量子程序 S 不包含量子 case 语句, 那么它的语义结构是一棵树。我们可以用基本命令来标记它的节点, 用线性算子来标记它的边。这棵树从根节点开始, 按照如下方式进行生长:

  - 如果当前节点是通过幺正变换 U 来标记的, 那么从该节点会生长出一条边, 且该边

通过 U 进行标记。

- 如果当前节点是通过测量 $M = \{M_m\}$ 来标记的，那么对于任意可能的测量结果 m，都会从该节点生长出一条边，且该边通过对应的测量算子 M_m 进行标记。

显然，S 中测量的不同结果会导致语义树产生分支。任意的经典态 $\delta \in \Delta(S)$ 都对应 S 的语义树的一条分支，且它表示一条可能的执行路径。此外，处于 δ 态的语义函数 $\lfloor S \rfloor$ 的值是对 δ 中的边进行标记的算子的（顺序）组合。我们可以从上述定义的子句 (1)~(4) 中得出这个结论。

- 如果量子程序 S 包含量子 case 语句，那么它的语义结构将会复杂得多。在这种情况下，其语义结构是包含叠加节点的树，且叠加节点可以产生叠加分支。我们将处于分支叠加态的语义函数 $\lfloor S \rfloor$ 的值定义为这些分支的值的卫式组合。

6.4.3　纯量子语义

我们可以将 QuGCL 量子程序的纯量子语义定义为由其半经典语义函数导出的量子操作（参考定义 6.3.4）。

定义 6.4.3　对于任意的 QuGCL 程序 S，其纯量子指称语义是空间 $\mathcal{H}_{\mathrm{qvar}(S)}$ 中的量子操作 $\llbracket S \rrbracket$，可以将它定义为：

$$\llbracket S \rrbracket = \mathscr{E}(\lfloor S \rfloor) = \sum_{\delta \in \Delta(S)} \lfloor S \rfloor(\delta) \circ \lfloor S \rfloor(\delta)^{\dagger} \tag{6.20}$$

其中 $\lfloor S \rfloor$ 是 S 的半经典语义函数。

下面这条命题从 QuGCL 程序的子程序的角度提出了纯量子语义的一种明确的表示方法。相较于前面的抽象定义，下面这种表示方法在实际应用中更容易使用。

命题 6.4.1

(1) $\llbracket \mathbf{abort} \rrbracket = 0$

(2) $\llbracket \mathbf{skip} \rrbracket = 1$

(3) $\llbracket S_1; S_2 \rrbracket = \llbracket S_2 \rrbracket \circ \llbracket S_1 \rrbracket$

(4) $\llbracket \bar{q} := U[\bar{q}] \rrbracket = U_{\bar{q}} \circ U_{\bar{q}}^{\dagger}$

(5)

$$\llbracket \mathbf{if}(\square m \cdot M[\bar{q}:x] = m \rightarrow S_m)\mathbf{fi} \rrbracket = \sum_m \left[\llbracket S_m \rrbracket \circ (M_m \circ M_m^{\dagger}) \right]$$

可以将 $\llbracket S_m \rrbracket$ 视作从空间 $\mathcal{H}_{\mathrm{qvar}(S_m)}$ 向空间 $\mathcal{H}_V$ 进行的柱面扩张，将 $M_m \circ M_m^{\dagger}$ 视作从空间 $\mathcal{H}_{\bar{q}}$ 向空间 $\mathcal{H}_V$ 进行的柱面扩张，且

$$V = \bar{q} \cup \left(\bigcup_m \mathrm{qvar}(S_m) \right)$$

(6)

$$\llbracket \mathbf{qif}[\bar{q}](\square i \cdot |i\rangle \rightarrow S_i)\mathbf{fiq} \rrbracket \in \bigoplus_i (|i\rangle \rightarrow \llbracket S_i \rrbracket) \tag{6.21}$$

对于任意的 $1 \leqslant i \leqslant n$，$\llbracket S_i \rrbracket$ 是从空间 $\mathcal{H}_{\mathrm{qvar}(S_i)}$ 向空间 $\mathcal{H}_V$ 进行的柱面扩张，且

$$V = \bar{q} \cup \left(\bigcup_i \mathrm{qvar}(S_i) \right)$$

需要指出，在上述命题中，符号 。有两种不同的含义。在子句 (3) 和子句 (5) 中第一次出现时，它代表量子操作的卫式组合；即对于任意的密度算子 ρ，都满足 $(\mathscr{E}_2 \circ \mathscr{E}_1)(\rho) = \mathscr{E}_2(\mathscr{E}_1(\rho))$。但在子句 (4) 和子句 (5) 中第二次出现时，我们用它来将一个量子算子定义为量子操作；即对于任意的算子 A 和任意的密度算子 ρ，$A \circ A^\dagger$ 是通过 $\mathscr{E}_A(\rho) = A\rho A^\dagger$ 定义的量子操作 $\mathscr{E}_A$。上述命题中的子句 (2)~(5) 与命题 3.3.1 中相对应的子句本质上是相同的。我们将上述命题的证明放在 6.9 节中，该证明虽然冗长，但是并不困难。我们鼓励读者自行证明该命题，在证明的过程中可以加深对定义 6.4.2 和定义 6.4.3 的理解。

上述命题表明因为式 (6.21) 中有符号 $\in$ 出现，所以纯量子指称语义是几乎可组成的，而非完全可组成的。我们可以将符号 $\in$ 理解为一种细化关系$^{\ominus}$。需要注意式 (6.21) 中的符号 $\in$ 通常不能使用等号来替代。这也是程序的纯量子语义可以通过其半经典语义推导得到，却不能通过结构归纳法直接定义的原因。

需要强调式 (6.21) 中的符号 $\in$ 并不意味着量子 case 语句的纯量子语义是定义明确的。实际上，它由式 (6.19) 和 (6.20) 唯一定义为一个量子操作。式 (6.21) 的等式右边并不是任何一个程序的语义，而是程序 S_i 的语义的卫式组合。因为它是一类量子操作的卫式组合，所以正如例子 6.3.4 所示，它是由多个量子操作组成的集合。量子 case 语句的语义是式 (6.21) 等式右边的量子操作集合中的一个元素。

| 231 |

练习 6.4.1 举例说明当式 (6.21) 中的符号 $\in$ 替换为等号后，该定义不成立。

可以基于量子程序的纯量子指称语义来对它们之间的等价性进行介绍。大致说来，如果两个程序在输入相同的情况下，可以通过计算得到相同的输出，那么就称这两个程序是等价的。形式化地，我们有：

定义 6.4.4 令 P 和 Q 是两个 QuGCL 程序。那么

(1) 如果

$$[\![P]\!] \otimes \mathscr{I}_{Q \backslash P} = [\![Q]\!] \otimes \mathscr{I}_{P \backslash Q}$$

成立，那么我们称 P 和 Q 是等价的，并记为 $P = Q$。其中 $\mathscr{I}_{Q \backslash P}$ 是空间 $\mathscr{H}_{\text{qvar}(Q) \backslash \text{qvar}(P)}$ 的单位量子操作，$\mathscr{I}_{P \backslash Q}$ 是空间 $\mathscr{H}_{\text{qvar}(P) \backslash \text{qvar}(Q)}$ 的单位量子操作。

(2) 如果

$$\text{tr}_{\mathscr{H}_{\text{cvar}(P) \cup \text{cvar}(Q)}}([\![P]\!] \otimes \mathscr{I}_{Q \backslash P}) = \text{tr}_{\mathscr{H}_{\text{cvar}(P) \cup \text{cvar}(Q)}}([\![Q]\!] \otimes \mathscr{I}_{P \backslash Q})$$

成立，那么我们称 P 和 Q 是"自由硬币"等价关系，并记为 $P =_{\text{CF}} Q$。

上述定义中的符号 tr 表示偏迹，定义 2.1.22 对密度算子的偏迹进行了介绍。我们现在将偏迹的概念扩展到量子操作中：对于任意属于空间 $\mathscr{H}_1 \otimes \mathscr{H}_2$ 的量子操作 $\mathscr{E}$，$\text{tr}_{\mathscr{H}_1}(\mathscr{E})$ 是从空间 $\mathscr{H}_1 \otimes \mathscr{H}_2$ 到空间 $\mathscr{H}_2$ 的量子操作，我们可以将其定义为对于任意属于空间 $\mathscr{H}_1 \otimes \mathscr{H}_2$ 的密度算子 ρ，都满足

$$\text{tr}_{\mathscr{H}_1}(\mathscr{E})(\rho) = \text{tr}_{\mathscr{H}_1}(\mathscr{E}(\rho))$$

$\ominus$ 与泛化相对应，细化关系表示由基本对象可以分解更明确、更精细的子对象。—— 译者注

显然如果 $P = Q$ 成立, 那么 $P =_{\text{CF}} Q$ 一定成立。"自由硬币" 等价关系意味着仅将 "硬币" 变量用于产生程序的量子控制流 (或者用于实现程序的叠加, 这在下一节中会详细讨论)。程序 P 的计算结果存储于主状态空间 $\mathcal{H}_{\text{qvar}(P) \backslash \text{cvar}(P)}$ 中。对于 $\text{qvar}(P) = \text{qvar}(Q)$ 这种特殊情况, 我们有:

- $P = Q$ 当且仅当 $[P] = [Q]$。
- $P =_{\text{CF}} Q$ 当且仅当 $\text{tr}_{\mathcal{H}_{\text{cvar}(P)}}[P] = \text{tr}_{\mathcal{H}_{\text{cvar}(Q)}}[Q]$。

量子程序的转换和优化要求被转换的程序和源程序是等价的, 这时就需要用到上述定义中给出的相关概念。6.6 节介绍的代数法则可以帮助我们建立 QuGCL 程序之间的等价性关系。

6.4.4 最弱前置条件语义

4.1.1 节介绍了量子最弱前置条件的概念, 4.2.2 节介绍了量子 while 程序的最弱前置条件语义。在本节中, 我们将给出 QuGCL 程序的最弱前置条件语义。该最弱前置条件语义可以从命题 6.4.1 和 4.1.1 推导得到。与经典编程以及量子 while 程序相似, 最弱前置条件语义可以为我们提供一种逆向分析 QuGCL 程序的方法。

命题 6.4.2

(1) $\text{wp}.\textbf{abort} = 0$

(2) $\text{wp}.\textbf{skip} = 1$

(3) $\text{wp}.(P_1; P_2) = \text{wp}.P_2 \circ \text{wp}.P_1$

(4) $\text{wp}.\bar{q} := U[\bar{q}] = U_{\bar{q}}^\dagger \circ U_{\bar{q}}$

(5) $\text{wp}.\textbf{if}(\square m \cdot M[\bar{q} : x] = m \rightarrow P_m)\textbf{fi} = \sum_m \left[(M_m^\dagger \circ M_m) \circ \text{wp}.P_m \right]$

(6) $\text{wp}.\textbf{qif}[\bar{q}](\square i \cdot |i\rangle \rightarrow P_i)\textbf{fiq} \in \square_i(|i\rangle \rightarrow \text{wp}.P_i)$

上述命题中使用了一些量子操作的柱面扩张, 但由于可以从上下文进行分辨, 所以并没有进行说明。需要注意的是上述命题中符号。有两种不同的作用, 命题 6.4.1 已经对此进行了详细说明。此外, 由于该命题的子句 (6) 的右手边实际上是一个可能包含多个量子操作的集合, 所以子句 (6) 中的符号 $\in$ 不能用等号来进行替换。

我们可以从量子 QuGCL 程序的最弱前置条件语义的角度对 QuGCL 程序之间的细化关系进行定义。为此, 我们首先需要将 Löwner 序在量子操作中做扩展: 对于任意两个属于希尔伯特空间 $\mathcal{H}$ 的量子操作 $\mathcal{E}$ 和 $\mathcal{F}$,

- $\mathcal{E} \sqsubseteq \mathcal{F}$ 成立, 当且仅当对于任意属于 $\mathcal{H}$ 的密度算子 ρ, 都有 $\mathcal{E}(\rho) \sqsubseteq \mathcal{F}(\rho)$。

定义 6.4.5 令 P 和 Q 是两个 QuGCL 程序, 如果

$$\text{wp}.P \otimes \mathscr{I}_{Q \backslash P} \sqsubseteq \text{wp}.Q \otimes \mathscr{I}_{P \backslash Q}$$

成立, 那么我们称 P 是 Q 的细化, 并记为 $P \sqsubseteq Q$。其中 $\mathscr{I}_{Q \backslash P}$ 和 $\mathscr{I}_{P \backslash Q}$ 的含义与定义 6.4.4 中的相同。

$P \sqsubseteq Q$ 表明因为将 P 的前置条件弱化到 Q 的前置条件, 所以我们称 Q 改进了 P。如果 $P \sqsubseteq Q$ 与 $Q \sqsubseteq P$ 同时成立, 那么 $P \equiv Q$。"自由硬币" 细化的概念可以通过与定义 6.4.4(2)

相似的方法进行定义。

细化技术在经典编程领域已经得到长足的发展，比如（用户需求）规格说明书可以通过多种细化规则来一步步细化，并最终编写为可以在机器上运行的代码。文献 [27] 和 [172] 对细化技术进行了系统阐述，文献 [220] 将这种技术进行扩展，使其在概率性编程中依然适用。我们不准备在这里详细研究如何将细化技术应用在量子编程中，不过这却是一个值得思考的问题。

233

6.4.5 例子

本小节我们将通过一个简单的例子来帮助读者更好地理解语义的概念。

例子 6.4.1 令 q 是一个量子比特变量，x 和 y 是两个经典变量。考虑 QuGCL 程序：

$$
\begin{aligned}
P \equiv \textbf{qif } |0\rangle \to &H[q]\\
&\textbf{if } M^{(0)}[q:x] = 0 \to X[q]\\
&\quad\square \qquad\qquad 1 \to Y[q]\\
&\textbf{fi}\\
\square |1\rangle \to \ &S[q];\\
&\textbf{if } M^{(1)}[q:x] = 0 \to Y[q]\\
&\quad\square \qquad\qquad 1 \to Z[q]\\
&\textbf{fi};\\
&X[q];\\
&\textbf{if } M^{(0)}[q:y] = 0 \to Z[q]\\
&\quad\square \qquad\qquad 1 \to X[q]\\
&\textbf{fi}\\
\textbf{fiq}&
\end{aligned}
$$

其中 $M^{(0)}$ 和 $M^{(1)}$ 分别以可计算基矢 $|0\rangle$、$|1\rangle$ 和 $|\pm\rangle$ 为基对一个量子比特进行的测量（参考例子 6.3.3）。H 是 Hadamard 门，X、Y、Z 是泡利矩阵，S 是相位门（参考例子 2.2.1 和 2.2.2）。程序 P 是不包含"硬币"的量子 case 语句，会随机选择是执行子程序 P_0 还是 P_1。第一个子程序 P_0 首先会执行 H 门，接下来执行测量 $M^{(0)}$。如果测量结果为 0，那么执行 X 门；如果测量结果为 1，那么执行 Y 门。第二个子程序 P_1 首先执行 S 门，接下来执行测量 $M^{(1)}$，再执行 X 门，最终执行测量 $M^{(0)}$。

为了简化，我们将程序 P_0 中的经典态 $[x \leftarrow a]$ 记为 a，将程序 P_1 中的经典态 $[x \leftarrow b, y \leftarrow c]$ 记为 bc，其中 $a,c \in \{0,1\}$，$b \in \{+,-\}$。那么 P_0 和 P_1 的半经典语义函数为：

234

$$
\begin{cases}
\llbracket P_0 \rrbracket(0) = X \cdot |0\rangle\langle 0| \cdot H = \dfrac{1}{\sqrt{2}} \begin{bmatrix} 0 & 0 \\ 1 & 1 \end{bmatrix} \\[2em]
\llbracket P_0 \rrbracket(1) = Y \cdot |1\rangle\langle 1| \cdot H = \dfrac{i}{\sqrt{2}} \begin{bmatrix} -1 & 1 \\ 0 & 0 \end{bmatrix} \\[2em]
\llbracket P_1 \rrbracket(+0) = Z \cdot |0\rangle\langle 0| \cdot X \cdot Y \cdot |+\rangle\langle +| \cdot S = \dfrac{1}{2} \begin{bmatrix} i & -1 \\ 0 & 0 \end{bmatrix} \\[2em]
\llbracket P_1 \rrbracket(+1) = X \cdot |1\rangle\langle 1| \cdot X \cdot Y \cdot |+\rangle\langle +| \cdot S = \dfrac{1}{2} \begin{bmatrix} -i & 1 \\ 0 & 0 \end{bmatrix} \\[2em]
\llbracket P_1 \rrbracket(-0) = Z \cdot |0\rangle\langle 0| \cdot X \cdot Z \cdot |-\rangle\langle -| \cdot S = \dfrac{1}{2} \begin{bmatrix} 1 & -i \\ 0 & 0 \end{bmatrix} \\[2em]
\llbracket P_1 \rrbracket(-1) = X \cdot |1\rangle\langle 1| \cdot X \cdot Z \cdot |-\rangle\langle -| \cdot S = \dfrac{1}{2} \begin{bmatrix} 1 & -i \\ 0 & 0 \end{bmatrix}
\end{cases}
$$

P 的半经典语义函数是在经典态

$$
\Delta(P) = \{a \oplus bc : a, c \in \{0,1\} \quad 且 \quad b \in \{+,-\}\}
$$

上定义的属于双量子比特的态空间中的算子值函数。从公式 (6.14) 可以得到：

$$
\llbracket P \rrbracket(a \oplus bc)(|0\rangle|\varphi\rangle) = \lambda_{1(bc)}|0\rangle(\llbracket P_0 \rrbracket(a)|\varphi\rangle)
$$

$$
\llbracket P \rrbracket(a \oplus bc)(|1\rangle|\varphi\rangle) = \lambda_{0a}|1\rangle(\llbracket P_1 \rrbracket(bc)|\varphi\rangle)
$$

其中对于任意的 $a, c \in \{0,1\}$, $b \in \{+,-\}$ 都有 $\lambda_{0a} = \dfrac{1}{\sqrt{2}}$ 且 $\lambda_{1(bc)} = \dfrac{1}{2}$。因为

$$
\llbracket P \rrbracket(a \oplus bc) = \sum_{i,j \in 0,1} (\llbracket P \rrbracket(a \oplus bc)|ij\rangle)\langle ij|
$$

所以我们可以计算：

$$
\llbracket P \rrbracket(0 \oplus +0) = \frac{1}{2\sqrt{2}} \begin{bmatrix} 0 & 1 & 0 & 0 \\ 0 & 1 & 0 & 0 \\ 0 & 0 & i & 0 \\ 0 & 0 & -1 & 0 \end{bmatrix}
$$

$$
\llbracket P \rrbracket(0 \oplus +1) = \frac{1}{2\sqrt{2}} \begin{bmatrix} 0 & 1 & 0 & 0 \\ 0 & 1 & 0 & 0 \\ 0 & 0 & -i & 0 \\ 0 & 0 & 1 & 0 \end{bmatrix}
$$

$$\llbracket P\rrbracket(0\oplus-0)=\llbracket P\rrbracket(0\oplus-1)=\frac{1}{2\sqrt{2}}\begin{bmatrix}0&1&0&0\\0&1&0&0\\0&0&1&0\\0&0&-i&0\end{bmatrix}$$

$$\llbracket P\rrbracket(1\oplus+0)=\frac{1}{2\sqrt{2}}\begin{bmatrix}-1&0&0&0\\1&0&0&0\\0&0&i&0\\0&0&-1&0\end{bmatrix}$$

235

$$\llbracket P\rrbracket(1\oplus+1)=\frac{1}{2\sqrt{2}}\begin{bmatrix}-1&0&0&0\\1&0&0&0\\0&0&-i&0\\0&0&1&0\end{bmatrix}$$

$$\llbracket P\rrbracket(1\oplus-0)=\llbracket P\rrbracket(1\oplus-1)=\frac{1}{2\sqrt{2}}\begin{bmatrix}1&0&0&0\\1&0&0&0\\0&0&1&0\\0&0&-i&0\end{bmatrix}$$

那么程序 P 的纯量子语义是量子操作:

$$\llbracket P\rrbracket=\sum_{a,c\in\{0,1\}\text{且}b\in\{+,-\}}E_{abc}\circ E_{abc}^{\dagger}$$

其中 $E_{abc}=\llbracket P\rrbracket(a\oplus bc)$。此外, 从命题 4.1.1 我们可以得到 P 的最弱前置条件语义是量子操作:

$$\mathrm{wp}.P=\sum_{a,c\in\{0,1\}\text{且}b\in\{+,-\}}E_{abc}^{\dagger}\circ E_{abc}$$

练习 6.4.2　通过上述例子说明当分支中包含测量时, 使用式 (6.6) 来定义量子 case 语句的语义并不合适。

6.5　量子选择

前三节中, 我们介绍了具有量子 case 语句的程序结构的量子编程语言 GuQCL 的语法和语义。本节我们将从量子 case 语句的角度对量子选择的概念进行定义。这个概念在简化表示时很有用, 更重要的是它在概念上是独立的。

6.5.1　选择: 通过概率性从经典转换到量子

量子选择最初的概念来源于量子游走的定义。为了得到量子选择的概念, 我们首先对不确定性选择进行介绍, 然后介绍概率性选择, 最后对量子选择进行介绍。

(1) 经典选择: 在量子 case 语句 (6.2) 中, 卫式 $G_1, G_2, \cdots, G_n$ 之间相互"重叠"会产生不确定性; 即如果有多个卫式 G_i 同时为真, 那么 case 语句需要在这些卫式所对应的命令

S_i 中选择一个去执行。特别地，如果 $G_1 = G_2 = \cdots = G_n = \textbf{true}$，那么该 case 语句会变为 "魔性的选择"：

$$\square_{i=1}^n S_i \tag{6.22}$$

我们根本无法预测 case 语句会选择哪个 S_i 去执行。

(2) 概率性选择：为了形式化描述随机算法，早在 20 世纪 80 年代就已经有学者对概率性编程进行研究并引入了概率性选择：

$$\square_{i=1}^n S_i @ p_i \tag{6.23}$$

其中 $\{p_i\}$ 代表概率分布，即对于任意的 i 都有 $p_i \geqslant 0$ 且 $\sum_{i=1}^n p_i = 1$。概率性选择 (6.23) 会以 p_i 的概率选取相应的命令 S_i 去执行，因此可以将其视作对选择 (6.22) 的一种细化。

(3) 量子选择：回忆在例子 2.3.1 和 2.3.2 中，量子游走中的单步算子由"掷币算子"以及随后的移位算子构成。正如 6.1 节所示，可以将这个过程视作量子 case 语句。从这个观点出发，我们可以基于量子 case 语句的概念对量子选择的一般形式进行定义。

定义 6.5.1 令 S 是满足 $\bar{q} = \text{qvar}(S)$ 的量子程序，且对于任意的 i，S_i 都是量子程序。假设量子变量 $\bar{q}$ 是所有 S_i 的外部变量，即

$$\bar{q} \cap \left(\bigcup_i \text{qvar}(S_i) \right) = \varnothing$$

如果 $\{|i\rangle\}$ 是"硬币"系统 $\bar{q}$ 的状态空间 $\mathcal{H}_{\bar{q}}$ 的一组标准正交基，那么可以将沿着基 $\{|i\rangle\}$ 进行的包含"掷硬币"程序 S 的 S_i 的量子选择定义为：

$$[S] \left(\bigoplus_i |i\rangle \to S_i \right) \triangleq S; \textbf{qif}[\bar{q}](\square i \cdot |i\rangle \to S_i)\textbf{fiq} \tag{6.24}$$

特别地，如果 $n=2$，那么可以将量子选择 (6.24) 缩写为 $S_0 \,{}_S\oplus\, S_1$ 或者 $S_0 \oplus_S S_1$。

这个定义比较抽象，难以理解。读者可以先回顾例子 2.3.1 和 2.3.2，然后结合例子 6.7.1 来加深对这个定义的理解。

因为量子选择是从量子 case 语句的角度定义的，所以量子选择的语义也可以从量子 case 语句的语义推导得出。

显然，如果"掷硬币程序"S 什么都不做，即 S 的语义是空间 $\mathcal{H}_{\bar{q}}$ 中的单位算子，比如 $S = \textbf{skip}$，那么量子选择"$[S]\,(\bigoplus_i |i\rangle \to S_i)$"与量子 case 语句"$\textbf{qif}\,[\bar{q}](\square i \cdot |i\rangle \to S_i)\textbf{fiq}$"是一致的。但是通常我们需要仔细地将量子 case 语句和量子选择加以区分。

将量子选择 (6.24) 和概率性选择 (6.23) 进行比较会很有趣。如前文所述，概率性选择是对不确定性选择的一种细化。在概率性选择中，我们只需要知道它是根据确定性的概率分布做出选择的，而不需要知道这种概率分布是如何产生的。但是在定义量子选择时，必须对执行选择的"设备"进行明确介绍。所以，量子选择可以进一步被视为在选择量子"设备"时的一种不确定性解决方案，而这些"设备"本身代表着进行不确定性选择的概率分布。我们将在下一小节中对这个观点给出详细的数学描述。

量子编程范式——程序叠加

编程范式是一种构建程序元素和结构的方法。包含量子 case 语句和量子选择的编程语言能够支持一类新的量子编程范式——**程序叠加**。1.2.2 节已经对程序叠加范式的基本想法进行了讨论。结合前文介绍的量子选择的形式化定义，我们会对程序叠加有更深刻的理解。实际上，程序员可以将量子选择 (6.24) 视作一种程序叠加。更确切地说，量子选择 (6.24) 首先执行"掷硬币"程序 S 来创建程序 $S_i(1 \leqslant i \leqslant n)$ 的相应执行路径的叠加，然后执行量子 case 语句。在量子 case 语句的执行过程中，每个 S_i 仅在 $S_1, \cdots, S_n$ 的叠加执行路径中沿着自己的路径运行。

相较于**数据叠加**，程序叠加是一种更高等级的叠加。目前量子计算社区对数据叠加的研究已经相当深入，前几章关于量子编程的研究都是围绕着这一想法展开的。但关于程序叠加的研究才刚刚开始。本章和下一章将会对这种新型量子编程范式进行介绍。量子 case 语句和量子选择是程序叠加的量子编程范式的重要组成部分。不过由于量子选择可以通过量子 case 语句推导得到，所以在 QuGCL 的语法中仅将量子 case 语句作为元程序结构。为了进一步实现程序叠加范式，下一章将介绍包含量子控制流的量子递归的概念。

6.5.2 概率性选择的量子实现

定义 6.5.1 之后，我们简单地讨论了概率性选择和量子选择之间的关系。现在我们用更细致的方式来研究这种关系。为此，我们首先对 QuGCL 的语法和语义进行扩展，使其包含概率性选择。

定义 6.5.2 令 P_i 是 QuGCL 程序，其中 $1 \leqslant i \leqslant n$；令 $\{p_i\}_{i=1}^n$ 为子概率分布，即对于任意的 $1 \leqslant i \leqslant n$ 都有 $\sum_{i=1}^n p_i \leqslant 1$ 成立。那么：

(1)根据 $\{p_i\}_{i=1}^n$ 进行的 $P_1, \cdots, P_n$ 的概率性选择为：

$$\sum_{i=1}^n P_i @ p_i$$

(2)这种概率性选择的量子变量为：

$$\mathrm{qvar}\left(\sum_{i=1}^n P_i @ p_i\right) = \bigcup_{i=1}^n \mathrm{qvar}(P_i)$$

(3)这种概率性选择的纯量子指称语义为：

$$\left[\!\!\left[\sum_{i=1}^n P_i @ p_i\right]\!\!\right] = \sum_{i=1}^n p_i \cdot [\![P_i]\!] \tag{6.25}$$

对于任意的 $1 \leqslant i \leqslant n$，程序 $\sum_{i=1}^n P_i @ p_i$ 会以 p_i 的概率选择程序 P_i 去执行，且它的终止概率为 $1 - \sum_{i=1}^n p_i$。式 (6.25) 的等号右边实际上是根据概率分布 $\{p_i\}$ 对量子操作 $[\![P_i]\!]$ 进行的概率组合，即对于任意的密度算子 ρ，都满足

$$\left(\sum_{i=1}^n p_i \cdot [\![P_i]\!]\right)(\rho) = \sum_{i=1}^n p_i \cdot [\![P_i]\!](\rho)$$

显然 $\sum_{i=1}^{n} p_i \cdot [\![P_i]\!]$ 也是量子操作。

为了能够更直观地描述概率性选择和量子选择之间的关系，我们需要通过介绍局部量子变量的方式来进一步扩展 QuGCL 的语法和语义。

定义 6.5.3　令 S 是 QuGCL 程序, $\bar{q}$ 是量子寄存器且 ρ 是属于空间 $\mathcal{H}_{\bar{q}}$ 的密度算子。那么:

(1)将程序 S 限制在 $\bar{q} = \rho$ 上, 可以得到块命令的定义:

$$\mathbf{begin\ local}\ \bar{q} := \rho; S\ \mathbf{end} \tag{6.26}$$

(2)该块命令的量子变量为:

$$\mathrm{qvar}(\mathbf{begin\ local}\ \bar{q} := \rho; S\ \mathbf{end}) = \mathrm{qvar}(S) \setminus \bar{q}$$

(3)该块命令的纯量子指称语义为:

$$[\![\mathbf{begin\ local}\ \bar{q} := \rho; S\ \mathbf{end}]\!](\sigma) = \mathrm{tr}_{\mathcal{H}_{\bar{q}}}([\![S]\!](\sigma \otimes \rho))$$

其中 σ 是空间 $\mathcal{H}_{\mathrm{qvar}(S) \setminus \bar{q}}$ 中的密度算子。符号 tr 代表求偏迹 (参考定义 2.1.22)。

这个定义本质上是对定义 3.3.7 的重述。两者之间的唯一区别是在块 (6.26) 中，由于 QuGCL 的语法不包括初始化操作，所以在程序 S 执行之前需要通过语句 $\bar{q} := \rho$ 来对 $\bar{q}$ 进行初始化。

下面这个简单的例子可以帮助我们理解前面的两条定义。

例子 6.5.1 (例子 6.3.3 的延伸; 测量的概率混合)　令 $M^{(0)}$ 和 $M^{(1)}$ 分别是以可计算基矢和 $|\pm\rangle$ 为基对一个量子比特进行的测量。我们对 $M^{(0)}$ 和 $M^{(1)}$ 随机进行选择。

- 如果我们对处于态 $|\psi\rangle$ 的量子比特 p 执行测量 $M^{(0)}$, 忽略测量结果, 可以得到:

$$\rho_0 = M_0^{(0)}|\psi\rangle\langle\psi|M_0^{(0)} + M_1^{(0)}|\psi\rangle\langle\psi|M_1^{(0)}$$

- 如果我们对处于态 $|\psi\rangle$ 的量子比特 p 执行测量 $M^{(1)}$, 忽略测量结果, 可以得到:

$$\rho_1 = M_+^{(1)}|\psi\rangle\langle\psi|M_+^{(1)} + M_-^{(1)}|\psi\rangle\langle\psi|M_-^{(1)}$$

其中测量算子 $M_0^{(0)}, M_1^{(0)}, M_+^{(1)}, M_-^{(1)}$ 与例子 6.3.3 中的含义相同。取幺正矩阵

$$U = \begin{bmatrix} \sqrt{s} & \sqrt{r} \\ \sqrt{r} & -\sqrt{s} \end{bmatrix}$$

其中 $s, r \geqslant 0$ 且 $s + r = 1$, 再引入"硬币"量子比特 q。令

$$P_i \equiv \mathbf{if}\ M^{(i)}[p : x] = 0 \rightarrow \mathbf{skip}$$

$$\square \qquad\qquad 1 \rightarrow \mathbf{skip}$$

$$\mathbf{fi}$$

其中 $i = 0, 1$，将根据"掷硬币算子" U 对 P_0 和 P_1 进行的量子选择放入一个以"硬币"量子比特 q 为局部变量的块中：

$$P \equiv \textbf{begin local } q := |0\rangle; P_0 \ _{U[q]} \oplus P_1 \textbf{ end}$$

那么对于任意的 $|\psi\rangle \in \mathscr{H}_p$，$i \in \{0, 1\}$ 和 $j \in \{+, -\}$，我们可以得到：

$$\llbracket P \rrbracket(|\psi\rangle\langle\psi|) = \text{tr}_{\mathscr{H}_q} \left(\sum_{i \in \{0,1\}\text{且}j \in \{+,-\}} |\psi_{ij}\rangle\langle\psi_{ij}| \right)$$

$$= 2 \left(\sum_{i \in \{0,1\}} \frac{s}{2} M_i^{(0)} |\psi\rangle\langle\psi| M_i^{(0)} + \sum_{j \in \{+,-\}} \frac{r}{2} M_j^{(1)} |\psi\rangle\langle\psi| M_j^{(1)} \right)$$

$$= s\rho_0 + r\rho_1$$

其中：

$$|\psi_{ij}\rangle \triangleq M_{ij}(U|0\rangle|\psi\rangle) = \sqrt{\frac{s}{2}} |0\rangle M_i^{(0)} |\psi\rangle + \sqrt{\frac{r}{2}} |1\rangle M_j^{(1)} |\psi\rangle$$

240

测量算子 M_{ij} 与例子 6.3.3 中的含义相同。所以，可以将程序 P 视作测量 $M^{(0)}$ 和 $M^{(1)}$ 的概率混合，其中测量 $M^{(0)}$ 对应的概率为 s，测量 $M^{(1)}$ 对应的概率为 r。

现在我们可以准确地对概率性选择和量子选择之间的关系进行描述。大致说来，如果将"硬币"变量视为局部变量，那么量子选择会退化为概率性选择。

定理 6.5.1 令 $\text{qvar}(S) = \overline{q}$。那么我们有：

$$\textbf{begin local } \overline{q} := \rho; [S] \left(\bigoplus_{i=1}^n |i\rangle \to S_i \right) \textbf{ end} = \sum_{i=1}^n S_i @ p_i \tag{6.27}$$

其中对于任意的 $1 \leqslant i \leqslant n$，都满足概率 $p_i = \langle i | \llbracket S \rrbracket(\rho) | i \rangle$。

读者可以在 6.9 节中找到该定理的证明。将该定理反过来描述也同样成立。对于任意的概率分布 $\{p_i\}_{i=1}^n$，我们可以找到一个满足

$$p_i = |U_{i0}|^2 (1 \leqslant i \leqslant n)$$

的 $n \times n$ 的幺正矩阵 U。所以，从上述定理可以推导出概率性选择 $\sum_{i=1}^n S_i @ p_i$ 总是可以通过如下量子选择进行实现：

$$\textbf{begin local } \overline{q} := |0\rangle; [U[\overline{q}]] \left(\bigoplus_{i=1}^n |i\rangle \to S_i \right) \textbf{ end}$$

其中 $\overline{q}$ 是 n 维状态空间中的一类量子变量。正如 6.5.1 节所言，概率性选择 (6.23) 是对不确定性选择 (6.22) 的一种细化。因为对于任意给定的概率分布 $\{p_i\}$，总是存在多个"硬币程序" S 可以实现式 (6.27) 中的概率性选择 $\sum_{i=1}^n S_i @ p_i$，所以可以将量子选择进一步视作对概率性选择的一种细化，其中概率分布 $\{p_i\}$ 是由一种特殊的"设备"(量子"硬币") 产生的。

6.6　代数法则

代数方法在经典编程中的应用非常广泛，它为程序建立了各种代数法则，以便通过这些法则使得程序的计算变为可能。特别地，代数法则在程序的验证、转换和编译的过程中很有用。本节我们将会介绍了一类适用于量子 case 语句和量子选择的基本代数法则。为了便于阅读，我们将所有这些法则的证明都放在 6.9 节中。

下面这条定理给出的法则表明，量子 case 语句满足幂指律$^{\ominus}$、交换律和结合律，并且在量子 case 语句中的序列组合是满足分配律的。

定理 6.6.1（量子 case 语句的法则）

(1) 幂指律: 如果对于任意的 i 都满足 $S_i = S$, 那么

$$\mathbf{qif}\,(\square i \cdot |i\rangle \to S_i)\,\mathbf{fiq} = S$$

(2) 交换律: 对于集合 $\{1, \cdots, n\}$ 中元素的任意排列 τ, 都满足:

$$\mathbf{qif}\,[\overline{q}](\square_{i=1}^n i \cdot |i\rangle \to S_{\tau(i)})\,\mathbf{fiq}$$
$$= U_{\tau^{-1}}[\overline{q}]; \mathbf{qif}\,[\overline{q}](\square_{i=1}^n i \cdot |i\rangle \to S_i)\,\mathbf{fiq}; U_{\tau}[\overline{q}]$$

其中:

    (a) τ^{-1} 是 τ 的逆序, 即对于任意的 $i, j \in \{1, \cdots, n\}$, $\tau^{-1}(i) = j$ 成立当且仅当 $\tau(j) = i$ 成立。

    (b) $U_{\tau}(U_{\tau^{-1}})$ 是将空间 $\mathscr{H}_{\overline{q}}$ 的基 $\{|i\rangle\}$ 按照 $\tau(\tau^{-1})$ 的顺序进行排列的幺正算子, 即对于任意的 $1 \leqslant i \leqslant n$, 都满足

$$U_{\tau}(|i\rangle) = |\tau(i)\rangle, \ U_{\tau^{-1}}(|i\rangle) = |\tau^{-1}(i)\rangle$$

(3) 结合律:

$$\mathbf{qif}\,(\square i \cdot |i\rangle \to \mathbf{qif}\,(\square j_i \cdot |j_i\rangle \to S_{ij_i})\,\mathbf{fiq}\,)\,\mathbf{fiq}$$
$$= \mathbf{qif}\,(\overline{\alpha})(\square i, j_i \cdot |i, j_i\rangle \to S_{ij_i})\,\mathbf{fiq}$$

对于某个参数簇 $\overline{\alpha}$ 成立。上式等号右边是参数化量子 case 语句, 这个概念将会在 6.8.1 节中介绍。

(4) 分配律: 如果 $\overline{q} \cap \mathrm{qvar}(Q) = \varnothing$, 那么

$$\mathbf{qif}\,[\overline{q}](\square i \cdot |i\rangle \to S_i)\,\mathbf{fiq}; Q =_{\mathrm{CF}} \mathbf{qif}\,(\overline{\alpha})[\overline{q}](\square i \cdot |i\rangle \to (S_i; Q))\,\mathbf{fiq}$$

对于某个参数簇 $\overline{\alpha}$ 成立。上式等号右边是参数化量子 case 语句。特别地, 如果我们进一步假设 Q 中不包含量子测量, 那么

$$\mathbf{qif}\,[\overline{q}](\square i \cdot |i\rangle \to S_i)\,\mathbf{fiq}; Q = \mathbf{qif}\,[\overline{q}](\square i \cdot |i\rangle \to (S_i; Q))\,\mathbf{fiq}$$

  $\ominus$ 幂指律（idempotent）的特点是其任意多次执行所产生的影响均与一次执行的影响相同。幂指函数或幂指方法是指可以使用相同参数重复执行，并能获得相同结果的函数。这些函数不会影响系统状态，也不用担心重复执行会对系统造成改变。——译者注

我们将量子选择定义为先执行"硬币"程序, 再执行量子 case 语句。那么自然有人会问: 能否将"硬币"程序放到量子 case 语句的最后执行? 下面这个定理对这个问题做出回答: 如果允许对包含局部变量的块进行封装, 那么可以将"硬币"程序放到量子case语句的最后执行。

$\boxed{242}$

定理 6.6.2　对于任意的程序 S_i 和幺正算子 U, 我们有:

$$[U[\overline{q}]]\left(\bigoplus_{i=1}^{n}|i\rangle \to S_i\right) = \mathbf{qif}\,(\Box i \cdot U_{\overline{q}}^{\dagger}|i\rangle \to S_i)\mathbf{fiq}; U[\overline{q}] \tag{6.28}$$

更一般地, 对于任意的程序 S_i 和满足 $\overline{q} = \mathrm{qvar}(S)$ 的 S, 都存在量子变量 $\overline{r}$, 纯态 $|\varphi_0\rangle \in \mathscr{H}_{\overline{r}}$, 空间 $\mathscr{H}_{\overline{q}} \otimes \mathscr{H}_{\overline{r}}$ 的一组标准正交基 $\{|\psi_{ij}\rangle\}$, 程序 Q_{ij}, 属于空间 $\mathscr{H}_{\overline{q}} \otimes \mathscr{H}_{\overline{r}}$ 的幺正算子 U, 满足:

$$[S]\left(\bigoplus_{i=1}^{n}|i\rangle \to S_i\right) = \mathbf{begin\ local}\ \overline{r} := |\varphi_0\rangle;$$

$$\mathbf{qif}\,(\Box i, j \cdot |\psi_{ij}\rangle \to Q_{ij})\mathbf{fiq};$$

$$U[\overline{q}, \overline{r}]$$

$$\mathbf{end} \tag{6.29}$$

下面这条定理表明量子选择也同样满足幂指律、交换律和结合律, 并且在量子选择中的序列组合是满足分配律的。

定理 6.6.3（量子选择法则）

(1)幂指律: 如果 $\mathrm{qvar}(Q) = \overline{q}$, $\mathrm{tr}[\![Q]\!](\rho) = 1$ 且对于任意的 $1 \leqslant i \leqslant n$ 都满足 $S_i = S$, 那么

$$\mathbf{begin\ local}\ \overline{q} := \rho; [Q]\left(\bigoplus_{i=1}^{n}|i\rangle \to S_i\right)\ \mathbf{end}\ = S$$

(2)交换律: 对于集合 $\{1, \cdots, n\}$ 中元素的任意排列 τ, 都满足:

$$[S]\left(\bigoplus_{i=1}^{n}|i\rangle \to S_{\tau(i)}\right) = [S; U_\tau[\overline{q}]]\left(\bigoplus_{i=1}^{n}|i\rangle \to S_i\right); U_{\tau^{-1}}[\overline{q}]$$

其中 $\mathrm{qvar}(S) = \overline{q}$, U_τ 和 $U_{\tau^{-1}}$ 与定理 6.6.1(2) 中的含义相同。

(3)结合律: 令

$$\Gamma = \{(i, j_i) : 1 \leqslant i \leqslant m\ \ \text{且}\ \ 1 \leqslant j_i \leqslant n_i\} = \bigcup_{i=1}^{m}(\{i\} \times \{1, \cdots, n_i\})$$

且

$$R = [S]\left(\bigoplus_{i=1}^{n}|i\rangle \to Q_i\right)$$

$\boxed{243}$

那么存在某个参数簇 $\overline{\alpha}$ 使得如下等式成立:

$$\left(\bigoplus_{i=1}^{m}|i\rangle \to [Q_i]\left(\bigoplus_{j_i=1}^{n_i}|j_i\rangle \to R_{ij_i}\right)\right) = [R(\overline{\alpha})]\left(\bigoplus_{(i,j_i)\in\Gamma}|i, j_i\rangle \to R_{ij_i}\right)$$

该式等号右边实际上是参数化量子选择，我们将会在 6.8.1 节对参数化量子选择进行介绍。

(4)分配律：如果 $\mathrm{qvar}(S) \cap \mathrm{qvar}(Q) = \varnothing$，那么存在参数 $\overline{\alpha}$ 使得下式成立：

$$[S]\left(\bigoplus_{i=1}^{n}|i\rangle \to S_i\right); Q =_{\mathrm{CF}} [S(\overline{\alpha})]\left(\bigoplus_{i=1}^{n}|i\rangle \to (S_i; Q)\right)$$

该式等号右边是参数化量子选择。符号 $=_{\mathrm{CF}}$ 代表"自由硬币"等价性（参考定义 6.4.4）。如果假设在 Q 中没有发生任何测量，那么

$$[S]\left(\bigoplus_{i=1}^{n}|i\rangle \to S_i\right); Q = [S]\left(\bigoplus_{i=1}^{n}|i\rangle \to (S_i; Q)\right)$$

6.7　例子

在前几节中，我们通过量子编程语言 QuGCL 设计了包含量子 case 语句和量子选择的编程理论。本节我们将给出一些例子来说明如何通过 QuGCL 语言编程实现一些量子算法。

6.7.1　量子游走

QuGCL 语言的设计，特别是在对量子 case 语句和量子选择进行定义时的灵感来自于一些最简单的量子游走的结构。在过去十年中设计出了许多量子游走的变形和扩展。在量子算法（包括量子模拟）的发展过程中，量子游走得到了广泛应用。相关文献中许多量子游走的扩展都可以很容易地写成 QuGCL 程序。我们在这里只举一些简单的例子。

例子 6.7.1　回忆例子 2.3.1，Hadamard 游走是一维随机游走的一种扩展。令 p 和 c 是量子变量，它们分别代表位置和"硬币"。变量 p 的状态空间是无限维度的希尔伯特空间：

$$\mathscr{H}_p = \mathrm{span}\{|n\rangle : n \in \mathbb{Z}(\text{整数})\} = \left\{\sum_{n=-\infty}^{\infty} \alpha_n |n\rangle : \sum_{n=-\infty}^{\infty} |\alpha_n|^2 < \infty\right\}$$

变量 c 的状态空间是二维的希尔伯特空间 $\mathscr{H}_c = \mathrm{span}\{|L\rangle, |R\rangle\}$，其中 L 和 R 分别代表左和右。Hadamard 游走的状态空间为 $\mathscr{H} = \mathscr{H}_c \otimes \mathscr{H}_p$。令 $I_{\mathscr{H}_p}$ 是空间 $\mathscr{H}_p$ 的单位算子，H 是 2×2 的 Hadamard 矩阵，T_L 和 T_R 分别代表左移和右移，即

$$T_L|n\rangle = |n-1\rangle, \quad T_R|n\rangle = |n+1\rangle$$

其中 $n \in \mathbb{Z}$。那么可以通过如下的幺正算子对 Hadamard 游走中的单步执行进行描述：

$$W = (|L\rangle\langle L| \otimes T_L + |R\rangle\langle R| \otimes T_R)(H \otimes I_{\mathscr{H}_p}) \tag{6.30}$$

也可以将它写作 QuGCL 程序：

$$T_L[p]_{H[c]} \oplus T_R[p] \equiv H[c]; \mathbf{qif}\,[c]|L\rangle \to T_L[p]$$

$$\square \quad |R\rangle \to T_R[p]$$

$$\mathbf{fiq}$$

该程序实际上是根据"硬币"程序 $H[c]$ 来对左移 T_L 和右移 R_L 进行的量子选择。Hadamard 游走会反复执行这段程序。

下面是近期相关物理文献中提到的这类量子游走的一些变形。

(1) 单向 Hadamard 游走是 Hadamard 游走的一种简单变形，这种游走只能向右移动或者停留在原地不动。所以我们需要用程序 **skip** 来替换左移 T_L，**skip** 的语义是单位算子 $I_{\mathscr{H}_p}$。那么我们可以将这类新型量子游走的单步执行写成如下 QuGCL 程序：

$$\mathbf{skip}_{H[c]} \oplus T_R[p]$$

该程序实际上是对 **skip** 和右移 T_R 进行的量子选择。

(2) Hadamard 游走以及单向 Hadamard 游走具有一个共同的特点："掷硬币算子" H 与时间和位置无关。有学者提出了一种"掷硬币算子"同时依赖于位置 n 和时间 t 的新型量子游走：

$$C(n,t) = \frac{1}{\sqrt{2}} \begin{bmatrix} c(n,t) & s(n,t) \\ s^*(n,t) & -\mathrm{e}^{\mathrm{i}\theta} c(n,t) \end{bmatrix}$$

对于给定时间 t，可以将该游走的第 t 步写成如下 QuGCL 程序：

245

$$W_t \equiv \mathbf{qif} \, [p](\square n \cdot |n\rangle \to C(n,t)[c])\mathbf{fiq}$$
$$\mathbf{qif} \, [c]|L\rangle \to T_L[p]$$
$$\square \qquad |R\rangle \to T_R[p]$$
$$\mathbf{fiq}$$

程序 W_t 是两个量子 case 语句的顺序组合。在第一个量子 case 语句中，会根据位置 $|n\rangle$ 选择相对应的"掷硬币"程序 $C(n,t)$ 在量子硬币变量 c 上执行，其中 $|n\rangle$ 可以代表不同位置的叠加态。此外，因为 W_t 在不同的时间点 t 是不相同的，所以可以将前 T 步写作如下程序：

$$W_1; W_2; \cdots; W_T$$

(3) Hadamard 游走的另一类简单扩展是包含三种"硬币"态的量子游走。这类游走的"硬币"空间是三维的希尔伯特空间 $\mathscr{H}_c = \mathrm{span}\{|L\rangle, |0\rangle, |R\rangle\}$，其中 L 和 R 分别代表左移和右移，0 代表不做任何移动。"掷硬币"算子为

$$U = \frac{1}{3} \begin{bmatrix} -1 & 2 & 2 \\ 2 & -1 & 2 \\ 2 & 2 & -1 \end{bmatrix}$$

我们也可以将这类游走的单步执行写成如下 QuGCL 程序：

$$[U[c]](|L\rangle \to T_L[p] \oplus |0\rangle \to \mathbf{skip} \oplus |R\rangle \to T_R[p])$$

这实际上是根据"硬币"程序 $U[c]$ 对 **skip**、左移和右移进行的量子选择。

上述例子中的量子游走只包含一个"硬币"和一个游走粒子。在下面两个例子中，我们将思考一些更复杂的量子游走。这些量子游走有多个游走粒子参与且包含多个用于控制这些游走粒子的"硬币"。

例子 6.7.2 我们现在来考虑由多个"硬币"驱动的一维量子游走。这种游走依然只有单个游走粒子，但它却受到 M 个不同的"硬币"控制。每个控制"硬币"都有它们自己的状态空间，但是它们的"掷硬币"算子却是相同的，都是一个 2×2 的 Hadamard 矩阵。令变量 p，希尔伯特空间 $\mathscr{H}_p$ 和 $\mathscr{H}_c$，算子 T_L、T_R 和 H，与例子 6.7.1 中的含义相同，且 $c_1, \cdots, c_M$ 是代表 M 个"硬币"的量子变量。那么这种游走的状态空间为：

$$\mathscr{H} = \bigotimes_{m=1}^{M} \mathscr{H}_{c_m} \otimes \mathscr{H}_p$$

其中对于任意的 $1 \leqslant m \leqslant M$，都满足 $\mathscr{H}_{c_m} = \mathscr{H}_c$。我们记

$$W_m = (T_L[p]_{H[c_1]} \oplus T_R[p]); \cdots ; (T_L[p]_{H[c_m]} \oplus T_R[p])$$

对于任意的 $1 \leqslant m \leqslant M$ 都成立。如果我们从 c_1 开始循环遍历 M 个"硬币"，那么可以将该游走的前 T 步写成如下 QuGCL 程序：

$$W_M; \cdots ; W_M; W_r$$

其中 W_M 会迭代 $d = \lfloor T/M \rfloor$ 次，$r = T - Md$ 代表 T 中除了 M 以外的部分。该程序是由不同"硬币"控制的 T 个左移操作和右移操作的量子选择构成的线性组合。

例子 6.7.3 现在考虑一类由两个共享同一枚控制"硬币"的游走粒子构成的量子游走。这两个游走粒子具有不同的状态空间，且它们都有各自的"硬币"。所以整个量子游走的状态空间为 $\mathscr{H}_c \otimes \mathscr{H}_c \otimes \mathscr{H}_p \otimes \mathscr{H}_p$。如果两个游走粒子之间是完全独立的，那么这种游走的单步算子为 $W \otimes W$，其中 W 是通过式 (6.30) 进行定义的。但是当我们通过幺正算子 U 将两个"硬币"变得相互纠缠时，情况会变得很有趣。我们可以将这种情况理解为两个游走粒子共享同一枚控制"硬币"。我们可以将这类量子游走的单步执行写成如下 QuGCL 程序：

$$U[c_1, c_2]; (T_L[q_1]_{H[c_1]} \oplus T_R[q_1]); (T_L[q_2]_{H[c_2]} \oplus T_R[q_2])$$

其中 q_1 和 q_2 分别是两个游走粒子的位置变量，c_1 和 c_2 分别是两个游走粒子的"硬币"变量，且这两个游走粒子的"掷硬币"算子都是 Hadamard 算子 H。

显然，将这种情况扩展到具有多个游走粒子的情况仍然可以很容易地通过 QuGCL 进行程序。

6.7.2 量子相位估算

其实不是只有基于量子游走的量子算法才可以通过 QuGCL 语言进行编程实现。在本节中，我们将使用 QuGCL 来实现量子相位估算算法。我们在 2.3.7 节对这个算法进行了介绍：给定一个幺正算子 U 和它的特征向量 $|u\rangle$。这个算法的目标是估算 $|u\rangle$ 所对应的特征值 $e^{2\pi i \varphi}$ 的相位 φ。图 6.1 对这个算法进行了详细描述。其中对于任意的 $j = 0, 1, \cdots, t - 1$，黑盒会执行受控 U^{2^j} 算子，FT† 代表量子傅里叶反变换。

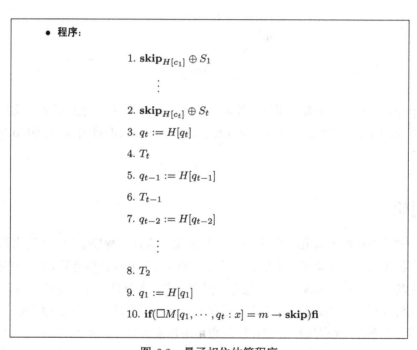

图 6.1　量子相位估算

现在我们使用量子比特变量 $q_1, \cdots, q_t$ 和状态空间为幺正算子 U 的希尔伯特空间的量子变量 p。我们还需要使用一个经典变量来存储测量的结果。那么我们可以将该算法写成图 6.2 中的 QuGCL 程序，其中：

- **程序：**

$$1.\ \mathbf{skip}_{H[c_1]} \oplus S_1$$

$$\vdots$$

$$2.\ \mathbf{skip}_{H[c_t]} \oplus S_t$$

$$3.\ q_t := H[q_t]$$

$$4.\ T_t$$

$$5.\ q_{t-1} := H[q_{t-1}]$$

$$6.\ T_{t-1}$$

$$7.\ q_{t-2} := H[q_{t-2}]$$

$$\vdots$$

$$8.\ T_2$$

$$9.\ q_1 := H[q_1]$$

$$10.\ \mathbf{if}(\square M[q_1, \cdots, q_t : x] = m \to \mathbf{skip})\mathbf{fi}$$

图 6.2　量子相位估算程序

248

- 当 $1 \leqslant k \leqslant t$ 时，

$$S_k \equiv q := U[q]; \cdots ; q := U[q]$$

（2^{k-1} 个幺正变换 U 的副本的线性组合。）

- 当 $2 \leqslant k \leqslant t$ 时，子程序 T_k 如图 6.3 所示，且 T_k 中的算子 $R_k^\dagger$ 为：

$$R_k^\dagger = \begin{bmatrix} 1 & 0 \\ 0 & e^{-2\pi i/2^k} \end{bmatrix}$$

- $M = \{M_m : m \in \{0,1\}^t\}$ 是以可计算基矢为基对 t 个量子比特进行的测量, 即对于任意的 $m \in \{0,1\}^t$ 都满足 $M_m = |m\rangle\langle m|$。
- 子程序 $T_2, \cdots, T_k$ 如图 6.3 所示。

1. **qif**$[q_t]$ $|0\rangle \to$ **skip**

2. $\square$ $|1\rangle \to R_k^\dagger[q_{k-1}]$

3. **fiq**

4. **qif**$[q_{t-1}]$ $|0\rangle \to$ **skip**

5. $\square$ $|1\rangle \to R_{k-1}^\dagger[q_{k-1}]$

6. **fiq**

$$\vdots$$

7. **qif**$[q_{k+1}]$ $|0\rangle \to$ **skip**

8. $\square$ $|1\rangle \to R_2^\dagger[q_{k-1}]$

9. **fiq**

图 6.3　子程序 T_k

从式 (2.24) 我们可以发现, 相位估算程序 (图 6.2) 中的第 3 行到第 9 行实际上是量子傅里叶反变换。因为 QuGCL 语言不包含初始化语句, 所以只能将图 6.1 中的 $|0\rangle^t|u\rangle$ 视为程序的输入。

6.8　讨论

我们在前几节中深入研究了量子 case 语句和量子选择的程序结构, 并用它们来编程实现基于量子游走的算法和量子相位估算。需要注意 6.3.3 节可能与定义 6.3.5 中对系数的选择不同, 这表明一个量子 case 语句可能有不同的语义。本节我们将讨论量子 case 语句和量子选择的几种变形。这些变形只可能在量子编程的情况下出现, 而不会在经典编程中出现。但是它们不仅在概念上很有趣, 而且在实际应用中也很有用。实际上, 我们在 6.6 节介绍代数法则时就已经用到了这些变形。

6.8.1　量子操作卫式组合的系数

在算子值函数的卫式组合的定义式 (6.14) 中, 等号右边系数的选取方式非常特殊, 它是通过从条件概率的角度进行物理上的解释选取的。本节表明如果选择其他值作为系数, 式 (6.14) 依然成立。

首先, 让我们考虑一种简单的情况, 沿着"硬币"希尔伯特空间 $\mathscr{H}_c$ 的一组标准正交基

$\{|k\rangle\}$ 对属于空间 $\mathscr{H}$ 的幺正算子 $U_k (1 \leqslant k \leqslant n)$ 进行卫式组合：

$$U \triangleq \bigoplus_{k=1}^{n}(|k\rangle \to U_k)$$

如果对于任意的 $1 \leqslant k \leqslant n$，我们都在 U 的定义式 (6.10) 中添加一个相对相位 θ_k，使得

$$U(|k\rangle|\psi\rangle) = \mathrm{e}^{\mathrm{i}\theta_k}|k\rangle U_k|\psi\rangle \tag{6.31}$$

对于任意的 $|\psi\rangle \in \mathscr{H}$ 都成立，那么式 (6.11) 可以变形为：

$$U\left(\sum_k \alpha_k|k\rangle|\psi_k\rangle\right) = \sum_k \alpha_k \mathrm{e}^{\mathrm{i}\theta_k}|k\rangle U_k|\psi_k\rangle \tag{6.32}$$

需要注意，对于不同的基态 $|k\rangle$，式 (6.31) 中的相位 θ_k 是不同的。显然通过式 (6.31) 或者式 (6.32) 定义的新算子 U 依然是幺正算子。

我们将添加相对相位的想法应用于算子值函数的卫式组合中。考虑

$$F \triangleq \bigoplus_{k=1}^{n}(|k\rangle \to F_k)$$

其中 $\{|k\rangle\}$ 是空间 $\mathscr{H}_c$ 的一组标准正交基，F_k 是在集合 Δ_k 上定义的算子值函数，其中 $F_k \in \mathscr{H}$ 且 $1 \leqslant k \leqslant n$。我们随机选取一组实数 $\theta_1, \cdots, \theta_n$，并将 F 的定义式 (6.14) 变为 $\boxed{250}$

$$F(\oplus_{k=1}^{n}\delta_k)|\Psi\rangle = \sum_{k=1}^{n}\mathrm{e}^{\mathrm{i}\theta_k}\left(\prod_{l\neq k}\lambda_{l\delta_l}\right)|k\rangle(F_k(\delta_k)|\psi_k\rangle) \tag{6.33}$$

该式对于任意的态

$$|\Psi\rangle = \sum_{k=1}^{n}|k\rangle|\psi_k\rangle \in \mathscr{H}_c \otimes \mathscr{H}$$

都成立，其中 $\lambda_{l\delta_l}$ 与定义 6.3.5 中的含义相同。显然通过式 (6.33) 定义的 F 仍然是算子值函数。实际上，该结论对于算子值函数的卫式组合的更一般性定义而言依然成立。令 F_k 是在集合 Δ_k 上定义的算子值函数，$F_k \in \mathscr{H}$ 且 $1 \leqslant k \leqslant n$，令

$$\overline{\alpha}\left\{\alpha^{(k)}_{\delta_1,\cdots,\delta_{k-1},\delta_{k+1},\cdots,\delta_n} : 1 \leqslant k \leqslant n, \delta_l \in \Delta_l(l=1,\cdots,k-1,k+1,\cdots,n)\right\} \tag{6.34}$$

是一类满足归一化条件

$$\sum_{\delta_1 \in \Delta_1,\cdots,\delta_{k-1}\in\Delta_{k-1},\delta_{k+1}\in\Delta_{k+1},\cdots,\delta_n\in\Delta_n} |\alpha^{(k)}_{\delta_1,\cdots,\delta_{k-1},\delta_{k+1},\cdots,\delta_n}|^2 = 1 \tag{6.35}$$

的复数，其中 $1 \leqslant k \leqslant n$。那么我们可以将沿着 $\mathscr{H}_c$ 的一组标准正交基 $\{|k\rangle\}$ 进行的 $F_k(1 \leqslant k \leqslant n)$ 的 $\overline{\alpha}$ 卫式组合定义为

$$F \triangleq (\overline{\alpha})\bigoplus_{k=1}^{n}(|i\rangle \to F_k)$$

且对于任意的 $|\psi_1\rangle, \cdots, |\psi_n\rangle \in \mathscr{H}$，$\delta_k \in \Delta_k (1 \leqslant k \leqslant n)$，都满足

$$F(\oplus_{k=1}^n \delta_k)\left(\sum_{k=1}^n |k\rangle|\psi_k\rangle\right) = \sum_{k=1}^n \alpha_{\delta_1,\cdots,\delta_{k-1},\delta_{k+1},\cdots,\delta_n}^{(k)} |k\rangle(F_k(\delta_k)|\psi_k\rangle) \qquad (6.36)$$

注意系数

$$\alpha_{\delta_1,\cdots,\delta_{k-1},\delta_{k+1},\cdots,\delta_n}^{(k)}$$

中不包含参数 δ_k。这种独立性与条件 (6.35) 共同保证了 $\overline{\alpha}$-卫式组合也是算子值函数。我们从 6.9 节对引理 6.3.2 的证明过程中也可以得出这条结论。

例子 6.8.1

(1) 因为如果对于任意的 $1 \leqslant i \leqslant n$，$\delta_k \in \Delta_k (k = 1, \cdots, i-1, i+1, \cdots, n)$，令

$$\alpha_{\delta_1,\cdots,\delta_{i-1},\delta_{i+1},\cdots,\delta_n}^i = \prod_{k \neq i} \lambda_{k\delta_k}$$

其中 $\lambda_{k\delta_k}$ 在式 (6.15) 中进行了定义，那么式 (6.36) 会退化为式 (6.14)，所以定义 6.3.5 实际上是 $\overline{\alpha}$-卫式组合的一种特殊情况。

(2) $\overline{\alpha}$ 的另一种可能的选择为：

$$\alpha_{\delta_1,\cdots,\delta_{i-1},\delta_{i+1},\cdots,\delta_n}^i = \frac{1}{\sqrt{\prod_{k \neq i} |\Delta_k|}}$$

该式对任意的 $1 \leqslant i \leqslant n$，$\delta_k \in \Delta_k (k = 1, \cdots, i-1, i+1, \cdots, n)$ 都成立。显然，对于这类系数 $\overline{\alpha}$，$\overline{\alpha}$-卫式组合不能通过在定义 6.3.5 中增加关联相位得到。

现在我们开始对参数化量子 case 语句和参数化量子选择进行定义。

定义 6.8.1

(1) $\overline{q}$、$\{|i\rangle\}$ 和 $\{S_i\}$ 与定义 6.2.1(4) 中的含义相同。令经典态 $\Delta(S_i) = \Delta_i$，$\overline{\alpha}$ 是一类如公式 (6.34) 所示满足条件 (6.35) 的参数。那么由基态 $|i\rangle$ 控制的 $S_1, \cdots, S_n$ 的 $\overline{\alpha}$-量子 case 语句为：

$$S \equiv \mathbf{qif}\ (\overline{\alpha})[\overline{q}](\Box i \cdot |i\rangle \to S_i)\ \mathbf{fiq} \qquad (6.37)$$

其半经典语义为：

$$\llbracket S \rrbracket = (\overline{\alpha}) \bigoplus_{i=1}^n (|i\rangle \to \llbracket S_i \rrbracket)$$

(2) S、$\{|i\rangle\}$ 和 S_i 与定义 6.5.1 中的含义相同，令 $\overline{\alpha}$ 是一类如公式 (6.34) 所示满足条件 (6.35) 的参数。那么沿着基 $\{|i\rangle\}$ 进行且由 S 所决定的 $\overline{\alpha}$-量子选择为：

$$[S(\overline{\alpha})]\left(\bigoplus_i |i\rangle \to S_i\right) \equiv S;\ \mathbf{qif}\ (\overline{\alpha})[\overline{q}](\Box i \cdot |i\rangle \to S_i)\ \mathbf{fiq}$$

当量子变量 $\overline{q}$ 可以通过上下文确定时，可以将量子 case 语句 (6.37) 中的符号 $[\overline{q}]$ 省略掉。乍看之下，$\overline{\alpha}$-量子 case 语句的语法 (6.37) 中的参数 $\overline{\alpha}$ 是由 S_i 中的经典态来索引的似乎很不合理。但其实这并不是什么问题，因为 S_i 中的经典态完全是由 S_i 的语义所决定的。

根据定义 6.4.3，我们可以从 $\overline{\alpha}$- 量子 case 语句的半经典语义中得到它的纯量子指称语义，而且可以从 $\overline{\alpha}$-量子 case 语句的语义中推导出 $\overline{\alpha}$- 量子选择的语义。我们在 6.6 节的一些定理中已经用到了参数化量子 case 语句和参数化量子选择的概念。

问题 6.8.1　证明或驳斥下列语句：对于任意的 $\overline{\alpha}$，都存在一个幺正算子满足

$$\mathbf{qif}\,(\overline{\alpha})[\overline{q}](\square i \cdot |i\rangle \to S_i)\,\mathbf{fiq} = [U[\overline{q}]]\left(\bigoplus_i |i\rangle \to S_i\right)$$

如果使用一般性的量子程序（该程序的语义是一般性的量子操作，而非幺正操作）来替换 $U[\overline{q}]$，会产生什么结果？

6.8.2　通过子空间控制的量子 case 语句

通过比较经典程序的 case 语句 (6.2) 和量子 case 语句 (6.9) 的卫式，我们可以得到两者之间的主要区别：前者的卫式 G_i 是关于程序变量的命题，而后者的卫式 $|i\rangle$ 却是 "硬币" 空间 $\mathcal{H}_c$ 的基态。但是这种差异并没有我们想象的那么大。在冯·诺依曼量子逻辑 [42] 中，量子系统的命题可以通过该系统状态空间的一个闭子空间进行表示。这一观点给我们提供了一种新的思路：可以通过 "硬币" 空间的命题来代替 "硬币" 空间的基态，以此作为量子 case 语句的卫式。

定义 6.8.2　令 $\overline{q}$ 是一组量子变量，$\{S_i\}$ 是一类满足如下条件的量子程序：

$$\overline{q} \cap \left(\bigcup_i \mathrm{qvar}(S_i)\right) = \varnothing$$

假设 $\{X_i\}$ 是关于 "硬币" 系统 $\overline{q}$ 的命题，即满足如下两个条件的 "硬币" 空间 $\mathcal{H}_{\overline{q}}$ 的闭子空间：

(1) X_i 之间两两正交，即如果 $i_1 \neq i_2$，那么 $X_{i_1} \perp X_{i_2}$。

(2) $\bigoplus_i X_i \triangleq \mathrm{span}\left(\bigcup_i X_i\right) = \mathcal{H}_{\overline{q}}$

那么：

(1) 受 X_i 的子空间控制⊖的 S_i 的量子 case 语句

$$S \equiv \mathbf{qif}\,[\overline{q}](\square i \cdot X_i \to S_i)\,\mathbf{fiq} \tag{6.38}$$

是一个程序。

(2) S 的量子变量为：

$$\mathrm{qvar}(S) = \overline{q} \cup \left(\bigcup_i \mathrm{qvar}(S_i)\right)$$

(3) 量子 case 语句的纯量子指称语义为：

$$[S] = \{[\mathbf{qif}\,[\overline{q}]\,(\square i, j_i \cdot |\varphi_{ij_i}\rangle \to S_{ij_i})\,\mathbf{fiq}] : \{|\varphi_{ij_i}\rangle\} \text{是 } X_i \text{ 的一组}$$
$$\text{标准正交基，且对于任意的 } i, j_i \text{ 都满足 } S_{ij_i} = S_i\} \tag{6.39}$$

⊖ 即以 X_i 的子空间作为卫式。——译者注

直观上而言，可以将量子 case 语句 (6.38) 中的 $\{X_i\}$ 看成整体状态空间 $\mathscr{H}_{\bar{q}}$ 的一个划分。为了方便描述，如果式 (6.38) 中的变量 $\bar{q}$ 可以从上下文确定，那么可将其省略。显然，式 (6.39) 中子空间 X_i 的基之间的并集 $\bigcup_i\{|\varphi_{ij_i}\rangle\}$ 实际上是整体"硬币"空间 $\mathscr{H}_c$ 的一组标准正交基。注意式 (6.39) 的等号右边，受子空间控制的程序 (6.38) 的纯量子语义是多个量子操作组成的集合，而非单个量子操作。所以量子 case 语句 (6.38) 是不确定性程序，且它的不确定性来自于对卫式子空间基的不同选择。此外，以这些子空间的基态作为卫式的量子 case 语句实际上是对量子 case 语句 (6.38) 的一种细化。另一方面，如果 $\{|i\rangle\}$ 是 $\mathscr{H}_{\bar{q}}$ 的一组正交基，且对于任意的 i，X_i 都是一维子空间 $\text{span}\{|i\rangle\}$，那么上述定义会退化为以基态 $|i\rangle$ 作为卫式的量子 case 语句 (6.9)。

如果我们制定如下约定，那么可以将定义 6.4.4 中的量子程序之间的等价性扩展为不确定性量子程序（即程序的语义是多个量子操作的集合，而非单个量子操作）之间的等价性：

- 如果 Ω 是量子操作的集合，$\mathscr{F}$ 是一个量子操作，那么

$$\Omega \otimes \mathscr{F} = \{\mathscr{E} \otimes \mathscr{F} : \mathscr{E} \in \Omega\}$$

- 我们将单个量子操作和只包含该量子操作的集合视为等价的。

下面列举了一些以子空间作为卫式的量子 case 语句的基本属性。

命题 6.8.1

(1) 如果对于任意的 i，程序 S_i 都不包含任何测量，那么对于 $X_i(1 \leqslant i \leqslant n)$ 的任意标准正交基 $\{|\varphi_{ij_i}\rangle\}$，我们都可以得到：

$$\mathbf{qif}\ (\square i \cdot X_i \to S_i)\ \mathbf{fiq}\ =\ \mathbf{qif}\ (\square i, j_i \cdot |\varphi_{ij_i}\rangle \to S_{ij_i})\ \mathbf{fiq}$$

其中对于任意的 i, j_i，都满足 $S_{ij_i} = S_i$。特别地，如果对于任意的 i，U_i 都是空间 $\mathscr{H}_{\bar{q}}$ 内的幺正算子，那么

$$\mathbf{qif}\ [\bar{p}](\square i \cdot X_i \to U_i[\bar{q}])\ \mathbf{fiq}\ = U[\bar{p}, \bar{q}]$$

其中

$$U = \sum_i (I_{X_i} \otimes U_i)$$

254 是属于空间 $\mathscr{H}_{\bar{p} \cup \bar{q}}$ 的幺正算子。

(2) 令 U 是属于空间 $\mathscr{H}_{\bar{q}}$ 的幺正算子。如果对于任意的 i，X_i 都是 U 的不变子空间，即

$$UX_i = \{U|\psi\rangle : |\psi\rangle \in X_i\} \subseteq X_i$$

那么

$$U[\bar{q}]; \mathbf{qif}\ [\bar{q}](\square i \cdot X_i \to S_i)\ \mathbf{fiq}; U^\dagger[\bar{q}]\ =\ \mathbf{qif}\ [\bar{q}](\square i \cdot X_i \to S_i)\ \mathbf{fiq}$$

练习 6.8.1 证明命题 6.8.1。

在本节的最后，我们需要指出，可以基于参数化量子 case 语句或者以子空间作为卫式的量子 case 语句来对一般性的量子选择进行定义，而且很容易将 6.6 节介绍的代数法则进行扩展，使得它们对于参数化量子 case 语句、参数化量子选择、以子空间作为卫式的量子 case 语句和量子选择同样适用。具体的细节这里不再描述，读者可以尝试自己对此进行证明。

6.9 引理、命题和定理的证明

本章中的引理、命题和定理的证明都需要冗长的计算。所以为了增强可读性，我们在介绍这些结论时并没有对它们进行证明。本节我们将对前面章节中介绍的引理、命题和定理统一进行证明。

证明引理 6.3.2: 令 F 是通过定义 6.3.5 给出的算子值函数。我们记:

$$\overline{F} \triangleq \sum_{\delta_1 \in \Delta e_1, \cdots, \delta_n \in \Delta_n} F(\oplus_{i=1}^{n} \delta_i)^{\dagger} \cdot F(\oplus_{i=1}^{n} \delta_i)$$

我们先引入一个辅助性公式。对于任意的 $|\Phi\rangle, |\Psi\rangle \in \mathcal{H}_c \otimes \mathcal{H}$，我们记

$$|\Phi\rangle = \sum_{i=1}^{n} |i\rangle|\varphi_i\rangle \quad \text{且} \quad |\Psi\rangle = \sum_{i=1}^{n} |i\rangle|\psi_i\rangle$$

其中对于任意的 $1 \leqslant i \leqslant n$，都有 $|\varphi_i\rangle, |\psi_i\rangle \in \mathcal{H}$。那么我们可以得到:

$$
\begin{aligned}
\langle\Phi|\overline{F}|\Psi\rangle &= \sum_{\delta_1,\cdots,\delta_n} \langle\Phi|F(\oplus_{i=1}^{n}\delta_i)^{\dagger} \cdot F(\oplus_{i=1}^{n}\delta_i)|\Psi\rangle \\
&= \sum_{\delta_1,\cdots,\delta_n} \sum_{i,i'=1}^{n} \left(\prod_{k \neq i} \lambda_{k\delta_k}^*\right)\left(\prod_{k \neq i'} \lambda_{k\delta_k}\right) \langle i|i'\rangle\langle\varphi_i|F_i(\delta_i)^{\dagger}F_{i'}(\delta_{i'})|\psi_{i'}\rangle \\
&= \sum_{\delta_1,\cdots,\delta_n} \sum_{i=1}^{n} \left(\prod_{k \neq i} |\lambda_{k\delta_k}|^2\right) \langle\varphi_i|F_i(\delta_i)^{\dagger}F_i(\delta_i)|\psi_i\rangle \\
&= \sum_{i=1}^{n} \left[\sum_{\delta_1,\cdots,\delta_{i-1},\delta_{i+1},\cdots,\delta_n} \left(\prod_{k \neq i} |\lambda_{k\delta_k}|^2\right) \cdot \sum_{\delta_i} \langle\varphi_i|F_i(\delta_i)^{\dagger}F_i(\delta_i)|\psi_i\rangle\right] \\
&= \sum_{i=1}^{n} \sum_{\delta_i} \langle\varphi_i|F_i(\delta_i)^{\dagger}F_i(\delta_i)|\psi_i\rangle \\
&= \sum_{i=1}^{n} \langle\varphi_i| \sum_{\delta_i} F_i(\delta_i)^{\dagger}F_i(\delta_i)|\psi_i\rangle
\end{aligned}
\tag{6.40}
$$

因为对于任意的 k，都满足

$$\sum_{\delta_k} |\lambda_{k\delta_k}|^2 = 1$$

所以

$$\sum_{\delta_1,\cdots,\delta_{i-1},\delta_{i+1},\cdots,\delta_n} \left(\prod_{k \neq i} |\lambda_{k\delta_k}|^2\right) = \prod_{k \neq i}\left(\sum_{\delta_k} |\lambda_{k\delta_k}|^2\right) = 1 \tag{6.41}$$

现在我们将通过式 (6.40) 对之前的结论进行证明。

(1) 我们首先证明 $\overline{F} \sqsubseteq I_{\mathcal{H}_c \otimes \mathcal{H}}$，即 F 是在 $\oplus_{i=1}^{n} \Delta_n$ 上定义的算子值函数，其 $F \in \mathcal{H}_c \otimes \mathcal{H}$。那么对于任意的 $|\Phi\rangle \in \mathcal{H}_c \otimes \mathcal{H}$，我们可以证明

$$\langle\Phi|\overline{F}|\Phi\rangle \leqslant \langle\Phi|\Phi\rangle$$

实际上，对于任意的 $1 \leqslant i \leqslant n$，因为 F_i 是算子值函数，所以我们可以得到：

$$\sum_{\delta_i} F_i(\delta_i)^\dagger F_i(\delta_i) \sqsubseteq I_{\mathscr{H}}$$

因此，它满足

256

$$\langle \varphi_i | \sum_{\delta_i} F_i(\delta_i)^\dagger F_i(\delta_i) | \varphi_i \rangle \leqslant \langle \varphi_i | \varphi_i \rangle$$

从式 (6.40) 可以得到：

$$\langle \Phi | \overline{F} | \Psi \rangle \leqslant \sum_{i=1}^{n} \langle \varphi_i | \varphi_i \rangle = \langle \Phi | \Phi \rangle$$

所以 F 是算子值函数。

(2) 第二步，我们证明在所有的 $F_i (1 \leqslant i \leqslant n)$ 都是满的情况下，F 也是满的。这需要证明 $\overline{F} = I_{\mathscr{H}_c \otimes \mathscr{H}}$。实际上，对于任意的 $1 \leqslant i \leqslant n$，因为 F_i 是满的，所以

$$\sum_{\delta_i} F_i(\delta_i)^\dagger F_i(\delta_i) = I_{\mathscr{H}}$$

因此从式 (6.40) 可以得到：

$$\langle \Phi | \overline{F} | \Psi \rangle = \sum_{i=1}^{n} \langle \varphi_i | \psi_i \rangle = \langle \Phi | \Psi \rangle$$

对于任意的 $|\Phi\rangle, |\Psi\rangle \in \mathscr{H}_c \otimes \mathscr{H}$ 都成立。所以通过 $|\Psi\rangle$ 和 $|\Phi\rangle$ 的任意性，我们可以得出 $\overline{F} = I_{\mathscr{H}_c \otimes \mathscr{H}}$ 成立，且 F 是满的。

证明命题 6.4.1：结论 (1)~(4) 显然成立，我们仅证明 (5) 和 (6)。

(1) 为了证明结论 (5)，令

$$S \equiv \mathbf{if} \, (\square m \cdot M[\overline{q} : x] = m \rightarrow S_m) \, \mathbf{fi}$$

那么通过定义 6.4.2 和 6.4.3，我们可以发现对于任意属于 $\mathscr{H}_{\mathrm{qvar}(S)}$ 的局部密度算子 ρ，都满足：

$$
\begin{aligned}
\llbracket S \rrbracket(\rho) &= \sum_m \sum_{\delta \in \triangle(S_m)} \llbracket S \rrbracket(\delta[x \leftarrow m]) \rho \llbracket S \rrbracket(\delta[x \leftarrow m])^\dagger \\
&= \sum_m \sum_{\delta \in \triangle(S_m)} \left(\llbracket S_m \rrbracket(\delta) \otimes I_{\mathrm{qvar}(S) \backslash \mathrm{qvar}(S_m)} \right) \left(M_m \otimes I_{\mathrm{qvar}(S) \backslash \overline{q}} \right) \\
&\qquad\qquad \rho \left(M_m^\dagger \otimes I_{\mathrm{qvar}(S) \backslash \overline{q}} \right) \left(\llbracket S_m \rrbracket(\delta)^\dagger \otimes I_{\mathrm{qvar}(S) \backslash \mathrm{qvar}(S_m)} \right) \\
&= \sum_m \sum_{\delta \in \triangle(S_m)} \left(\llbracket S_m \rrbracket(\delta) \otimes I_{\mathrm{qvar}(S) \backslash \mathrm{qvar}(S_m)} \right) \left(M_m \rho M_m^\dagger \right) \\
&\qquad\qquad\qquad \left(\llbracket S_m \rrbracket(\delta)^\dagger \otimes I_{\mathrm{qvar}(S) \backslash \mathrm{qvar}(S_m)} \right) \\
&= \sum_m \llbracket S_m \rrbracket \left(M_m \rho M_m^\dagger \right) \\
&= \left(\sum_m [(M_m \circ M_m^\dagger); \llbracket S_m \rrbracket] \right) (\rho)
\end{aligned}
$$

(2) 最后, 我们来证明结论 (6)。为了简化表示, 我们记:

$$S \equiv \mathbf{qif}\ [\overline{q}](\Box i \cdot |i\rangle \to S_i)\ \mathbf{fiq}$$

257

通过定义 6.4.2, 我们可以得到:

$$\llbracket S \rrbracket = \bigoplus_i (|i\rangle \to \llbracket S_i \rrbracket)$$

注意对于任意的 $1 \leqslant i \leqslant n$, 都满足 $\llbracket S_i \rrbracket \in \mathbb{F}(\llbracket S_i \rrbracket)$, 其中 $\mathbb{F}(\mathscr{E})$ 代表由量子操作 $\mathscr{E}$ 产生的算子值函数的集合 (参考定义 6.3.3)。因此, 从定义 6.4.3 中可以得出:

$$\llbracket S \rrbracket = \mathscr{E}(\llbracket S \rrbracket) \in \left\{ \mathscr{E}\left(\bigoplus_i (|i\rangle \to F_i) \right) : F_i \in \mathbb{F}(\llbracket S_i \rrbracket) \text{对于任意的 } i \text{ 都成立} \right\}$$
$$= \bigoplus_i (|i\rangle \to \llbracket S_i \rrbracket)$$

证明定理 6.5.1: 为了简化表示, 我们记:

$$R \equiv \mathbf{qif}\ [\overline{q}](\Box i \cdot |i\rangle \to S_i)\ \mathbf{fiq}$$

为了证明两个 QuGCL 程序是等价的, 我们需要证明它们的纯量子语义相同。但是纯量子语义是从半经典语义的角度定义的 (参考定义 6.4.3)。所以我们需要从半经典语义的角度入手, 然后再处理纯量子语义。假设半经典语义 $\llbracket S_i \rrbracket$ 是在 Δ_i 上定义的算子值函数, 且满足

$$\llbracket S_i \rrbracket(\delta_i) = E_{i\delta_i}$$

对于任意 $\delta_i \in \Delta_i$ 都成立。令 $|\psi\rangle \in \mathscr{H}_{\bigcup_{i=1}^n \mathrm{qvar}(S_i)}$ 且 $|\varphi\rangle \in \mathscr{H}_{\overline{q}}$。存在复数 $\alpha_i (1 \leqslant i \leqslant n)$ 使得 $|\varphi\rangle = \sum_{i=1}^n \alpha_i |i\rangle$ 成立。那么对于任意的 $\delta_i \in \Delta_i (1 \leqslant i \leqslant n)$, 我们有:

$$|\Psi_{\delta_1,\cdots,\delta_n}\rangle \triangleq \llbracket R \rrbracket(\oplus_{i=1}^n \delta_i)(|\varphi\rangle |\psi\rangle)$$
$$= \llbracket R \rrbracket(\oplus_{i=1}^n \delta_i)\left(\sum_{i=1}^n \alpha_i |i\rangle |\psi\rangle \right)$$
$$= \sum_{i=1}^n \alpha_i \left(\prod_{k \neq i} \lambda_{k\delta_k} \right) |i\rangle (E_{i\delta_i} |\psi\rangle)$$

其中 $\lambda_{i\delta_i}$ 通过式 (6.15) 进行定义。继续计算可以得到:

$$|\Psi_{\delta_1\cdots\delta_n}\rangle\langle\Psi_{\delta_1\cdots\delta_n}| = \sum_{i,j=1}^n \left[\alpha_i \alpha_j^* \left(\prod_{k \neq i} \lambda_{k\delta_k} \right) \left(\prod_{k \neq j} \lambda_{k\delta_k} \right) |i\rangle\langle j| \otimes E_{i\delta_i} |\psi\rangle\langle\psi| E_{j\delta_j}^\dagger \right]$$

258

且

$$\mathrm{tr}_{\mathscr{H}_{\overline{q}}} |\Psi_{\delta_1\cdots\delta_n}\rangle\langle\Psi_{\delta_1\cdots\delta_n}| = \sum_{i=1}^n |\alpha_i|^2 \left(\prod_{k \neq i} \lambda_{k\delta_k} \right)^2 E_{i\delta_i} |\psi\rangle\langle\psi| E_{i\delta_i}^\dagger$$

通过式 (4.1)，我们可以得到：

$$\text{tr}_{\mathscr{H}_{\bar{q}}}\llbracket R\rrbracket(|\varphi\psi\rangle\langle\varphi\psi|) = \text{tr}_{\mathscr{H}_{\bar{q}}}\left(\sum_{\delta_1,\cdots,\delta_n}|\Psi_{\delta_1\cdots\delta_n}\rangle\langle|\Psi_{\delta_1\cdots\delta_n}|\right)$$

$$= \sum_{\delta_1,\cdots,\delta_n}\text{tr}_{\mathscr{H}_{\bar{q}}}|\Psi_{\delta_1\cdots\delta_n}\rangle\langle\Psi_{\delta_1\cdots\delta_n}|$$

$$= \sum_{i=1}^{n}|\alpha_i|^2\left[\sum_{\delta_1,\cdots,\delta_{i-1},\delta_{i+1},\cdots,\delta_n}\left(\prod_{k\neq i}\lambda_{k\delta_k}\right)^2\right]\cdot\left[\sum_{\delta_i}E_{i\delta_i}|\psi\rangle\langle\psi|E_{i\delta_i}^\dagger\right]$$

$$= \sum_{i=1}^{n}|\alpha_i|^2\llbracket S_i\rrbracket(|\psi\rangle\langle\psi|) \tag{6.42}$$

我们现在对密度算子 $\llbracket S\rrbracket(\rho)$ 进行谱分解，并假设

$$\llbracket S\rrbracket(\rho) = \sum_l s_l|\varphi_l\rangle\langle\varphi_l|$$

我们记 $|\varphi_l\rangle = \sum_i \alpha_{li}|i\rangle$ 对于任意的 l 都成立。对于任意属于 $\mathscr{H}_{\bigcup_{i=1}^{n}\text{qvar}(S_i)}$ 的密度算子 σ，我们可以将其记作 $\sigma = \sum_m r_m|\psi_m\rangle\langle\psi_m|$。通过式 (6.42)，我们可以得到：

$$\llbracket\textbf{begin local } \bar{q} := \rho; [S]\left(\bigoplus_{i=1}^{n}|i\rangle\to S_i\right)\textbf{end}\rrbracket(\sigma)$$

$$= \text{tr}_{\mathscr{H}_{\bar{q}}}\llbracket S;R\rrbracket(\sigma\otimes\rho) = \text{tr}_{\mathscr{H}_{\bar{q}}}\llbracket R\rrbracket(\sigma\otimes\llbracket S\rrbracket(\rho))$$

$$= \text{tr}_{\mathscr{H}_{\bar{q}}}\llbracket R\rrbracket\left(\sum_{m,l}r_m s_l|\psi_m\varphi_l\rangle\langle\psi_m\varphi_l|\right)$$

$$= \sum_{m,l}r_m s_l\text{tr}_{\mathscr{H}_{\bar{q}}}\llbracket R\rrbracket(|\psi_m\varphi_l\rangle\langle\psi_m\varphi_l|)$$

$$= \sum_{m,l}r_m s_l\sum_{i=1}^{n}|\alpha_{li}|^2\llbracket S_i\rrbracket(|\psi_m\rangle\langle\psi_m|)$$

$$= \sum_l\sum_{i=1}^{n}s_l|\alpha_{li}|^2\llbracket S_i\rrbracket\left(\sum_m r_m|\psi_m\rangle\langle\psi_m|\right)$$

$$= \sum_l\sum_{i=1}^{n}s_l|\alpha_{li}|^2\llbracket S_i\rrbracket(\sigma)$$

$$= \sum_{i=1}^{n}\left(\sum_l s_l|\alpha_{li}|^2\right)\llbracket S_i\rrbracket(\sigma) = \left\llbracket\sum_{i=1}^{n}S_i@p_i\right\rrbracket(\sigma)$$

其中：

$$p_i = \sum_l s_l|\alpha_{li}|^2 = \sum_l s_l\langle i|\varphi_l\rangle\langle\varphi_l|i\rangle$$

$$= \langle i|\left(\sum_l s_l|\varphi_l\rangle\langle\varphi_l|\right)|i\rangle = \langle i|\llbracket S\rrbracket(\rho)|i\rangle$$

证明定理 6.6.2: 我们首先证明式 (6.28) 成立。令 LHS 和 RHS 分别代表式 (6.28) 的等号左边和等号右边。我们需要证明 $[\![\text{LHS}]\!] = [\![\text{RHS}]\!]$。但因为纯量子语义是从半经典语义的角度定义的，所以我们需要先证明 $[\![\text{LHS}]\!] = [\![\text{RHS}]\!]$。假设 $[\![S_i]\!]$ 是在 Δ_i 上定义的算子值函数，且满足

$$[\![S_i]\!](\delta_i) = F_{i\delta_i}$$

对于任意的 $\delta_i \in \Delta_i(1 \leqslant i \leqslant n)$ 都成立。我们记

$$S \equiv \mathbf{qif}\,(\square i \cdot U_{\overline{q}}^{\dagger}|i\rangle \to S_i)\,\mathbf{fiq}$$

那么对于任意的态 $|\psi\rangle = \sum_{i=1}^{n}|i\rangle|\psi_i\rangle$，其中 $|\psi_i\rangle \in \mathcal{H}_V(1 \leqslant i \leqslant n)$, $V = \bigcup_{i=1}^{n}\mathrm{qvar}(S_i)$，我们有：

$$
[\![S]\!](\oplus_{i=1}^{n}\delta_i)|\psi\rangle = [\![S]\!](\oplus_{i=1}^{n}\delta_i)\left[\sum_{i=1}^{n}\left(\sum_{j=1}^{n}U_{ij}(U_{\overline{q}}^{\dagger}|j\rangle)\right)|\psi_i\rangle\right]
$$

$$
= [\![S]\!](\oplus_{i=1}^{n}\delta_i)\left[\sum_{j=1}^{n}(U_{\overline{q}}^{\dagger}|j\rangle)\left(\sum_{i=1}^{n}U_{ij}|\psi_i\rangle\right)\right]
$$

$$
= \sum_{j=1}^{n}\left(\prod_{k\neq j}\lambda_{k\delta_k}\right)(U_{\overline{q}}^{\dagger}|j\rangle)F_{j\delta_j}\left(\sum_{i=1}^{n}U_{ij}|\psi_i\rangle\right)
$$

其中 $\lambda_{k\delta_k}$ 是通过公式 (6.15) 进行定义的。那么它满足：

$$
[\![\text{RHS}]\!](\oplus_{i=1}^{n}\delta_i)|\psi\rangle = U_{\overline{q}}([\![S]\!](\oplus_{i=1}^{n}\delta_i)|\psi\rangle)
$$

$$
= \sum_{j=1}^{n}\left(\prod_{k\neq j}\lambda_{k\delta_k}\right)|j\rangle F_{j\delta_j}\left(\sum_{i=1}^{n}U_{ij}|\psi_i\rangle\right)
$$

$$
= [\![S]\!](\oplus_{i=1}^{n}\delta_i)\left[\sum_{j=1}^{n}|j\rangle\left(\sum_{i=1}^{n}U_{ij}|\psi_i\rangle\right)\right]
$$

$$
= [\![S]\!](\oplus_{i=1}^{n}\delta_i)\left[\sum_{i=1}^{n}\left(\sum_{j=1}^{n}U_{ij}|j\rangle\right)|\psi_i\rangle\right]
$$

$$
= [\![S]\!](\oplus_{i=1}^{n}\delta_i)\left(\sum_{i=1}^{n}(U_{\overline{q}}|i\rangle)|\psi_i\rangle\right)
$$

$$
= [\![\text{LHS}]\!](\oplus_{i=1}^{n}\delta_i)|\psi\rangle
$$

至此，我们完成了对式 (6.28) 的证明。

我们再通过式 (6.28) 来对式 (6.29) 进行证明。基本的想法是利用我们刚刚证明的式 (6.28) 来证明更一般性的式 (6.29)。我们要做的是将方程 (6.29) 中的一般性"硬币"程序 S 改为一个特殊的"硬币"程序，即幺正变换。在之前的论述中，我们通常使用 Kraus 算子和表示法对量子操作进行处理。不过在现在这种情况下，我们需要使用量子操作的系统–环境模型（参考定理 2.1.1）。因为 $[S]$ 是属于空间 $\mathcal{H}_{\overline{q}}$ 的一个量子操作，所以一定存在一类量

子变量 $\bar{r}$，纯态 $|\varphi_0\rangle \in \mathscr{H}_{\bar{r}}$，一个幺正算子 $U \in \mathscr{H}_{\bar{q}} \otimes \mathscr{H}_{\bar{r}}$，以及向 $\mathscr{H}_{\bar{r}}$ 的闭子空间 $\mathscr{K}$ 进行投影的投影算子 K，满足：

$$[\![S]\!](\rho) = \mathrm{tr}_{\mathscr{H}_{\bar{r}}}(KU(\rho \otimes |\varphi_0\rangle\langle\varphi_0|)U^\dagger K) \tag{6.43}$$

对于任意属于 $\mathscr{H}_{\bar{q}}$ 的密度算子 ρ 都成立。我们选取 $\mathscr{K}$ 的一组标准正交基并将它扩展为 $\mathscr{H}_{\bar{r}}$ 的标准正交基 $\{|j\rangle\}$。定义对于任意的 i 和 j 都成立的纯态 $|\psi_{ij}\rangle = U^\dagger|ij\rangle$ 和程序

$$Q_{ij} \equiv \begin{cases} S_i & |j\rangle \in \mathscr{K} \\ \mathbf{abort} & |j\rangle \notin \mathscr{K} \end{cases}$$

通过计算，我们可以得到：

261

$$[\![\mathbf{qif}(\Box i, j \cdot |ij\rangle \to Q_{ij})\mathbf{fiq}]\!](\sigma) = [\![\mathbf{qif}(\Box i \cdot |i\rangle \to S_i)\mathbf{fiq}]\!](K\sigma K) \tag{6.44}$$

对于任意的 $\sigma \in \mathscr{H}_{\bar{q}\cup\bar{r}\cup V}$ 都成立，其中

$$V = \bigcup_{i=1}^{n} \mathrm{qvar}(S_i)$$

我们将式 (6.29) 的等号右边记为 RHS。那么我们有

$$\begin{aligned}
[\![\mathrm{RHS}]\!](\rho) &= \mathrm{tr}_{\mathscr{H}_{\bar{r}}}\left([\![\mathbf{qif}(\Box i, j \cdot U^\dagger|ij\rangle \to Q_{ij})\mathbf{fiq}; U[\bar{q},\bar{r}]]\!](\rho \otimes |\varphi_0\rangle\langle\varphi_0|)\right) \\
&= \mathrm{tr}_{\mathscr{H}_{\bar{r}}}\left(\left[\!\left[[U[\bar{q},\bar{r}]]\left(\bigoplus_{i,j}|ij\rangle \to Q_{ij}\right)\right]\!\right](\rho \otimes |\varphi_0\rangle\langle\varphi_0|)\right) \\
&= \mathrm{tr}_{\mathscr{H}_{\bar{r}}}\left([\![\mathbf{qif}(\Box i, j \cdot |ij\rangle \to Q_{ij})\mathbf{fiq}]\!](U(\rho \otimes |\varphi_0\rangle\langle\varphi_0|)U^\dagger)\right) \\
&= \mathrm{tr}_{\mathscr{H}_{\bar{r}}}[\![\mathbf{qif}(\Box i \cdot |i\rangle \to S_i)\mathbf{fiq}]\!](KU(\rho \otimes |\varphi_0\rangle\langle\varphi_0|)U^\dagger K) \\
&= [\![\mathbf{qif}(\Box i \cdot |i\rangle \to S_i)\mathbf{fiq}]\!](\mathrm{tr}_{\mathscr{H}_{\bar{r}}}(KU(\rho \otimes |\varphi_0\rangle\langle\varphi_0|)U^\dagger K)) \\
&= [\![\mathbf{qif}(\Box i \cdot |i\rangle \to S_i)\mathbf{fiq}]\!]([\![S]\!](\rho)) \\
&= \left[\!\left[[S]\left(\bigoplus_i |i\rangle \to S_i\right)\right]\!\right](\rho)
\end{aligned}$$

对于任意属于 $\mathscr{H}_{\bar{q}}$ 的密度算子 ρ 都成立。上述计算过程中，第二个等式是通过式 (6.28) 得出的，第四个等式是从式 (6.44) 得出的，第五个等式成立是因为

$$\bar{r} \cap \mathrm{qvar}(\mathbf{qif}(\Box i \cdot |i\rangle \to S_i)\mathbf{fiq}) = \varnothing$$

第六个等式是通过式 (6.43) 推导得出的。至此，我们完成了对公式 (6.29) 的证明。

证明定理 6.6.1 和定理 6.6.3： 因为定理 6.6.1 的证明与定理 6.6.3 的证明相似且更为简单，所以在这里我们只对定理 6.6.3 进行证明。

(1) 结论 (1) 可以直接从定理 6.5.1 推理得到。

(2) 为了对结论 (2) 进行证明，我们记：

$$Q \equiv \mathbf{qif}\,[\bar{q}](\Box i \cdot |i\rangle \to S_i)\mathbf{fiq}$$

$$R \equiv \mathbf{qif}\,[\overline{q}](\square i \cdot |i\rangle \to S_{\tau(i)})\mathbf{fiq}$$

通过定义，我们可以得到 LHS$= S; R$ 且

$$\mathrm{RHS} = S; U_{\tau}[\overline{q}]; Q; U_{\tau^{-1}}[\overline{q}]$$

所以，可以证明 $R \equiv U_{\tau}[\overline{q}]; Q; U_{\tau^{-1}}[\overline{q}]$。从对定理 6.6.2 的证明过程中我们发现：想证明等式成立，需要先对等式两边的半经典语义进行处理。假设 $\llbracket S_i \rrbracket$ 是在集合 Δ_i 上定义的算子值函数，且满足

$$\llbracket S_i \rrbracket(\delta_i) = E_{i\delta_i}$$

262

对于任意的 $\delta_i \in \Delta_i (1 \leqslant i \leqslant n)$ 都成立。对于任意的态 $|\Psi\rangle \in \mathscr{H}_{\overline{q} \cup \bigcup_{i=1}^n \mathrm{qvar}(S_i)}$，都存在 $|\psi_i\rangle \in \mathscr{H}_{\bigcup_{i=1}^n \mathrm{qvar}(S_i)}(1 \leqslant i \leqslant n)$ 使得

$$|\Psi\rangle = \sum_{i=1}^n |i\rangle |\psi_i\rangle$$

成立。那么对于任意的 $\delta_1 \in \Delta_{\tau(1)}, \cdots, \delta_n \in \Delta_{\tau(n)}$，都满足

$$
\begin{aligned}
|\Psi_{\delta_1 \cdots \delta_n}\rangle &\triangleq \llbracket R \rrbracket (\oplus_{i=1}^n \delta_i)(|\Psi\rangle) \\
&= \sum_{i=1}^n \left(\prod_{k \neq i} \mu_{k\delta_k} \right) |i\rangle (E_{\tau(i)\delta_i} |\psi_i\rangle)
\end{aligned}
$$

其中：

$$\mu_{k\delta_k} = \sqrt{\frac{\mathrm{tr} E_{\tau(k)\delta_k}^{\dagger} E_{\tau(k)\delta_k}}{\sum_{\theta_k \in \sum_{\tau(k)}} \mathrm{tr} E_{\tau(k)\theta_k}^{\dagger} E_{\tau(k)\theta_k}}} = \lambda_{\tau(k)\delta_k} \tag{6.45}$$

对于任意的 k 和 δ_k 都成立，$\lambda_{i\sigma_i}$ 是通过式 (6.15) 进行定义的。另一方面，我们首先注意到：

$$|\Psi'\rangle \triangleq (U_{\tau})_{\overline{q}}(|\Psi\rangle) = \sum_{i=1}^n |\tau(i)\rangle |\psi_i\rangle = \sum_{j=1}^n |j\rangle |\psi_{\tau^{-1}(j)}\rangle$$

那么对于任意的 $\delta_1 \in \Delta_1, \cdots, \delta_n \in \Delta_n$，都满足

$$
\begin{aligned}
|\Psi''_{\delta_1 \cdots \delta_n}\rangle &\triangleq \llbracket Q \rrbracket \left(\bigoplus_{i=1}^n \delta_i \right) (|\Psi'\rangle) \\
&= \sum_{j=1}^n \left(\prod_{l \neq j} \lambda_{l\delta_{\tau^{-1}(l)}} \right) |j\rangle (E_{j\delta_{\tau^{-1}(j)}} |\psi_{\tau^{-1}(j)}\rangle) \\
&= \sum_{i=1}^n \left(\prod_{k \neq i} \lambda_{\tau(k)\delta_k} \right) |\tau(i)\rangle (E_{\tau(i)\delta_i} |\psi_i\rangle)
\end{aligned}
$$

此外，我们有：

$$(U_{\tau^{-1}})_{\overline{q}}(|\Psi''_{\delta_1 \cdots \delta_n}\rangle) = \sum_{i=1}^n \left(\prod_{k \neq i} \lambda_{\tau(k)\delta_k} \right) |i\rangle (E_{\tau(i)\delta_i} |\psi_i\rangle)$$

263

因此，我们可以计算纯量子语义：

$$[\![U_\tau[\overline{q}]; Q; U_{\tau^{-1}}[\overline{q}]]\!](|\Psi\rangle\langle\Psi|) = [\![Q; U_{\tau^{-1}}[\overline{q}]](|\Psi'\rangle\langle\Psi'|)]\!]$$

$$= (U_{\tau^{-1}})_{\overline{q}} \left(\sum_{\delta_1,\cdots,\delta_n} |\Psi''_{\delta_1\cdots\delta_n}\rangle\langle\Psi''_{\delta_1\cdots\delta_n}| \right) (U_\tau)_{\overline{q}}$$

$$= \sum_{\delta_1,\cdots,\delta_n} |\Psi_{\delta_1\cdots\delta_n}\rangle\langle\Psi_{\delta_1\cdots\delta_n}| = [\![R]\!](|\Psi\rangle\langle\Psi|) \tag{6.46}$$

此处，第三个等式来自于式 (6.45)。因为 τ 是一对一的映射，所以 $\tau^{-1}(j)$ 像 j 那样，可以遍历 $1,\cdots,n$。因此通过式 (6.46) 和谱分解可以得出：

$$[\![R]\!](\rho) = [\![U_\tau[\overline{q}]; Q; U_{\tau^{-1}}[\overline{q}]]\!](\rho)$$

对于任意属于 $\mathscr{H}_{\overline{q}\cup\bigcup_{i=1}^n \mathrm{qvar}(S_i)}$ 的密度算子 ρ 都成立。至此，我们完成了对结论 (2) 的证明。

(3) 为了证明结论 (3)，我们记

$$X_i \equiv \mathbf{qif}(\square j_i \cdot |j_i\rangle \rightarrow R_{ij_i})\mathbf{fiq}$$

$$Y_i \equiv [Q_i]\left(\bigoplus_{j_i=1}^{n_i} |j_i\rangle \rightarrow R_{ij_i}\right)$$

对于任意的 $1 \leqslant i \leqslant m$ 都成立。我们进一步设：

$$X \equiv \mathbf{qif}(\square i \cdot |i\rangle \rightarrow Y_i)\mathbf{fiq}$$

$$T \equiv \mathbf{qif}(\square i \cdot |i\rangle \rightarrow Q_i)\mathbf{fiq}$$

$$Z \equiv \mathbf{qif}(\overline{\alpha})(\square i, j_i \in \triangle \cdot |i, j_i\rangle \rightarrow R_{ij_i})\mathbf{fiq}$$

那么通过量子选择的定义，我们可以得到 LHS= $S; X$ 且 RHS= $S; T; Z$。因此我们可以证明 $X \equiv T; Z$。为此，我们需要对相关程序的半经典语义进行分析。对于任意的 $1 \leqslant i \leqslant m$ 和任意的 $1 \leqslant j_i \leqslant n_i$，我们假设

- $\lfloor Q_i \rfloor$ 是在集合 Δ_i 上定义的算子值函数，且满足：

$$\lfloor Q_i \rfloor(\delta_i) = F_{i\delta_i}$$

   对于任意的 $\delta_i \in \Delta_i$ 都成立。
- $\lfloor R_{ij_i} \rfloor$ 是在 Σ_{ij_i} 上定义的算子值函数，且满足

$$\lfloor R_{ij_i} \rfloor(\sigma_{ij_i}) = E_{(ij_i)\sigma_{ij_i}}$$

对于任意的 $\sigma_{ij_i} \in \Sigma_{ij_i}$ 都成立。

再假设态 $|\Psi\rangle = \sum_{i=1}^{m} |i\rangle|\Psi_i\rangle$，其中的态 $|\Psi_i\rangle$ 还可以进一步分解为

$$|\Psi_i\rangle = \sum_{j_i=1}^{n_i} |j_i\rangle|\psi_{ij_i}\rangle$$

其中 $|\psi_{ij_i}\rangle \in \mathscr{H}_{\bigcup_{j_i=1}^{n_i} \text{qvar}(R_{ij_i})}$ 对于任意的 $1 \leqslant i \leqslant m$ 和 $1 \leqslant j_i \leqslant n_i$ 都成立。为了简化表示，我们记 $\overline{\sigma}_i = \oplus_{j_i=1}^{n_i} \sigma_{ij_i}$。有了上述准备工作，我们现在可以对程序 Y_i 的半经典语义进行计算：

$$
\begin{aligned}
\llbracket Y_i \rrbracket (\delta_i \overline{\sigma}_i)|\Psi_i\rangle &= \llbracket X_i \rrbracket (\overline{\sigma}_i)(\llbracket Q_i \rrbracket (\delta_i)|\Psi_i\rangle) \\
&= \llbracket X_i \rrbracket (\overline{\sigma}_i) \left(\sum_{j_i=1}^{n_i} (F_{i\delta_i}|j_i\rangle)|\psi_{ij_i}\rangle \right) \\
&= \llbracket X_i \rrbracket (\overline{\sigma}_i) \left[\sum_{j_i=1}^{n_i} \left(\sum_{l_i=1}^{n_i} \langle l_i|F_{i\delta_i}|j_i\rangle|l_i\rangle \right) |\psi_{ij_i}\rangle \right] \\
&= \llbracket X_i \rrbracket (\overline{\sigma}_i) \left[\sum_{l_i=1}^{n_i} |l_i\rangle \left(\sum_{j_i=1}^{n_i} \langle l_i|F_{i\delta_i}|j_i\rangle|\psi_{ij_i}\rangle \right) \right] \\
&= \sum_{l_i=1}^{n_i} \left[\Lambda_{il_i} \cdot |l_i\rangle \left(\sum_{j_i=1}^{n_i} \langle l_i|F_{i\delta_i}|j_i\rangle E_{(il_i)\sigma_{il_i}}|\psi_{ij_i}\rangle \right) \right]
\end{aligned}
\tag{6.47}
$$

其中的系数：

$$\Lambda_{il_i} = \prod_{l \neq l_i} \lambda_{(il)\sigma_{il}}$$

$$\lambda_{(il)\sigma_{il}} = \sqrt{\frac{\text{tr} E_{(il)\sigma_{il}}^{\dagger} E_{(il)\sigma_{il}}}{\sum_{k=1}^{n_i} \text{tr} E_{(ik)\sigma_{ik}}^{\dagger} E_{(ik)\sigma_{ik}}}}$$

对于任意的 $1 \leqslant l \leqslant n_i$ 都成立。那么通过式 (6.47)，我们可以进一步计算程序 X 的半经典语义：

$$
\begin{aligned}
\llbracket X \rrbracket (\oplus_{i=1}^{m} (\delta_i \overline{\sigma}_i))|\Psi\rangle &= \sum_{i=1}^{m} (\Gamma_i \cdot |i\rangle \llbracket Y_i \rrbracket (\delta_i \overline{\sigma}_i)|\Psi_i\rangle) \\
&= \sum_{i=1}^{m} \sum_{l_i=1}^{n_i} \left[\Gamma_i \cdot \Lambda_{il_i} \cdot |il_i\rangle \left(\sum_{j_i=1}^{n_i} \langle l_i|F_{i\delta_i}|j_i\rangle E_{(il_i)\sigma_{il_i}}|\psi_{ij_i}\rangle \right) \right]
\end{aligned}
\tag{6.48}
$$

其中：

$$\Gamma_i = \prod_{h \neq i} \gamma_{h\overline{\sigma}_h}$$

$$\gamma_{i\overline{\sigma}_i} = \sqrt{\frac{\text{tr} \llbracket Y_i \rrbracket (\delta_i \overline{\sigma}_i)^{\dagger} \llbracket Y_i \rrbracket (\delta_i \overline{\sigma}_i)}{\sum_{h=1}^{m} \text{tr} \llbracket Y_h \rrbracket (\delta_h \overline{\sigma}_h)^{\dagger} \llbracket Y_h \rrbracket (\delta_h \overline{\sigma}_h)}}
\tag{6.49}$$

265

对于任意的 $1 \leqslant i \leqslant m$ 都成立。另一方面，我们可以对程序 T 的半经典语义进行计算：

$$
\begin{aligned}
\llbracket T \rrbracket (\oplus_{i=1}^{m} \delta_i) | \Psi \rangle &= \llbracket T \rrbracket (\oplus_{i=1}^{m} \delta_i) \left(\sum_{i=1}^{m} |i\rangle |\Psi_i\rangle \right) \\
&= \sum_{i=1}^{m} (\Theta_i \cdot |i\rangle F_{i\delta_i} |\Psi_i\rangle) \\
&= \sum_{i=1}^{m} \left[\Theta_i \cdot |i\rangle \left(\sum_{j_i=1}^{n_i} (F_{i\delta_i} |j_i\rangle) |\psi_{ij_i}\rangle \right) \right] \\
&= \sum_{i=1}^{m} \left[\Theta_i \cdot |i\rangle \left(\sum_{j_i=1}^{n_i} \left(\sum_{l_i=1}^{n_i} \langle l_i | F_{i\delta_i} |j_i\rangle |l_i\rangle \right) |\psi_{ij_i}\rangle \right) \right] \\
&= \sum_{i=1}^{m} \sum_{l_i=1}^{n_i} \left[\Theta_i \cdot |il_i\rangle \left(\sum_{j_i=1}^{n_i} \langle l_i | F_{i\delta_i} |j_i\rangle |\psi_{ij_i}\rangle \right) \right]
\end{aligned}
$$

其中：

$$
\Theta_i = \prod_{h \neq i} \theta_{h\delta_h}
$$

$$
\theta_{i\delta_i} = \sqrt{\frac{\mathrm{tr} F_{i\delta_i}^{\dagger} E_{i\delta_i}}{\sum_{h=1}^{m} \mathrm{tr} F_{h\delta_h}^{\dagger} F_{h\delta_h}}}
$$

对于任意的 $1 \leqslant i \leqslant m$ 都成立。因此，我们可以得到程序 $T; Z$ 的半经典语义：

$$
\begin{aligned}
\llbracket T; Z \rrbracket ((\oplus_{i=1}^{m} \delta_i)(\oplus_{i=1}^{m} \overline{\sigma}_i)) | \Psi \rangle &= \llbracket Z \rrbracket (\oplus_{i=1}^{m} \overline{\sigma}_i)(\llbracket T \rrbracket (\oplus_{i=1}^{m} \delta_i) | \Psi \rangle) \\
&= \llbracket Z \rrbracket (\oplus_{i=1}^{m} \oplus_{l_i=1}^{n_i} \sigma_{ij_i}) \left(\sum_{i=1}^{m} \sum_{l_i=1}^{n_i} \left[\Theta_i \cdot |il_i\rangle \left(\sum_{j_i=1}^{n_i} \langle l_i | F_{i\delta_i} |j_i\rangle |\psi_{ij_i}\rangle \right) \right] \right) \\
&= \sum_{i=1}^{m} \sum_{l_i=1}^{n_i} \left[\alpha_{\{\sigma_{jk_j}\}_{(j,k_j) \neq (i,l_i)}}^{il_i} \cdot \Theta \cdot |il_i\rangle \left(\sum_{j_i=1}^{n_i} \langle l_i | F_{i\delta_i} |j_i\rangle E_{(il_i)\sigma_{il_i}} |\psi_{ij_i}\rangle \right) \right] \quad (6.50)
\end{aligned}
$$

通过比较式 (6.48) 和式 (6.50)，我们可以发现对于任意的 i, l_i 和 $\{\sigma_{jk_j}\}_{(j,k_j) \neq (i,l_i)}$，都可以取

$$
\alpha_{\{\sigma_{jk_j}\}_{(j,k_j) \neq (i,l_i)}}^{il_i} = \frac{\Gamma_i \cdot \Delta_{il_i}}{\Theta_i} \quad (6.51)
$$

此外，我们还需要证明归一化条件：

$$
\sum_{\{\sigma_{jk_j}\}_{(j,k_j) \neq (i,l_i)}} |\alpha_{\{\sigma_{jk_j}\}_{(j,k_j) \neq (i,l_i)}}^{il_i}|^2 = 1 \quad (6.52)
$$

为了完成证明，我们首先需要计算系数 $\gamma_{i\overline{\sigma}_i}$。令 $\{|\varphi\rangle\}$ 是空间 $\mathscr{H}_{\bigcup_{j_i=1}^{n_i} \mathrm{qvar}(R_{ij_i})}$ 的一组标准正交基。那么我们可以得到：

$$
G_{\varphi j_i} \triangleq \llbracket Y_i \rrbracket (\delta_i \overline{\sigma}_i) | \varphi \rangle |j_i\rangle = \sum_{l_i=1}^{n_i} \Lambda_{il_i} \cdot \langle l_i | F_{i\delta_i} |j_i\rangle E_{(il_i)\sigma_{il_i}} |\varphi\rangle |l_i\rangle
$$

因此

$$G_{\varphi j_i}^\dagger G_{\varphi j_i} = \sum_{l_i, l_i'=1}^{n_i} \Lambda_{il_i} \cdot \Lambda_{il_i'} \langle j_i | F_{i\delta_i}^\dagger | l_i \rangle \langle l_i' | F_{i\delta_i} | j_i \rangle \langle \varphi | E_{(il_i)\sigma_{il_i}}^\dagger E_{(il_i')\sigma_{il_i'}} | \varphi \rangle \langle l_i | l_i' \rangle$$

$$= \sum_{l_i=1}^{n_i} \Lambda_{il_i}^2 \cdot \langle j_i | F_{i\delta_i}^\dagger | l_i \rangle \langle l_i | F_{i\delta_i} | j_i \rangle \langle \varphi | E_{(il_i)\sigma_{il_i}}^\dagger E_{(il_i)\sigma_{il_i}} | \varphi \rangle$$

此外，我们可以得到：

$$\mathrm{tr} \llbracket Y_i \rrbracket (\delta_i \overline{\sigma}_i)^\dagger \llbracket Y_i \rrbracket (\delta_i \overline{\sigma}_i) = \sum_{\varphi, j_i} G_{\varphi j_i}^\dagger G_{\varphi j_i}$$

$$= \sum_{l_i=1}^{n_i} \Lambda_{il_i}^2 \cdot \left(\sum_{j_i} \langle j_i | F_{i\delta_i}^\dagger | l_i \rangle \langle l_i | F_{i\delta_i} | j_i \rangle \right) \left(\sum_{\varphi} \langle \varphi | E_{(il_i)\sigma_{il_i}}^\dagger E_{(il_i)\sigma_{il_i}} | \varphi \rangle \right)$$

$$= \sum_{l_i=1}^{n_i} \Lambda_{il_i}^2 \cdot \mathrm{tr}(F_{i\delta_i}^\dagger | l_i \rangle \langle l_i | F_{i\delta_i}) \mathrm{tr}(E_{(il_i)\sigma_{il_i}}^\dagger E_{(il_i)\sigma_{il_i}}) \tag{6.53}$$

先将式 (6.53) 代入式 (6.49)，再将式 (6.49) 和式 (6.51) 代入式 (6.52)，可以得到式 (6.52)。

(4) 最后，我们证明结论 (4) 成立。为了证明第一个等式，我们记：

$$X \equiv \mathbf{qif}(\square i \cdot |i\rangle \to S_i) \, \mathbf{fiq}$$

$$Y \equiv \mathbf{qif}(\overline{\alpha})(\square i \cdot |i\rangle \to (S_i; Q)) \, \mathbf{fiq}$$

267

那么通过定义，我们有 LHS$= S; X; Q$ 且 RHS$= S; Y$。所以，我们可以证明 $X; Q =_{\mathrm{CF}} Y$。假设：

$$\llbracket S_i \rrbracket (\sigma_i) = E_{i\sigma_i}$$

对于任意的 $\sigma_i \in \Delta(S_i)$ 都成立，且 $\llbracket Q \rrbracket (\delta) = F_\delta$ 对于任意的 $\delta \in \Delta(Q)$ 都成立。假设

$$|\Psi\rangle = \sum_{i=1}^{n} |i\rangle |\psi_i\rangle$$

其中 $|\psi_i\rangle \in \mathcal{H}_{\bigcup_i \mathrm{qvar}(S_i)}$ 对于任意的 i 都成立。因为 $\mathrm{qvar}(S) \cap \mathrm{qvar}(Q) = \varnothing$，所以：

$$\llbracket X; Q \rrbracket ((\oplus_{i=1}^n \sigma_i)\delta) |\Psi\rangle = \llbracket Q \rrbracket (\delta)(\llbracket X \rrbracket (\oplus_{i=1}^n \sigma_i) |\Psi\rangle)$$

$$= F_\delta \left(\sum_{i=1}^{n} \Lambda_i |i\rangle (E_{i\sigma_i} |\psi_i\rangle) \right)$$

$$= \sum_{i=1}^{n} \Lambda_i \cdot |i\rangle (F_\delta E_{i\sigma_i} |\psi_i\rangle)$$

其中

$$\Lambda_i = \prod_{k \neq i} \lambda_{k\sigma_k}$$

$$\lambda_{i\sigma_i} = \sqrt{\frac{\mathrm{tr} E_{i\sigma_i}^\dagger E_{i\sigma_i}}{\sum_{k=1}^{n} \mathrm{tr} E_{k\sigma_k}^\dagger E_{k\sigma_k}}} \tag{6.54}$$

此外，我们有：

$$\mathrm{tr}_{\mathscr{H}_{\mathrm{qvar}(S)}}(\llbracket X;Q\rrbracket(|\varPsi\rangle\langle\varPsi|))$$

$$=\mathrm{tr}_{\mathscr{H}_{\mathrm{qvar}(S)}}\left[\sum_{\{\sigma_i\},\delta}\sum_{i,j}\varLambda_i\varLambda_j\cdot|i\rangle\langle j|(F_\delta E_{i\sigma_i}|\psi_i\rangle\langle\psi_j|E^\dagger_{j\sigma_j}F^\dagger_\delta)\right]$$

$$=\sum_{\{\sigma_i\},\delta}\sum_i\varLambda_i^2\cdot F_\delta E_{i\sigma_i}|\psi_i\rangle\langle\psi_i|E^\dagger_{i\sigma_i}F^\dagger_\delta \tag{6.55}$$

另一方面，我们可以对 Y 的半经典语义进行计算：

$$\llbracket Y\rrbracket(\oplus_{i=1}^n\sigma_i\delta_i)|\varPsi\rangle=\sum_{i=1}^n\alpha^{(i)}_{\{\sigma_k,\delta_k\}_{k\neq i}}\cdot|i\rangle(\llbracket S_i;Q\rrbracket(\sigma_i\delta_i)|\psi_i\rangle)$$

$$=\sum_{i=1}^n\alpha^{(i)}_{\{\sigma_k,\delta_k\}_{k\neq i}}\cdot|i\rangle(F_{\delta_i}E_{\sigma_i}|\psi_i\rangle)$$

此外，我们可以得到：

$$\mathrm{tr}_{\mathscr{H}_{\mathrm{qvar}(S)}}(\llbracket Y\rrbracket(|\varPsi\rangle\langle\varPsi|))$$

$$=\mathrm{tr}_{\mathscr{H}_{\mathrm{qvar}(S)}}\left[\sum_{\{\sigma_i,\delta_i\}}\sum_{i,j}\alpha^{(i)}_{\{\alpha_k,\delta_k\}_{k\neq i}}(\alpha^{(j)}_{\{\sigma_l,\delta_l\}_{l\neq j}})^*\cdot|i\rangle\langle j|(F_{\delta_i}E_{i\sigma_i}|\psi_i\rangle\langle\psi_j|E^\dagger_{j\sigma_j}F^\dagger_{\delta_j})\right]$$

$$=\sum_{\{\sigma_i\},\delta}\sum_i\left|\alpha^{(i)}_{\{\sigma_k,\delta_k\}_{k\neq i}}\right|^2\cdot F_{\delta_i}E_{i\sigma_i}|\psi_i\rangle\langle\psi_i|E^\dagger_{i\sigma_i}F^\dagger_{\delta_i} \tag{6.56}$$

将式 (6.55) 和式 (6.56) 进行比较，如果我们取

$$\alpha^{(i)}_{\{\sigma_k,\delta_k\}_{k\neq i}}=\frac{\varLambda_i}{\sqrt{|\varDelta(Q)|}}$$

该式对于任意的 i、$\{\sigma_k\}$ 和 $\{\delta_k\}$ 都成立，那么可以发现：

$$\mathrm{tr}_{\mathscr{H}_{\mathrm{qvar}(S)}}(\llbracket X;Q\rrbracket(|\varPsi\rangle\langle\varPsi|))=\mathrm{tr}_{\mathscr{H}_{\mathrm{qvar}(S)}}(\llbracket Y\rrbracket(|\varPsi\rangle\langle\varPsi|))$$

因为

$$\mathrm{qvar}(S)\subseteq\mathrm{cvar}(X;Q)\cup\mathrm{cvar}(Y)$$

所以我们可以推导出

$$\mathrm{tr}_{\mathscr{H}_{\mathrm{cvar}(X;Q)\cup\mathrm{cvar}(Y)}}(\llbracket X;Q\rrbracket(|\varPsi\rangle\langle\varPsi|))=\mathrm{tr}_{\mathscr{H}_{\mathrm{cvar}(X;Q)\cup\mathrm{cvar}(Y)}}(\llbracket Y\rrbracket(|\varPsi\rangle\langle\varPsi|))$$

因此，我们可以断言：

$$\mathrm{tr}_{\mathscr{H}_{\mathrm{cvar}(X;Q)\cup\mathrm{cvar}(Y)}}(\llbracket X;Q\rrbracket(\rho))=\mathrm{tr}_{\mathscr{H}_{\mathrm{cvar}(X;Q)\cup\mathrm{cvar}(Y)}}(\llbracket Y\rrbracket(\rho))$$

对于任意一个通过谱分解的密度算子 ρ 都成立，所以 $X;Q\equiv_{\mathrm{CF}}Y$ 成立，结论 (4) 的第一个等式得证。

现在考虑特殊情况: 程序 Q 中不包含任何测量, 此时 ΔQ 是单元素集合 $\{\delta\}$。我们记:

$$Z \equiv \mathbf{qif}(\square i \cdot |i\rangle \to (P_i; Q)) \; \mathbf{fiq}$$

因为 $F_\delta^\dagger F_\delta$ 是单位算子, 所以

$$[\![Z]\!](\oplus_{i=1}^n \sigma_i \delta)|\Psi\rangle = \sum_{i=1}^n \left(\prod_{k \neq i} \theta_{k\sigma_k} \right) \cdot |i\rangle(F_\delta E_{\sigma_i}|\psi_i\rangle)$$

成立, 其中:

$$\theta_{i\sigma_i} = \sqrt{\frac{\mathrm{tr} E_{i\sigma_i}^\dagger F_\delta^\dagger F_\delta E_{i\sigma_i}}{\sum_{k=1}^n \mathrm{tr} E_{k\sigma_k}^\dagger F_\delta^\dagger F_\delta E_{k\sigma_k}}} = \lambda_{i\sigma_i}$$

269

$\lambda_{i\sigma_i}$ 是通过式 (6.54) 进行定义的。因此, $[\![X;Q]\!] = [\![Z]\!]$ 成立, 我们完成了结论 (4) 的第二个等式的证明。

6.10　文献注解

本章主要依据文献 [233], [232] 是 [233] 的一个更早期的版本。6.7.1 节中介绍的例子来源于近期的相关物理文献: [171] 对单向量子游走进行了检验; [145] 用包含依赖于时间和位置的 "掷硬币算子" 的量子游走去实现量子测量; [122] 对包含三个硬币态的量子游走进行了研究; [49] 定义了由多个硬币驱动的一维量子游走; [217] 对由共享硬币且在同一条直线上游走的两个粒子构成的量子游走进行了介绍。

- GCL 及其扩展: 本章研究的编程语言 QuGCL 是对 Dijkstra's GCL 的量子化扩展。文献 [74] 最早对 GCL 语言进行了定义, 但 [172] 提供了对 GCL 语言更简洁和系统化的描述。将概率性选择加入到 GCL 语言中可以得到概率性编程语言 pGCL; [166] 对包含概率性选择的概率性编程进行了系统介绍。6.5 节对量子选择和概率性选择进行了比较。

    Sanders 和 Zuliani[191] 对 GCL 的另一类量子化扩展 qGCL 进行了定义; 同样可以参考文献 [241]。将量子计算的三个基本元素 (初始化、幺正变换和量子测量) 添加到概率性编程语言 pGCL 中就能得到 qGCL。注意 qGCL 程序的控制流是经典的。可以将 QuGCL 视作增加了 (包含量子控制流的) 量子 case 语句的 qGCL。

- 量子控制流: Altenkirch 和 Grattage[14] 最早开始对包含量子控制流的量子程序进行研究, 但是本章用于定义量子控制流的方法和文献 [14] 中使用的大不相同。文献 [232-233] 对 [14] 所用的方法与我们所用的方法之间的差异进行了详细讨论。我们的方法主要受到下列研究的启发: 物理学家 Aharonov 等人 [11] 早在 1990 年就对量子系统的演化过程 (而非量子态) 之间的叠加进行了研究, 它们提出引入外部系统来实现这类叠加。Aharonov 等人和 Ambainis 等人在定义量子游走 [9,19] 的过程中再次提出使用外部 "硬币" 系统的想法。通过引入单向移位算子 S_i, 文献 [232-233] 注意到可以将量子游走中的移位算子 S 视作一类量子 case 语句, 还可以将单步算子 W 视作一类量子选择。这一发现促进了对量子 case 语句、量子选择和程序叠加的量子编程范

270

式的研究。

如果不包含测量，那么量子 case 语句的语义可以从幺正算子的卫式组合的角度进行定义。但是对一般性量子 case 语句的语义进行定义就需要使用文献 [232,233] 提出的量子操作的卫式组合的概念。

- **更多相关文献：** 正如 6.3.1 节所述，幺正算子的卫式组合实际上是 Shende 等人[201]定义的量子多路复用器。本书 2.2.4 节也对量子多路复用器进行了讨论。Kitaev 等人在文献 [135] 中将它称作测量算子。

量子编程语言 Scaffold[3] 对符合每个模块体的代码必须是纯量子 (且幺正) 的这一限制条件的量子控制原语提供支持。因此其语义只需要 6.3.1 节中定义的幺正算子的卫式组合。近期 Badescu 和 Panangaden[28] 对量子 case 语句进行了一些有趣的讨论；特别地，他们发现量子 case 语句关于 Löwner 序并不是单调的，因此它与文献 [194] 中定义的递归语义并不兼容。

近年来，在物理学文献中已经有不少关于量子门叠加或更一般性量子操作的论文。Zhou 等人[240] 提出了一种可以将控制添加到任意未知量子操作中的独立于架构的技术，并在光子系统上对其进行了演示。Araujo 等人[22] 和 Friis 等人[91] 对该问题进行了进一步探索。

Chiribella 等人[55] 最早提出量子计算中的因果结构叠加这一思想。Araujo 等人[23] 对这种思想进行了扩展，并由 Procopio 等人[181] 进行了实现。

271
~
272

第7章

Foundations of Quantum Programming

量 子 递 归

递归是计算机科学的核心思想之一。大多数编程语言都对递归提供支持，或者至少对 while 循环这类特殊的递归提供支持。3.1 节对 while 循环进行了量子化扩展，3.4 节对量子编程中更一般性的递归进行了定义。但由于它们是由 case 语句 (3.3) 和 while 循环 (3.4) 所决定的，这些都是经典信息，所以它们属于量子程序的经典递归。

我们在上一章中研究了量子 case 语句和量子选择。因为它们都受到量子"硬币"的约束，所以它们的控制流是真正具有量子特性的。本章将基于量子 case 语句和量子选择的概念对量子递归进行定义。本章定义的量子递归程序是由量子信息控制的，而非经典信息。稍后我们将看到，处理受量子信息控制的量子递归要比处理受经典信息控制的量子递归复杂得多。

本章由以下几部分构成：

- 7.1 节定义了量子递归程序的语法。7.2 节以量子递归的概念为基础，介绍了递归量子游走。此外，7.1 节还提供了一种语言，我们可以用它对递归量子游走进行精确的公式化描述。

- 定义量子递归程序的语义需要二次量子化的数学工具。使用该数学工具，我们可以描述包含任意数量粒子的量子系统。因为全书中只有这一章涉及二次量子化，所以没有在第 2 章对其进行介绍，而是将二次量子化的基础知识（特别是 Fock 空间和 Fock 空间中的算子）放在 7.3 节。

- 定义量子递归的语义需要两步：
  - 第一步是 7.4 节。我们会在自由 Fock 空间上求解量子递归方程。从数学层面上而言，我们很容易对 Fock 空间进行操纵；但是从物理层面而言，该空间并没有实际的物理意义。
  - 第二步是 7.5 节。因为递归方程的解是对称的，所以可以在由玻色子和费米子构成的对称与反对称 Fock 空间中得以应用。此外在 7.6 节中，我们将通过从"量子硬币"的对称化语义来追踪"量子硬币"的方式，对量子递归程序的主系统语义进行定义。

- 7.7 节重新考虑了递归量子游走，并以此为基础对本章的语义概念进行说明。7.8 节介绍了一类特殊的量子递归，即带量子控制流的量子 while 循环。

273

7.1 量子递归程序的语法

本节中，我们将对量子递归程序的语法进行形式化定义。为了让读者更好地理解相关概念，我们介绍的量子递归的声明中都不包含量子测量。其实通过将本章和上一章的思想融合在一起，将量子测量添加到量子递归程序的相关理论中并不困难，但这样做在表示的时候会非常麻烦，所以我们选择将其忽略以简化表示。

首先我们需要介绍量子递归程序语言的入门规范。上一章中，在定义量子 case 语句时任意量子变量都可以作为"硬币"。但在本章中为了方便描述，我们将严格区分量子"硬币"与其他量子变量；即我们假设两类量子变量：

- 主系统变量，包含 $p, q, \cdots$。
- "硬币"变量，包含 $c, d, \cdots$。

我们要求这两个集合是互斥的。再假设一类过程标识符，包含 $X, X_1, X_2, \cdots$。那么我们可以将上一章介绍的 QuGCL 量子编程语言修改为：

定义 7.1.1　我们可以通过如下语法对程序模式进行定义：

$$P ::= X \mid \textbf{abort} \mid \textbf{skip} \mid P_1; P_2 \mid U[\bar{c}, \bar{q}] \mid \textbf{qif}[c](\square i \cdot |i\rangle \to P_i)\textbf{fiq}$$

显然，该定义是基于定义 6.2.1 的：增加了过程标识符，并删去了测量（因此也不包含用于存储测量结果的经典变量）。更确切地说：

- X 是过程标识符。
- **abort**、**skip** 和线性组合 $P_1; P_2$ 与定义 6.2.1 中的含义相同。
- 幺正变化 $U[\bar{c}, \bar{q}]$ 与前面定义中的含义相同，不过"硬币"变量和主系统变量是相互分离的；即 $\bar{c}$ 是一系列"硬币"变量，而 $\bar{q}$ 是一系列主系统变量，U 是由 $\bar{c}$ 和 $\bar{q}$ 所构成系统的希尔伯特空间中的幺正算子。我们总是习惯将"硬币"变量写在主系统变量之前。$\bar{c}$ 和 $\bar{q}$ 都允许为空集：当 $\bar{c}$ 是空集时，我们将 $U[\bar{c}, \bar{q}]$ 记为 $U[\bar{q}]$，它描述了主系统 $\bar{q}$ 的演变；当 $\bar{q}$ 是空集时，我们将 $U[\bar{c}, \bar{q}]$ 记为 $U[\bar{c}]$，它描述了"硬币" $\bar{c}$ 的演变。如果 $\bar{c}$ 和 $\bar{q}$ 同时非空，那么 $U[\bar{c}, \bar{q}]$ 描述的是"硬币" $\bar{c}$ 和主系统 $\bar{q}$ 之间的相互作用。
- 量子 case 语句 $\textbf{qif}[c](\square i \cdot |i\rangle \to P_i)\textbf{fiq}$ 与定义 6.2.1 中的含义相同。为了简化描述，在这里我们只使用单个"硬币" c 而非多个"硬币"的集合。我们需要再次强调，因为根据"硬币" c 的物理解释，它应当是主系统的外部系统，所以"硬币" c 不会出现在任何子程序 P_i 中。

回忆 6.5 节，可以从量子 case 语句和线性组合的角度对量子选择进行定义：

$$[P(c)] \bigoplus_i (|i\rangle \to P_i) \triangleq P; \textbf{qif}[c](\square i \cdot |i\rangle \to P_i)\textbf{fiq}$$

其中 P 只包含量子变量 c。特别地，如果"硬币"是一个量子比特，那么可以将量子选择缩写为

$$P_0 \oplus_p P_1 \quad \text{或} \quad P_0 \,_p\oplus P_1$$

不包含过程标识符的量子程序模式实际上是上一章考虑的量子程序的一类特殊情况。所以，它们的语义可以直接从定义 6.4.2 推导得到。为了方便读者理解，我们将在下面这条定义中明确地对它们的语义进行介绍。量子程序 P 的主系统是由 P 中出现的主系统变量所表示的系统的组合。我们将主系统的希尔伯特空间记为 $\mathcal{H}$。

定义 7.1.2　我们可以对程序 P（即不包含过程标识符的程序模式）的语义 $[P]$ 进行归纳定义：

(1) 如果 $P = \mathbf{abort}$，那么 $[P] = 0$（空间 $\mathscr{H}$ 的零算子）。如果 $P = \mathbf{skip}$，那么 $[P] = I$（空间 $\mathscr{H}$ 的单位算符）。

(2) 如果 P 是幺正变换 $U[\bar{c}, \bar{q}]$，那么 $[P]$ 是（属于由 $\bar{c}$ 和 $\bar{q}$ 所构成系统的希尔伯特空间的）幺正算子 U。

(3) 如果 $P = P_1; P_2$，那么 $[P] = [P_2] \cdot [P_1]$。

(4) 如果 $P = \mathbf{qif}[c](\square i \cdot |i\rangle \to P_i)\mathbf{fiq}$，那么

$$[P] = \square(c, |i\rangle \to [P_i]) \triangleq \sum_i (|i\rangle_c \langle i| \oplus [P_i]) \tag{7.1}$$

定义 6.4.2 对 QuGCL 程序的半经典语义进行了定义。显然，上述定义是定义 6.4.2 的一种特殊情况。读者可能已经注意到了，我们在上述定义中使用 $[P]$ 来表示程序 P 的语义，却在上一章中用 $\lfloor P \rfloor$ 来表示程序 P 的半经典语义，用 $[P]$ 来表示程序 P 的纯量子语义。之所以在定义 7.1.2 中使用 $[P]$ 来表示程序 P 的语义，是因为本章的程序中不包含测量，所以它们的半经典语义和纯量子语义实质上是相同的。显然，上述定义中的 $[P]$ 是 P 的主系统和 P 中的"硬币"所构成系统的希尔伯特空间（即 $\mathscr{H}_C \otimes \mathscr{H}$，其中 $\mathscr{H}_C$ 是 P 中"硬币"的状态空间）中的一个算子。因为 P 中可能会出现程序 $\mathbf{abort}$，所以 $[P]$ 不一定具有幺正性。通过上一章的术语，我们可以将 $[P]$ 视作在单元素集合 $\Delta = \{\epsilon\}$ 上定义的算子值函数，且 $[P] \in \mathscr{H}_C \otimes \mathscr{H}$。 │275│

最后，我们对量子递归程序的语法进行定义。如果量子程序模式 P 至多包含 m 个过程标识符 $X_1, \cdots, X_m$，那么我们记

$$P = P[X_1, \cdots, X_m]$$

定义 7.1.3

(1) 令 $X_1, \cdots, X_m$ 是不同的过程标识符，$X_1, \cdots, X_m$ 的声明是一个方程组：

$$D : \begin{cases} X_1 \Leftarrow P_1 \\ \quad\vdots \\ X_m \Leftarrow P_m \end{cases}$$

其中对于任意的 $1 \leqslant i \leqslant m$，$P_i = P_i[X_1, \cdots, X_m]$ 都是至多包含 m 个过程标识符 $X_1, \cdots, X_m$ 的程序模式。

(2) 递归程序由被称为主语句的程序模式 $P = P[X_1, \cdots, X_m]$ 和一个针对 $X_1, \cdots, X_m$ 的声明 D 构成：所有 P 中的"硬币"变量都不会出现在 D 中，即"硬币"变量不会出现在过程体 $P_1, \cdots, P_m$ 中。

因为用于定义量子 case 语句的"硬币"是主系统的外部系统，所以前面定义中要求主语句 P 中的"硬币"和声明 D 中的"硬币"不同是很有必要的。

读者可能已经注意到，定义 7.1.3 看起来与定义 3.4.2 和定义 3.4.3 很相似。但实际上它们是不相同的：在上述定义中，声明 D 中的程序模式 $P_1, \cdots, P_m$ 和主语句 P 都可以包含量子 case 语句，但是定义 3.4.2 和 3.4.3 只能包含 case 语句 (3.3)（和 **while** 循环 (3.4)）。因此，本章定义的递归程序具有量子控制流，但 3.4 节考虑的递归程序只有经典控制流。基于这个原因，我们将前者称为量子递归程序，后者称为递归量子程序。正如我们在 3.4 节所言，可以将经典编程理论中的技术进行扩展来对递归量子程序的语义进行定义。另一方面，如果包含量子 case 语句的量子程序不是递归定义的，那么它的语义可以通过上一章中介绍的技术进行定义；特别地，定义 7.1.2 是定义 6.4.2 的一种简化版本。但是，为了定义量子递归程序的语义，我们需要一些新的技术。在介绍完下一节之后，我们会更清晰地看到这一点。

7.2   启发性示例：递归量子游走

上一节介绍了量子递归程序的语法。本节有两个目的：

- 介绍一个颇具启发性的量子递归程序的例子。
- 对回答"如何定义量子递归程序的语义"这个问题给出一个提示。

我们将通过对一系列递归量子游走的研究来实现这些目的。递归量子游走是 2.3.4 节介绍的量子游走的一种变形。实际上，递归量子游走只能借助上一节所介绍的语法来进行合理的表述。

7.2.1   递归量子游走的规范

我们在例子 2.3.1 中定义了一种被称为 Hadamard 游走的一维量子游走。简单起见，本节中我们只关注递归 Hadamard 游走，这是对 Hadamard 游走的一种修改。按照类似的方式对例子 2.3.2 进行修改，可以得到图上的递归量子游走的定义。

回忆例子 2.3.2 和 6.7.1，Hadamard 游走的状态空间为 $\mathcal{H}_d \otimes \mathcal{H}_p$，其中

- $\mathcal{H}_d = \mathrm{span}\{|L\rangle, |R\rangle\}$ 是"方向硬币"空间，L 和 R 分别用来表示方向左（Left）和右（Right）。
- $\mathcal{H}_p = \mathrm{span}\{|n\rangle : n \in \mathbb{Z}\}$ 是位置空间，n 表示被整数 n 所标记的位置。

Hadamard 游走的单步算子 W 是一种量子选择，它是"方向硬币" d 上的"掷硬币"Hadamard 算子 H 和位置变量 p 上的移位算子 T 的线性组合。移位算子 T 是量子 case 语句，它会根据"硬币" d 的基态 $|L\rangle, |R\rangle$ 来选择是向左还是向右移动：

- 如果 d 处于 $|L\rangle$ 态，那么会向左移动一个位置。
- 如果 d 处于 $|R\rangle$ 态，那么会向右移动一个位置。

当然，d 也可以处于 $|L\rangle$ 和 $|R\rangle$ 的叠加态，因此会有左移和右移的叠加态发生，这会产生量子控制流。形式化地，

$$W = T_L[p] \oplus_{H[d]} T_R[p] = H[d]; \ \mathbf{qif} \ [d]|L\rangle \to T_L[p]$$
$$\square \quad |R\rangle \to T_R[p]$$

其中 T_L 和 T_R 分别是属于位置空间 $\mathscr{H}_p$ 的左移算子和右移算子。可以将 Hadamard 游走定义为单步算子 W 的一种简单递归,即 W 的重复应用。

现在我们使用一种更复杂的递归形式来对 Hadamard 游走稍作修改。

例子 7.2.1

(1) 单向递归 Hadamard 游走首先执行"掷硬币"Hadamard 算子 $H[d]$,再执行量子 case 语句:

- 如果"方向硬币" d 处于 $|L\rangle$ 态,那么它会向左移动一个位置。
- 如果"方向硬币" d 处于 $|R\rangle$ 态,那么它会向右移动一个位置,并再次执行该递归游走。

通过上一节介绍的语法,我们可以将单向递归 Hadamard 游走定义为通过如下等式进行声明的递归程序 X:

$$X \Leftarrow T_L[p] \oplus_{H[d]} (T_R[p]; X) \tag{7.2}$$

其中 d 和 p 分别是方向变量和位置变量。

(2) 双向递归 Hadamard 游走首先执行"掷硬币"Hadamard 算子 $H[d]$,再执行量子 case 语句:

- 如果"方向硬币" d 处于 $|L\rangle$ 态,那么会向左移动一个位置,并再次执行该递归游走。
- 如果"方向硬币" d 处于 $|R\rangle$ 态,那么会向右移动一个位置,并再次执行该递归游走。

更确切地说,我们可以将这种游走定义为通过如下递归方程进行声明的程序 X:

$$X \Leftarrow (T_L[p]; X) \oplus_{H[d]} (T_R[p]; X) \tag{7.3}$$

(3) 双向递归 Hadamard 游走的一种变形是通过如下递归方程组进行声明的程序 X(或者 Y):

$$\begin{cases} X \Leftarrow T_L[p] \oplus_{H[d]} (T_R[p]; Y) \\ Y \Leftarrow (T_L[p]; X) \oplus_{H[d]} T_R[p] \end{cases} \tag{7.4}$$

递归方程 (7.3) 和 (7.4) 的主要不同在于前者的过程标识符 X 会调用自身,而后者的 X 会调用 Y,同时 Y 会调用 X。

278

(4) 注意,我们在方程组 (7.4) 的两个等式中使用的是同一个"硬币" d。如果使用两个不同的"硬币" d 和 e,那么可以得到双向递归 Hadamard 游走的另一种变形:

$$\begin{cases} X \Leftarrow T_L[p] \oplus_{H[d]} (T_R[p]; Y) \\ Y \Leftarrow (T_L[p]; X) \oplus_{H[e]} T_R[p] \end{cases} \tag{7.5}$$

(5) 如果量子 case 语句有三个分支,那么我们可以用另一种方法对递归量子游走进行定义:

$$X \Leftarrow U[d];\ \mathbf{qif}\ [d]|L\rangle \to T_L[p]$$
$$\square \qquad |R\rangle \to T_R[p]$$
$$\square \qquad |I\rangle \to X$$
$$\mathbf{fiq}$$

其中 d 是三态粒子, 而非量子比特; 即 d 是一个量子系统, 其状态空间为三维希尔伯特空间 $\mathscr{H}_d = \mathrm{span}\{|L\rangle, |R\rangle, |I\rangle\}$, L 和 R 分别代表方向左 (Left) 和右 (Right), I 代表迭代, 且 U 是一个 3×3 的矩阵, 比如三维傅里叶变换:

$$F_3 = \begin{bmatrix} 1 & 1 & 1 \\ 1 & e^{\frac{2}{3}\pi \mathrm{i}} & e^{\frac{4}{3}\pi \mathrm{i}} \\ 1 & e^{\frac{4}{3}\pi \mathrm{i}} & e^{\frac{2}{3}\pi \mathrm{i}} \end{bmatrix}$$

现在让我们简单看看递归量子游走的行为。我们将使用与 3.2 节相类似的想法来进行研究。E 代表空程序或者终止。可以将配置定义为二元组

$$\langle S, |\psi\rangle \rangle$$

其中 S 代表程序或者空程序 E, $|\psi\rangle$ 是量子系统的一个纯态。那么可以通过配置的叠加之间的一系列转换来形象化地描述程序的行为。注意在 3.2 节中, 程序的行为是配置之间的一系列转换。但在这里, 我们不得不对配置的叠加进行思考。显然, 这些配置的叠加是由程序的量子控制流产生的。

我们只以通过式 (7.2) 声明的单向递归量子游走 X 为例进行思考。当然, 我们鼓励读者对上述例子中的其他游走的前几次转换进行研究, 这样可以更好地理解量子递归调用是怎么发生的。假设系统初始态为 $|L\rangle_d |0\rangle_p$, 即 “硬币” 处于 $|L\rangle$ 态且系统当前处于位置 0。那么

279

我们有:

$$\langle X, |L\rangle_d |0\rangle_p \rangle \xrightarrow{(a)} \frac{1}{\sqrt{2}} \langle E, |L\rangle_d |-1\rangle_p \rangle + \frac{1}{\sqrt{2}} \langle X, |R\rangle_d |1\rangle_p \rangle$$

$$\xrightarrow{(b)} \frac{1}{\sqrt{2}} \langle E, |L\rangle_d |-1\rangle_p \rangle + \frac{1}{2} \langle E, |R\rangle_d |L\rangle_{d_1} |0\rangle_p \rangle + \frac{1}{2} \langle X, |R\rangle_d |R\rangle_{d_1} |2\rangle_p \rangle \qquad (7.6)$$

$$\to \cdots$$

$$\to \sum_{i=0}^{n} \frac{1}{\sqrt{2^{i+1}}} \langle E, |R\rangle_{d_0} \cdots |R\rangle_{d_{i-1}} |L\rangle_{d_i} |i-1\rangle_p \rangle + \frac{1}{\sqrt{2^{n+1}}} \langle X, |R\rangle_{d_0} \cdots |R\rangle_{d_{n-1}} |R\rangle_{d_n} |n+1\rangle_p \rangle$$

其中 $d_0 = d$, 且为了避免 “硬币” 变量的冲突, 需要引入与原 “硬币” d 相同的新的量子 “硬币” $d_1, d_2, \cdots$。为了解释为什么需要引入这些不同的 “硬币” $d_1, d_2, \cdots$, 我们需要回忆 6.1 节和 6.2 节, 在这两个小节中, 要求量子 case 语句 **qif** $[\bar{q}](\square i \cdot |i\rangle \to S_i)$ **fiq** 中的 “硬币” $\bar{q}$ 不能在子程序 S_i 中出现。因此, 式 (7.2) 中的 “硬币” d 也不能在 X 中出现。现在我们来看看式 (7.6) 中发生了什么。首先, 将箭头 $\xrightarrow{(a)}$ 之前的项中的符号 X 用 $T_L[p] \oplus_{H[d]} (T_R[p]; X)$ 替换, 得到箭头 $\xrightarrow{(a)}$ 之后的项。所以在 $\xrightarrow{(a)}$ 之后的项中, d 不会出现在 X 中。再将箭头 $\xrightarrow{(a)}$ 之后的项中的符号 X 用 $T_L[p] \oplus_{H[d_1]} (T_R[p]; X)$ 替换, 就可以得到箭头 $\xrightarrow{(b)}$ 之后的项。这里要求 d_1 必须与 d 不同, 否则在箭头 $\xrightarrow{(a)}$ 之后的项中的 X 中会有 $d = d_1$ (虽然是暗含的), 因此产生矛盾。重复以上操作, 我们可以证明 $d_0 = d, d_1, d_2, \cdots$ 应该互不相同⊖。

⊖ $d, d_1, \cdots$ 是不同的硬币, 但是它们的值都与 d_0 相同。——译者注

练习 7.2.1　以 $|L\rangle_d|0\rangle_p$ 为初始态，展示由式 (7.4) 和 (7.5) 定义的递归量子游走的前几步游走。比较这两种游走的行为之间的不同点。注意，因为经典随机游走中两个不同的"硬币"是否具有相同的概率分布是无关紧要的，所以在经典随机游走中并不存在这些不同点。

从量子递归的角度而言，前面介绍的递归量子游走是很好的例子；但是从量子物理的角度而言，递归量子游走的行为却并不那么吸引人。正如 2.3.4 节所指出的，经典随机游走和量子游走之间最大的不同来源于量子干涉：两条通向同一点的独立路径可能会因为相位不同而相互抵消。从式 (7.6) 可以发现，在单向递归量子游走中并没有量子干涉发生。与此相似，前面描述的所有类型的递归量子游走中都没有量子干涉发生。接下来我们将介绍一种更有趣的递归量子游走，它向我们展示了一种新的量子干涉现象。正如我们在公式 (2.19) 中所见，非递归量子游走中只可能有有限条路径被抵消。但是在递归量子游走中，可能有无数条路径会被抵消。

280

例子 7.2.2　令 $n \geqslant 2$。我们可以将双向递归量子游走的一种变形定义为通过如下递归等式进行声明的程序 X：

$$X \Leftarrow (T_L[p] \oplus_{H[d]} T_R[p])^n; ((T_L[p]; X) \oplus_{H[d]} (T_R[p]; X)) \tag{7.7}$$

在这里，我们用 S^n 来表示程序 S 的 n 个副本的线性组合。

接下来让我们看看这类游走的行为。假设这种游走的初始态为 $|L\rangle_d|0\rangle_p$。那么该游走的前三步如下所示：

$$\langle X, |L\rangle_d|0\rangle_p \rangle \rightarrow \frac{1}{\sqrt{2}}[\langle X_1, |L\rangle_d|-1\rangle_p \rangle + \langle X_1, |R\rangle_d|1\rangle_p \rangle]$$

$$\rightarrow \frac{1}{2}[\langle X_2, |L\rangle_d|-2\rangle_p \rangle + \langle X_2, |R\rangle_d|0\rangle_p \rangle + \langle X_2, |L\rangle_d|0\rangle_p \rangle - \langle X_2, |R\rangle_d|2\rangle_p \rangle]$$

$$\rightarrow \frac{1}{2\sqrt{2}}[\langle X_3, |L\rangle_d|-3\rangle_p \rangle + \langle X_3, |R\rangle_d|-1\rangle_p \rangle + \langle X_3, |L\rangle_d|-1\rangle_p \rangle - \langle X_3, |R\rangle_d|1\rangle_p \rangle$$

$$+ \langle X_3, |L\rangle_d|-1\rangle_p \rangle + \langle X_3, |R\rangle_d|1\rangle_p \rangle - \langle X_3, |L\rangle_d|1\rangle_p \rangle + \langle X_3, |R\rangle_d|3\rangle_p \rangle]$$

$$= \frac{1}{2\sqrt{2}}[\langle X_3, |L\rangle_d|-3\rangle_p \rangle + \langle X_3, |R\rangle_d|-1\rangle_p \rangle + 2\langle X_3, |L\rangle_d|-1\rangle_p \rangle$$

$$- \langle X_3, |L\rangle_d|1\rangle_p \rangle + \langle X_3, |R\rangle_d|3\rangle_p \rangle] \tag{7.8}$$

其中

$$X_i = (T_L[p] \oplus_{H[d]} T_R[p])^{n-i}; ((T_L[p]; X) \oplus_{H[d]} (T_R[p]; X))$$

$i = 1, 2, 3$。在式 (7.8) 的最后一步中，两个配置

$$-\langle X_3, |R\rangle_d|1\rangle_p \rangle, \quad \langle X_3, |R\rangle_d|1\rangle_p \rangle$$

相互抵消了。因为它们都包含递归游走 X 本身，所以它们都可以产生无数条路径。将式 (7.8) 和 (7.6) 进行比较，读者可能会问：为什么式 (7.8) 中没有引入新的"硬币"呢？实际上，只有式 (7.7) 的右手边的 $(T_L[p] \oplus_{H[d]} T_R[p])^n$ 被执行，且式 (7.8) 给出的前三步中并没有递归调用发生。当然在后续步骤中一旦递归调用了 X，那么为了避免变量冲突，就必须引入新的"硬币"。

通过如下公式描述的递归程序的行为更令人感到困惑

$$X \Leftarrow ((T_L[p]; X) \oplus_{H[d]} (T_R[p]; X)); (T_L[p] \oplus_{H[d]} T_R[p])^n \tag{7.9}$$

注意，通过改变式 (7.7) 右手边的两个子程序的顺序可以得到式 (7.9)。

练习 7.2.2 检验通过式 (7.9) 声明且以 $|L\rangle_d|0\rangle_p$ 为初始态的游走 X 的行为。

7.2.2 如何求解递归量子方程

我们已经从式 (7.6) 和 (7.8) 得出了递归量子游走的前几步。但是如果想要精确地描述它们的行为，就需要对递归方程 (7.2)、(7.3)、(7.4)、(7.5) 和 (7.7) 进行求解。在经典编程语言的理论中，一般用语法逼近来定义递归程序的语义。在 3.4 节中，我们也使用这种方法成功地定义了递归量子程序的语义。那么是否可以将语法逼近应用于量子递归程序呢？首先，让我们通过考虑由单个方程

$$X \Leftarrow F(X)$$

声明的一类简单递归程序来回忆这种技术。

$$\begin{cases} X^{(0)} = \mathbf{abort} \\ X^{(n+1)} = F[X^{(n)}/X]，对于任意 n \geqslant 0 都成立 \end{cases}$$

其中 $F[X^{(n)}/X]$ 是将 $F(X)$ 中的 X 用 $X^{(n)}$ 替换所得到的结果。我们将 $X^{(n)}$ 称为 X 的第 n 次语法逼近。大致说来，语法逼近 $X^{(n)}(n = 0, 1, 2, \cdots)$ 描述了递归程序 X 的初始阶段的行为。那么我们可以将 X 的语义 $[\![X]\!]$ 定义为其语法逼近 $X^{(n)}$ 的语义 $[\![X^{(n)}]\!]$ 的极限：

$$[\![X]\!] = \lim_{n \to \infty} [\![X^{(n)}]\!]$$

现在我们尝试将这种方法应用于单向递归 Hadamard 游走，并构造其语法逼近：

$X^{(0)} = \mathbf{abort}$

$X^{(1)} = T_L[p] \oplus_{H[d]} (T_R[p]; \mathbf{abort})$

$X^{(2)} = T_L[p] \oplus_{H[d]} (T_R[p]; T_L[p] \oplus_{H[d_1]} (T_R[p]; \mathbf{abort}))$ ⠀⠀⠀⠀⠀⠀(7.10)

$X^{(3)} = T_L[p] \oplus_{H[d]} (T_R[p]; T_L[p] \oplus_{H[d_1]} (T_R[p]; T_L[p] \oplus_{H[d_2]} (T_R[p]; \mathbf{abort})))$

$\cdots$

但是在构造语法逼近的过程中，会出现一个问题：为了避免变量冲突，我们必须持续不断地引入新的"硬币"变量；即对于任意的 $n = 1, 2, \cdots$，由于"硬币"$d, d_1, \cdots, d_{n-1}$ 在包含 d_n 的内部系统的外部，所以我们必须在第 $(n+1)$ 次语法逼近时引入一个新的"硬币"变量 d_n。因此，变量 $d, d_1, d_2, \cdots, d_n, \cdots$ 表示不同的"硬币"。另一方面，因为它们的物理属性相同，所以我们应当把它们视作相同的粒子。此外，因为我们不知道什么时候游走会终止，所以执行递归 Hadamard 游走所需的"硬币"粒子数量也是未知的。显然，我们需要一类可以处理由可变数量的相同粒子所构成的量子系统的数学框架来求解这类问题。值得注意的是，因为这类问题是由定义量子 case 语句时需要使用外部"硬币"系统所产生的，所以它只会在量子编程中出现。

7.3 二次量子化

在上一节的最后,我们发现求解量子递归方程需要一类由可变数量的相同粒子构成的量子系统的数学框架。2.1 节只介绍了由数量确定且并不一定相同的子系统构成的复合量子系统(参考 2.1.5 节中的量子力学基本假设 4),显然现在这种模型已经超出之前所讨论的范围。幸运的是,早在 80 多年前物理学家就设计了一种可以描述包含可变数量粒子的量子系统的方法,即二次量子化。为了方便读者理解,我们将在本节中简单介绍二次量子化方法。我们只着重介绍后续内容中需要用到的二次量子化的数学描述,至于物理上的解释,读者可以查阅参考文献 [163]。

283

7.3.1 多粒子态

我们首先考虑包含确定数量粒子的量子系统。假设这些粒子具有相同的希尔伯特空间,但是它们并不一定是相同的粒子。令 $\mathscr{H}$ 是单个粒子的希尔伯特空间。通过定义 2.1.18,对于任意 $n \geqslant 1$,我们可以定义 n 个 $\mathscr{H}$ 的副本的张量积为 $\mathscr{H}^{\otimes n}$。对于任意属于 $\mathscr{H}$ 的单粒子态 $|\psi_1\rangle, \cdots, |\psi_n\rangle$,根据量子力学基本假设 4 可以断言:存在由 n 个独立的粒子构成的态

$$|\psi_1\rangle \otimes \cdots \otimes |\psi_n\rangle = |\psi_1 \otimes \cdots \otimes \psi_n\rangle$$

其中对于任意的 $1 \leqslant i \leqslant n$,第 i 个粒子都处于 $|\psi_i\rangle$ 态。那么 $\mathscr{H}^{\otimes n}$ 由向量 $|\psi_1 \otimes \cdots \otimes \psi_n\rangle$ 的线性组合构成:

$$\mathscr{H}^{\otimes n} = \mathrm{span}\{|\psi_1 \otimes \cdots \otimes \psi_n\rangle : |\psi_1\rangle, \cdots, |\psi_n\rangle \in \mathscr{H}\}$$
$$= \left\{ \sum_{i=1}^{m} \alpha_i |\psi_{i1} \otimes \cdots \otimes \psi_{in}\rangle : m \geqslant 0, \alpha_i \in \mathbb{C}, |\psi_{i1}\rangle, \cdots, |\psi_{in}\rangle \in \mathscr{H} \right\}$$

回忆 2.1.5 节,$\mathscr{H}^{\otimes n}$ 也是一个希尔伯特空间。更确切地说,空间 $\mathscr{H}^{\otimes n}$ 中向量的基本操作可以由如下公式及其线性组合进行定义:

(1) 加法:

$$|\psi_1 \otimes \cdots \otimes \psi_i \otimes \cdots \otimes \psi_n\rangle + |\psi_1 \otimes \cdots \otimes \psi_i' \otimes \cdots \otimes \psi_n\rangle$$
$$= |\psi_1 \otimes \cdots \otimes (\psi_i + \psi_i') \otimes \cdots \otimes \psi_n\rangle$$

(2) 标量乘法:

$$\lambda |\psi_1 \otimes \cdots \otimes \psi_i \otimes \cdots \otimes \psi_n\rangle = |\psi_1 \otimes \cdots \otimes (\lambda \psi_i) \otimes \cdots \otimes \psi_n\rangle$$

(3) 内积:

$$\langle \psi_1 \otimes \cdots \otimes \psi_n | \varphi_1 \otimes \cdots \otimes \varphi_n \rangle = \prod_{i=1}^{n} \langle \psi_i | \varphi_i \rangle$$

练习 7.3.1 证明:如果 $\mathscr{B}$ 是空间 $\mathscr{H}$ 的一组基矢,那么

$$\{|\psi_1 \otimes \cdots \otimes \psi_n\rangle : |\psi_1\rangle, \cdots, |\psi_n\rangle \in \mathscr{B}\}$$

是空间 $\mathscr{H}^{\otimes n}$ 的一组基矢。

置换算子

现在让我们转向考虑这样一个量子系统，它由多个相同的粒子构成，且这些粒子拥有同样的内秉属性。我们首先介绍几个能够刻画这些相同粒子对称性的算子。对于任意 $1, \cdots, n$ 的置换 π，即对于任意的 i 都有一个从 $\{1, \cdots, n\}$ 到它自身的双射能够将 π 映射为 $\pi(i)$，我们可以将空间 $\mathscr{H}^{\otimes n}$ 内的置换算子 P_π 定义为

$$P_\pi |\psi_1 \otimes \cdots \otimes \psi_n\rangle = |\psi_{\pi(1)} \otimes \cdots \otimes \psi_{\pi(n)}\rangle$$

及其线性组合。接下来给出置换算子的一些基本性质：

命题 7.3.1

(1) P_π 是幺正算子。

(2) $P_{\pi_1} P_{\pi_2} = P_{\pi_1 \pi_2}$，$P_\pi^\dagger = P_{\pi^{-1}}$，其中 $\pi_1 \pi_2$ 是 π_1 和 π_2 的组合，$P_\pi^\dagger$ 代表 P_π 的共轭转置（即倒序），π^{-1} 是 π 的倒序排列。

此外，可以从置换算子的角度对对称与反对称化算子进行定义：

定义 7.3.1   空间 $\mathscr{H}^{\otimes n}$ 内的对称与反对称化算子是这样定义的：

$$S_+ = \frac{1}{n!} \sum_\pi P_\pi$$

$$S_- = \frac{1}{n!} \sum_\pi (-1)^\pi P_\pi$$

其中 π 遍历 $1, \cdots, n$ 的所有可能的排列，且 $(-1)^\pi$ 是排列 π 的标识，即

$$(-1)^\pi = \begin{cases} 1 & \pi \text{ 是偶数} \\ -1 & \pi \text{ 是奇数} \end{cases}$$

接下来我们将列出几点关于对称与反对称化的有用的性质：

命题 7.3.2

(1) $P_\pi S_+ = S_+ P_\pi = S_+$

(2) $P_\pi S_- = S_- P_\pi = (-1)^\pi S_-$

(3) $S_+^2 = S_+ = S_+^\dagger$

(4) $S_-^2 = S_- = S_-^\dagger$

(5) $S_+ S_- = S_- S_+ = 0$

练习 7.3.2   证明命题 7.3.1 和 7.3.2。

对称与反对称态

当然，2.1 节介绍的量子力学相关知识可以用于处理由多个粒子构成的量子系统。但是当这些粒子是相同粒子的时候它并不完善，我们必须对其进行补充：

- **对称化的原理**：n 个相同粒子的态与 n 个粒子的排列之间是完全对称的或者是完全反对称的。

- 我们将对称的粒子称为玻色子。
- 将反对称的粒子称为费米子。

在本节的开始，我们发现如果 n 个粒子都有相同的状态空间 $\mathscr{H}$，那么这 n 个粒子构成系统的希尔伯特空间为 $\mathscr{H}^{\otimes n}$。根据上述原理，我们发现并不是任何属于 $\mathscr{H}^{\otimes n}$ 的向量都可以用于表示由 n 个相同粒子构成的态。但是对于任意属于 $\mathscr{H}^{\otimes n}$ 的态 $|\Psi\rangle$，我们都可以通过对称化或者反对称化构造出两个态：

- 一个对称（玻色子）态：$S_+|\Psi\rangle$。
- 一个反对称（费米子）态：$S_-|\Psi\rangle$。

特别地，可以将与单粒子态 $|\psi_1\rangle,\cdots,|\psi_n\rangle$ 的乘积相对应的对称与反对称态记作：

$$|\psi_1,\cdots,\psi_n\rangle_v = S_v|\psi_1 \otimes \cdots \otimes \psi_n\rangle_v$$

其中 v 是 $+$ 或者 $-$。我们可以使用这个记号来重新描述对称化原理：

- 对于玻色子，$|\psi_1,\cdots,\psi_n\rangle_+$ 中态 $|\psi_i\rangle$ 的顺序并不重要。
- 对于费米子，$|\psi_1,\cdots,\psi_n\rangle_+$ 中交换两个态的顺序会改变正负号：

$$|\psi_1,\cdots,\psi_i,\cdots,\psi_j,\cdots,\psi_n\rangle_- = -|\psi_1,\cdots,\psi_j,\cdots,\psi_i,\cdots,\psi_n\rangle_- \tag{7.11}$$

从公式 (7.11) 可以得出如下推论：

- **泡利不相容原理**：如果态 $|\psi_i\rangle$ 和 $|\psi_j\rangle$ 是相同的，那么 $|\psi_1,\cdots,\psi_i,\cdots,\psi_j,\cdots,\psi_n\rangle_-$ 会消失，即在同一量子态中，不可能找到两个费米子。

总之，对称性原理意味着由 n 个相同粒子构成的系统的状态空间并不是整个 $\mathscr{H}^{\otimes n}$，而是下列两个子空间中的一种：

定义 7.3.2

(1) $\mathscr{H}$ 的 n 阶对称张量积：

$$\begin{aligned}
\mathscr{H}_+^{\otimes n} &= S_+\left(\mathscr{H}^{\otimes n}\right) \\
&= \text{由对称张量积 } |\psi_1,\cdots,\psi_n\rangle_+ \text{ 所产生的 } \mathscr{H}^{\otimes n} \text{ 的闭子空间,} \\
&\quad \text{其中 } |\psi_1\rangle,\cdots,|\psi_n\rangle \in \mathscr{H}
\end{aligned}$$

(2) $\mathscr{H}$ 的 n 阶反对称张量积：

$$\begin{aligned}
\mathscr{H}_-^{\otimes n} &= S_-\left(\mathscr{H}^{\otimes n}\right) \\
&= \text{由反对称张量积 } |\psi_1,\cdots,\psi_n\rangle_- \text{ 所产生的 } \mathscr{H}^{\otimes n} \text{ 的闭子空间,} \\
&\quad \text{其中 } |\psi_1\rangle,\cdots,|\psi_n\rangle \in \mathscr{H}
\end{aligned}$$

空间 $\mathscr{H}_v^{\otimes n}(v=+,-)$ 中的加法、标量乘法和内积与空间 $\mathscr{H}^{\otimes n}$ 中的相同。特别地，下面这个命题可以帮助我们方便地计算 $\mathscr{H}_\pm^{\otimes}$ 中的内积：

命题 7.3.3 对称与反对称张量积的内积为：

$$_+\langle\psi_1,\cdots,\psi_n|\varphi_1,\cdots,\varphi_n\rangle_+ = \frac{1}{n!}\mathrm{per}\left(\langle\psi_i|\varphi_j\rangle\right)_{ij}$$

285

$$-\langle \psi_1, \cdots, \psi_n | \varphi_1, \cdots, \varphi_n \rangle_- = \frac{1}{n!} \det\left(\langle \psi_i | \varphi_j \rangle \right)_{ij}$$

其中 det 和 per 分别代表矩阵的行列式和排列（即没有负号的行列式）。

练习 7.3.3

(1) 计算对称与反对称张量积空间 $\mathscr{H}_\pm^{\otimes n}$ 的维度。

(2) 证明命题 7.3.3。

7.3.2 Fock 空间

我们在上一小节中研究了具有确定数量同态粒子的量子系统。现在让我们看看如何描述具有可变数量粒子的量子系统。很自然的想法是这类量子系统的希尔伯特空间应该是不同数量粒子的状态空间的直和。为了实现这个想法，让我们首先对希尔伯特空间直和的概念进行介绍。

定义 7.3.3   令 $\mathscr{H}_1, \mathscr{H}_2, \cdots$ 是希尔伯特空间的一个有限序列。那么它们的直和可以定义为向量空间：

$$\bigoplus_{i=1}^{\infty} \mathscr{H}_i = \left\{ (|\psi_1\rangle, |\psi_2\rangle, \cdots) : |\psi_i\rangle \in \mathscr{H}_i (i = 1, 2, \cdots) \text{且} \sum_{i=1}^{\infty} \||\psi_i\|^2 < \infty \right\}$$

在该空间上，我们定义：

- 加法：

$$(|\psi_1\rangle, |\psi_2\rangle, \cdots) + (|\varphi_1\rangle, |\varphi_2\rangle, \cdots) = (|\psi_1\rangle + |\varphi_1\rangle, |\psi_2\rangle + |\varphi_2\rangle, \cdots)$$

- 标量乘法：

$$\alpha(|\psi_1\rangle, |\psi_2\rangle, \cdots) = (\alpha|\psi_1\rangle, \alpha|\psi_2\rangle, \cdots)$$

- 内积：

$$\langle (\psi_1, \psi_2, \cdots) | (\varphi_1, \varphi_2, \cdots) \rangle = \sum_{i=1}^{\infty} \langle \psi_i | \varphi_i \rangle$$

练习 7.3.4   证明 $\bigoplus_{i=1}^{\infty} \mathscr{H}_i$ 是希尔伯特空间。

令 $\mathscr{H}$ 是一个粒子的状态希尔伯特空间。如果我们引入真空态 $|0\rangle$，那么可以将 $\mathscr{H}$ 的 0 阶张量积定义为一维空间

$$\mathscr{H}^{\otimes 0} = \mathscr{H}_\pm^{\otimes 0} = \text{span}\{|0\rangle\}$$

现在我们开始对具有可变数量相同粒子的量子系统的状态空间进行描述。

定义 7.3.4

(1) $\mathscr{H}$ 上的自由 Fock 空间可以定义为 $\mathscr{H}$ 的 n 阶张量积的直和：

$$\mathscr{F}(\mathscr{H}) = \bigoplus_{n=0}^{\infty} \mathscr{H}^{\otimes n}$$

(2) $\mathscr{H}$ 上的对称（玻色子）Fock 空间和反对称（费米子）Fock 空间可以定义为：

$$\mathscr{F}_v(\mathscr{H}) = \bigoplus_{n=0}^{\infty} \mathscr{H}_v^{\otimes n}$$

其中 $v = +$ 为玻色子，$v = -$ 为费米子。

对称化原理告诉我们只有对称或者反对称 Fock 空间才具有实际的物理意义, 但是因为自由 Fock 空间是一种非常有用的数学工具且有时要比对称与反对称 Fock 空间更容易处理 (我们在下一节中会看到这一点), 所以在这里我们还是要引入自由 Fock 空间。

仔细研究 Fock 空间中的态和操作, 可以帮助我们更好地理解 Fock 空间:

(1) $\mathscr{F}v(\mathscr{H})$ 空间内的态具有如下形式:

$$|\Psi\rangle = \sum_{n=0}^{\infty} |\Psi(n)\rangle \triangleq (|\Psi(0)\rangle, |\Psi(1)\rangle, \cdots, |\Psi(n)\rangle, \cdots)$$

其中 $|\Psi(n)\rangle \in \mathscr{H}_v^{\otimes n}$ 是 n 个粒子构成的态, 且

$$\sum_{n=0}^{\infty} \langle \Psi(n)|\Psi(n)\rangle < \infty$$

(2) $\mathscr{F}v(\mathscr{H})$ 空间的基本操作为:

- 加法:

$$\left(\sum_{n=0}^{\infty} |\Psi(n)\rangle\right) + \left(\sum_{n=0}^{\infty} |\Phi(n)\rangle\right) = \sum_{n=0}^{\infty} (|\Psi(n)\rangle + |\Phi(n)\rangle)$$

- 标量乘法:

$$\alpha \left(\sum_{n=0}^{\infty} |\Psi(n)\rangle\right) = \sum_{n=0}^{\infty} \alpha|\Psi(n)\rangle$$

- 内积:

$$\left\langle \sum_{n=0}^{\infty} \Psi(n) \Big| \sum_{n=0}^{\infty} \Phi(n) \right\rangle = \sum_{n=0}^{\infty} \langle \Psi(n)|\Phi(n)\rangle$$

(3) $\mathscr{F}v(\mathscr{H})$ 的基: 对称或者反对称积态 $|\psi_1, \cdots, \psi_n\rangle_v$ ($n \geqslant 0$ 且 $|\psi_1\rangle, \cdots, |\psi_n\rangle \in \mathscr{H}$) 构成 Fock 空间 $\mathscr{F}v(\mathscr{H})$ 的一组基, 即

$$\mathscr{F}v(\mathscr{H}) = \text{span}\{|\psi_1, \cdots, \psi_n\rangle_v : n = 0, 1, 2, \cdots 且 |\psi_1\rangle, \cdots, |\psi_n\rangle \in \mathscr{H}\}$$

如果 $n = 0$, 那么 $|\psi_1, \cdots, \psi_n\rangle_v$ 是真空态 $|\mathbf{0}\rangle$。

(4) $\mathscr{F}_v(\mathscr{H})$ 中的态 $(0, \cdots, 0, |\Psi(n)\rangle, 0, \cdots, 0)$ 与 $\mathscr{H}_v^{\otimes n}$ 中的态 $|\Psi(n)\rangle$ 是相同的。那么 $\mathscr{H}_v^{\otimes n}$ 可以被视作 $\mathscr{F}_v(\mathscr{H})$ 的子空间。此外, 对于不同的粒子数 $m \neq n$, 因为 $\langle \Psi(m)|\Psi(n)\rangle = 0$, 所以 $\mathscr{H}_v^{\otimes m}$ 与 $\mathscr{H}_v^{\otimes n}$ 是正交的。

Fock 空间内的算子

我们已经知道, 具有可变数量同态粒子的量子系统中的态可以通过 Fock 空间中的向量进行表示。现在我们继续为描述这类量子系统的可观测量和演变准备数学工具。首先对希尔伯特空间的直和中的算子进行定义。

定义 7.3.5 对于任意的 $i \geqslant 1$, 令 A_i 是 $\mathscr{H}_i$ 内的限界算子且满足范数 (参考定义 2.1.11) 的序列 $||A_i||(i = 1, 2, \cdots)$ 是有界限的, 即存在常数 C 使得 $||A_i|| \leqslant C(i = 1, 2, \cdots)$ 成立。那么我们将 $\bigoplus_{i=1}^{\infty} \mathscr{H}_i$ 中的算子

$$A = (A_1, A_2, \cdots)$$

定义为: 对于任意 $(|\psi_1\rangle, |\psi_2\rangle, \cdots) \in \bigoplus_{i=1}^{\infty} \mathscr{H}_i$, 都满足

$$A(|\psi_1\rangle, |\psi_2\rangle, \cdots) = (A_1|\psi_1\rangle, A_2|\psi_2\rangle, \cdots) \tag{7.12}$$

与此类似, 我们可以对 n 个希尔伯特空间直和 $\bigoplus_{i=1}^{n} \mathscr{H}_i$ 中的算子 $A = (A_1, \cdots, A_n)$ 进行定义。

我们通常记:

$$\sum_{i=1}^{\infty} A_i = (A_1, A_2, \cdots) \quad \text{且} \quad \sum_{i=1}^{n} A_i = (A_1, \cdots, A_n)$$

练习 7.3.5 证明通过公式 (7.12) 定义的 A 是 $\bigoplus_{i=1}^{\infty} \mathscr{H}_i$ 的限界算子, 且

$$\|A\| \leqslant \sup_{i=1}^{\infty} \|A_i\|$$

现在我们将用这种思路对 Fock 空间内的算子进行定义。对于任意 $n \geqslant 1$, 令 $\boldsymbol{A}(n)$ 是 $\mathscr{H}^{\otimes n}$ 的算子。那么通过定义 7.3.5, 我们可以将自由 Fock 空间 $\mathscr{F}(\mathscr{H})$ 内的算子

$$\boldsymbol{A} = \sum_{n=0}^{\infty} \boldsymbol{A}(n) \tag{7.13}$$

定义为: 对于任意属于 $\mathscr{F}(\mathscr{H})$ 中的态

$$|\Psi\rangle = \sum_{n=0}^{\infty} |\Psi(n)\rangle$$

都有

$$\boldsymbol{A}|\Psi\rangle = \boldsymbol{A}\left(\sum_{n=0}^{\infty} |\Psi(n)\rangle\right) = \sum_{n=0}^{\infty} \boldsymbol{A}(n)|\Psi(n)\rangle$$

其中 $\boldsymbol{A}|0\rangle = 0$, 即我们可以将真空态视作算子 $\boldsymbol{A}$ 的特征值为 0 时所对应的特征向量。显然, 对于所有的 $n \geqslant 0$, $\mathscr{H}_v^{\otimes n}$ 在 $\boldsymbol{A}$ 的作用下是不变的, 即 $\boldsymbol{A}(\mathscr{H}_v^{\otimes n}) \subseteq \mathscr{H}_v^{\otimes n}$。

具有式 (7.13) 形式的一般性算子并不一定会保持玻色子 (相对的, 费米子) 的对称性 (相对的, 反对称性)。为了定义玻色子或费米子 Fock 空间中的算子, 我们需要对其对称性进行思考。

定义 7.3.6 如果对于任意 $n \geqslant 0$ 和 $1, \cdots, n$ 的任意排列 π, P_π 和 $\boldsymbol{A}(n)$ 满足可交换性, 即

$$P_\pi \boldsymbol{A}(n) = \boldsymbol{A}(n) P_\pi$$

那么我们称算子 $\boldsymbol{A} = \sum_{n=0}^{\infty} \boldsymbol{A}(n)$ 具有对称性。

很容易发现, 对称 Fock 空间 $\mathscr{F}_+(\mathscr{H})$ 和反对称 Fock 空间 $\mathscr{F}_-(\mathscr{H})$ 在对称算子 $\boldsymbol{A} = \sum_{n=0}^{\infty} \boldsymbol{A}(n)$ 的作用下是封闭的:

$$\boldsymbol{A}(\mathscr{F}_v(\mathscr{H})) \subseteq \mathscr{F}_v(\mathscr{H})$$

其中 $v = +, -$。换言之, 对称算子 $\boldsymbol{A}$ 将一个玻色子 (或费米子) 态 $|\Psi\rangle$ 映射为另一个玻色子 (或费米子) 态 $\boldsymbol{A}|\Psi\rangle$。

练习 7.3.6 判断接下来的语句是否成立: 如果一个算子 $A \in \mathscr{F}(\mathscr{H})$ 满足 $A(\mathscr{F}_+(\mathscr{H})) \subseteq \mathscr{F}_+(\mathscr{H})$ (或者 $A(\mathscr{F}_-(\mathscr{H})) \subseteq \mathscr{F}_-(\mathscr{H})$), 那么 A 具有对称性。证明你的结论。

我们可以进一步引入对称泛函 $\mathbb{S}$。对称泛函可以将任意一个算子 $A = \sum_{n=0}^{\infty} A(n)$ 与另一个对称算子做映射:

$$\mathbb{S}(A) = \sum_{n=0}^{\infty} \mathbb{S}(A(n)) \tag{7.14}$$

其中对于任意 $n \geqslant 0$, 都有

$$\mathbb{S}(A(n)) = \frac{1}{n!} \sum_{\pi} P_{\pi} A(n) P_{\pi}^{-1} \tag{7.15}$$

其中 π 遍历 $1, \cdots, n$ 的所有可能的排列, P_{π}^{-1} 是 P_{π} 的逆序。因此, 自由 Fock 空间中任意的算子 A 都可以通过对称泛函 $\mathbb{S}$ 转变为 $\mathbb{S}(A)$, 这样就能合理地应用于玻色子或费米子 Fock 空间。

290

7.3.3 Fock 空间的可观测量

上一小节将 Fock 空间作为具有可变粒子数量的量子系统的状态希尔伯特空间进行介绍, 同时还研究了 Fock 空间中的多种算子。现在我们来看看如果描述这些系统中的可观测量。

多体可观测量

我们先对具有 $n \geqslant 1$ 个粒子的可观测量进行研究。通过量子力学的基本假设, 我们知道可以通过 $\mathscr{H}^{\otimes n}$ 中的厄米算子对包含 n 个粒子的量子系统的可观测量进行表示。在这里我们将对 $\mathscr{H}^{\otimes n}$ 中的一类非常特殊的可观测量进行仔细研究。

首先让我们对最简单的情况进行思考: n 个粒子中只有一个被观测。假设 O 是 $\mathscr{H}$ 中的一个单粒子可观测量。那么对于任意 $1 \leqslant i \leqslant n$, 可以将 $\mathscr{H}^{\otimes n}$ 中第 i 个因子上的 O 的行为 $O^{[i]}$ 通过如下等式及其线性组合进行定义:

$$O^{[i]} |\psi_1 \otimes \cdots \psi_i \otimes \cdots \otimes \psi_n\rangle = |\psi_1 \otimes \cdots \otimes (O\psi_i) \otimes \cdots \otimes \psi_n\rangle$$

即

$$O^{[i]} = I^{\otimes(i-1)} \otimes O \otimes I^{\otimes(n-i)}$$

其中 I 是 $\mathscr{H}$ 中的单位算子。显然, 对于任意确定的 i, 算子 $O^{[i]}$ 是非对称的。结合对不同粒子 i 的行为 $O^{[i]}$, 我们有:

定义 7.3.7 O 所对应的单体可观测量为

$$O_1(n) = \sum_{i=1}^{n} O^{[i]}$$

接下来我们考虑 n 个粒子中有两个被观测的情况。假设 O 是在双粒子空间 $\mathscr{H} \otimes \mathscr{H}$ 内的可观测量。那么对于任意 $1 \leqslant i \leqslant j \leqslant n$, 我们可以将 $\mathscr{H}^{\otimes n}$ 中的 $O^{[ij]}$ 定义为一种算子, 它可以对 $\mathscr{H}^{\otimes n}$ 中的第 i 个和第 j 个因子执行 O, 而对其他粒子没有影响; 即对 $\mathscr{H}^{\otimes n}$ 中的 O 的柱面扩张:

$$O^{[ij]} = O[i,j] \otimes \left(I^{\otimes(i-1)} \otimes I^{\otimes(j-i-1)} \otimes I^{\otimes(n-j)} \right)$$

如果允许可观测量 O 作用于 n 个粒子中的任意两个粒子上，那么我们可以得到：

定义 7.3.8　O 所对应的 n 个粒子系统中的双体可观测量为：

$$O_2(n) = \sum_{1 \leqslant i < j \leqslant n} O^{[ij]}$$

练习 7.3.7　证明：如果交换两个粒子并不会使 O 发生变换，即对于任意的 $1 \leqslant i, j \leqslant n$ 都有 $O^{[ij]} = O^{[ji]}$，那么

$$O_2(n) = \frac{1}{2} \sum_{i \neq j} O^{[ij]}$$

此外，我们可以使用与定义 7.3.7 和 7.3.8 相类似的方法对 k 体可观测量 $O_k(n)$ 进行定义，其中 $2 < k \leqslant n$。

Fock 空间的可观测量

前面的准备工作使得我们可以对包含可变数量粒子的可观测量进行研究。实际上，式 (7.13) 向我们提供了一种定义 Fock 空间可观测量的方法；更确切地说，如果对于任意 $n \geqslant 1$，式 (7.13) 中的算子 $\boldsymbol{A}(n)$ 都是 n 个粒子的可观测量，那么

$$\boldsymbol{A} = \sum_{n=0}^{\infty} \boldsymbol{A}(n)$$

被称为延伸到自由 Fock 空间 $\mathscr{F}(\mathscr{H})$ 中的扩展可观测量。特别地，如果 $\boldsymbol{A}$ 是对称的，那么它还是对称与反对称 Fock 空间的可观测量。

下面这条命题可以帮助我们方便地计算扩展可观测量的平均值。

命题 7.3.4　$\boldsymbol{A} = \sum_{n=0}^{\infty} \boldsymbol{A}(n)$ 处于 $|\Psi\rangle = \sum_{n=0}^{\infty} |\Psi(n)\rangle$ 态时的均值为

$$\langle \Psi | \boldsymbol{A} | \Psi \rangle = \sum_{n=0}^{\infty} \langle \Psi(n) | \boldsymbol{A}(n) | \Psi(n) \rangle$$

$$= \sum_{n=0}^{\infty} \langle \Psi(n) | \Psi(n) \rangle \cdot \frac{\langle \Psi(n) | \boldsymbol{A}(n) | \Psi(n) \rangle}{\langle \Psi(n) | \Psi(n) \rangle}$$

其中：

(1) $\langle \Psi(n) | \Psi(n) \rangle$ 是找到 n 个处于 $|\Psi\rangle$ 态的粒子的概率；

(2)
$$\frac{\langle \Psi(n) | \boldsymbol{A}(n) | \Psi(n) \rangle}{\langle \Psi(n) | \Psi(n) \rangle}$$

是由 n 个粒子构成的系统中的 $\boldsymbol{A}(n)$ 的均值。

本小节的最后，让我们考虑 Fock 空间中两类特殊的可观测量。对于任意给定的 $k \geqslant 1$，自由 Fock 空间的 k 体可观测量可以定义为：

$$\boldsymbol{O}_k = \sum_{n \geqslant k} O_k(n)$$

其中对于所有 $n \geqslant k$，$O_k(n)$ 是空间 $\mathscr{H}^{\otimes n}$ 的 k 体可观测量（参考定义 7.3.7 和 7.3.8）。此外，注意 $\boldsymbol{O}_k$ 具有对称性；举例来说，单体可观测量 $O_1(n)$ 与排列满足交换律：

$$O_1(n)|\psi_1,\cdots,\psi_n\rangle_\pm = \sum_{j=1}^n |\psi_1,\cdots,\psi_{j-1},O\psi_j,\psi_{j+1},\cdots,\psi_n\rangle_\pm$$

该等式对于任意的 $k \geqslant 2$ 都成立。因此，$\boldsymbol{O}_k$ 可以直接在对称与反对称 Fock 空间中使用。

可以将 Fock 空间中的另一种非常重要的可观测量定义为：

定义 7.3.9 $\mathscr{F}_\pm(\mathscr{H})$ 中的粒子数算子 N 为

$$\boldsymbol{N}\left(\sum_{n=0}^\infty |\Psi(n)\rangle\right) = \sum_{n=0}^\infty n|\Psi(n)\rangle$$

如其名称所示，对于任意的 $n \geqslant 0$，粒子数算子 $\boldsymbol{N}$ 在 $|\Psi\rangle$ 的第 n 粒子组件 $|\Psi(n)\rangle$ 之前显性地给出其粒子数目 n。接下来的两个命题给出了粒子数算子的几条基本属性。

命题 7.3.5

(1) 对于任意的 $n = 0, 1, 2, \cdots$，$\mathscr{H}_\pm^{\otimes n}$ 是 N 的特征值为 n 时所对应的特征子空间。

(2) N 处于 $|\Psi\rangle = \sum_{n=0}^\infty |\Psi(n)\rangle$ 态时的均值为：

$$\langle \Psi|\boldsymbol{N}|\Psi\rangle = \sum_{n=0}^\infty n\langle\Psi(n)|\Psi(n)\rangle$$

命题 7.3.6 广泛可观测量 $\boldsymbol{A}$ 和粒子数算子 $\boldsymbol{N}$ 之间满足交换律：$\boldsymbol{AN} = \boldsymbol{NA}$。

练习 7.3.8 证明命题 7.3.5 和 7.3.6。

7.3.4 Fock 空间的演变

现在我们开始研究包含可变数量粒子的量子系统的动力学。这类量子系统可以按照如下两种方式进行演变：

- 演变不会改变粒子数
- 演变会改变粒子数

本节中，我们主要关注第一种演变方式，第二种演变方式将在下一小节中讨论。显然，式 (7.13) 提供了一种定义第一种演变的方法。更确切地说，如果对于任意的 $n \geqslant 0$，n 个粒子的动力学都可以通过算子 $\boldsymbol{A}(n)$ 进行建模描述，那么 $\boldsymbol{A} = \sum_{n=0}^\infty \boldsymbol{A}(n)$ 可以在不改变粒子数的前提下对 Fock 空间的演变过程进行描述。让我们仔细研究一下这类特殊的演变。假设单粒子的（离散时间的）演变可以通过幺正算子 U 进行表示。那么没有相互作用的 n 个粒子的演变可以通过属于空间 $\mathscr{H}^{\otimes n}$ 的算子

$$\boldsymbol{U}(n) = U^{\otimes n}$$

进行描述：对于任意属于 $\mathscr{H}$ 的态 $|\psi_1\rangle,\cdots,|\psi_n\rangle$ 都有

$$\boldsymbol{U}(n)|\psi_1 \otimes \cdots \otimes \psi_n\rangle = |U\psi_1 \otimes \cdots \otimes U\psi_n\rangle \tag{7.16}$$

这里同一个幺正算子 U 将同时作用于 n 个粒子。很容易验证 $\boldsymbol{U}(n)$ 与排列满足交换律：

$$\boldsymbol{U}(n)|\psi_1,\cdots,\psi_n\rangle_\pm = |U\psi_1,\cdots,U\psi_n\rangle_\pm$$

293

通过式 (7.13)，我们可以定义 Fock 空间的对称算子：

$$U = \sum_{n=0}^{\infty} U(n) \tag{7.17}$$

显然，它可以描述包含可变数量粒子（但这些粒子之间没有相互作用）的量子系统的演变过程。

7.3.5 粒子的产生与湮灭

上一小节中我们研究了如何描述 Fock 空间的第一种演变，这种演变不会改变系统中粒子的数量；例如，通过式 (7.17) 定义的算子 U 可以将 n 个粒子的态映射为相同粒子数的态。本节中，我们研究 Fock 空间的第二种演变，它会改变粒子的数量。显然，我们不能通过 2.1 节中介绍的量子力学基本框架对其进行处理。不过我们可以通过"产生"和"湮灭"这两个基本算子对不同粒子数量的态之间的转化进行描述。

定义 7.3.10 对于任意属于 $\mathscr{H}$ 的单粒子态 $|\psi\rangle$，与态 $|\psi\rangle$ 相关联的 $\mathscr{F}_{\pm}(\mathscr{H})$ 中的"产生"算子 $a^{\dagger}(\psi)$ 可以通过如下等式及其线性组合进行定义：

$$a^{\dagger}(\psi)|\psi_1, \cdots, \psi_n\rangle_v = \sqrt{n+1}|\psi, \psi_1, \cdots, \psi_n\rangle_v \tag{7.18}$$

其中 $n \geqslant 0$，所有的 $|\psi_1\rangle, \cdots, |\psi_n\rangle$ 都属于 $\mathscr{H}$。

从定义式 (7.18) 中，我们发现算子 $a^{\dagger}(\psi)$ 可以在不改变其他 n 个粒子所处态的情况下，将一个处于 $|\psi\rangle$ 态的粒子添加到这 n 个粒子构成的系统中；特别地，在这种转化过程中，态的对称性或者反对称性不会发生改变。将系数 $\sqrt{n+1}$ 添加到式 (7.18) 的右手边主要是为了保证系数归一化。

定义 7.3.11 对于任意属于 $\mathscr{H}$ 的单粒子态 $|\psi\rangle$，可以将 $\mathscr{F}_{\pm}(\mathscr{H})$ 中的"湮灭"算子 $a(\psi)$ 定义为 $a^{\dagger}(\psi)$ 的厄米共轭：

$$a(\psi) = (a^{\dagger}(\psi))^{\dagger}$$

即对于所有的 $|\varphi_1\rangle, \cdots, |\varphi_n\rangle, |\psi_1\rangle, \cdots, |\psi_n\rangle \in \mathscr{H}$ 和任意的 $n \geqslant 0$，都满足

$$(a^{\dagger}(\psi)|\varphi_1, \cdots, \varphi_n\rangle_v, |\psi_1, \cdots, \psi_n\rangle_v) = (|\varphi_1, \cdots, \varphi_n\rangle_v, a(\psi)|\psi_1, \cdots, \psi_n\rangle_v) \tag{7.19}$$

下面这个命题给出了"湮灭"算子的一种表示方法。

命题 7.3.7

$$a(\psi)|\mathbf{0}\rangle = 0$$

$$a(\psi)|\psi_1, \cdots, \psi_n\rangle_{\pm} = \frac{1}{\sqrt{n}} \sum_{i=1}^{n} (v)^i \langle\psi|\psi_i\rangle |\psi_1, \cdots, \psi_{i-1}, \psi_{i+1}, \cdots, \psi_n\rangle_{\pm}$$

从这个命题中可以看出，"湮灭"算子 $a(\psi)$ 可以在不改变态的对称性的情况下从系统中移除一个粒子。

练习 7.3.9 证明命题 7.3.7。提示：使用 $a(\psi)$ 的定义式 (7.19)。

7.4 在自由 Fock 空间中求解递归方程

7.2 节末尾介绍的递归量子游走的例子使我们确信如果想对量子递归程序的执行过程中使用的量子"硬币"的行为进行建模，就必须处理包含可变数量的相同粒子的量子系统。所以，上一节介绍了一种用于处理这类问题的数学框架，即二次量子化。实际上，二次量子化为我们定义量子递归的语义提供了所有必需的工具。本节和下一节的目的就是对量子递归程序的语义进行定义。完成这个定义需要两步，本节将在不考虑用于实现量子"硬币"的粒子的对称性或者反对称性的情况下，介绍如何在自由 Fock 空间中求解递归方程。

7.4.1 自由 Fock 空间中算子的域

与递归经典程序和在 3.4 节研究的量子程序的经典递归的情况相似，我们首先需要设定一个用于存放量子递归方程解的域。在这个小节中，我们先不考虑该域在递归量子程序语义方面的实际应用，而是仅仅把它当作一种抽象的数学对象进行研究。这样可以使我们更好地理解域的结构。

令 C 是量子"硬币"的集合。对于任意的 $c \in C$，令 $\mathcal{H}_c$ 是"硬币" c 的状态希尔伯特空间，$\mathcal{F}(\mathcal{H}_c)$ 是 $\mathcal{H}_c$ 上的自由 Fock 空间。我们将所有"硬币"的自由 Fock 空间的张量积记为：

$$\mathcal{G}(\mathcal{H}_C) \triangleq \bigotimes_{c \in C} \mathcal{F}(\mathcal{H}_c)$$

| 295 |

假设 $\mathcal{H}$ 是主系统的状态空间，那么由主系统和可变数量"硬币"构成的量子系统的状态空间为 $\mathcal{G}(\mathcal{H}_C) \otimes \mathcal{H}$。

令 ω 是非负整数的集合。那么 ω^C 是由非负整数构成的 C-indexed 元组的集合：$\bar{n} = \{n_c\}_{c \in C}$，其中对于任意的 $n_c \in \omega$，都有 $c \in C$。显然

$$\mathcal{G}(\mathcal{H}_C) \otimes \mathcal{H} = \bigoplus_{\bar{n} \in \omega^C} \left[\left(\bigotimes_{c \in C} \mathcal{H}_c^{\otimes n_c} \right) \otimes \mathcal{H} \right]$$

此外，令 $\mathcal{O}(\mathcal{G}(\mathcal{H}_C) \otimes \mathcal{H})$ 是形式为

$$\boldsymbol{A} = \sum_{\bar{n} \in \omega^C} \boldsymbol{A}(\bar{n})$$

的算子的集合，其中对于任意的 $\bar{n} \in \omega^C$，$\boldsymbol{A}(\bar{n})$ 都是 $\left(\bigoplus_{c \in C} \mathcal{H}_c^{\otimes n_c} \right) \otimes \mathcal{H}$ 中的算子。那么可以将 $\mathcal{O}(\mathcal{G}(\mathcal{H}_C) \otimes \mathcal{H})$ 作为量子递归方程的解空间。求解量子递归方程还需要 $\mathcal{O}(\mathcal{G}(\mathcal{H}_C) \otimes \mathcal{H})$ 中的偏序的概念。为了对 $\mathcal{O}(\mathcal{G}(\mathcal{H}_C) \otimes \mathcal{H})$ 中偏序进行定义，我们先将 ω^C 中的偏序 $\leqslant$ 定义为：

- 对于所有的 $c \in C$，$\bar{n} \leqslant \bar{m}$ 成立当且仅当 $n_c \leqslant m_c$。

如果 $\bar{n} \in \Omega$ 且 $\bar{m} \leqslant \bar{n}$ 可以推导出 $\bar{m} \in \Omega$，那么我们称子空间 $\Omega \subseteq \omega^C$ 是下闭的。

定义 7.4.1 $\mathcal{O}(\mathcal{G}(\mathcal{H}_C) \otimes \mathcal{H})$ 中的平坦序 $\sqsubseteq$ 是这样定义的：对于任意属于 $\mathcal{O}(\mathcal{G}(\mathcal{H}_C) \otimes \mathcal{H})$ 的 $\boldsymbol{A} = \sum_{\bar{n} \in \omega^C} \boldsymbol{A}(\bar{n})$ 和 $\boldsymbol{B} = \sum_{\bar{n} \in \omega^C} \boldsymbol{B}(\bar{n})$，

- $\boldsymbol{A} \sqsubseteq \boldsymbol{B}$ 成立当且仅当存在一个满足如下条件的下闭子空间 $\Omega \subseteq \omega^C$：

- $A(\overline{n}) = B(\overline{n})$ 对于任意的 $\overline{n} \in \Omega$ 都成立。
- $A(\overline{n}) = 0$ 对于任意的 $\overline{n} \in \omega^C \setminus \Omega$ 都成立。

正如之前所言,可以将平坦序简单地理解为一种抽象的数学对象。然而,其后面的真实意图需要结合其应用到量子递归程序的语义当中来解释。如 7.2 节最后的例子所示,量子递归程序 P 在执行的过程中会反复执行替换操作,在每一次替换过程中都会为了避免变量冲突而引入一个新的"硬币"。对于任意的 $\overline{n} \in \omega^C$,我们用 n_c 来记录程序 P 的计算过程中使用的"硬币" c 的数量。所以,$\overline{n} \leqslant \overline{m}$ 意味着由 $\overline{m}$ 表示的"硬币"(的副本)比由 $\overline{n}$ 表示的"硬币"多。显然,P 的执行过程使用的"硬币"数量越多,计算得到的"内容"就越多。因此如果 A 和 B 分别是 P 在两个不同的执行阶段下得到的部分计算结果,那么 $A \sqsubseteq B$ 意味着在阶段 B 得到的计算"内容"比在阶段 A 得到的多。读者在阅读了命题 7.4.1 之后会对该解释有更清晰的理解。

下面是本章的一条关键引理,它揭示了自由 Fock 空间中算子的格理论结构。

引理 7.4.1 ($(\mathcal{O}(\mathcal{G}(\mathcal{H}_C) \otimes \mathcal{H}), \sqsubseteq)$ 是完备偏序(CPO)(参考定义 3.3.4)。

证明:首先,因为 ω^C 本身是下闭的,所以 $\sqsubseteq$ 具有自反性。为了证明 $\sqsubseteq$ 具有传递性,我们假设 $A \sqsubseteq B$ 且 $B \sqsubseteq C$。那么存在下闭子集 $\Omega, \Gamma \subseteq \omega^C$ 满足:

(1) $A(\overline{n}) = B(\overline{n})$ 对于任意的 $\overline{n} \in \Omega$ 都成立且 $A(\overline{n}) = 0$ 对于任意的 $\overline{n} \in \omega^C \setminus \Omega$。

(2) $B(\overline{n}) = C(\overline{n})$ 对于任意的 $\overline{n} \in \Gamma$ 都成立且 $B(\overline{n}) = 0$ 对于任意的 $\overline{n} \in \omega^C \setminus \Gamma$。

显然,$\Omega \cap \Gamma$ 也是下闭的,且对于任意的 $\overline{n} \in \Omega \cap \Gamma$ 都有 $A(\overline{n}) = B(\overline{n}) = C(\overline{n})$ 成立。另一方面,如果

$$\overline{n} \in \omega^C \setminus (\Omega \cap \Gamma) = (\omega^C \setminus \Omega) \cup [\Omega \cap (\omega^C \setminus \Gamma)]$$

那么:

- 要么 $\overline{n} \in \omega^C \setminus \Omega$,从 (1) 中可以得出 $A(\overline{n}) = 0$。
- 要么 $\overline{n} \in \Omega \cup (\omega^C \setminus \Gamma)$,结合 (1) 和 (2) 我们可以得到 $A(\overline{n}) = B(\overline{n}) = 0$。

因此,$A \sqsubseteq C$。与之类似,我们可以证明 $\sqsubseteq$ 具有反对称性。所以,$(\mathcal{O}(\mathcal{G}(\mathcal{H}_C) \otimes \mathcal{H}), \sqsubseteq)$ 是一个偏序。

显然,对于任意的 $\overline{n} \in \omega^C$,满足 $A(\overline{n}) = 0$ ($(\bigotimes_{c \in C} \mathcal{H}_c^{\otimes n_c}) \otimes \mathcal{H}$ 中的零算子)的算子 $A = \sum_{\overline{n} \in \omega^C} A(\overline{n})$ 都是 $(\mathcal{O}(\mathcal{G}(\mathcal{H}_C) \otimes \mathcal{H}), \sqsubseteq)$ 中的最小元素。这就足以证明 $(\mathcal{O}(\mathcal{G}(\mathcal{H}_C) \otimes \mathcal{H}), \sqsubseteq)$ 中任意一个链 $\{A_i\}$ 都有最小上确界。对于任意的 i,我们取

$$\Delta_i = \{\overline{n} \in \omega^C : A_i(\overline{n}) \neq 0\}$$

$$\Delta_i \downarrow = \{\overline{m} \in \omega^C : \text{存在} \overline{n} \in \Delta_i \text{使得} \overline{m} \leqslant \overline{n} \text{成立}\}$$

其中 $\Delta_i \downarrow$ 代表 Δ_i 的下完备。此外,我们可以将算子 $A = \sum_{\overline{n} \in \omega^C} A(\overline{n})$ 定义为:

$$A(\overline{n}) = \begin{cases} A_i(\overline{n}) & \text{存在 } i \text{ 使得 } \overline{n} \in \Delta_i \downarrow \\ 0 & \overline{n} \notin \bigcup_i (\Delta_i \downarrow) \end{cases}$$

- **声明 1:** A 是定义明确的;即如果 $\overline{n} \in \Delta_i \downarrow$ 且 $\overline{n} \in \Delta_j \downarrow$,那么 $A_i(\overline{n}) = A_j(\overline{n})$。实际上,因为 $\{A_i\}$ 是一个链,所以我们有 $A_i \sqsubseteq A_j$ 或者 $A_j \sqsubseteq A_i$。在这里我们只考

虑 $A_i \sqsubseteq A_j$ 的情况（$A_j \sqsubseteq A_i$ 的情况可以通过对偶性进行证明）。存在一个下闭子集 $\Omega \subseteq \omega^C$ 满足对于任意的 $\bar{n} \in \Omega$ 都有 $A_i(\bar{n}) = A_j(\bar{n})$ 成立，且对于任意的 $\bar{n} \in \omega^C \setminus \Omega$ 都有 $A_i(\bar{n}) = 0$ 成立。从 $\bar{n} \in \Delta_i \downarrow$ 可以得出存在满足 $A_i(\bar{m}) \neq 0$ 的 $\bar{m}$ 使得 $\bar{n} \leqslant \bar{m}$ 成立。因为 $\bar{m} \notin \omega^C \setminus \Omega$，即 $\bar{m} \in \Omega$，且 Ω 是下闭的，所以我们有 $\bar{n} \in \Omega$。因此 $A_i(\bar{n}) = A_j(\bar{n})$。

- 声明 2：$A = \bigsqcup_i A_i$。实际上，对于任意的 i 都有 $\Delta_i \downarrow$ 是下闭的，对于任意的 $\bar{n} \in \Delta_i \downarrow$ 都满足 $A_i(\bar{n}) = A(\bar{n})$，且对于任意的 $\bar{n} \in \omega^C \setminus (\Delta_i \downarrow)$ 都有 $A_i(\bar{n}) = 0$。所以，$A_i \sqsubseteq A$ 且 A 是 $\{A_i\}$ 的一个上界。现在假设 B 是 $\{A_i\}$ 的一个上界：对于任意的 i 都有 $A_i \sqsubseteq B$；即存在下闭子集 $\Omega_i \subseteq \omega^C$ 满足对于任意的 $\bar{n} \in \Omega_i$ 都有 $A_i(\bar{n}) = B(\bar{n})$ 成立，且对于任意的 $\bar{n} \in \omega^C \setminus \Omega_i$ 都有 $A_i(\bar{n}) = 0$。通过 Δ_i 的定义和 Ω_i 的下闭性，可以得出 $\Delta_i \downarrow \subseteq \Omega_i$。我们取

297

$$\Omega = \bigcup_i (\Delta_i \downarrow)$$

显然 Ω 是下闭的，且如果 $\bar{n} \in \omega^C \setminus \Omega$，那么 $A(\bar{n}) = 0$。另一方面，如果 $\bar{n} \in \Omega$，那么存在 i 使得 $\bar{n} \in \Delta_i \downarrow$ 成立。我们可以得出 $\bar{n} \in \Omega_i$ 且 $A(\bar{n}) = A_i(\bar{n}) = B(\bar{n})$。因此 $A \sqsubseteq B$。   □

上述引理介绍了 $\mathscr{O}(\mathscr{G}(\mathscr{H}_C) \otimes \mathscr{H})$ 中的格理论结构。现在我们进一步在 $\mathscr{O}(\mathscr{G}(\mathscr{H}_C) \otimes \mathscr{H})$ 中定义两个代数算子：积和卫式组合。我们将用这两种算子定义量子程序模式中顺序组合和量子 case 语句的语义。

定义 7.4.2   对于任意属于 $\mathscr{O}(\mathscr{G}(\mathscr{H}_C) \otimes \mathscr{H})$ 的算子 $A = \sum_{\bar{n} \in \omega^C} A(\bar{n})$ 和 $B = \sum_{\bar{n} \in \omega^C} B(\bar{n})$，可以将它们的积定义为：

$$A \cdot B = \sum_{\bar{n} \in \omega^C} (A(\bar{n}) \cdot B(\bar{n})) \tag{7.20}$$

且该积也属于 $\mathscr{O}(\mathscr{G}(\mathscr{H}_C) \otimes \mathscr{H})$。

这个定义是对传统算子积的一种分量方式的扩展：对于任意的 $\bar{n} \in \omega^C$，$A(\bar{n}) \cdot B(\bar{n})$ 是 $(\bigotimes_{c \in C} \mathscr{H}_c^{n_c}) \otimes \mathscr{H}$ 中的算子 $A(\bar{n})$ 和 $B(\bar{n})$ 的积。可以按照相同的方法对公式 (7.1) 进行简单扩展来定义自由 Fock 空间中算子的卫式组合。

定义 7.4.3   令 $c \in C$，$\{|i\rangle\}$ 是 $\mathscr{H}_c$ 的一组标准正交基，且令对于任意的 i 都有 $A_i = \sum_{\bar{n} \in \omega^C} A_i(\bar{n})$ 是 $\mathscr{O}(\mathscr{G}(\mathscr{H}_C) \otimes \mathscr{H})$ 中的算子。那么沿着基 $\{|i\rangle\}$ 进行的算子 A_i 的卫式组合为

$$\square(c, |i\rangle \to A_i) = \sum_{\bar{n} \in \omega^C} \left(\sum_i (|i\rangle_c \langle i| \otimes A_i(\bar{n})) \right) \tag{7.21}$$

注意，对于任意的 $\bar{n} \in \omega^C$，$\sum_i (|i\rangle_c \langle i| \otimes A_i(\bar{n}))$ 都是

$$\mathscr{H}_c^{\otimes (n_c + 1)} \otimes \left(\bigotimes_{d \in C \setminus \{c\}} \mathscr{H}_d^{n_d} \right) \otimes \mathscr{H}$$

中的算子。因此 $\square(c, |i\rangle \to A_i) \in \mathscr{O}(\mathscr{G}(\mathscr{H}_C) \otimes \mathscr{H})$。

下面这条引理表明自由 Fock 空间中算子的积和卫式组合关于平坦序是连续的（参考定义 3.3.5）。

引理 7.4.2　令 $\{A_j\}$ 和 $\{B_j\}$ 是 $(\mathcal{O}(\mathcal{G}(\mathcal{H}_C) \otimes \mathcal{H}), \sqsubseteq)$ 中的链，且对于任意的 i，$\{A_{ij}\}$ 也同样是 $(\mathcal{O}(\mathcal{G}(\mathcal{H}_C) \otimes \mathcal{H}), \sqsubseteq)$ 中的链。那么，

(1) $\bigsqcup_j (A_j \cdot B_j) = \left(\bigsqcup_j A_j \right) \cdot \left(\bigsqcup_j B_j \right)$

(2) $\bigsqcup_j \square (c, |i\rangle \to A_{ij}) = \square \left(c, |i\rangle \to \left(\bigsqcup_j A_{ij} \right) \right)$

证明： 因为第一部分和第二部分的证明很相似，所以我们在这里只对第二部分进行证明。对于任意的 i，我们假设

$$\bigsqcup_j A_{ij} = A_i = \sum_{\overline{n} \in \omega^C} A_i(\overline{n})$$

通过引理 7.4.1 的证明过程中给出的 $(\mathcal{O}(\mathcal{G}(\mathcal{H}_C) \otimes \mathcal{H}), \sqsubseteq)$ 的最小上界的结构，我们可以记

$$A_{ij} = \sum_{\overline{n} \in \Omega_{ij}} A_i(\overline{n})$$

其中，对于任意的 i 都有某些 $\Omega_{ij} \subseteq \omega^C$ 满足 $\bigcup_j \Omega_{ij} = \omega^C$。通过将零算子添加到较短的求和式的末尾，我们可以进一步确定对于任意的 i，索引集 Ω_{ij} 是相同的。所以我们可以将它简单记作 Ω_j。那么通过定义式 (7.21)，我们可以得到：

$$\bigsqcup_j \square (c, |i\rangle \to A_{ij}) = \bigsqcup_j \sum_{\overline{n} \in \Omega_j} \left(\sum_i (|i\rangle_c \langle i| \otimes A_i(\overline{n})) \right)$$

$$= \sum_{\overline{n} \in \omega^C} \left(\sum_i (|i\rangle_c \langle i| \otimes A_i(\overline{n})) \right) = \square (c, |i\rangle \to A_i) \qquad \square$$

7.4.2　程序模式的语义泛函

定义 7.1.2 对量子程序（即不包含过程标识符的程序模式）的语义进行了定义。有了上一小节的准备，我们现在可以对一般性量子程序模式的语义进行定义。

令 $P = P[X_1, \cdots, X_m]$ 是包含过程标识符 $X_1, \cdots, X_m$ 的程序模式。我们将 P 中出现的"硬币"的集合记为 C。对于任意的 $c \in C$，令 $\mathcal{H}_c$ 是量子"硬币" c 的状态空间。P 的主系统为 P 中出现的主变量表示的系统的组合。令 $\mathcal{H}$ 是主系统的状态空间。那么可以将 P 的语义定义为上一小节介绍的域 $\mathcal{O}(\mathcal{G}(\mathcal{H}_C) \otimes \mathcal{H})$ 中的泛函。

定义 7.4.4　程序模式 $P = P[X_1, \cdots, X_m]$ 的语义泛函是一种映射

$$[\![P]\!] : \mathcal{O}(\mathcal{G}(\mathcal{H}_C) \otimes \mathcal{H})^m \to \mathcal{O}(\mathcal{G}(\mathcal{H}_C) \otimes \mathcal{H})$$

对于任意属于 $\mathcal{O}(\mathcal{G}(\mathcal{H}_C) \otimes \mathcal{H})$ 的算子 $A_1, \cdots, A_m$，可以将 $[\![P]\!](A_1, \cdots, A_m)$ 归纳定义为：

(1) 如果 $p = \mathbf{abort}$，那么 $[\![P]\!](A_1, \cdots, A_m)$ 是零算子

$$A = \sum_{\overline{n} \in \omega^C} A(\overline{n})$$

其中对于任意的 $\overline{n} \in \omega^C$ 都有 $\boldsymbol{A}(\overline{n}) = 0$ $((\bigotimes_{c \in C} \mathscr{H}_c^{\otimes n_c}) \otimes \mathscr{H}$ 内的单位算子)。

(2) 如果 $p = \mathbf{skip}$, 那么 $[\![P]\!](\boldsymbol{A}_1, \cdots, \boldsymbol{A}_m)$ 是单位算子

$$\boldsymbol{A} = \sum_{\overline{n} \in \omega^C} \boldsymbol{A}(\overline{n})$$

其中对于任意的 $\overline{n} \in \omega^C$ 都有 $\boldsymbol{A}(\overline{n}) = I$ $((\bigotimes_{c \in C} \mathscr{H}_c^{\otimes n_c}) \otimes \mathscr{H}$ 内的单位算子) 且对于任意的 $c \in C$, 都有 $n_c \neq 0$。

(3) 如果 $P = U[\overline{c}, \overline{q}]$, 那么 $[\![P]\!](\boldsymbol{A}_1, \cdots, \boldsymbol{A}_m)$ 是 U 的柱形扩张:

$$\boldsymbol{A} = \sum_{\overline{n} \in \omega^C} \boldsymbol{A}(\overline{n})$$

其中

$$\boldsymbol{A}(\overline{n}) = I_1 \otimes I_2(\overline{n}) \otimes U \otimes I_3$$

该等式中:

(a) I_1 是不属于 $\overline{c}$ 中的"硬币"的状态空间中的单位算子。

(b) $I_2(\overline{n})$ 是 $\bigotimes_{c \in \overline{c}} \mathscr{H}_c^{\otimes(n_c - 1)}$ 中的单位算子。

(c) I_3 是不属于 $\overline{q}$ 中的主变量的希尔伯特状态空间中的单位算子 (对于任意的 $n \geqslant 1$ 都成立)。

(4) 如果 $P = X_j (1 \leqslant j \leqslant m)$, 那么 $[\![P]\!](\boldsymbol{A}_1, \cdots, \boldsymbol{A}_m) = \boldsymbol{A}_j$。

(5) 如果 $P = P_1; P_2$, 那么

$$[\![P]\!](\boldsymbol{A}_1, \cdots, \boldsymbol{A}_m) = [\![P_2]\!](\boldsymbol{A}_1, \cdots, \boldsymbol{A}_m) \cdot [\![P_1]\!](\boldsymbol{A}_1, \cdots, \boldsymbol{A}_m)$$

(参考自由 Fock 空间中算子的积的定义式 (7.20)。)

(6) 如果 $P = \mathbf{qif}\ [c](\square i \cdot |i\rangle \to P_i)\ \mathbf{fiq}$, 那么

$$[\![P]\!](\boldsymbol{A}_1, \cdots, \boldsymbol{A}_m) = \square (c, |i\rangle \to [\![P_i]\!](\boldsymbol{A}_1, \cdots, \boldsymbol{A}_m))$$

(参考自由 Fock 空间中算子的卫式组合的定义式 (7.21)。)

很容易发现当 $m = 0$ 时, 即 P 不包含过程标识符, 上述定义会退化为定义 7.1.2。

正如我们在经典编程理论和 3.4 节中学到的那样, 递归方程所涉及的函数的连续性对于该方程的解的存在性至关重要。所以, 我们现在对前面定义的语义泛函的连续性进行检验。为此, 我们令笛卡儿幂 $\mathscr{O}(\mathscr{G}(\mathscr{H}_C) \otimes \mathscr{H})^m$ 中具备通过 CPO $\mathscr{O}(\mathscr{G}(\mathscr{H}_C) \otimes \mathscr{H})$ 中平坦序的分量方式定义的序 $\sqsubseteq$: 对于任意的 $\boldsymbol{A}_1, \cdots, \boldsymbol{A}_m, \boldsymbol{B}_1, \cdots, \boldsymbol{B}_m \in \mathscr{O}(\mathscr{G}(\mathscr{H}_C) \otimes \mathscr{H})$,

- $(\boldsymbol{A}_1, \cdots, \boldsymbol{A}_m) \sqsubseteq (\boldsymbol{B}_1, \cdots, \boldsymbol{B}_m)$ 成立当且仅当对于任意的 $1 \leqslant i \leqslant m$, 都有 $\boldsymbol{A}_i \sqsubseteq \boldsymbol{B}_i$。

上述语句中符号 "$\sqsubseteq$" 的第二次出现代表 $\mathscr{O}(\mathscr{G}(\mathscr{H}_C) \otimes \mathscr{H})$ 中的平坦序。那么 $(\mathscr{O}(\mathscr{G}(\mathscr{H}_C) \otimes \mathscr{H})^m, \sqsubseteq)$ 也是 CPO。此外, 我们有:

定理 7.4.1 (语义泛函的连续性)   对于任意程序模式 $P = P[X_1, \cdots, X_m]$, 语义泛函

$$[\![P]\!] : (\mathscr{O}(\mathscr{G}(\mathscr{H}_C) \otimes \mathscr{H})^m, \sqsubseteq) \to (\mathscr{O}(\mathscr{G}(\mathscr{H}_C) \otimes \mathscr{H}), \sqsubseteq)$$

是连续的。

证明：通过引理 7.4.2 对 P 的结构进行归纳就能很容易地完成该证明。   □

本章定义的量子递归程序和 3.4 节定义的递归量子程序有本质上的区别。我们可以用与处理经典编程理论中的递归非常类似的方法去定义递归量子程序的语义。更确切地说，可以通过语义泛函的不动点进行合理的描述。但是仅仅使用语义泛函还不足以描述量子递归程序的行为。我们还需要产生泛函的概念：

定义 7.4.5   对于任意"硬币" $c \in C$，可以将产生泛函

$$\mathbb{K}_c : \mathscr{O}(\mathscr{G}(\mathscr{H}_C) \otimes \mathscr{H}) \to \mathscr{O}(\mathscr{G}(\mathscr{H}_C) \otimes \mathscr{H})$$

定义为：对于任意的 $A = \sum_{\overline{n} \in \omega^C} A(\overline{n}) \in \mathscr{O}(\mathscr{G}(\mathscr{H}_C) \otimes \mathscr{H})$，都有

$$\mathbb{K}_c(A) = \sum_{\overline{n} \in \omega^C} (I_c \otimes A(\overline{n}))$$

其中 I_c 是 $\mathscr{H}_c$ 中的单位算子。

我们发现 $A(\overline{n})$ 是 $(\bigotimes_{d \in C} \mathscr{H}_d^{\otimes n_d}) \otimes \mathscr{H}$ 中的算子，然而 $I_c \otimes A(\overline{n})$ 却是

$$\mathscr{H}_c^{\otimes(n_c+1)} \otimes \left(\bigotimes_{d \in C \setminus \{c\}} \mathscr{H}_d^{\otimes n_d} \right) \otimes \mathscr{H}$$

中的算子。

在某种意义上，可以将产生泛函视作产生算子（定义 7.3.10）在域 $\mathscr{O}(\mathscr{G}(\mathscr{H}_C) \otimes \mathscr{H})$ 中的副本。产生泛函 $\mathbb{K}_c$ 可以将 $\mathscr{H}_c$ 的所有副本从当前位置向右移动一位，那么对于任意的 $i = 0, 1, 2, \cdots$，第 i 个副本将变为第 $(i+1)$ 个副本。因此会在最左边产生一个新的 $\mathscr{H}_c$ 副本。对于其他"硬币" d，$\mathbb{K}_c$ 不会移动 $\mathscr{H}_d$ 的任何一个副本。

显然对于任意两个"硬币" c, d，相对应的产生泛函 $\mathbb{K}_c$ 和 $\mathbb{K}_d$ 满足交换律，即

$$\mathbb{K}_c \circ \mathbb{K}_d = \mathbb{K}_d \circ \mathbb{K}_c$$

注意程序模式 P 中"硬币"的集合 C 中元素的数量是有限的。假设 $C = \{c_1, c_2, \cdots, c_k\}$。那么我们可以定义产生泛函

$$\mathbb{K}_C = \mathbb{K}_{c_1} \circ \mathbb{K}_{c_2} \circ \cdots \circ \mathbb{K}_{c_k}$$

当"硬币"集合 C 是空集时，$\mathbb{K}_C$ 是单位函数，即对于任意的 A 都有 $\mathbb{K}_C(A) = A$ 成立。

下面这条引理说明了在自由 Fock 空间中的算子之间平坦序的产生泛函的连续性。

引理 7.4.3（产生泛函的连续性）   对于任意的 $c \in C$，产生泛函

$$\mathbb{K}_c \text{和} \mathbb{K}_C : (\mathscr{O}(\mathscr{G}(\mathscr{H}_C) \otimes \mathscr{H}), \sqsubseteq) \to (\mathscr{O}(\mathscr{G}(\mathscr{H}_C) \otimes \mathscr{H}), \sqsubseteq)$$

具有连续性。

证明：直接通过定义即可证明。   □

结合语义泛函的连续性与产生泛函（定理 7.4.1 和引理 7.4.3），我们可以得到：

推论 7.4.1 令 $P = P[X_1, \cdots, X_m]$ 是程序模式，C 是 P 中出现的 "硬币" 的集合。我们将泛函

$$\mathbb{K}_C^m \circ [\![P]\!] : (\mathscr{O}(\mathscr{G}(\mathscr{H}_C) \otimes \mathscr{H}))^m, \sqsubseteq) \to (\mathscr{O}(\mathscr{G}(\mathscr{H}_C) \otimes \mathscr{H}), \sqsubseteq)$$

定义为

$$(\mathbb{K}_C^m \circ [\![P]\!])(\boldsymbol{A}_1, \cdots, \boldsymbol{A}_m) = [\![P]\!](\mathbb{K}_C(\boldsymbol{A}_1), \cdots, \mathbb{K}_C(\boldsymbol{A}_m))$$

对于任意的 $\boldsymbol{A}_1, \cdots, \boldsymbol{A}_m \in \mathscr{O}(\mathscr{G}(\mathscr{H}_C) \otimes \mathscr{H})$ 都成立。那么 $\mathbb{K}_C^m \circ [\![P]\!]$ 是连续的。

7.4.3 不动点语义

现在我们已经为使用标准不动点技术定义量子递归程序的指称语义做了充足的准备。让我们考虑由如下方程组声明的递归程序 P：

302

$$D : \begin{cases} X_1 \Leftarrow P_1 \\ \quad\vdots \\ X_m \Leftarrow P_m \end{cases} \tag{7.22}$$

其中 $P_i = P_i[X_1, \cdots, X_m]$ 是程序模式，它包含至多 m 个过程标识符 $X_1, \cdots, X_m$。通过最后一个小节定义的泛函 $[\![\cdot]\!]$ 和 $\mathbb{K}_C$，递归方程组 D 可以自然而然地归纳出语义泛函：

$$[\![D]\!] : \mathscr{O}(\mathscr{G}(\mathscr{H}_C) \otimes \mathscr{H})^m \to \mathscr{O}(\mathscr{G}(\mathscr{H}_C) \otimes \mathscr{H})^m$$

我们可以将其定义为：

$$[\![D]\!](\boldsymbol{A}_1, \cdots, \boldsymbol{A}_m) = ((\mathbb{K}_C^m \circ [\![P_1]\!])(\boldsymbol{A}_1, \cdots, \boldsymbol{A}_m), \cdots, (\mathbb{K}_C^m \circ [\![P_m]\!])(\boldsymbol{A}_1, \cdots, \boldsymbol{A}_m)) \tag{7.23}$$

对于所有的 $\boldsymbol{A}_1, \cdots, \boldsymbol{A}_m \in \mathscr{O}(\mathscr{G}(\mathscr{H}_C) \otimes \mathscr{H})$ 都成立，其中 C 是 D 中 "硬币" 的集合，即 $P_1, \cdots, P_m$ 中的一个。通过推论 7.4.1，我们可以发现：

$$[\![D]\!] : (\mathscr{O}(\mathscr{G}(\mathscr{H}_C) \otimes \mathscr{H})^m, \sqsubseteq) \to (\mathscr{O}(\mathscr{G}(\mathscr{H}_C) \otimes \mathscr{H})^m, \sqsubseteq)$$

是连续的。那么通过 Knaster-Tarski 不动点定理（参考定理 3.3.1）可以断言：$[\![D]\!]$ 有最小不动点态 $\mu[\![D]\!]$，这恰好是我们定义 P 的语义时所需要的。

定义 7.4.6 通过 D 声明的量子递归程序 P 的不动点（指称）语义为

$$[\![P]\!]_{\text{fix}} = [\![P]\!](\mu[\![D]\!])$$

即如果 $\mu[\![D]\!] = (\boldsymbol{A}_1^*, \cdots, \boldsymbol{A}_m^*) \in \mathscr{O}(\mathscr{G}(\mathscr{H}_C) \otimes \mathscr{H})^m$，那么

$$[\![P]\!]_{\text{fix}} = [\![P]\!](\boldsymbol{A}_1^*, \cdots, \boldsymbol{A}_m^*)$$

（参考定义 7.4.4。）

7.4.4 语法逼近

上一小节研究了量子递归程序的不动点语义。本节我们将考虑用于定义量子递归程序的语义的语法逼近技术。此外，我们还将证明本节定义的语义与不动点语义是等价的。

正如 7.2 节最后所讨论的那样，在定义 "替换" 的概念时会出现一个在经典编程理论中不会出现的问题：必须避免量子 "硬币" 变量冲突。为了解决此问题，我们假设每个 "硬币" 变量 $c \in C$ 都有无数个副本 $c_0, c_1, c_2, \cdots$ 且 $c_0 = c$。我们用变量 $c_1, c_2, \cdots$ 来表示一系列与 $c_0 = c$ 相同的粒子。那么我们可以对 7.1 节定义的量子程序模式的概念进行扩展：量子程序模式可能包含不只一个 "硬币" c，还可能包含 c 的副本 $c_1, c_2, \cdots$。我们将这样的量子程序模式称为广义量子程序模式。如果广义量子程序模式没有包含任何过程标识符，那么我们就称其为广义量子程序。有了这些假设，我们可以对替换的概念进行介绍。

定义 7.4.7 令 $P = P[X_1, \cdots, X_m]$ 是广义量子程序模式，它包含至多 m 个过程标识符 $X_1, \cdots, X_m$。令 $Q_1, \cdots, Q_m$ 是广义量子程序（不包含过程标识符）。那么将 P 中的 $X_1, \cdots, X_m$ 同时用 $Q_1, \cdots, Q_m$ 进行替换，可以得到

$$P[Q_1/X_1, \cdots, Q_m/X_m]$$

我们可以将其归纳定义为：

(1) 如果 $P = \mathbf{abort}$、$\mathbf{skip}$ 或者幺正变换，那么

$$P[Q_1/X_1, \cdots, Q_m/X_m] = P$$

(2) 如果 $P = X_i (1 \leqslant i \leqslant m)$，那么

$$P[Q_1/X_1, \cdots, Q_m/X_m] = Q_i$$

(3) 如果 $P = P_1; P_2$，那么

$$P[Q_1/X_1, \cdots, Q_m/X_m] = P_1[Q_1/X_1, \cdots, Q_m/X_m]; P_2[Q_1/X_1, \cdots, Q_m/X_m]$$

(4) 如果 $P = \mathbf{qif}\ [c](\square i \cdot |i\rangle \to P_i)\ \mathbf{fiq}$，那么

$$P[Q_1/X_1, \cdots, Q_m/X_m] = \mathbf{qif}\ [c](\square i \cdot |i\rangle \to P_i')\ \mathbf{fiq}$$

其中对于任意的 i，P_i' 是通过将 $P_i[Q_1/X_1, \cdots, Q_m/X_m]$ 中 c 的所有第 j 个副本 c_j 用第 $(j+1)$ 个副本 c_{j+1} 进行替换得到的。

注意该定义中的子句 (4)，因为 P 是广义量子程序模式，所以 "硬币" c 可能不是原始 "硬币"，而是原始 "硬币" $d \in C$ 的副本 d_k。在这种情况下，c 的第 j 个副本实际上就是 d 的第 $(k+j)$ 个副本：对于任意的 $j \geqslant -d$，都有 $c_j = (d_k)_j = d_{k+j}$。

将 "硬币" c 和它的副本 $c_1, c_2, \cdots$ 当成互不相同的变量，就能通过定义 7.1.2 给出广义量子程序 P 的语义。对于任意 "硬币" c，令 n_c 是满足 c_n 在 P 中的索引 n 的最大值。那么 P 的语义 $[P]$ 是 $(\bigotimes_{c \in C} \mathcal{H}_c^{\otimes n_c}) \otimes \mathcal{H}$ 中的算子。此外，我们认为 $[P]$ 与它在 $\mathcal{O}(\mathcal{G}(\mathcal{H}_C) \otimes \mathcal{H})$ 中的柱面扩张

$$\sum_{\overline{m} \in \omega^C} (I(\overline{m}) \otimes [P])$$

是相同的，其中对于任意的 $\overline{m} \in \omega^C$，$I(\overline{m})$ 是 $\bigotimes_{c \in C} \mathcal{H}_c^{\otimes m_c}$ 中的单位算子。基于上述观察，我们可以给出前面定义的替换语义的特点。

引理 7.4.4 对于任意的（广义）量子程序模式 $P = P[X_1, \cdots, X_m]$ 和（广义）量子程序 $Q_1, \cdots, Q_m$，我们有：

$$\llbracket P[Q_1/X_1, \cdots, Q_m/X_m] \rrbracket = (\mathbb{K}_C^m \circ \llbracket P \rrbracket)(\llbracket Q_1 \rrbracket, \cdots, \llbracket Q_m \rrbracket)$$
$$= \llbracket P \rrbracket(\mathbb{K}_C(\llbracket Q_1 \rrbracket), \cdots, \mathbb{K}_C(\llbracket Q_m \rrbracket))$$

其中 $\mathbb{K}_C$ 是产生泛函，C 是 P 中"硬币"变量的集合。

证明：我们可以通过对 P 的结构使用归纳法来对这个引理进行证明。

- 情况 1：$P = \mathbf{abort}$、$\mathbf{skip}$ 或者幺正算子。这种情况显然成立。
- 情况 2：$P = X_j (1 \leqslant j \leqslant m)$。那么

$$P[Q_1/X_1, \cdots, Q_m/X_m] = Q_m$$

另一方面，因为 P 中"硬币"变量的集合是空集：

$$\mathbb{K}_C(\llbracket Q_i \rrbracket) = \llbracket Q_i \rrbracket$$

对于任意的 $1 \leqslant i \leqslant m$ 都成立，因此通过定义 7.4.4 的子句 (4)，我们可以得出：

$$\llbracket P[Q_1/X_1, \cdots, Q_m/X_m] \rrbracket = \llbracket Q_m \rrbracket$$
$$= \llbracket P \rrbracket(\llbracket Q_1 \rrbracket, \cdots, \llbracket Q_m \rrbracket)$$
$$= \llbracket P \rrbracket(\mathbb{K}_C(\llbracket Q_1 \rrbracket), \cdots, \mathbb{K}_C(\llbracket Q_m \rrbracket))$$

- 情况 3：$P = P_1; P_2$。那么通过定义 7.1.2 的子句 (3)、定义 7.4.4 的子句 (5) 和归纳假设，我们可以得到：

$$\llbracket P[Q_1/X_1, \cdots, Q_m/X_m] \rrbracket = \llbracket P_1[Q_1/X_1, \cdots, Q_m/X_m]; P_2[Q_1/X_1, \cdots, Q_m/X_m] \rrbracket$$
$$= \llbracket P_2[Q_1/X_1, \cdots, Q_m/X_m] \rrbracket \cdot \llbracket P_1[Q_1/X_1, \cdots, Q_m/X_m] \rrbracket$$
$$= \llbracket P_2 \rrbracket(\mathbb{K}_C(\llbracket Q_1 \rrbracket), \cdots, \mathbb{K}_C(\llbracket Q_m \rrbracket)) \cdot \llbracket P_1 \rrbracket(\mathbb{K}_C(\llbracket Q_1 \rrbracket), \cdots, \mathbb{K}_C(\llbracket Q_m \rrbracket))$$
$$= \llbracket P_1; P_2 \rrbracket(\mathbb{K}_C(\llbracket Q_1 \rrbracket), \cdots, \mathbb{K}_C(\llbracket Q_m \rrbracket))$$
$$= \llbracket P \rrbracket(\mathbb{K}_C(\llbracket Q_1 \rrbracket), \cdots, \mathbb{K}_C(\llbracket Q_m \rrbracket))$$

- 情况 4：$P = \mathbf{qif}\ [c](\square i \cdot |i\rangle \to P_i)\ \mathbf{fiq}$。那么

$$P[Q_1/X_1, \cdots, Q_m/X_m] = \mathbf{qif}\ [c](\square i \cdot |i\rangle \to P_i')\ \mathbf{fiq}$$

其中 P_i' 可以根据定义 7.4.7 的子句 (4) 得到。对于任意的 i，因为"硬币" c 不会出现在 P_i' 中，所以通过归纳假设我们可以得到：

$$\llbracket P_i[Q_1/X_1, \cdots, Q_m/X_m] \rrbracket = \llbracket P_i \rrbracket(\mathbb{K}_{C \setminus \{c\}}(\llbracket Q_1 \rrbracket), \cdots, \mathbb{K}_{C \setminus \{c\}}(\llbracket Q_m \rrbracket))$$

305

此外

$$
\begin{aligned}
[\![P_i']\!] &= \mathbb{K}_c([\![P_i[Q_1/X_1,\cdots,Q_m/X_m]]\!]) \\
&= \mathbb{K}_c([\![P_i]\!](\mathbb{K}_{C\backslash\{c\}}([\![Q_1]\!]),\cdots,\mathbb{K}_{C\backslash\{c\}}([\![Q_1]\!]))) \\
&= [\![P_i]\!]((\mathbb{K}_c \circ \mathbb{K}_{C\backslash\{c\}})([\![Q_1]\!]),\cdots,(\mathbb{K}_c \circ \mathbb{K}_{C\backslash\{c\}})([\![Q_m]\!])) \\
&= [\![P_i]\!](\mathbb{K}_C([\![Q_1]\!]),\cdots,\mathbb{K}_C([\![Q_m]\!]))
\end{aligned}
$$

因此，通过定义 7.1.2 的子句 (4)、定义 7.4.4 的子句 (6) 和公式 (7.21)，我们有：

$$
\begin{aligned}
[\![P[Q_1/X_1,\cdots,Q_m/X_m]]\!] &= \sum_i (|i\rangle\langle i| \otimes [\![P_i']\!]) \\
&= \square(c,|i\rangle \rightarrow [\![P_i]\!](\mathbb{K}_C([\![Q_1]\!]),\cdots,\mathbb{K}_C([\![Q_m]\!]))) \\
&= [\![P]\!](\mathbb{K}_C([\![Q_1]\!]),\cdots,\mathbb{K}_C([\![Q_m]\!])) \qquad\qquad \square
\end{aligned}
$$

从本质上而言，上述引理表明广义量子程序模式的语义泛函实际上模产生泛函是组合的。

现在我们可以基于定义 7.4.7 对语法逼近的概念进行定义。

定义 7.4.8

(1) 令 $X_1,\cdots,X_m$ 是通过递归方程组 $D(7.22)$ 声明的过程标识符。那么对于任意的 $1 \leqslant k \leqslant m$，我们可以将 X_k 的第 n 次语法逼近 $X_k^{(n)}$ 归纳定义为：

$$
\begin{cases}
X_k^{(0)} = \mathbf{abort} \\
X_k^{(n+1)} = P_k[X_1^{(n)}/X_1,\cdots,X_m^{(n)}/X_m], \text{对于任意的 } n \geqslant 0 \text{ 都成立}
\end{cases}
$$

(2) 令 $P = P[X_1,\cdots,X_m]$ 是通过递归方程组 $D(7.22)$ 声明的量子递归程序。那么对于任意的 $n \geqslant 0$，我们可以将它的第 n 次语法逼近 $P^{(n)}$ 归纳定义为：

$$
\begin{cases}
P^{(0)} = \mathbf{abort} \\
P^{(n+1)} = P[X_1^{(n)}/X_1,\cdots,X_m^{(n)}/X_m], \text{对于任意的 } n \geqslant 0 \text{ 都成立}
\end{cases}
$$

语法逼近实际上给出了量子递归程序的操作语义。与经典编程理论相似，"替换"代表所谓的复制规则的一种应用：

- 在程序执行的过程中，程序调用就是将程序体插入到产生调用的地方。

当然，通过线性算子的运算可以在 $X_k^{(n)}$ 中进行简化；例如，

$$
\mathrm{CNOT}[q_1,q_2]; X[q_2]; \mathrm{CNOT}[q_1,q_2]
$$

可以通过 $X[q_2]$ 进行替换，其中 q_1 和 q_2 是主系统变量，CNOT 是受控 NOT 门，X 是 NOT 门。为了简化描述，此处我们选择不对这种简化进行详细介绍。

在经典情况下和在量子情况下的最大不同在于，如果是后者，那么当我们通过量子递归程序的语法逼近对其进行展开时，为了避免变量冲突，需要不断地引入新的"硬币"变量：对于任意的 $n \geqslant 0$，替换

$$
X_k^{(n+1)} = P_k[X_1^{(n)}/X_1,\cdots,X_m^{(n)}/X_m]
$$

会为 P_k 中的每个"硬币"都创造一个新的副本（参考定义 7.4.7 的子句 (4)）。因此，我们应当将量子递归程序理解为具有可变数量粒子的量子系统，并使用二次量子化的方法对其进行描述。

注意对于所有的 $1 \leqslant k \leqslant m$ 和 $n \geqslant 0$，语法逼近 $X_k^{(n)}$ 是不包含过程标识符的广义量子程序。因此，对定义 7.1.2 按照如下方式稍加扩展就可以给出它的语义 $[\![X_k^{(n)}]\!]$：允许"硬币" c 和它的副本 $c_1, c_2, \cdots$ 出现在同一个（广义）程序中，且需要将它们视作不同的变量。和之前一样，主系统是由 $P_1, \cdots, P_m$ 中的主变量所表示的子系统构成的复合系统，它的状态空间为 $\mathscr{H}$。假设 C 是 $P_1, \cdots, P_m$ 中出现的"硬币"变量的集合。对于任意的 $c \in C$，我们将量子"硬币" c 的状态空间记为 $\mathscr{H}_c$。那么很容易发现 $[\![X_k^{(n)}]\!]$ 是

$$\bigoplus_{j=0}^{n} \left(\mathscr{H}_C^{\otimes n_j} \otimes \mathscr{H} \right)$$

中的算子，其中 $\mathscr{H}_C = \bigotimes_{c \in C} \mathscr{H}_c$。所以，我们可以猜想 $[\![X_k^{(n)}]\!] \in \mathscr{O}(\mathscr{G}(\mathscr{H}_C) \otimes \mathscr{H})$。此外，我们有：

引理 7.4.5 对于任意的 $1 \leqslant k \leqslant m$，$\{[\![X_k^{(n)}]\!]\}_{n=0}^{\infty}$ 是关于平坦序的递增链，因此

$$[\![X_k^{(\infty)}]\!] = \lim_{n \to \infty} [\![X_k^{(n)}]\!] \triangleq \bigsqcup_{n=0}^{\infty} [\![X_k^{(n)}]\!] \tag{7.24}$$

属于 $(\mathscr{O}(\mathscr{G}(\mathscr{H}_C) \otimes \mathscr{H}), \sqsubseteq)$。

证明：我们通过对 n 使用归纳法来证明：

$$[\![X_k^{(n)}]\!] \sqsubseteq [\![X_k^{(n+1)}]\!]$$

因为

$$[\![X_k^{(0)}]\!] = [\![\mathbf{abort}]\!] = 0$$

所以 $n=0$ 的情况并不重要。

一般地，通过 $n-1$ 时的递归假设和推理 7.4.1，我们有：

$$\begin{aligned}
[\![X_k^{(n)}]\!] &= [\![P_k]\!](\mathbb{K}_C([\![X_1^{(n-1)}]\!]), \cdots, \mathbb{K}_C([\![X_m^{(n-1)}]\!])) \\
&\sqsubseteq [\![P_k]\!](\mathbb{K}_C([\![X_1^{(n)}]\!]), \cdots, \mathbb{K}_C([\![X_m^{(n)}]\!])) \\
&= [\![X_k^{(n+1)}]\!]
\end{aligned}$$

其中 C 是 D 中"硬币"变量的集合。那么根据引理 7.4.1，可以发现最小上界 (7.24) 是存在的。 □

我们现在准备定义量子递归程序的操作语义。

定义 7.4.9 令 P 是通过递归方程组 $D(7.22)$ 进行声明的量子递归程序。那么它的操作语义为

$$[\![P]\!]_{\mathrm{op}} = [\![P]\!] \left([\![X_1^{(\infty)}]\!], \cdots, [\![X_m^{(\infty)}]\!] \right)$$

307

因为算子 $[P]_{\mathrm{op}}$ 是基于复制规则定义的,所以我们将它称为操作语义。但由于 $[X_m^{(\infty)}](1 \leqslant i \leqslant m)$ 中包含极限的概念,所以它并不是严格意义上的操作语义。

量子递归程序 P 的操作语义可以通过它的(关于声明 D)语法逼近的极限进行描述。

命题 7.4.1   在域 $(\mathscr{O}(\mathscr{G}(\mathscr{H}_C) \otimes \mathscr{H}), \sqsubseteq)$ 中满足

$$[P]_{\mathrm{op}} = \bigsqcup_{n=0}^{\infty} [P^{(n)}]$$

证明: 从引理 7.4.4 可以得出

$$\bigsqcup_{n=0}^{\infty} [P^{(n)}] = \bigsqcup_{n=0}^{\infty} [P[X_1^{(n)}/X_1, \cdots, X_m^{(n)}/X_m]]$$

$$= \bigsqcup_{n=0}^{\infty} [P]\left(\mathbb{K}_C([X_1^{(n)}]), \cdots, \mathbb{K}_C([X_m^{(n)}])\right)$$

其中 $\mathbb{K}_C$ 是与 P 中"硬币"C 相关的产生泛函。但是,P 中所有的"硬币"C 都不会在 $X_1^{(n)}, \cdots, X_m^{(n)}$ 中出现(参考定义 7.1.3)。所以

$$\mathbb{K}_C\left([X_k^{(n)}]\right) = [X_k^{(n)}]$$

对于任意的 $1 \leqslant k \leqslant m$ 都成立。通过定理 7.4.1,我们可以得到:

$$\bigsqcup_{n=0}^{\infty} [P^{(n)}] = \bigsqcup_{n=0}^{\infty} [P]\left([X_1^{(n)}], \cdots, [X_m^{(n)}]\right)$$

$$= [P]\left(\bigsqcup_{n=0}^{\infty} [X_1^{(n)}], \cdots, \bigsqcup_{n=0}^{\infty} [X_m^{(n)}]\right)$$

$$= [P]([X_1^{\infty}], \cdots, [X_m^{\infty}])$$

$$= [P]_{\mathrm{op}} \qquad \square$$

直观上而言,对于任意的 $n \geqslant 0$,$[P^{(n)}]$ 表示递归程序 P 执行到第 n 步时的部分计算结果$\ominus$。因此上述命题表明完整的计算结果可以通过局部计算结果来近似表示。

最后,我们来介绍递归程序的指称语义和操作语义之间的等价性:

定理 7.4.2(指称语义和操作语义之间的等价性)   对于任意的量子递归程序 P,我们有:

$$[P]_{\mathrm{fix}} = [P]_{\mathrm{op}}$$

证明: 通过定义 7.4.6 和 7.4.9,我们可以证明 $\left([X_1^{(\infty)}], \cdots, [X_m^{(\infty)}]\right)$ 是语义函数 $[D]$ 的最小不动点,其中 D 是 P 中过程标识符的声明。结合定理 7.4.1、引理 7.4.3 和 7.4.4,可以得到:

$\ominus$ 这里的部分指的是非完全,只标记了前 n 步,程序可以执行超过 n 步,这时 n 步的结果自然是局部的了。
    ——译者注

$$\llbracket X_k^{(\infty)} \rrbracket = \bigsqcup_{n=0}^{\infty} \llbracket X_k^{(n)} \rrbracket$$

$$= \bigsqcup_{n=0}^{\infty} \llbracket P_k[X_1^{(n)}/X_1, \cdots, X_m^{(n)}/X_m] \rrbracket$$

$$= \bigsqcup_{n=0}^{\infty} \llbracket P_k \rrbracket \left(\mathbb{K}_C \left(\llbracket X_1^{(n)} \rrbracket \right), \cdots, \mathbb{K}_C \left(\llbracket X_m^{(n)} \rrbracket \right) \right)$$

$$= \llbracket P_k \rrbracket \left(\mathbb{K}_C \left(\bigsqcup_{n=0}^{\infty} \llbracket X_1^{(n)} \rrbracket \right), \cdots, \mathbb{K}_C \left(\bigsqcup_{n=0}^{\infty} \llbracket X_m^{(n)} \rrbracket \right) \right)$$

$$= \llbracket P_k \rrbracket \left(\mathbb{K}_C \left(\llbracket X_1^{(\infty)} \rrbracket \right), \cdots, \mathbb{K}_C \left(\llbracket X_m^{(\infty)} \rrbracket \right) \right)$$

对于任意的 $1 \leqslant k \leqslant m$ 都成立,其中 C 是 D 中"硬币"变量的集合。所以 $\left(\llbracket X_1^{(\infty)} \rrbracket, \cdots, \llbracket X_m^{(\infty)} \rrbracket \right)$ 是 $\llbracket D \rrbracket$ 的一个不动点。另一方面,如果 $(\boldsymbol{A}_1, \cdots, \boldsymbol{A}_m) \in \mathscr{O}(\mathscr{G}(\mathscr{H}_C) \otimes \mathscr{H})$ 是 $\llbracket D \rrbracket$ 的一个不动点,那么我们可以通过归纳法证明对于任意的 $n \geqslant 0$,都有 309

$$\left(\llbracket X_1^{(\infty)} \rrbracket, \cdots, \llbracket X_m^{(\infty)} \rrbracket \right) \sqsubseteq (\boldsymbol{A}_1, \cdots, \boldsymbol{A}_m)$$

$n = 0$ 的情况显然成立。一般地,通过 $n-1$ 的递归假设、推论 7.4.1 和引理 7.4.4,我们可以得出:

$$(\boldsymbol{A}_1, \cdots, \boldsymbol{A}_m) = \llbracket D \rrbracket (\boldsymbol{A}_1, \cdots, \boldsymbol{A}_m)$$

$$= ((\mathbb{K}_C^m \circ \llbracket P_1 \rrbracket)(\boldsymbol{A}_1, \cdots, \boldsymbol{A}_m), \cdots, (\mathbb{K}_C^m \circ \llbracket P_m \rrbracket)(\boldsymbol{A}_1, \cdots, \boldsymbol{A}_m))$$

$$\sqsupseteq ((\mathbb{K}_C^m \circ \llbracket P_1 \rrbracket) \left(\llbracket X_1^{(n-1)} \rrbracket, \cdots, \llbracket X_m^{(n-1)} \rrbracket \right), \cdots, (\mathbb{K}_C^m \circ \llbracket P_m \rrbracket) \left(\llbracket X_1^{(n-1)} \rrbracket, \cdots, \llbracket X_m^{(n-1)} \rrbracket \right))$$

$$= \left(\llbracket X_1^{(n)} \rrbracket, \cdots, \llbracket X_m^{(n)} \rrbracket \right)$$

因此,它满足

$$\left(\llbracket X_1^{(\infty)} \rrbracket, \cdots, \llbracket X_m^{(\infty)} \rrbracket \right) = \bigsqcup_{n=0}^{\infty} \left(\llbracket X_1^{(n)} \rrbracket, \cdots, \llbracket X_m^{(n)} \rrbracket \right) \sqsubseteq (\boldsymbol{A}_1, \cdots, \boldsymbol{A}_m)$$

且 $\left(\llbracket X_1^{(\infty)} \rrbracket, \cdots, \llbracket X_m^{(\infty)} \rrbracket \right)$ 是 $\llbracket D \rrbracket$ 的最小不动点。 □

根据这个定理,可以将递归程序 P 的指称语义和操作语义都简单地写作 $\llbracket P \rrbracket$。但是我们需要对由关于 $X_1, \cdots, X_m$ 的递归方程组声明的递归程序 $P = P[X_1, \cdots, X_m]$ 的语义 $\llbracket P \rrbracket \in \mathscr{O}(\mathscr{G}(\mathscr{H}_C) \otimes \mathscr{H})$ 与程序模式 $P = P[X_1, \cdots, X_m]$ 的语义函数

$$\llbracket P \rrbracket : \mathscr{O}(\mathscr{G}(\mathscr{H}_C) \otimes \mathscr{H})^m \to \mathscr{O}(\mathscr{G}(\mathscr{H}_C) \otimes \mathscr{H})$$

加以区分。通常只需要结合上下文环境就可以做出判断。

7.5 恢复对称性与反对称性

上一节对如何在自由 Fock 空间下求解量子递归方程进行了研究。但因为这些解不保有对称性或者反对称性,不能直接应用于玻色子的对称 Fock 空间或者费米子的反对称 Fock 空间,所以在自由 Fock 空间中找到的解并不是我们真正需要的。本节中,我们将用对称化方法将自由 Fock 空间中的每一个解都转换到玻色子或费米子 Fock 空间中去。 310

7.5.1　对称函数

首先我们将 $\mathscr{O}(\mathscr{G}(\mathscr{H}_C) \otimes \mathscr{H})$ 中的一类名为对称算子的子域隔离出来。正如 7.4.1 节所述，令 $\mathscr{H}$ 是主系统的状态空间，C 代表"硬币"变量的集合，且

$$\mathscr{G}(\mathscr{H}_C) \otimes \mathscr{H} = \left(\bigotimes_{c \in C} \mathscr{F}(\mathscr{H}_c) \right) \otimes \mathscr{H} = \bigotimes_{\overline{n} \in \omega^C} \left[\left(\bigotimes_{c \in C} \mathscr{H}_c^{\otimes n_c} \right) \otimes \mathscr{H} \right]$$

其中 ω 是非负整数集合，对于任意的 $c \in C$，$\mathscr{F}(\mathscr{H}_c)$ 是"硬币" c 的状态空间 $\mathscr{H}_c$ 上的自由 Fock 空间。将定义 7.3.6 稍加扩展，可以得到：

定义 7.5.1　对于任意的算子 $\boldsymbol{A} = \sum_{\overline{n} \in \omega^C} \boldsymbol{A}(\overline{n}) \in \mathscr{O}(\mathscr{G}(\mathscr{H}_C) \otimes \mathscr{H})$，如果对于任意的 $\overline{n} \in \omega^C$，任意的 $c \in C$ 和 $0, 1, \cdots, n_c - 1$ 的任意排列 π 都有 P_π 和 $\boldsymbol{A}(\overline{n})$ 满足交换律；即

$$P_\pi \boldsymbol{A}(\overline{n}) = \boldsymbol{A}(\overline{n}) P_\pi$$

那么我们称 $\boldsymbol{A}$ 具有对称性。

注意在上述定义中，P_π 实际上代表它的柱形扩张

$$P_\pi \otimes \left(\bigotimes_{d \in C \setminus \{c\}} I_d \right) \otimes I \in \left(\bigotimes_{d \in C} \mathscr{H}_d^{\otimes n_d} \right) \otimes \mathscr{H}$$

其中对于任意的 $d \in C \setminus \{c\}$，I_d 是 $\mathscr{H}_d^{\otimes n_d}$ 的单位算子，I 是 $\mathscr{H}$ 的单位算子。

我们将所有对称算子 $\boldsymbol{A} \in \mathscr{O}(\mathscr{G}(\mathscr{H}_C) \otimes \mathscr{H})$ 构成的集合记为 $\mathscr{SO}(\mathscr{G}(\mathscr{H}_C) \otimes \mathscr{H})$。它的格理论结构为：

引理 7.5.1　$(\mathscr{SO}(\mathscr{G}(\mathscr{H}_C) \otimes \mathscr{H}), \sqsubseteq)$ 是 CPO $(\mathscr{O}(\mathscr{G}(\mathscr{H}_C) \otimes \mathscr{H}), \sqsubseteq)$ 的一个完备子偏序。

证明：可以发现算子的对称性是由 $(\mathscr{O}(\mathscr{G}(\mathscr{H}_C) \otimes \mathscr{H}), \sqsubseteq)$ 的最小上界所保持的；即如果 $\boldsymbol{A}_i$ 具有对称性，那么 $\bigsqcup_i \boldsymbol{A}_i$ 同样具有对称性，这在引理 7.4.1 的证明过程中已经提到过。□

现在我们将通过式 (7.14) 和式 (7.15) 定义的对称函数扩展到空间 $\mathscr{O}(\mathscr{G}(\mathscr{H}_C) \otimes \mathscr{H})$ 中。

定义 7.5.2

(1) 对于任意的 $\overline{n} \in \omega^C$，我们可以将空间 $\left(\bigotimes_{c \in C} \mathscr{H}_c^{\otimes n_c} \right) \otimes \mathscr{H}$ 中的算子的对称函数 $\mathbb{S}$ 定义为：

$$\mathbb{S}(\boldsymbol{A}) = \left(\prod_{c \in C} \frac{1}{n_c!} \right) \cdot \sum_{\{\pi_c\}} \left[\left(\bigotimes_{c \in C} P_{\pi_c} \right) \boldsymbol{A} \left(\bigotimes_{c \in C} P_{\pi_c}^{-1} \right) \right]$$

对于任意属于 $\left(\bigotimes_{c \in C} \mathscr{H}_c^{\otimes n_c} \right) \otimes \mathscr{H}$ 的算子 $\boldsymbol{A}$ 都成立，其中 $\{\pi_c\}$ 遍历所有以 C-indexed 中元素为下标的簇，对于任意的 $c \in C$，π_c 是 $0, 1, \cdots, n_c - 1$ 的一个排列。

(2) 可以将对称函数扩展到 $\mathscr{O}(\mathscr{G}(\mathscr{H}_C) \otimes \mathscr{H})$ 中：

$$\mathbb{S}(\boldsymbol{A}) = \sum_{\overline{n} \in \omega^C} \mathbb{S}(\boldsymbol{A}(\overline{n}))$$

对于任意的 $\boldsymbol{A} = \sum_{\overline{n} \in \omega^C} \boldsymbol{A}(\overline{n}) \in \mathscr{O}(\mathscr{G}(\mathscr{H}_C) \otimes \mathscr{H})$ 都成立。

显然，$\mathcal{S}(A) \in \mathscr{SO}(\mathcal{G}(\mathcal{H}_C) \otimes \mathcal{H})$。上述定义的子句 (1) 与式 (7.15) 本质上是相同的，只是我们将它应用到了一个更复杂的空间 $(\bigotimes_{c \in C} \mathcal{H}_c^{\otimes n_c}) \otimes \mathcal{H}$ 中。将子句 (1) 按照分量方式进行扩展可以得到子句 (2)。下面这条引理介绍了对称函数关于平坦序的连续性。

引理 7.5.2　对称函数

$$\mathcal{S} : (\mathcal{O}(\mathcal{G}(\mathcal{H}_C) \otimes \mathcal{H}), \sqsubseteq) \to (\mathscr{SO}(\mathcal{G}(\mathcal{H}_C) \otimes \mathcal{H}), \sqsubseteq)$$

是连续的。

证明：我们需要证明

$$\mathcal{S}\left(\bigsqcup_i A_i\right) = \bigsqcup_i \mathcal{S}(A_i)$$

对于 $(\mathcal{O}(\mathcal{G}(\mathcal{H}_C) \otimes \mathcal{H}), \sqsubseteq)$ 中的任意链 $\{A_i\}$ 都成立。假设 $A = \bigsqcup_i A_i$。那么通过引理 7.4.1 的证明过程，我们可以得出：存在满足 $\bigcup_i \Omega_i = \omega^C$ 的 Ω_i 使得

$$A = \sum_{\overline{n} \in \omega} A(\overline{n}) \quad \text{且} \quad A_i = \sum_{\overline{n} \in \Omega_i} A(\overline{n})$$

成立。所以我们可得到：

$$\bigsqcup_i \mathcal{S}(A_i) = \bigsqcup_i \sum_{\overline{n} \in \Omega_i} \mathcal{S}(A(\overline{n})) = \sum_{\overline{n} \in \omega^C} \mathcal{S}(A(\overline{n})) = \mathcal{S}(A) \qquad \square$$

7.5.2　量子递归程序语义的对称性

有了上一小节的准备，我们现在直接将对称函数作用于量子递归方程在 Fock 空间上的解，就可以给出对称或者反对称 Fock 空间中的量子递归程序的语义。

|312|

定义 7.5.3　令 $P = P[X_1, \cdots, X_m]$ 是通过方程组 $D(7.22)$ 声明的量子递归程序。那么它的对称语义 $[\![P]\!]_{\mathrm{sym}}$ 是它在自由 Fock 空间中的语义 $[\![P]\!]$ 的对称[⊖]：

$$[\![P]\!]_{\mathrm{sym}} = \mathcal{S}([\![P]\!])$$

其中 $\mathcal{S}$ 是对称函数，且

$$[\![P]\!] = [\![P]\!]_{\mathrm{fix}} = [\![P]\!]_{\mathrm{op}} \in \mathcal{O}(\mathcal{G}(\mathcal{H}_C) \otimes \mathcal{H})$$

（参考定理 7.4.2），C 是 D 中"硬币"变量的集合，$\mathcal{H}$ 是 D 的主系统的状态空间。

直观上而言，对于任意的"硬币"$c \in C$，我们用 $v_c = +$ 或者 $-$ 分别来表示 c 是一个玻色子或者费米子。此外，v 表示序列 $\{v_c\}_{c \in C}$。那么

$$\mathcal{G}_v(\mathcal{H}_C) \triangleq \bigotimes_{c \in C} \mathcal{F}_{v_c}(\mathcal{H}_c) \subsetneq \mathcal{G}(\mathcal{H}_C)$$

根据对称化的原理，程序 P 的具有物理意义的输入应当是属于空间 $\mathcal{G}_v(\mathcal{H}_C) \otimes \mathcal{H}$ 的态 $|\Psi\rangle$。但除非它满足：

$$[\![P]\!]_{\mathrm{sym}}(|\Psi\rangle) = \mathcal{S}([\![P]\!])(|\Psi\rangle) \in \mathcal{G}_v(\mathcal{H}_C) \otimes \mathcal{H}$$

⊖ 即将上节介绍的对称函数作用于该语义上。——译者注

否则它的输出 $[P](|\psi\rangle)$ 并不一定属于 $\mathcal{G}_v(\mathcal{H}_C) \otimes \mathcal{H}$，因此也就并不一定具有实际的物理意义。

作为命题 7.4.1 的对称，我们可以从语法逼近的角度给出对称化语义的一条特性：

命题 7.5.1

$$[P]_{\mathrm{sym}} = \bigsqcup_{n=0}^{\infty} \mathcal{S}\left([P^{(n)}]\right)$$

证明： 通过命题 7.4.1 和引理 7.5.2（对称函数的连续性），可以得出：

$$[P]_{\mathrm{sym}} = \mathcal{S}([P]) = \mathcal{S}\left(\bigsqcup_{n=0}^{\infty}[P^{(n)}]\right) = \bigsqcup_{n=0}^{\infty}\mathcal{S}([P^{(n)}]) \qquad \square$$

7.6 量子递归的主系统语义

在上一节中，我们通过将量子递归程序在自由 Fock 空间下的语义进行对称化处理，得到了量子递归程序的对称语义的概念。令 P 是一个量子递归程序，它的主变量的状态空间为 $\mathcal{H}$，它的"硬币"变量的集合为 C。那么语义 $[P]$ 是空间 $\mathcal{G}(\mathcal{H}_C) \otimes \mathcal{H}$ 中的一个算子，其中 $\mathcal{G}(\mathcal{H}_C) = \bigotimes_{c \in C} \mathcal{F}(\mathcal{H}_C)$。对于任意的 $c \in C$，$\mathcal{H}_c$ 是"硬币" c 的状态空间，$\mathcal{F}(\mathcal{H}_C)$ 是 $\mathcal{H}_c$ 上的自由 Fock 空间。此外，我们令

$$\mathcal{G}_v(\mathcal{H}_C) = \bigotimes_{c \in C} \mathcal{F}_{v_c}(\mathcal{H}_C)$$

其中 v 代表序列 $\{v_c\}_{c \in C}$，且对于任意的 $c \in C$，如果"硬币" c 是通过玻色子实现的，那么 $v_c = +$；如果"硬币" c 是通过费米子实现的，那么 $v_c = -$。因此，对称语义 $[P]_{\mathrm{sym}}$ 是 $\mathcal{G}_v(\mathcal{H}_C) \otimes \mathcal{H}$ 中的一个算子。从上一节的讨论中我们发现，引入量子"硬币" C（和它的副本）仅仅是为了帮助程序 P 的执行，而不是让它们实际参与运算。我们真正关心的是主系统的计算过程。更确切地说，我们关注的是在主变量的输入为 $|\psi\rangle \in \mathcal{H}$ 时，程序 P 的计算过程。假设"硬币"变量的初始态为 $|\Psi\rangle \in \mathcal{G}_v(\mathcal{H}_C)$。那么程序 P 将会从 $|\Psi\rangle \otimes |\psi\rangle$ 开始计算。最后，P 的计算结果将被会存储于主系统的希尔伯特空间 $\mathcal{H}$ 中。根据上述观察，我们可以得出：

定义 7.6.1 给定一个态 $|\Psi\rangle \in \mathcal{G}_v(\mathcal{H}_C)$。满足"硬币"变量的初始态为 $|\Psi\rangle$ 的程序 P 的主系统语义是从 $\mathcal{H}$ 中的纯态到 $\mathcal{H}$ 局部密度算子（即满足迹不大于 1 的正定算子，参考 3.2 节）的映射 $[P, \Psi]$：

$$[P, \Psi](|\psi\rangle) = \mathrm{tr}_{\mathcal{G}_v(\mathcal{H}_C)}(|\Phi\rangle\langle\Phi|)$$

对于任意属于 $\mathcal{H}$ 的纯态 $|\psi\rangle$ 都成立，其中

$$|\Phi\rangle = [P]_{\mathrm{sym}}(|\Psi\rangle \otimes |\psi\rangle)$$

$[P]_{\mathrm{sym}}$ 是 P 的对称语义，且 $\mathrm{tr}_{\mathcal{G}_v(\mathcal{H}_C)}$ 是 $\mathcal{G}_v(\mathcal{H}_C)$ 上的偏迹（参考定义 2.1.22）。

作为命题 7.5.1 的一个推论，我们可以从语法逼近的角度给出主系统语义的一条特性：

命题 7.6.1 对于任意的量子递归程序 P, 任意的初始"硬币"态 $|\Psi\rangle$ 和任意的主系统态 $|\psi\rangle$,

$$[\![P, \Psi]\!](|\psi\rangle) = \bigsqcup_{n=0}^{\infty} \text{tr}_{\otimes_{c \in C} \mathscr{H}_{v_c}^{\otimes n}} (|\Phi_n\rangle\langle\Phi_n|)$$

其中 C 是 P 中"硬币"变量的集合,

$$|\Phi_n\rangle = \mathscr{S}\left([\![P^{(n)}]\!](|\Psi\rangle \otimes |\psi\rangle)\right)$$

且对于任意的 $n \geqslant 0$, $P^{(n)}$ 是 P 的第 n 次语法逼近。

练习 7.6.1 证明上述命题。 $\boxed{314}$

7.7 例子: 回顾递归量子游走

上一节设计了量子递归程序的一般性理论。为了说明上一节的观点,让我们考虑 7.2 节中定义的两类简单的递归量子游走。

例子 7.7.1 (单向递归 Hadamard 游走) 回忆例子 7.2.1,我们将单向递归 Hadamard 游走定义为按照

$$X \Leftarrow T_L[p] \oplus_{H[d]} (T_R[p]; X)$$

声明的量子递归程序 X。

(1) 对于任意的 $n \geqslant 0$, 这类游走的第 n 次语义逼近为

$$[\![X^{(n)}]\!] = \sum_{i=0}^{n-1} \left[\left(\bigotimes_{j=0}^{i-1} |R\rangle_{d_j}\langle R| \otimes |L\rangle_{d_i}\langle L| \right) \boldsymbol{H}(i) \otimes T_L T_R^i \right] \tag{7.25}$$

其中 $d_0 = d$, 作为属于 $\mathscr{H}_d^{\otimes i}$ 的算子, $\boldsymbol{H}(i)$ 是将 Hadamard 算子 H 按照式 (7.16) 的方式来定义。这一点可以很容易地通过对 n 进行归纳来得到 (即从式 (7.25) 中的前三次逼近开始进行归纳)。因此, 在自由 Fock 空间 $\mathscr{F}(\mathscr{H}_d) \otimes \mathscr{H}_p$ 中的单向递归 Hadamard 游走的语义是算子:

$$\begin{aligned}
[\![X]\!] &= \lim_{n \to \infty} [\![X^{(n)}]\!] \\
&= \sum_{i=0}^{\infty} \left[\left(\bigotimes_{j=0}^{i-1} |R\rangle_{d_j}\langle R| \otimes |L\rangle_{d_i}\langle L| \right) \boldsymbol{H}(i) \otimes T_L T_R^i \right] \\
&= \left[\sum_{i=0}^{\infty} \left(\bigotimes_{j=0}^{i-1} |R\rangle_{d_j}\langle R| \otimes |L\rangle_{d_i}\langle L| \right) \otimes T_L T_R^i \right] (\boldsymbol{H} \otimes I)
\end{aligned} \tag{7.26}$$

其中 $\mathscr{H}_d = \text{span}\{|L\rangle, |R\rangle\}$, $\mathscr{H}_p = \text{span}\{|n\rangle : n \in \mathbb{Z}\}$, I 是位置希尔伯特空间 $\mathscr{H}_p$ 中的单位算子, $\boldsymbol{H}(i)$ 与式 (7.25) 中的含义相同, 且

$$\boldsymbol{H} = \sum_{i=0}^{\infty} \boldsymbol{H}(i)$$

是在自由 Fock 空间 $\mathscr{F}(\mathscr{H}_d)$ 中扩展,其中 $\mathscr{H}_d$ 是方向希尔伯特空间。 $\boxed{315}$

(2) 对于任意的 $i \geqslant 0$, 我们可以计算对称性:

$$\mathcal{S}\left(\bigotimes_{j=0}^{i-1} |R\rangle_{d_j}\langle R| \otimes |L\rangle_{d_i}\langle L|\right)$$

$$= \frac{1}{(i+1)!}\sum_{\pi} P_{\pi}\left(\bigotimes_{j=0}^{i-1}|R\rangle_{d_j}\langle R|\otimes|L\rangle_{d_i}\langle L|\right)P_{\pi}^{-1}$$

(其中 π 遍历 $0, 1, \cdots, i$ 的所有可能的排列)

$$= \frac{1}{i+1}\sum_{j=0}^{i}(|R\rangle_{d_0}\langle R|\otimes\cdots\otimes|R\rangle_{d_{j-1}}\langle R|\otimes|L\rangle_{d_j}\langle L|\otimes|R\rangle_{d_{j+1}}\langle R|\otimes\cdots\otimes|R\rangle_{d_i}\langle R|)$$

$$\triangleq G_i$$

因此, 单向递归 Hadamard 游走的对称语义为:

$$\mathcal{S}[\![X]\!] = \left(\sum_{i=0}^{\infty} G_i \otimes T_L T_R^i\right)(\boldsymbol{H} \otimes I)$$

例子 7.7.2 (双向递归 Hadamard 游走)   让我们考虑双向递归 Hadamard 游走的语义。回忆例子 7.2.1, 它是通过方程组

$$\begin{cases} X \Leftarrow T_L[p] \oplus_{H[d]} (T_R[p]; Y) \\ Y \Leftarrow (T_L[p]; X) \oplus_{H[d]} T_R[p] \end{cases} \tag{7.27}$$

声明的。为了使描述更简化, 我们需要引入一些记号。对于任意的由符号 L 和 R 构成的符号串 $\Sigma = \sigma_0\sigma_1\cdots\sigma_{n-1}$, 它的对偶为

$$\overline{\Sigma} = \overline{\sigma_0}\overline{\sigma_1}\cdots\overline{\sigma_{n-1}}$$

其中 $\overline{L} = R$ 且 $\overline{R} = L$。我们记

$$|\Sigma\rangle = |\sigma_0\rangle_{d_0} \otimes |\sigma_1\rangle_{d_1} \otimes \cdots \otimes |\sigma_{n-1}\rangle_{d_{n-1}}$$

为空间 $\mathscr{H}_d^{\otimes n}$ 中的纯态。那么它的密度算子表示为:

$$\rho_{\Sigma} = |\Sigma\rangle\langle\Sigma| = \bigotimes_{j=0}^{n-1} |\sigma_j\rangle_{d_j}\langle\sigma_j|$$

此外, 我们将左移和右移构成的组合记为:

$$T_{\Sigma} = T_{\sigma_{n-1}}\cdots T_{\sigma_1}T_{\sigma_0}$$

(1) 自由 Fock 空间中的程序 X 和 Y 的语义为

$$[\![X]\!] = \left[\sum_{n=0}^{\infty}(\rho_{\Sigma_n}\otimes T_n)\right](\boldsymbol{H}\otimes I_p)$$

$$[\![Y]\!] = \left[\sum_{n=0}^{\infty}(\rho_{\overline{\Sigma_n}}\otimes T_n')\right](\boldsymbol{H}\otimes I_p) \tag{7.28}$$

316

其中 H 的含义与例子 7.7.1 中的相同，且

$$\Sigma_n = \begin{cases} (RL)^k L & n = 2k+1 \\ (RL)^k RR & n = 2k+2 \end{cases}$$

$$T_n = T_{\Sigma_n} = \begin{cases} T_L & n \text{ 是奇数} \\ T_R^2 & n \text{ 是偶数} \end{cases}$$

$$T_n' = T_{\overline{\Sigma_n}} = \begin{cases} T_R & n \text{ 是奇数} \\ T_L^2 & n \text{ 是偶数} \end{cases}$$

从式 (7.26) 和式 (7.28) 中可以发现，单向递归 Hadamard 游走的行为与双向递归 Hadamard 游走的行为之间差异非常大：前者可以游走到位置 $-1, 0, 1, 2, \cdots$ 中的任意一个位置；但后者中的 X 只能到达位置 -1 或者 2，Y 只能到达位置 1 或者 -2。

(2) 通过式 (7.27) 说明的双向递归 Hadamard 游走的对称语义为：

$$[\![X]\!] = \left[\sum_{n=0}^{\infty} (\gamma_n \otimes T_n) \right] (H \otimes I_p)$$

$$[\![Y]\!] = \left[\sum_{n=0}^{\infty} (\delta_n \otimes T_n) \right] (H \otimes I_p)$$

其中：

$$\gamma_{2k+1} = \frac{1}{\begin{bmatrix} 2k+1 \\ k \end{bmatrix}} \sum_{\Gamma} \rho_{\Gamma}$$

$$\delta_{2k+1} = \frac{1}{\begin{bmatrix} 2k+1 \\ k \end{bmatrix}} \sum_{\Delta} \rho_{\Delta}$$

317

Γ 代表由 $(k+1)$ 个 L 和 k 个 R 构成的所有可能的符号串，Δ 代表由 k 个 L 和 $(k+1)$ 个 R 构成的所有可能的符号串，且

$$\gamma_{2k+2} = \frac{1}{\begin{bmatrix} 2k+2 \\ k \end{bmatrix}} \sum_{\Gamma} \rho_{\Gamma}$$

$$\delta_{2k+2} = \frac{1}{\begin{bmatrix} 2k+2 \\ k \end{bmatrix}} \sum_{\Delta} \rho_{\Delta}$$

Γ 代表由 k 个 L 和 $(k+2)$ 个 R 构成的所有可能的符号串，Δ 代表由 $(k+2)$ 个 L 和 k 个 R 构成的所有可能的符号串。

(3) 最后，我们考虑双向递归 Hadamard 游走的主系统语义。假设该游走从位置 0 开始。

(a) 如果"硬币"是玻色子且初始态为

$$|\Psi\rangle = |L, L, \cdots, L\rangle_+ = |L\rangle_{d_0} \otimes |L\rangle_{d_1} \otimes \cdots \otimes |L\rangle_{d_{n-1}}$$

那么我们可以得到:

$$[\![X]\!]_{\mathrm{sym}}(|\Psi\rangle \otimes |0\rangle) = \begin{cases} \dfrac{1}{\sqrt{2^n}\begin{bmatrix} 2k+1 \\ k \end{bmatrix}} \sum_{\Gamma} |\Gamma\rangle \otimes |-1\rangle & n = 2k+1 \\[4mm] \dfrac{1}{\sqrt{2^n}\begin{bmatrix} 2k+2 \\ k \end{bmatrix}} \sum_{\Delta} |\Delta\rangle \otimes |2\rangle & n = 2k+2 \end{cases}$$

其中 Γ 代表由 $(k+1)$ 个 L 和 k 个 R 构成的所有可能的符号串, Δ 代表由 k 个 L 和 $(k+2)$ 个 R 构成的所有可能的符号串。因此当"硬币"变量的初始态为 $|\Psi\rangle$ 时, 主系统语义为:

$$[\![X, \Psi]\!](|0\rangle) = \begin{cases} \dfrac{1}{2^n} |1-\rangle\langle-1| & n \text{ 是奇数} \\[3mm] \dfrac{1}{2^n} |2\rangle\langle 2| & n \text{ 是偶数} \end{cases}$$

(b) 对于任意属于 $\mathscr{H}_d$ 中的单粒子态 $|\psi\rangle$, 其相应的在对称 Fock 空间 $\mathscr{F}_+(\mathscr{H}_d)$ 中的玻色子相干态被定义为:

$$|\psi\rangle_{\mathrm{coh}} = \exp\left(-\frac{1}{2}\langle\psi|\psi\rangle\right) \sum_{n=0}^{\infty} \frac{\left[a^\dagger(\psi)\right]^n}{n!} |\mathbf{0}\rangle$$

其中 $|\mathbf{0}\rangle$ 是真空态, $a^\dagger(\cdot)$ 是产生算子。如果我们将"硬币"变量初始化为 $|L\rangle$ 相对应的玻色子相干态 $|L\rangle_{\mathrm{coh}}$, 那么可以得出

318

$$[\![X]\!]_{\mathrm{sym}}(|L\rangle_{\mathrm{coh}} \otimes |0\rangle)$$

$$= \frac{1}{\sqrt{e}} \left(\sum_{k=0}^{\infty} \frac{1}{\sqrt{2^{2k+1}}\begin{bmatrix} 2k+1 \\ k \end{bmatrix}} \sum_{\Gamma_k} |\Gamma_k\rangle \right) \otimes |-1\rangle$$

$$+ \frac{1}{\sqrt{e}} \sum_{k=0}^{\infty} \left(\frac{1}{\sqrt{2^{2k+2}}\begin{bmatrix} 2k+2 \\ k \end{bmatrix}} \sum_{\Delta_k} |\Delta_k\rangle \right) \otimes |2\rangle$$

其中 Γ_k 代表由 $(k+1)$ 个 L 和 k 个 R 构成的所有可能的符号串, Δ_k 代表由 k 个 L 和 $(k+2)$ 个 R 构成的所有可能的符号串。因此当"硬币"变量的初始态

为 $|L\rangle_{\mathrm{coh}}$ 时，主系统语义为：

$$\llbracket X, L_{\mathrm{coh}} \rrbracket(|0\rangle) = \frac{1}{\sqrt{\mathrm{e}}} \left(\sum_{k=0}^{\infty} \frac{1}{2^{2k+1}} |-1\rangle\langle -1| + \sum_{k=0}^{\infty} \frac{1}{2^{2k+2}} |2\rangle\langle 2| \right)$$

$$= \frac{1}{\sqrt{\mathrm{e}}} \left(\frac{2}{3} |-1\rangle\langle -1| + \frac{1}{3} |2\rangle\langle 2| \right)$$

将上述例子中的 (3a) 与 (3b) 的可终止性进行比较是很有意义的。在 (3a) 中，"硬币"的初始态为一个 n 粒子态，所以量子递归程序 X 会在 n 步之内终止；即程序在 n 步之内终止的概率为 $p_{\mathrm{T}}^{(\leqslant n)} = 1$。但是在 (3b) 中，"硬币"的初始态为一个相干态，所以尽管几乎可以确定程序 X 会终止，但它却不会在有限步骤之内终止；即对于任意的 n 都有 $p_{\mathrm{T}}^{(\leqslant n)} < 1$ 且 $\lim_{n\to\infty} p_{\mathrm{T}}^{(\leqslant n)} = 1$。

我们需要指出本节仅对两类最简单的递归量子游走的行为进行了检验。其他类型递归量子游走，特别是通过式 (7.7) 和式 (7.9) 定义的递归量子游走，分析起来会非常困难。这将会是我们未来研究的一个课题。

7.8　（带量子控制的）量子 while 循环

上一节对量子递归的一般形式进行了深入研究。在本节中，作为前面发展出来的理论的一个应用，我们将考虑一类特殊的量子递归程序，即带量子控制流的量子循环。

在许多编程语言中，while 循环都是最简单且最常见的递归形式。在经典编程中，可以将 while 循环

$$\textbf{while } b \textbf{ do } S \textbf{ od} \tag{7.29}$$

视作通过如下方程声明的递归程序 X：

$$X \Leftarrow \textbf{ if } b \textbf{ then } S; X \textbf{ else skip fi} \tag{7.30}$$

其中 b 是布尔表达式。在第 3 章中，我们将基于测量的 while 循环

$$\textbf{while } M[\bar{q}] = 1 \textbf{ do } P \textbf{ od} \tag{7.31}$$

定义为对循环 (7.29) 的一种量子化扩展，其中 M 是量子测量。正如前文所示，因为它的执行被测量 M 的测量结果所控制，所以该循环的控制流是经典的。

结果表明循环 (7.31) 是量子编程中经典 case 语句的递归方程

$$\begin{aligned} X \Leftarrow \textbf{ if } &M[\bar{q}] = 0 \rightarrow \textbf{ skip} \\ \square \qquad &1 \rightarrow P; X \\ \textbf{fi} \end{aligned} \tag{7.32}$$

的解。我们在第 6 章中指出：在量子化的情况下，有两种不同类型的 case 语句：式 (7.32) 所使用的 case 语句；带量子控制的量子 case 语句。此外，可以基于量子 case 语句的概念对量子选择进行定义。现在我们可以通过将式 (7.30) 或式 (7.32) 中的经典 case 语句 if···then···else···fi 用量子 case 语句和量子选择进行替代来定义一类量子 while 循环。

319

因为这类新的量子循环继承自量子 case 语句和量子选择，所以它的控制流是真正具有量子特性的。

例子 7.8.1（带量子控制的量子 while 循环）

(1) 带量子控制的量子 while 循环的第一种形式为：

$$\text{qwhile } [c] = |1\rangle \text{ do } U[q] \text{ od} \tag{7.33}$$

我们可以将其定义为按照如下方式声明的量子递归程序 X

$$
\begin{aligned}
X \Leftarrow \mathbf{qif}[c] \ &|0\rangle \to \mathbf{skip} \\
\square \quad &|1\rangle \to U[q]; X \\
&\mathbf{fiq}
\end{aligned} \tag{7.34}
$$

其中 c 是量子"硬币"变量，表示一个量子比特。q 是主系统变量，U 是系统 q 的状态空间 $\mathcal{H}_q$ 中的幺正算子。

(2) 带量子控制的量子 while 循环的第二种形式为：

$$\text{qwhile } V[c] = |1\rangle \text{ do } U[q] \text{ od} \tag{7.35}$$

我们可以将其定义为按照如下方式声明的量子递归程序 X：

$$
\begin{aligned}
X \Leftarrow \mathbf{skip} \ &\oplus_{V[c]} (U[q]; X) \\
\equiv V[c]; \mathbf{qif}[c] &|0\rangle \to \mathbf{skip} \\
\square \quad &|1\rangle \to U[q]; X \\
&\mathbf{fiq}
\end{aligned} \tag{7.36}
$$

注意，量子递归方程 (7.36) 是通过用量子选择 $\oplus_{V[c]}$ 来替换式 (7.34) 中的量子 case 语句 $\mathbf{qif}\cdots\mathbf{fiq}$ 得到的。

(3) 实际上，因为量子循环 (7.33) 和 (7.35) 中的量子"硬币"c 和主量子系统 q 之间不存在任何相互作用，所以它们并不那么有趣。经典循环 (7.30) 与这类情况类似，它的循环卫式 b 与循环体 S 无关。只有当循环卫式 b 与循环体 S 共享程序变量时，经典循环 (7.30) 才会真正变得有趣。同样，带量子控制的量子 while 循环更有趣的形式为：

$$\text{qwhile } W[c; q] = |1\rangle \text{ do } U[q] \text{ od} \tag{7.37}$$

我们可以将其定义为按照如下方式声明的量子递归程序 X：

$$
\begin{aligned}
X \Leftarrow W[c, q]; \mathbf{qif}[c] &|0\rangle \to \mathbf{skip} \\
\square \quad &|1\rangle \to U[q]; X \\
&\mathbf{fiq}
\end{aligned}
$$

其中 W 是量子"硬币"c 和主系统 q 构成的复合系统的状态空间 $\mathcal{H}_c \otimes \mathcal{H}_q$ 中的一个幺正算子。算子 W 描述了"硬币"c 和主系统 q 之间的相互作用。显然当 $W = V \otimes I$ 时，循环 (7.37) 会退化为循环 (7.35)，其中 I 是 $\mathcal{H}_q$ 中的单位算子。

将上述例子中的量子循环与基于测量的 **while** 循环 (7.31) 进行比较会很有趣。首先，我们再次强调前者的执行受到量子"硬币"的控制，因此它的控制流是量子的；而后者的执行受到测量结果的控制，因此它的控制流是经典的。接下来我们将对循环 (7.37) 的语义进行仔细研究，这样可以帮助我们进一步理解循环 (7.31) 和 (7.37) 之间的不同。

- 通过计算可以发现，自由 Fock 空间中循环 (7.37) 的语义是算子：

$$\llbracket X \rrbracket = \sum_{k=1}^{\infty} (|1\rangle_{c_0}\langle 1| \otimes (|1\rangle_{c_1}\langle 1| \otimes \cdots (|1\rangle_{c_{k-2}}\langle 1| \otimes (|0\rangle_{c_{k-1}}\langle 0| \otimes U^{k-1}[q])$$

$$W[c_{k-1}, q])W[c_{k-2}, q] \cdots)W[c_1, q])W[c_0, q]$$

$$= \sum_{k=1}^{\infty} \left[\left(\bigotimes_{j=0}^{k-2} |1\rangle_{c_j}\langle 1| \otimes |0\rangle_{c_{k-1}}\langle 0| \otimes U^{k-1}[q] \right) \prod_{j=0}^{k-1} W[c_j, q] \right]$$

- 此外，这类循环的对称语义为

$$\llbracket X \rrbracket_{\text{sym}} = \sum_{k=1}^{\infty} \left[\left(\boldsymbol{A}(k) \otimes U^{k-1}[q] \right) \prod_{j=0}^{k-1} W[c_j, q] \right]$$

其中：

$$\boldsymbol{A}(k) = \frac{1}{k} \sum_{j=0}^{k-1} |1\rangle_{c_0}\langle 1| \otimes \cdots \otimes |1\rangle_{c_{j-1}}\langle 1| \otimes |0\rangle_{c_j}\langle 0| \otimes |1\rangle_{c_{j+1}}\langle 1| \otimes \cdots \otimes |1\rangle_{c_{k-1}}\langle 1|$$

- 现在我们对特殊情况下的循环 (7.37) 的主语义进行研究。令 q 是一个量子比特，$U = H$（Hadamard 门），$W =$CNOT（受控非门）。如果我们将"硬币"变量初始化为 n-玻色子态

$$|\Psi_n\rangle = |0, 1, \cdots, 1\rangle_+ = \frac{1}{n} \sum_{j=0}^{n-1} |1\rangle_{c_0} \cdots |1\rangle_{c_{j-1}} |0\rangle_{c_j} |1\rangle_{c_{j+1}} \cdots |1\rangle_{c_{n-1}}$$

并令主系统 q 从 $|-\rangle = \frac{1}{\sqrt{2}}(|0\rangle - |1\rangle)$ 态开始执行，那么

$$|\Phi_n\rangle \triangleq \llbracket X \rrbracket_{\text{sym}} (|\Psi_n\rangle \otimes |-\rangle) = (-1)^n \frac{1}{n} |\Psi_n\rangle \otimes |\psi_n\rangle$$

其中

$$|\psi_n\rangle = \begin{cases} |+\rangle & n\text{是偶数} \\ |-\rangle & n\text{是奇数} \end{cases}$$

因此，主系统语义为

$$\llbracket X, \Psi_n \rrbracket(|-\rangle) = \text{tr}_{\mathscr{F}_T(\mathscr{H}_v)} (|\Phi_n\rangle\langle\Phi_n|) = \frac{1}{n^3} |\psi_n\rangle\langle\psi_n|$$

本章最后，我们列举几个有待进一步研究的问题。

问题 7.8.1 虽然本章介绍了一些量子递归的例子，但是我们仍然不知道哪些计算问题可以通过量子递归的方式更方便地解决。更重要的问题是：究竟哪种物理系统可以持续产生新的"硬币"并实现量子递归呢？

问题 7.8.2   我们还没有完全理解量子递归是如何在其计算过程中使用"硬币"变量的。在递归程序的主系统语义的定义（定义 7.6.1）中，"硬币"变量在 Fock 空间中的态 $|\Psi\rangle$ 是事先给定的。这意味着"硬币"变量及其副本的态是一次性给定的。但也不能排除"硬币"变量的副本的态是逐步给定的可能。举例来说，让我们考虑由

$$X \Leftarrow a_c^\dagger(|0\rangle); R_y[c, p]; \mathbf{qif}[c]|0\rangle \to \mathbf{skip}$$

$$\square |1\rangle \to T_R[p]; X$$

$$\mathbf{fiq}$$

声明的递归程序 X，其中 $a^\dagger$ 是产生算子，c 是"硬币"变量且其状态空间为 $\mathscr{H}_c = \mathrm{span}\{|0\rangle, |1\rangle\}$，变量 p 和算子 T_R 与 Hadamard 游走中的含义相同，

$$R_y[c, p] = \sum_{n=0}^{\infty} \left[R_y \left(\frac{\pi}{2^{n+1}} \right) \otimes |n\rangle_p \langle n| \right]$$

和 $R_y(\theta)$ 是将布洛赫球上的量子比特以 y 轴为轴进行旋转的操作（参考例子 2.2.3）。因为在旋转 $R_y[c, p]$ 的过程中需要由 p 的位置来决定旋转的角度，所以它实际上是一种受控旋转。值得注意的是，通过在量子循环 (7.37) 前面加上一个产生算子就可以得到程序 X。程序 X 从位置 0 开始执行且"硬币"c 的初始态为真空态 $|0\rangle$，我们可以将 X 的第一次执行视为下面这个过程：

$$|\mathbf{0}\rangle |0\rangle_p \xrightarrow{a_d^\dagger(|0\rangle)} |0\rangle |0\rangle_p \xrightarrow{R_x[d,p]} \frac{1}{\sqrt{2}} (|0\rangle + |1\rangle) |0\rangle_p$$

$$\xrightarrow{\mathbf{qif} \cdots \mathbf{fiq}} \frac{1}{\sqrt{2}} [\langle E, |0\rangle |0\rangle_p\rangle + \langle X, |1\rangle |1\rangle_p\rangle]$$

上个式子末尾处第一次配置结束，但第二次会按照如下方式继续进行计算：

$$|1\rangle |1\rangle_p \xrightarrow{a_d^\dagger(|0\rangle)} |0, 1\rangle_v |0\rangle_p \xrightarrow{R_x[d,p]} \cdots$$

从这个例子我们可以发现：包含产生算子的递归程序的计算过程与不包含的情况的差别非常大。对允许在语义中出现产生算子的量子递归进行研究将非常有趣。

问题 7.8.3   本章介绍的量子递归程序理论是通过 Fock 空间的语言进行描述的。我们还可以通过占有数表示论（参考 [163] 一书的 2.1.7 节；定义 7.3.9 中介绍的粒子数算子的概念也与之相似）对二次量子化进行等价表示。给出量子递归理论的占有数重述。

问题 7.8.4   我们在第 4 章中定义了带经典控制流的量子程序的 Floyd-Hoare 逻辑。如何设计带量子控制流的量子程序的 Floyd-Hoare 逻辑呢？

7.9   文献注解

3.4 节对带经典控制流的量子递归（数据叠加范式）进行了讨论。可以将本章视作 3.4 节在程序叠加范式方面的对应内容，它对带量子控制流的量子递归进行了处理。本章是基于文献 [222] 进行论述的。

3.4 节和本章研究的量子递归都是对命令式编程中的经典递归进行的量子化扩展。[21]（第 4 章和第 5 章）和 [158]（第 5 章）对经典递归程序理论进行了详细介绍。[162] 一书中包含许多递归程序的例子。对这些例子在量子情况下的对应内容进行检验将会很有趣。

λ 演算适用于处理递归和高阶计算，它为函数式量子编程提供了坚实的基础。λ 演算和函数式量子编程都已经在量子化的情况下进行了扩展；参考 8.3 节及其带的参考文献。但目前为止只对函数式量子编程中带经典控制的量子递归进行了研究。

本章主要用到的数学工具是二次量子化方法。7.3 节中用到的相关材料都是标准化的，许多高等量子力学的教材中都有介绍。我们在 7.3 节中的论述极大程度上是基于文献 [163] 进行的。

324

发 展 前 景

发 展 前 景

在前面几章中，我们以数据叠加到程序叠加为线索，系统地对量子编程的相关基础知识进行了研究。我们发现可以将经典编程中的许多方法和技巧扩展到量子编程中。另一方面，量子编程这一课题并不只是将经典情况下的相关内容进行扩展这么简单，还需要处理很多在经典编程中不会遇到的问题。量子系统"奇特"的本质导致了这些问题的产生：比如量子数据的不可克隆性，可观测量的不可交换性，经典和量子控制流的共存性。这些使得量子编程成为一个丰富且令人兴奋的课题。

最后一章概述量子编程进一步的发展方向与前景。更确切地说，本章由如下两部分构成：

- 在量子编程及其相关课题中还有很多非常重要却没有在前面章节介绍的方法，本章将简单地介绍这些方法。
- 列举一些仍然有待研究的问题，我相信这些问题在该课题将来的发展中非常重要，但前文并没有提及。

8.1 量子程序与量子机

理解算法、程序和计算机的概念以及它们之间的关系是计算机科学的基础。所有这些基本概念都已经在量子计算的框架下得以扩展。在 2.2 节中，我们对量子线路进行了研究。本书中关于量子编程的研究主要基于量子计算的线路模型。本节中，我们将考虑量子程序和其他量子计算模型之间的关系。

量子程序与量子图灵机

Benioff [35] 构建了图灵机的量子力学模型，这是第一次使用量子力学的知识对计算机进行描述。但由于这类计算机只能在计算过程中保持量子态，一旦计算结束它的磁条就会变为经典态，所以它并不是真正意义上的量子计算机。第一个真正意义上的量子图灵机是在 1985 年由 Deutsch [69] 提出的，这种模型中的磁条也可以处于量子态。文献 [38] 全面地阐述了量子图灵机的相关概念。Yao [218] 指出，因为可以在多项式时间内将量子线路模型模拟为量子图灵机，所以它们在本质上是等价的。

我们已经能够很好地理解图灵机和程序之间的关系了，参见文献 [41,127]。但迄今为止，关于量子程序与量子图灵机的研究还少之又少，仅 Bernstein 和 Vazirani [38] 曾对此展开过一些有趣的讨论。举例而言，量子计算中程序即数据的概念我们还没有完全理解。似乎这个问题与本书第二部分所研究的数据叠加和第三部分所研究的程序叠加都不相同。

量子程序与量子计算的非标准模型

量子线路和量子图灵机都是通过对经典情况下的相似概念进行扩展所得的。但是还有一些新型的量子计算模型，它们在经典情况下没有对应的概念：

(1) **绝热量子计算**：该模型由 Farhi 等人 [80] 提出。这是量子计算的一个连续时间模型，且在该模型中量子寄存器的演化过程由一个缓慢变化的哈密尔顿算子决定。系统刚开始的状态是初始哈密尔顿算子的基态。计算问题的解将被编码为最终哈密尔顿算子的基态。如果系统的哈密尔顿算子演变得非常缓慢，那么量子物理中的绝热理论保证了系统最终状态与最终哈密尔顿算子的基态之间的误差可以忽略不计。因此通过测量最终态可以以很高的概率得到该计算问题的解。Aharonov 等人 [10] 已经证明了绝热型计算在多项式时间内等同于线路模型中的量子计算，并且我们可以将其视作一类特殊类型的量子退火算法 [136]。

(2) **基于测量的量子计算**：在量子图灵机和量子线路中，我们主要用测量来从最终量子态中提取计算结果。但是在 Raussendorf 和 Briegel[183] 设计的单向量子计算机与 Nielsen[175] 和 Leung[151] 设计的隐形传态量子计算中，测量将扮演更为重要的角色。在单向量子计算机中，通用性计算可以通过单量子比特测量和大量量子比特构成的一类称为"团簇态"的特殊纠缠态来实现。隐形传态量子计算机是基于 Gottesman 和 Chuang 提出的隐形传态量子门 [104] 设计的，它可以通过投影测量、量子存储和 $|0\rangle$ 态的制备来实现通用性的量子计算。

(3) **拓扑量子计算**：在构建大型量子计算机时，如何克服量子消相干是一个极大的挑战。拓扑量子计算由 Kitaev[134] 提出，它采用一种非常革命性的策略来构建更稳定的量子计算机。这类模型的逻辑门可以由一类被称为"任意子"的二维准粒子的世界线⊖ 所组成的"辫子"来实现。它的特殊之处在于小的扰动不会影响线簇的拓扑属性。这使得量子消相干现象并不会阻碍拓扑量子计算机的发展。

迄今为止，关于在量子计算的非标准模型上进行编程的研究非常少。Rieffel 等人 [187] 设计了一些用于在量子退火设备上进行编程的方法。Danos 等人 [63] 提出了一种可以形式化地解释基于测量的量子计算的演算。Kliuchnikov 等人 [138] 对拓扑量子计算的编译进行了探索。

一旦这些模型的实现变为可能，这些研究将会变得非常有价值。另一方面，因为非标准型模型与量子线路模型的基本原理并不相同，所以研究起来难度非常大。举例而言，拓扑量子计算的数学描述是从拓扑量子场论、纽结理论和低维拓扑的角度给出的。对拓扑量子计算机的编程方法（比如递归程序的不动点语义）进行研究甚至可能会给数学领域带来一些令人兴奋的开放性问题。

8.2　量子编程语言的实现

本书详细介绍了量子编程的高级概念与模型。从实用的角度来说，实现量子编程语言和设计量子编译器是非常重要的。在早期的文献中已经有关于这个研究方向的相关内容。举例而言，Svore 等人 [207] 提出了一种分层量子软件架构，采用四相设计流程对量子软件的执行

⊖ 粒子在时空上通过的路径。—— 译者注

328

过程进行描述，即将高级量子程序通过量子汇编语言映射到量子设备上。Zuliani[242] 设计了 qGCL 语言的编译器，它可以通过代数变换将 qGCL 程序转化为能够在目标机器上运行的形式。Nagarajan 等人 [176] 基于 Knill 的 QRAM 模型定义了一种混合的经典–量子计算机体系结构：顺序量子随机访问存储器（Sequential Quantum Random Access Memory, SQRAM），并提供了一些量子汇编语言代码的样例。此外，他们还为 Selinger 的 QPL 语言的子集设计了编译器。文献 [228] 介绍了如何将本书第 3 章定义的 **while** 语句的量子化扩展转化为经典流程图语言的量子化扩展。上述所有研究都是以量子计算的线路模型为基础。然而，正如上一节所述，Danos 等人 [63] 基于测量的单向量子计算机模型设计了一种低级编程语言。

最近产生了许多关于包含量子线路优化的量子编译这一课题的研究。许多编译技术基于近期关于量子编程语言的项目 Quipper[106]、LIGUi|⟩[215]、Scaffold[3,126] 和 QuaFL[150] 被开发出来。特别是，在最近几年内量子线路的优化与合成得到了极大的发展，参见文献 [20,44-45,99,137,188,237,239]。

目前大多数关于实现量子编程语言的研究都是在研究如何优化量子线路。除了文献 [242] 之外，几乎没有关于高级编程语言结构（比如量子循环）的转换与优化的研究，但实际上这是一个非常重要的问题（可参考 [13] 一书的第 9 章）。特别是，我们需要检验可以在经典编译器优化中成功使用的方法 (比如循环融合与循环交换) 能否适用于量子程序。另一方面，本书第 5 章介绍的分析技术可能会对诸如数据流分析和量子程序的冗余消除之类的过程有所帮助。

在未来的研究中，如何对本书第 6 章和第 7 章定义的使用量子控制的量子程序进行编译也是一个非常重要的问题。

8.3　函数式量子编程

本书着重于研究命令式量子编程，但在过去十年中关于函数式量子编程的热度一直很高。

λ 演算是一种高阶函数的表现形式，也是许多重要的经典函数式编程语言的逻辑基础，比如 LISP、Scheme、ML 和 Haskell。Maymin[165] 和 van Tonder[212] 在对 λ 演算进行定义时，提出了函数式量子编程的概念。在论文 [196-197,199] 中，Selinger 和 Valiron 使用定义完备的操作语义、强类型系统和实用型推理算法，系统地设计量子 λ 演算。正如 1.1.1 节所述，最近 Hasuo 和 Hoshino[115] 以及 Pagani 等人 [178] 对量子 λ 演算的指称语义进行了定义。量子数据的不可克隆性导致量子 λ 演算与线性 λ 演算密切相关。将高阶函数添加到 Selinger 的量子流程图语言 QFC[194] 中，可以得到一种量子函数式编程语言，Selinger 和 Valiron[198] 利用量子 λ 演算为这种量子函数式编程语言的线性片段提供了一个完全抽象的模型。

Mu 和 Bird[173] 是最早开始对函数式量子编程进行研究的学者之一。他们设计了一元式量子编程方法，并使用 Haskell 对 Deutsch-Josza 算法进行实现。Altenkirch 与 Grattage[14] 对函数式量子编程进行了系统研究。正如 1.1.1 节所述，他们设计了一种函数式编程语言 QML。Grattage[105] 使用 Haskell 作为编译器对 QML 进行了实现。Altenkirch 等人 [15] 为 QML 设计了等式理论。这里需要指出，QML 是第一个使用量子控制流的量子编程语言，但

它的定义方式与本书第 6 章和第 7 章介绍的方法有很大不同。近期函数式量子编程领域中的最大成果是实现了 Quipper[106-107] 和 LIQUi|⟩[215]：前者是以 Haskell 作为其宿主语言的嵌入式语言，后者则嵌于 F# 中。

相关文献中所有的量子 λ 演算和函数式量子编程语言（除了 QML）的控制流都是经典的。所以在未来研究中，如何将第 6 章和第 7 章介绍的量子控制流（case 语句、量子选择与量子递归）纳入量子 λ 演算和函数式量子编程当中将是一个值得研究的问题。

8.4　量子程序的范畴语义

本书中，量子编程语言的语义是在量子力学的希尔伯特空间上定义的。Abramsky 和 Coecke[5] 提出了一种量子力学的范畴论公理化方法。这种新颖的公理化方法已经成功地解决了量子基础和量子信息中的一系列问题。特别是，它为量子通信协议的高级描述和验证提供了有效的方法，包括隐形传态、逻辑门隐形传态和纠缠交换。此外，Abramsky 和 Duncan[6] 设计了一种以证明网演算的形式存在的强制紧密封闭类别的逻辑，并将其作为分类量子逻辑。它特别适用于对量子进程进行高级推理。

Heunen 和 Jacobs[117] 从分类逻辑的角度对量子逻辑进行了研究，他们证明了剑号内核范畴中的内核子对象恰好具有正交模结构。Jacobs[123] 使用分类的方法设计了一种量子编程语言中的块结构。最近，他提出了一种量子系统的定量逻辑的分类公理化方法 [124]，其中量子测量是从仪器可能对被测量系统产生副作用的角度定义的。他进一步使用这种方法来对具有测试算子的动态逻辑进行定义，这对于推导量子程序和量子协议非常有用。

331

量子程序设计的范畴论方法将会是一个很有前景的研究方向。特别是，我们希望有一种对第 6 章定义的量子 case 语句和量子选择以及第 7 章中基于二次量子化定义的量子递归的范畴描述。

8.5　从并行量子程序到量子并行

本书只对顺序量子程序进行了研究，但是还有很多文献是关于并发性和分布式量子计算的。

量子进程代数

进程代数是并发性系统的一种常见形式模型。它为描述进程之间的交互、通信和同步性提供了数学工具。此外，它还证明了多种线性法则，并为解释进程之间行为等价提供了一种形式化方法。一些学者提出了进程代数量子泛化的概念。Gay 和 Nagarajan[93-94] 为了给量子通信协议的建模、分析和验证提供形式化方法，通过添加用于量子态测量和变换的原语，并允许在 pi 演算中传输量子数据的方式，定义了 CQP 语言。为了对并发性量子计算进行建模，Jorrand 和 Lalire[128,147] 通过在与 CCS 相类似的经典进程代数中添加幺正变换、量子测量以及量子态通信的原语的方式定义了 QPAlg 语言。Feng 等人 [83-84,229] 为并行量子计算提出了一种 qCCS 模型，这类模型是对经典传值 CCS 的量子化扩展，且可以对量子态的输入和输出以及量子系统上的幺正变换和测量进行处理。特别是，该模型还引入了量子进程之间的互模拟的概念，并建立了进程之间的一致性。此外，文献 [81, 85, 229] 还提出了量子进程代数的符号互模拟和近似互模拟（互模拟度量）的概念。我们可以将近似互模拟用于对由一些（通常是有限多个）特殊量子门构成的量子进程的实现进行描述。临界值定理是容错量子计算领域中最伟大的成果之一，它意味着只要各个量子门中的噪声低于某一确定的常数，就可以有效地执行任意大型的量子计算。但这个理论只考虑了顺序量子计算的情况。将它在并发性量子计算的情况下进行扩展将会是一个极大的挑战。近似互模拟为我们提供了一个形式化工具，用于观测在基本逻辑门实现过程中可能存在误差的情况下，并行量子计算的鲁棒性究竟如何。我推测这可能会对我们设计并发性量子计算下的（容错）临界值定理有所帮助。

量子进程代数已被用于验证量子加密协议、量子纠错码和线性光学量子计算的正确性和安全性 [24-25, 67-68, 89-90, 98, 141, 143, 219]。

量子并发性

量子通信协议的规范与验证中的应用程序导致了对量子进程代数的研究。实际上，量子编程中的并发性还有另一点重要意义：虽然已经论证了量子计算设备的可行性，但以目前的技术仍然无法控制它。所以，可以用两个或者更多小型可控的量子计算机组成大型的量子计算集群。近些年报道了很多关于分布式量子计算的物理实现的实验。而在这类分布式量子计算集群上进行编程，并发性是一个不可避免的问题。

将并发性和量子系统组合在一起会产生许多怪异的现象，这理解起来会非常困难。目前关于这个方向的研究都是*并发量子程序*，而非*量子并发程序*。举例而言，Yu 等人 [238] 将*并发量子程序*定义为由经典的公平性理论来决定执行过程的量子进程的集合。但是量子并发程序的行为更加复杂。我们在对量子并发程序的执行模型进行定义时需要更加谨慎，因为在量子化的情况下可能会出现许多新的问题：

(1) 在分析经典并发性程序的时候大量使用了抽象交错技术。但是量子进程之间的纠缠使得我们不得不限制这种技术的使用。第 6 章和第 7 章定义的程序叠加的存在，使得这个问题变得更加困难。举例而言，如何将量子进程代数中的求和算子用量子选择来替代？

(2) 物理学研究表明量子态中可能存在某些新的同步机制。例如，可以使用纠缠来打破经典同步 [100] 中的某些极限。一个有趣的问题是：如何将这种新的同步机制纳入量子并发编程？

(3) 如何定义公平性的概念以使其可以更好地体现进程的量子特性和进程之间的纠缠尚不得而知。对"量子硬币"的概念进行扩展并利用"量子游戏" [77,168] 中的一些观点去控制量子并发编程中的进程可能是解决这个问题的一种方法。

8.6   量子编程中的纠缠

量子计算的相关研究刚开始，人们就意识到纠缠的存在将是量子计算机在性能上胜过经典计算机最重要的原因之一。但是我们在之前的章节中并没有对量子编程中的纠缠进行介绍。之所以这么做，是因为迄今为止几乎没有针对这个方向进行的研究。在这里，将介绍一些与量子编程有直接或间接联系的关于纠缠的研究。

一些学者对纠缠在顺序量子计算中扮演的角色进行了分析，比如文献 [130]。Jorrand 和 Perdrix[129] 以及 Honda[118] 使用抽象释义技术对使用与量子 **while** 语言相类似的语言进行编程时的纠缠演化进行了研究。量子编程语言 Scaffold[3] 的编译器 [126] 可以帮助我们对纠缠进行保守性分析。文献 [230] 发现，纠缠会导致信息泄露，因此特洛伊木马可能会利用自身与具有敏感信息的用户之间的纠缠作为隐蔽通道进行通信。这对量子计算中基于编程语言的信息流的安全性是一个极大的挑战。

相较于顺序量子计算 [51,58]，并发性和分布式量子计算中的纠缠似乎更为重要。文献 [226] 定义了一种可以描述分布式量子计算线路和纠缠资源的代数语言。文献 [83-85,229] 注意到在对量子进程代数中的并行组合保留下来的互模拟进行定义时，纠缠会给我们带来额外的麻烦。相反，量子进程代数给予我们一种可以对并发性量子计算中纠缠扮演的角色进行检验的形式化框架。上一节中，我们已经对纠缠可能会给量子并发程序的执行模型中抽象交错所带来的影响进行了介绍。

希望今后在量子编程特别是按照并发性和分布式计算的方式进行的编程中，纠缠性研究能够取得更丰硕的成果。

8.7　模型检测量子系统

第 4 章和第 5 章对（带经典控制的）量子程序的分析和验证技术进行了研究。将这类研究进行扩展，就可以得到模型检测量子程序与通信协议。实际上在过去十年中开发的模型检测技术，不仅可以应用于量子程序，还可以在一般性量子系统中应用。

早期的工作主要集中在对量子通信协议的检测上。Gay 等人 [95] 使用概率性模型检测器 PRISM[146] 验证了包含 BB84[36] 在内的多种量子协议的正确性。此外，他们还设计了一种自动化工具 QMC（量子模型检测器）[97]。QMC 使用稳定器形式 [174] 对系统进行建模，需要检测的属性应使用 Baltazar 等人设计的量子计算树形逻辑 [31] 进行表示。

但是为了设计可以适用于包含量子程序在内的一般性量子系统的模型检测技术，我们必须解决两类问题：

- 需要明确地定义一个概念框架，并能够在此框架内对量子系统进行解释。这包括：量子系统的正规模型，能够对需要检测的量子系统属性进行正规化描述的规范语言。
- 能够应用模型检测技术的经典系统的状态空间通常都是有限维度或者可数无限维度的。但即使量子系统的状态空间是有限维度的，它本质上也是连续的，所以我们需要对状态空间的数学结构进行探讨，这样只需要检验有限数量（或者至多无限可数个）的代表元素就足够了，比如那些在标准正交基上的元素。

目前关于量子模型检测的文献中，主要考虑的量子系统模型有两类：量子自动机或者量子马尔可夫链及马尔可夫决策过程。我们可以通过幺正变换对量子自动机的行为进行描述。而量子马尔可夫模型可以被视作广义的量子自动机，所以我们可以通过一般性量子操作（或者超算子）对其行为进行描述。

既然模型检测中的许多关键问题都可以简化为可达性问题，那么本书 5.3 节所介绍的量子马尔可夫链的可达性分析就为量子模型检测技术提供了基本原理。文献 [231] 对量子系

334

统的线性时间属性进行了研究，它将线性时间属性定义为通过希尔伯特空间的闭子空间建模的原命题集合的无限序列。但截至目前还没有研究是关于更一般性时间属性的。实际上，物理学家已经对如何定义量子系统的一般性时间逻辑这一问题研究了很长时间（比如文献[125]），但我们仍然不知道该如何合理地回答这一问题。

　　Gudder[111] 和 Feng 等人 [88] 设计了另一类量子马尔可夫链。因为这类马尔可夫链是通过将经典马尔可夫链中的转移概率通过超算子进行替换所得，所以可以将其称为超算子值马尔可夫链。Feng 等人 [88] 进一步发现，如果将超算子值马尔可夫链用于对量子程序进行高级描述将会非常方便，他们还为其设计了一种模型检测技术。在这种模型检测技术中将 PCTL(概率计算树形逻辑) 中的概率用超算子进行替换，并以此定义了一种称为 QCTL(量子计算树形逻辑，但是与文献 [31] 中的不同) 的逻辑。Feng、Hahn、Turrini 和 Zhang[86] 还实现了一种基于文献 [88] 的模型检测器。此外，Feng 等人 [87] 还对递归超算子值马尔可夫链的可达性问题进行了研究。

8.8　应用于物理学的量子编程

335　　当然，研究量子编程主要是为了今后可以在量子计算机上进行编程。但是量子编程中的一些思想、方法和技术也同样可以在量子物理与量子工程中应用。

　　许多著名的物理学家都认同宇宙是一台量子计算机这一假设 [155,211]。如果你接受这个假设的话，也许你会乐意接受我进一步的假设：自然界是一位量子程序员。此外，我相信如果将程序设计理论中的一些思想引入量子物理学，有可能为物理学提供一个全新的视角。举例而言，4.1.1 节定义的量子最弱前置条件的概念给予我们一种全新的反向分析量子系统的方法。最近，有学者将 Floyd-Hoare 逻辑进行扩展，并以此来对由微分方程描述的连续演化动态系统进行解释 [46,180]。可以基于这项成果和 4.2 节介绍的量子 Floyd-Hoare 逻辑，设计一套对由薛定谔方程描述的连续时间量子系统进行解释的逻辑，这将会很有趣。

　　Dowling 和 Milburn[71] 指出，我们现在正处于第二次量子革命中：从量子理论到量子工程的转变。量子理论的目的是找出自然界中物理系统的基本规律。然而，量子工程则是为了设计全新的系统（机器、设备等），并基于量子理论去解决一些目前尚不能解决的问题。

　　目前的工程经验表明：人类设计师并不能完全理解他们自己设计的系统的行为，设计中的 bug 可能会导致严重的问题甚至是灾难。所以，复杂工程系统的正确性、安全性和可靠性在工程领域是一个非常重要的问题。当然，让系统设计师去理解量子系统的行为会更加困难，所以上述问题在量子工程中会更加普遍、更加严重。可以用量子程序的验证与分析技术去设计和实现一些用于验证量子工程系统正确性和安全性的自动化工具。此外，上一节介绍的量子系统模型检测技术 [59,154] 在量子工程中也会非常有用。将这些研究与量子模拟相结合肯定会大有成效。

336

参 考 文 献

[1] S. Aaronson, Quantum lower bound for recursive Fourier sampling, *arXiv:quantph*/0209060.

[2] S. Aaronson, Read the fine print, *Nature Physics*, 11(2015)291-293.

[3] A. J. Abhari, A. Faruque, M. Dousti, L. Svec, O. Catu, A. Chakrabati, C.-F. Chiang, S. Vanderwilt, J. Black, F. Chong, M. Martonosi, M. Suchara, K. Brown, M. Pedram and T.Brun, *Scaffold: Quantum Programming Language*, Technical Report TR-934-12, Dept. of Computer Science, Princeton University, 2012.

[4] S. Abramsky, High-Level Methods for Quantum Computation and Information. In: *Proceedings of the 19th Annual IEEE Symposium on Logic in Computer Science (LICS)*, 2004, IEEE Computer Society, 410-414, 2004.

[5] S. Abramsky and B. Coecke, A categorical semantics of quantum protocols. In: *Proceedings of the 19th Annual IEEE Symposium on Logic in Computer Science (LICS)*, 2004, pp. 415-425.

[6] S. Abramsky and R. Duncan, A categorical quantum logic, *Mathematical Structures in Computer Science*, 16(2006)469-489.

[7] S. Abramsky, E. Haghverdi and P. Scott, Geometry of interaction and linear combinatory algebras, *Mathematical Structures in Computer Science*, 12(2002)625-665.

[8] R. Adams, QPEL: Quantum program and effect language. In: *Proceedings of the 11th workshop on Quantum Physics and Logic (QPL)*, EPTCS 172, 2014, pp. 133-153.

[9] D. Aharonov, A. Ambainis, J. Kempe and U. Vazirani, Quantum walks on graphs. In: *Proceedings of the 33rd ACM Symposium on Theory of Computing (STOC)*, 2001, pp. 50-59.

[10] D. Aharonov, W. van Dam, J. Kempe, Z. Landau, S. Lloyd and O. Regev, Adiabatic quantum computation is equivalent to standard quantum computation. In: *Proceedings of the 45th Symposium on Foundations of Computer Science (FOCS)*, 2004, pp. 42-51.

[11] Y. Aharonov, J. Anandan, S. Popescu and L. Vaidman, Superpositions of time evolutions of a quantum system and quantum time-translation machine, *Plysical Review Letters*, 64 (1990) 2965-2968.

[12] Y. Aharonov, L. Davidovich and N. Zagury, Quantum random walks, *Physical Review* A, 48(1993), 1687-1690.

[13] A. V. Aho, M. S. Lam, R. Sethi and J. D. Ullman, *Compilers: Principles, Techniques, and Tools* (second edition), Addison-Wesley, 2007.

[14] T. Altenkirch and J. Grattage, A functional quantum programming language. In: *Proc. of the 20th Annual IEEE Symposium on Logic in Computer Science (LICS)*, 2005, pp. 249-258.

[15] T. Altenkirch, J. Grattage, J. K. Vizzotto and A. Sabry, An algebra of pure quantum programming, *Electronic Notes in Theoretical Computer Science*, 170(2007)23-47.

[16] T. Altenkirch and A. S. Green, The quantum IO monad. In: *Semantic Techniques in Quantum Computation* I. Mackie and S. Gay, eds., Cambridge University Press 2010, pp. 173-205.

[17] A. Ambainis, Quantum walk algorithm for Element Distinctness, *SIAM Journal on Computing*, 37(2007)210-239.

[18] A. Ambainis, Quantum walks and their algorithmic applications, *International Journal of Quantum Information*, 1(2004)507-518.

[19] A. Ambainis, E. Bach, A. Nayak, A. Vishwanath and J. Watrous, One-dimensional quantum walks. In: *Proceedings of the 33rd ACM Symposium on Theory of Computing (STOC)*, 2001, pp. 37-49.

[20] M. Amy, D. Maslov, M. Mosca and M. Röteler, A meet-in-the-middle algorithm for fast synthesis of depth-optimal quantum circuits, *IEEE Transactions on Computer-Aided Design of Integrated Circuits and Systems*, 32(2013)818-830.

[21] K. R. Apt, F. S. de Boer and E. -R. Olderog, *Verification of Sequential and Concurrent Programs*, Springer, London 2009.

[22] M. Araújo, A. Feix, F. Costa and C. Brukner, Quantum circuits cannot control unknown operations, *New Journal of Physics*, 16(2004) art. no. 093026.

[23] M. Araújo, F. Costa and C. Brukner, Computational advantage from quantum-controlled ordering of gates, *Physical Review Letters*, 113(2014) art. no. 250402.

[24] E. Ardeshir-Larijani, S. J. Gay and R. Nagarajan, Equivalence checking of quantum protocols, *TACAS, 2013*, pp. 478-492.

[25] E. Ardeshir-Larijani, S. J. Gay and R. Nagarajan, Verification of concurrent quantum protocols by equivalence checking. In: *Proceedings of the 20th International Conference on Tools and Algorithms for the Construction and Analysis of Systems (TACAS)*, 2014, pp. 500-514.

[26] S. Attal, Fock spaces, http://math.univ-lyon1.fr/~attal/Mescours/fock.pdf.

[27] R. -J. Back and J. von Wright, *Refinement Calculus: A Systematic Introduction*, Springer, New York, 1998.

[28] C. Bădescu and P. Panangaden, Quantum alternation: prospects and problems. In: *Proceedings of the 12th International Workshop on Quantum Physics and Logic (QPL)*, 2015.

[29] C. Baier and J. -P. Katoen, *Principles of Model Checking*, MIT Press, Cambridge, Massachusetts, 2008.

[30] A. Baltag and S. Smets, LQP: the dynamic logic of quantum information, *Mathematical Structures in Computer Science*, 16(2006)491-525.

[31] P. Baltazar, R. Chadha and P. Mateus, Quantum computation tree logic-model checking and complete calculus, *International Journal of Quantum Information*, 6(2008)219-236.

[32] P. Baltazar, R. Chadha, P. Mateus and A. Sernadas, Towards model-checking quantum security protocols. In: P. Dini et al. (eds.), *Proceedings of the 1st Workshop on Quantum Security (QSec07)*, IEEE Press, 2007.

[33] J. Bang-Jensen and G. Gutin, *Digraphs: Theory, Algorithms and Applications,* Springer, Berlin, 2007.

[34] A. Barenco, C. H. Bennett, R. Cleve, D. P. DiVincenzo, N. Margolus, P. Shor, T. Sleator, J. A. Smolin and H.Weinfurter, Elementary gates for quantum computation, *Physical Review A*, 52(1995)3457-3467.

[35] P. A. Benioff, The computer as a physical system: a microscopic quantum mechanical Hamiltonian

model of computers as represented by Turing machines, *Journal of Statistical Physics*, 22(1980)563-591.

[36] C. H. Bennett and G. Brassard, Quantum cryptography: public key distribution and coin tossing. In: *Proceedings of International Conference on Computers, Systems and Signal Processing*, 1984.

[37] E. Bernstein and U. Vazirani, Quantum complexity theory. In: *Proc. of the 25th Annual ACM Symposium on Theory of Computing (STOC)*, 1993, pp. 11-20.

[38] E. Bernstein and U. Vazirani, Quantum complexity theory, *SIAM Journal on Computing*, 26(1997) 1411-1473.

[39] S. Bettelli, T. Calarco and L. Serafini, Toward an architecture for quantum programming, *The European Physical Journal D*, 25(2003)181-200.

[40] R. Bhatia, *Matrix Analysis*, Springer Verlag, Berlin, 1991.

[41] R. Bird, *Programs and Machines: An Introduction to the Theory of Computation*, John Wiley & Sons, 1976.

[42] G. Birkhoff and J. von Neumann, The logic of quantum mechanics, *Annals of Mathematics*, 37(1936)823-843.

[43] R. F. Blute, P. Panangaden and R. A. G. Seely, Holomorphic models of exponential types in linear logic. In: *Proceedings of the 9th Conference on Mathematical Foundations of Programming Semantics (MFPS)*, Springer LNCS 802, 1994, pp. 474-512.

[44] A. Bocharov, M. Rötteler and K. M. Svore, Efficient synthesis of universal Repeat-Until- Success circuits, *Physical Review Letters*, 114(2015) art. no. 080502.

[45] A. Bocharov and K. M. Svore, Resource-optimal single-qubit quantum circuits, *Physical Review Letters*, 109(2012) art. no. 190501.

[46] R. J. Boulton, R. Hardy and U. Martin, Hoare logic for single-input single-output continuous-time control systems. In: *Proceeding of the 6th International Workshop on Hybrid Systems: Computation and Control (HSCC 2003)*, Springer LNCS 2623, pp. 113-125.

[47] H. -P. Breuer and F. Petruccione, *The Theory of Open Quantum Systems*, Oxford University Press, Oxford, 2002.

[48] T. Brun, A simple model of quantum trajectories, *American Journal of Physics*, 70(2002)719-737.

[49] T. A. Brun, H. A. Carteret and A. Ambainis, Quantum walks driven by many coins, *Physical Review A, 67* (2003) art. no. 052317.

[50] O. Brunet and P. Jorrand, Dynamic quantum logic for quantum programs, *International Journal of Quantum Information*, 2(2004)45-54.

[51] H. Buhrman and H. Röhrig, Distributed quantum computing. In: *Proceedings of the 28th International Symposium on Mathematical Foundations of Computer Science (MFCS)*, 2003, Springer LNCS 2747, pp 1-20.

[52] R. Chadha, P. Mateus and A. Sernadas, Reasoning about imperative quantum programs, *Electronic Notes in Theoretical Computer Science*, 158(2006)19-39.

[53] A. M. Childs, R. Cleve, E. Deotto, E. Farhi, S. Gutmann and D. A. Spielman, Exponential algorithmic speedup by quantum walk. In: *Proceedings of the 35th ACM Symposium on Theory of Computing (STOC)*, 2003, pp. 59-68.

[54] A. M. Childs, Universal computation by quantum walk, *Physical Review Letters*, 102(2009) art. no. 180501.

[55] G. Chiribella, Perfect discrimination of no-signalling channels via quantum superposition of causal structures, *Physical Review A*, 86(2012) art. no. 040301.

[56] G. Chiribella, G. M. D'Ariano, P. Perinotti and B. Valiron, Quantum computations without definite causal structure, *Physical Review A*, 88(2013), art. no. 022318.

[57] K. Cho, Semantics for a quantum programming language by operator algebras. In: *Proceedings 11th workshop on Quantum Physics and Logic (QPL)*, EPTCS 172, 2014, pp. 165-190.

[58] J.I. Cirac, A.K. Ekert, S.F. Huelga and C. Macchiavello, Distributed quantum computation over noisy channels, *Physical Review A*, 59(1999)4249-4254.

[59] J. I. Cirac and P. Zoller, Goals and opportunities in quantum simulation, *Nature Physics*, 8(2012) 264-266.

[60] D. Copsey, M. Oskin, F. Impens, T. Metodiev, A. Cross, F. T. Chong, I. L. Chuang and J. Kubiatowicz, Toward a Scalable, Silicon-Based Quantum Computing Architecture (invited paper), *IEEE Journal of Selected Topics in Quantum Electronics*, 9(2003)1552-1569.

[61] T. H. Cormen, C. E. Leiserson, R. L. Rivest and C. Stein, *Introduction to Algorithms*, The MIT Press, 2009 (Third Edition).

[62] M. Dalla Chiara, R. Giuntini and R. Greechie, *Reasoning in Quantum Theory: Sharp and Unsharp Quantum Logics*, Kluwer, Dordrecht, 2004.

[63] V. Danos, E. Kashefi and P. Panangaden, The measurement calculus, *Journal of the ACM*, 54(2007)8.

[64] V. Danos, E. Kashefi, P. Panangaden and S. Perdrix, Extended measurement calculus. In: *Semantic Techniques in Quantum Computation* I. Mackie and S. Gay, eds., Cambridge University Press 2010, pp. 235-310.

[65] T. A. S. Davidson, *Formal Verification Techniques Using Quantum Process Calculus*, PhD Thesis, University of Warwick, 2012.

[66] T. A. S. Davidson, S. J. Gay, H. Mlnarik, R. Nagarajan and N. Papanikolaou, Model checking for communicating quantum processes, *International Journal of Unconventional Computing*, 8(2012)73-98.

[67] T. A. S. Davidson, S. J. Gay and R. Nagarajan, Formal analysis of quantum systems using process calculus, *Electronic Proceedings in Theoretical Computer Science 59 (ICE 2011)*, pp. 104-110.

[68] T. A. S. Davidson, S. J. Gay, R. Nagarajan and I. V. Puthoor, Analysis of a quantum error correcting code using quantum process calculus, *Electronic Proceedings in Theoretical Computer Science 95*, pp. 67-80.

[69] D. Deutsch, Quantum theory, the Church-Turing principle and the universal quantum computer, *Proceedings of The Royal Society of London* A400(1985)97-117.

[70] E. D'Hondt and P. Panangaden, Quantum weakest preconditions. *Mathematical Structures in Computer Science*, 16(2006)429-451.

[71] J. P. Dowling and G. J. Milburn, Quantum technology: the second quantum revolution, *Philosophical Transactions of the Royal Society London A*, 361(2003) 1655-1674.

[72] Y. X. Deng and Y. Feng, Open bisimulation for quantum processes. In: *Proceedings of IFIP Theoretical Computer Science*, Springer Lecture Notes in Computer Science 7604, pp. 119-133.

[73] D. Deutsch and R. Jozsa, Rapid solutions of problems by quantum computation, *Proceedings of the Royal Society of London A439* (1992) 553-558.

[74] E. W. Dijkstra, Guarded commands, nondeterminacy and formal derivation of programs, *Communications of the ACM,* 18 (1975) 453-457.

[75] E. W. Dijkstra, *A Discipline of Programming*, Prentice-Hall, 1976.

[76] R. Y. Duan, S Severini and AWinter, Zero-error communication via quantum channels, noncommutative graphs, and a quantum Lovasz theta function, *IEEE Transactions on Information Theory*, 59 (2013)1164-1174.

[77] J. Eisert, M. Wilkens and M. Lewenstein, Quantum games and quantum strategies, *Physical Review Letters*, 83(1999)3077-3080.

[78] J. Esparza and S. Schwoon, A BDD-based model checker for recursive programs. In: *Proceedings of the 13th International Conference on Computer Aided Verification (CAV)*, 2001, Springer LNCS 2102, pp. 324-336.

[79] K. Etessami and M. Yannakakis, Recursive Markov chains, stochastic grammars, and monotone systems of nonlinear equations, *Journal of the ACM*, 56(2009) art. no. 1.

[80] E. Farhi, J. Goldstone, S. Gutmann, and M. Sipser, Quantum computation by adiabatic evolution, *arXiv: quant-ph/0001106*.

[81] Y. Feng, Y. X. Deng and M. S. Ying, Symbolic bisimulation for quantum processes, *ACM Transactions on Computational Logic*, 15(2014) art. no. 14.

[82] Y. Feng, R. Y. Duan, Z. F. Ji and M. S. Ying, Proof rules for the correctness of quantum programs, *Theoretical Computer Science*, 386 (2007), 151-166.

[83] Y. Feng, R. Y. Duan, Z. F. Ji and M. S. Ying, Probabilistic bisimulations for quantum processes, *Information and Computation*, 205(2007)1608-1639.

[84] Y. Feng, R. Y. Duan and M. S. Ying, Bisimulation for quantum processes. In: *Proceedings of the 38th ACM Symposium on Principles of Programming Languages (POPL)*, 2011, pp. 523-534.

[85] Y. Feng, R. Y. Duan and M. S. Ying, Bisimulation for quantum processes, *ACM Transactions on Programming Languages and Systems*, 34(2012) art. no: 17.

[86] Y. Feng, E. M. Hahn, A. Turrini and L. J. Zhang, QPMC: a model checker for quantum programs and protocols. In: *Proceedings of the 20th International Symposium on Formal Methods (FM 2015)*, Springer LNCS 9109, pp. 265-272.

[87] Y. Feng, N. K. Yu and M. S. Ying, Reachability analysis of recursive quantum Markov chains. In: *Proceedings of the 38th International Symposium on Mathematical Foundations of Computer Science (MFCS)*, 2013, pp. 385-396.

[88] Y. Feng, N. K. Yu and M. S. Ying, Model checking quantum Markov chains, *Journal of Computer and System Sciences*, 79(2013)1181-1198.

[89] S. Franke-Arnold, S. J. Gay and I. V. Puthoor, Quantum process calculus for linear optical quantum computing. In: *Proceedings of the 5th International Conference on Reversible Computation (RC)*, 2013, Proceedings. Lecture Notes in Computer Science 7948, Springer, pp. 234-246.

[90] S. Franke-Arnold, S. J. Gay and I. V. Puthoor, Verification of linear optical quantum computing using quantum process calculus, *Electronic Proceedings in Theoretical Computer Science 160 (EXPRESS/SOS 2014)*, pp. 111-129.

[91] N. Friis, V. Dunjko, W. Dür and H. J. Briegel, Implementing quantum control for unknown subroutines, *Physical Review A*, 89 (2014), art. no. 030303.

[92] S. J. Gay, Quantum programming languages: survey and bibliography, *Mathematical Structures in Computer Science* 16(2006)581-600.

[93] S. J. Gay and R. Nagarajan, Communicating Quantum Processes. In: *Proceedings of the 32nd ACM Symposium on Principles of Programming Languages (POPL)*, 2005, pp. 145-157.

[94] S. J. Gay and R. Nagarajan, Types and typechecking for communicating quantum processes, *Mathematical Structures in Computer Science*, 16(2006)375-406.

[95] S. J. Gay, R. Nagarajan and N. Papanikolaou, Probabilistic model-checking of quantum protocols. In: *Proceedings of the 2nd International Workshop on Developments in Computational Models (DCMÕ06)*, 2006.

[96] S. J. Gay, R. Nagarajan and N. Papanikolaou, Specification and verification of quantum protocols, *Semantic Techniques in Quantum Computation* (S. J. Gay and I. Mackie, eds.), Cambridge University Press, 2010, pp. 414-472.

[97] S. J. Gay, N. Papanikolaou and R. Nagarajan, QMC: a model checker for quantum systems. In: *Proceedings of the 20th International Conference on Computer Aided Verification (CAV)*, 2008, Springer LNCS 5123, pp. 543-547.

[98] S. J. Gay and I. V. Puthoor, Application of quantum process calculus to higher dimensional quantum protocols, *Electronic Proceedings in Theoretical Computer Science 158* (QPL 2014), pp. 15-28.

[99] B. Giles and P. Selinger, Exact synthesis of multiqubit Clifford+T circuits, *Physical Review A*, 87(2013), art. no. 032332.

[100] V. Giovannetti, S. Lloyd and L. Maccone, Quantum-enhanced positioning and clock synchronisation, *Nature*, 412(2001)417-419.

[101] J.-Y. Girard, Geometry of interaction I: Interpretation of system F. In: *Logic Colloquium 88*, North Holland, 1989, pp. 221-260.

[102] A. M. Gleason, Measures on the closed subspaces of a Hilbert space, *Journal of Mathematics and Mechanics*, 6(1957)885-893.

[103] M. Golovkins, Quantum pushdown automata. In: *Proceedings of the 27th Conference on Current Trends in Theory and Practice of Informatics (SOFSEM)*, 2000, Springer LNCS 1963, pp. 336-346.

[104] D. Gottesman and I. Chuang, Quantum teleportation as a universal computational primitive, *Nature*, 402(1999)390-393.

[105] J. Grattage, An overview of QML with a concrete implementation in Haskell, *Electronic Notes in Theoretical Computer Science*, 270(2011)165-174.

[106] A. S. Green, P. L. Lumsdaine, N. J. Ross, P. Selinger and B. Valiron, Quipper: A scalable quantum programming language. In: *Proceedings of the 34th ACM Conference on Programming Language Design and Implementation (PLDI)*, 2013, pp. 333-342.

[107] A. S. Green, P. L. Lumsdaine, N. J. Ross, P. Selinger and B. Valiron, An introduction to quantum programming in Quipper, *arXiv: 1304.5485*.

[108] R. B. Griffiths, Consistent histories and quantum reasoning, *Physical Review A*, 54(1996)2759-2774.

[109] L. K. Grover, Fixed-point quantum search, *Physical Review Letters, 95* (2005), art. no. 150501.

[110] S. Gudder, Lattice properties of quantum effects, *Journal of Mathematical Physics*, 37(1996)2637-2642.

[111] S. Gudder, Quantum Markov chains, *Journal of Mathematical Physics*, 49(2008), art. no. 072105.

[112] A. W. Harrow, A. Hassidim and S. Lloyd, Quantum algorithm for linear systems of equations, *Physical Review Letters, 103* (2009) art. no. 150502.

[113] S. Hart, M. Sharir and A. Pnueli, Termination of probabilistic concurrent programs, *ACM Transactions on Programming Languages and Systems*, 5(1983)356-380.

[114] J. D. Hartog and E. P. de Vink, Verifying probabilistic programs using a Hoare like logic, *International Journal of Foundations of Computer Science*, 13 (2003)315-340.

[115] I. Hasuo and N. Hoshino, Semantics of higher-order quantum computation via Geometry of Interaction. In: *Proceedings of the 26th Annual IEEE Symposium on Logic in Computer Science (LICS)*, 2011, pp. 237-246.

[116] B. Hayes, Programming your quantum computer, *American Scientist*, 102(2014) 22-25.

[117] C. Heunen and B. Jacobs, Quantum logic in dagger kernel categories. In: *Proceedings of Quantum Physics and Logic 2009*.

[118] K. Honda, Analysis of quantum entanglement in quantum programs using stabiliser formalism. In: *Proceedings of the 12th International Workshop on Quantum Physics and Logic (QPL)*, 2015. arXiv:1511.01181.

[119] C. A. R. Hoare, Procedures and parameters: an axiomatic approach. In: *Symposium on Semantics of Algorithmic Languages*, Springer Lecture Notes in Mathematics 188, 1971, pp 102-116.

[120] T. Hoare and R. Milner (eds.), *Grand Challenges in Computing Research* (organised by BCS, CPHC, EPSRC, IEE, etc.), 2004, http://www.ukcrc.org.uk/grand-challenges/ index.cfm.

[121] P. Hoyer, J. Neerbek and Y. Shi, Quantum complexities of ordered searching, sorting and element distinctness. In: *Proceedings of the 28th International Colloquium on Automata, Languages, and Programming (ICALP)*, 2001, pp. 62-73.

[122] N. Inui, N. Konno and E. Segawa, One-dimensional three-state quantum walk, *Physical Review E, 72* (2005) art. no. 056112.

[123] B. Jacobs, On block structures in quantum computation, *Electronic Notes in Theoretical Computer Science*, 298(2013)233-255.

[124] B. Jacobs, New directions in categorical logic, for classical, probabilistic and quantum Logic, *Logical Methods in Computer Science*, 2015.

[125] C. J. Isham and N. Linden, Quantum temporal logic and decoherence functionals in the histories approach to generalized quantum theory, *Journal of Mathematical Physics*, 35(1994).

[126] A. JavadiAbhari, S. Patil, D. Kudrow, J. Heckey, A. Lvov, F. T. Chong and M. Martonosi, ScaffCC: Scalable compilation and analysis of quantum programs, *Parallel Computing*, 45(2015)2-17.

[127] N. D. Jones, *Computability and Complexity: From a Programming Perspective*, The MIT Press, 1997.

[128] P. Jorrand and M. Lalire, Toward a quantum process algebra. In: *Proceedings of the 1st ACM Conference on Computing Frontier*, 2004, pp. 111-119.

[129] P. Jorrand and S. Perdrix, Abstract interpretation techniques for quantum computation. In: *Semantic Techniques in Quantum Computation* I. Mackie and S. Gay, eds., Cambridge University Press 2010, pp. 206-234.

[130] R. Jozsa and N. Linden, On the role of entanglement in quantum computational speedup, *Proceedings of the Royal Society of London, Series A Mathematical, Physical and Engineering Sciences*, 459 (2003)2011-2032.

[131] R. Kadison, Order properties of bounded self-adjoint operators, *Proceedings of American Mathematical Society*, 34(1951)505-510.

[132] Y. Kakutani, A logic for formal verification of quantum programs. In: *Proceedings of the 13th Asian Computing Science Conference (ASIAN)*, 2009, Springer LNCS 5913, pp. 79-93.

[133] E. Kashefi, Quantum domain theory – Definitions and applications, *arXiv:quant-ph/0306077*.

[134] A. Kitaev, Fault-tolerant quantum computation by anyons, *ArXiv: quantph/9707021*.

[135] A. Kitaev, A. H. Shen and M. N. Vyalyi, *Classical and Quantum Computation*, American Mathematical Society, Providence 2002.

[136] T. Kadowaki and H. Nishimori, Quantum annealing in the transverse Ising model, *Physical Review E*, 58(1998)5355.

[137] V. Kliuchnikov, D. Maslov and M. Mosca, Fast and efficient exact synthesis of single qubit unitaries generated by Clifford and T gates, *Quantum Information & Computation*, 13(2013)607-630.

[138] V. Kliuchnikov, A. Bocharov and K. M. Svore, Asymptotically optimal topological quantum compiling, *Physical Review Letters*, 112(2014) art. no. 140504.

[139] E.H. Knill, *Conventions for Quantum Pseudo-code*, Technical Report, Los Alamos National Laboratory, 1996.

[140] A. Kondacs and J. Watrous, On the power of quantum finite state automata. In: *Proc. 38th Symposium on Foundation of Computer Science*, 1997, pp. 66-75.

[141] T. Kubota, *Verification of Quantum Cryptographic Protocols using Quantum Process Algebras*, PhD Thesis, Department of Computer Science, University of Tokyo, 2014.

[142] T. Kubota, Y. Kakutani, G. Kato, Y. Kawano and H. Sakurada, Application of a process calculus to security proofs of quantum protocols. In: *Proceedings of Foundations of Computer Science in WORLDCOMP*, 2012, pp. 141-147.

[143] T. Kubota, Y. Kakutani, G. Kato, Y. Kawano and H. Sakurada, Semi-automated verification of security proofs of quantum cryptographic protocols, *Journal of Symbolic Computation*, 2015.

[144] D. Kudrow, K. Bier, Z. Deng, D. Franklin, Y. Tomita, K. R. Brown and F. T. Chong, Quantum rotation: A case study in static and dynamic machine-code generation for quantum computer. In: *Proceedings of the 40th ACM/IEEE International Symposium on Computer Architecture (ISCA)*, 2013, pp. 166-176.

[145] P. Kurzyński and A.Wójcik, Quantum walk as a generalized measure device, *Physical Review*

Letters, 110 (2013) art. no. 200404.

[146] M. Kwiatkowska, G. Norman and P. Parker, Probabilistic symbolic model-checking with PRISM: a hybrid approach, *International Journal on Software Tools for Technology Transfer*, 6(2004)128-142.

[147] M. Lalire, Relations among quantum processes: bisimilarity and congruence, *Mathematical Structures in Computer Science*, 16(2006)407-428.

[148] M. Lampis, K. G. Ginis, M. A. Papakyriakou and N. S. Papaspyrou, Quantum data and control made easier, *Electronic Notes in Theoretical Computer Science* 210(2008) 85-105.

[149] A. Lapets and M. Rötteler, Abstract resource cost derivation for logical quantum circuit description. In: *Proceedings of the ACM Workshop on Functional Programming Concepts in Domain-Specific Languages* (FPCDSL), 2013, pp. 35-42.

[150] A. Lapets, M. P. da Silva, M. Thome, A. Adler, J. Beal and M. Rötteler, QuaFL: A typed DSL for quantum programming. In: *Proceedings of the ACM Workshop on Functional Programming Concepts in Domain-Specific Languages (FPCDSL)*, 2013, pp. 19-27.

[151] D. W. Leung, Quantum computation by measurements, *International Journal of Quantum Information*, 2(2004)33-43.

[152] Y. J. Li, N. K. Yu and M. S. Ying, Termination of nondeterministic quantum programs, *Acta Informatica*, 51(2014)1-24.

[153] Y. J. Li and M. S. Ying, (Un)decidable problems about reachability of quantum systems. In: *Proceedings of the 25th International Conference on Concurrency Theory (CONCUR)*, 2014, pp. 482-496.

[154] S. Lloyd, Universal quantum simulators, *Science*, 273(1996)1073-1078.

[155] S. Lloyd, A theory of quantum gravity based on quantum computation, *arXiv:quant-ph/0501135*.

[156] S. Lloyd, M. Mohseni and P. Rebentrost, Quantum principal component analysis, *Nature Physics*, 10(2014)631-633.

[157] S. Lloyd, M. Mohseni and P. Rebentrost, Quantum algorithms for supervised and unsupervised machine learning, *arXiv:1307.0411v2*.

[158] J. Loeckx and K. Sieber, *The Foundations of Program Verification* (second edition), John Wiley & Sons, Chichester, 1987.

[159] N. B. Lovett, S. Cooper, M. Everitt, M. Trevers and V. Kendon, Universal quantum computation using the discrete-time quantum walk, *Physicl Review A, 81* (2010) art. no. 042330.

[160] I. Mackie and S. Gay (eds.), *Semantic Techniques in Quantum Computation*, Cambridge University Press, 2010.

[161] F. Magniez, M. Santha and M. Szegedy, Quantum algorithms for the triangle problem, *SIAM Journal of Computing*, 37(2007)413-427.

[162] Z. Manna, *Mathematical Theory of Computation*, McGraw-Hill, 1974.

[163] Ph. A. Martin and F. Rothen, *Many-Body Problems and Quantum Field Theory: An Introduction*, Springer, Berlin, 2004.

[164] P. Mateus, J. Ramos, A. Sernadas and C. Sernadas, Temporal logics for reasoning about quantum systems. In: *Semantic Techniques in Quantum Computation* I. Mackie and S. Gay, eds., Cambridge University Press 2010, pp. 389-413.

[165] P. Maymin, Extending the lambda calculus to express randomized and quantumized algorithms, *arXiv:quant-ph/9612052*.

[166] A. McIver and C. Morgan, *Abstraction, Refinement and Proof for Probabilistic Systems, Springer*, New York, 2005.

[167] T. S. Metodi and F. T. Chong, Quantum Computing for Computer Architects, Synthesis Lectures in Computer Architecture # 1, Morgan & Claypool Publishers, 2011 (Second Edition).

[168] D. A. Meyer, Quantum strategies, *Physical Review Letters*, 82 (1999)1052-1055.

[169] J. A. Miszczak, Models of quantum computation and quantum programming languages, *Bulletion of the Polish Academy of Science: Technical Sciences*, 59(2011) 305-324.

[170] J. A. Miszczak, *High-level Structures for Quantum Computing*, Morgan & Claypool Publishers, 2012.

[171] M. Montero, Unidirectional quantum walks: Evolution and exit times, *Physical Review A*, 88 (2013) art. no. 012333.

[172] C. Morgan, *Programming from Specifications*, Prentice Hall, Hertfordshire, 1988.

[173] S. -C. Mu and R. Bird, Functional quantum programming. In: *Proceedings of the 2nd Asian Workshop on Programming Languages and Systems (APLAS)*, 2001, pp. 75-88.

[174] M. A. Nielsen and I. L. Chuang, *Quantum Computation and Quantum Information*, Cambridge University Press, 2000.

[175] M. A. Nielsen, Quantum computation by measurement and quantum memory, *Physical Letters A*, 308(2003)96-100.

[176] R. Nagarajan, N. Papanikolaou and D. Williams, Simulating and compiling code for the Sequential Quantum Random Access Machine, *Electronic Notes in Theoretical Computer Science*, 170(2007)101-124.

[177] B. Ömer, *Structured Quantum Programming*, Ph.D thesis, Technical University of Vienna, 2003.

[178] M. Pagani, P. Selinger and B. Valiron, Applying quantitative semantics to higher-order quantum computing. In: *Proceedings of the 41st ACM Symposium on Principles of Programming Languages (POPL)*, 2014, pp. 647-658.

[179] N. K. Papanikolaou, *Model Checking Quantum Protocols*, PhD Thesis, Department of Computer Science, University of Warwick, 2008.

[180] A. Platzer, Differential dynamic logic for hybrid systems, *Journal of Automated Reasoning*, 41(2008)143-189, 2008.

[181] L. M. Procopio, A. Moqanaki, M. Araújo, F. Costa, I. A. Calafell, E. G. Dowd, D. R. Hamel, L. A. Rozema, C. Brukner and P. Walther, Experimental superposition of orders of quantum gates, *Nature Communications*, 2015, Art. no. 7913.

[182] E. Prugovečki, *Quantum Mechanics in Hilbert Space*, Academic Press, New York, 1981.

[183] R. Raussendorf and H. J. Briegel, A one-way quantum computer, *Physical Review Letters*, 86(2001) 5188-5191.

[184] P. Rebentrost, M. Mohseni and S. Lloyd, Quantum support vector machine for big data classification, *Physical Review Letters*, 113(2014) art. no. 130501.

[185] M. Rennela, Towards a quantum domain theory: order-enrichment and fixpoints in W*algebras. In:

Proceedings of the 30th Conference on the Mathematical Foundations of Programming Semantics (MFPS), 2014.

[186] T. Reps, S. Horwitz and M. Sagiv, Precise interprocedural dataflow analysis via graph reachability. In: *Proceedings of the 22nd ACM Symposium on Principles of Programming Languages (POPL)*, 1995, pp. 49-61.

[187] E. G. Rieffel, D. Venturelli, B. O' Gorman, M. B. Do, E.M. Prystay and V. N. Smelyanskiy, A case study in programming a quantum annealer for hard operational planning problems, *Quantum Information Processing*, 14(2015)1-36.

[188] N. J. Ross and P. Selinger, Optimal ancilla-free Clifford+T approximation of z-rotations, *arXiv:1403. 2975*

[189] Y. Rouselakis, N. S. Papaspyrou, Y. Tsiouris and E. N. Todoran, Compilation to quantum circuits for a language with quantum data and control. In: *Proceedings of the 2013 Federated Conference on Computer Science and Information Systems (FedCSIS)* 2013, pp. 1537-1544.

[190] R. Rüdiger, Quantum programming languages: an introductory overview, *The Computer Journal*, 50(2007)134-150.

[191] J. W. Sanders and P. Zuliani, Quantum programming. In: *Proceedings of 5th International Conference on Mathematics of Program Construction (MPC)*, Springer LNCS 1837, Springer 2000, pp. 88-99.

[192] M. Santha, Quantum walk based search algorithms. In: *Proceedings of the 5th International Conference on Theory and Applications of Models of Computation (TAMC 2008)*, Springer LNCS 4978, pp 31-46.

[193] F. Schwabl, *Advanced Quantum Mechanics* (Fourth edition), Springer, 2008.

[194] P. Selinger, Towards a quantum programming language, *Mathematical Structures in Computer Science 14* (2004), 527-586.

[195] P. Selinger, A brief survey of quantum programming languages. In: *Proceedings of the 7th International Symposium on Functional and Logic Programming*, LNCS 2998, Springer, 2004, pp. 1-6.

[196] P. Selinger, Toward a semantics for higher-order quantum computation. In: *Proceedings of QPL'2004*, TUCS General Publications No. 33, pp. 127-143.

[197] P. Selinger and B. Valiron, A lambda calculus for quantum computation with classical control, *Mathematical Structures in Computer Science*, 16(2006)527-55.

[198] P. Selinger and B. Valiron, On a fully abstract model for a quantum linear functional language, *Electronic Notes in Theoretical Computer Science* 210(2008) 123-137.

[199] P. Selinger and B. Valiron, Quantum lambda calculus, in: S. Gay and I. Mackie (eds.), *Semantic Techniques in Quantum Computation*, Cambridge University Press 2010, pp. 135-172.

[200] R. Sethi, *Programming Languages: Concepts and Constructs*, Addison-Wesley (2002).

[201] V. V. Shende, S. S. Bullock and I. L. Markov, Synthesis of quantum-logic circuits, *IEEE Transactions on CAD of Integrated Circuits and Systems* 25(2006) 1000-1010.

[202] M. Sharir, A. Pnueli and S. Hart, Verification of probabilistic programs, *SIAM Journal of Computing*, 13 (1984)292-314.

[203] N. Shenvi, J. Kempe and K. B. Whaley, Quantum random-walk search algorithm, *Physical Review A*, 67(2003) art. no. 052307.

[204] P.W. Shor, Algorithms for quantum computation: discrete logarithms and factoring. In: *Proceedings of the 35th IEEE Annual Symposium on Foundations of Computer Science (FOCS)*, 1994, 124-134.

[205] P. W. Shor, Why haven't more quantum algorithms been discovered? *Journal of the ACM*, 50(2003)87-90.

[206] S. Staton, Algebraic effects, linearity, and quantum programming languages. In: *Proceedings of the 42nd ACM Symposium on Principles of Programming Languages (POPL)*, 2015, pp. 395-406.

[207] K. M. Svore, A. V. Aho, A. W. Cross, I. L. Chuang and I. L. Markov, A layered software architecture for quantum computing design tools, *IEEE Computer*, 39(2006) 74-83.

[208] A. Tafliovich and E. C. R. Hehner, Quantum predicative programming. In: *Proceedings of the 8th International Conference on Mathematics of Program Construction (MPC)*, LNCS 4014, Springer, pp. 433-454.

[209] A.Tafliovich and E.C.R.Hehner, Programming with quantum communication, *Electronic Notes in Theoretical Computer Science*, 253(2009)99-118.

[210] G. Takeuti, Quantum set theory, in: E. Beltrametti and B. C. van Fraassen (eds.), *Current Issues in Quantum Logics,* Plenum, New Rork, 1981, pp. 303-322.

[211] G. 't Hooft, The cellular automaton interpretation of quantum mechanics - A view on the quantum nature of our universe, compulsory or impossible?, *arXiv:1405.1548v2*.

[212] A. van Tonder, A lambda calculus for quantum computation, *SIAM Journal on Computing*, 33(2004)1109-1135.

[213] V. S. Varadarajan, *Geometry of Quantum Theory*, Springer-Verlag, New York, 1985.

[214] S. E. Venegas-Andraca, Quantum walks: a comprehensive review, *Quantum Information Processing*, 11(2012)1015-1106.

[215] D. Wecker and K. M. Svore, LIQUi| >: A software design architecture and domainspecific language for quantum computing, http://research.microsoft.com/pubs/209634/ 1402.4467.pdf.

[216] M. M. Wolf, *Quantum Channels and Operators: Guided Tour*, unpublished lecture notes (2012).

[217] P. Xue and B. C. Sanders, Two quantum walkers sharing coins, *Physical Review A, 85* (2011) art. no. 022307.

[218] A. C. Yao, Quantum circuit complexity. In: *Proceedings of the 34th Annual IEEE Symposium on Foundations of Computer Science (FOCS)*, 1993, pp. 352-361.

[219] K. Yasuda, T. Kubota and Y. Kakutani, Observational equivalence using schedulers for quantum processes, *Electronic Proceedings in Theoretical Computer Science 172 (QPL 2014)*, pp. 191-203.

[220] M. S. Ying, Reasoning about probabilistic sequential programs in a probabilistic logic, *Acta Informatica*, 39(2003) 315-389.

[221] M. S. Ying, Floyd-Hoare logic for quantum programs, *ACM Transactions on Programming Languages and Systems*, 39 (2011), art. no. 19.

[222] M. S. Ying, Quantum recursion and second quantisation, (2014) arXiv:1405.4443.

[223] M. S. Ying, Foundations of quantum programming. In: Kazunori Ueda (Ed.), *Proc. of the*

8th Asian Symposium on Programming Languages and Systems (APLAS 2010), Lecture Notes in Computer Science 6461, Springer 2010, pp. 16-20.

[224] M. S. Ying, J. X. Chen, Y. Feng and R. Y. Duan, Commutativity of quantum weakest preconditions, *Information Processing Letters*, 104(2007)152-158.

[225] M. S. Ying, R. Y. Duan, Y. Feng and Z. F. Ji, Predicate transformer semantics of quantum programs. In: *Semantic Techniques in Quantum Computation*, I. Mackie and S. Gay, eds., Cambridge University Press 2010, 311-360.

[226] M. S. Ying and Y. Feng, An algebraic language for distributed quantum computing, *IEEE Transactions on Computers* 58(2009)728-743.

[227] M. S. Ying and Y. Feng, Quantum loop programs, *Acta Informatica, 47* (2010), 221-250.

[228] M. S. Ying and Y. Feng, A flowchart language for quantum programming, *IEEE Transactions on Software Engineering*, 37(2011)466-485.

[229] M. S. Ying, Y. Feng, R. Y. Duan and Z. F. Ji, An algebra of quantum processes, *ACM Transactions on Computational Logic*, 10(2009), art. no. 19.

[230] M. S. Ying, Y. Feng and N. K. Yu, Quantum information-flow security: Noninterference and access control. In: *Proceedings of the IEEE 26th Computer Security Foundations Symposium (CSF'2013)*, pp. 130-144.

[231] M. S. Ying, Y. J. Li, N. K. Yu and Y. Feng, Model-checking linear-time properties of quantum systems, *ACM Transactions on Computational Logic*, 15(2014), art. no. 22.

[232] M. S. Ying, N. K. Yu and Y. Feng, Defining quantum control flows of programs, *arXiv:1209.4379*.

[233] M. S. Ying, N. K. Yu and Y. Feng, Alternation in quantum programming: from superposition of data to superposition of programs, *arXiv: 1402.5172*. http://xxx.lanl. gov/abs/1402.5172.

[234] M. S. Ying, N. K. Yu, Y. Feng and R. Y. Duan, Verification of quantum programs, *Science of Computer Programming*, 78(2013)1679-1700.

[235] S. G. Ying, Y. Feng, N. K. Yu and M. S. Ying, Reachability analysis of quantum Markov chains. In: *Proceedings of the 24th International Conference on Concurrency Theory (CONCUR)*, 2013, pp. 334-348.

[236] S. G. Ying and M. S. Ying, Reachability analysis of quantum Markov decision processes, *arXiv:1406. 6146*.

[237] N. K. Yu, R. Y. Duan and M. S. Ying, Five two-qubit gates are necessary for implementing Toffoli gate, *Physical Review A*, 88(2013) art. no. 010304.

[238] N. K. Yu and M. S. Ying, Reachability and termination analysis of concurrent quantum programs. In: *Proceedings of the 23th International Conference on Concurrency Theory (CONCUR)*, 2012, pp. 69-83.

[239] N. K. Yu and M. S. Ying, Optimal simulation of Deutsch gates and the Fredkin gate, *Physical Review A*, 91(2015) art. no. 032302.

[240] X. Q. Zhou, T. C. Ralph, P. Kalasuwan, M. Zhang, A. Peruzzo, B. P. Lanyon and J. L. O' Brien, Adding control to arbitrary unknown quantum operations, *Nature Communications, 2* (2011) 413.1-8.

[241] P. Zuliani, *Quantum Programming*, D.Phil. Thesis, University of Oxford, 2001.

[242] P. Zuliani, Compiling quantum programs, *Acta Informatica*, 41(2005)435-473.

[243] P. Zuliani, Quantum programming with mixed states. In: *Proceedings of the 3rd International Workshop on Quantum Programming Languages*, 2005.

[244] P. Zuliani, Reasoning about faulty quantum programs, *Acta Informatica*, 46(2009) 403-432.

索　引

索引中的页码为英文原书页码，与书中页边标注的页码一致。

页码后的 f 表示该术语出现在图中。